できる® Google ビジネス+テレワーク パーフェクトブック

グーグル

困った!&便利ワザ大全

株式会社インサイトイメージ&できるシリーズ編集部

インプレス

ご購入・ご利用の前に必ずお読みください

本書は、2020年8月現在の情報をもとにGoogleが提供する各種サービスの操作方法について解説しています。本書の発行後に各種サービスの機能や操作方法、画面などが変更された場合、本書の掲載内容通りに操作できなくなる可能性があります。本書発行後の情報については、弊社のWebページ（https://book.impress.co.jp/）などで可能な限りお知らせいたしますが、すべての情報の即時掲載ならびに、確実な解決をお約束することはできかねます。また本書の運用により生じる、直接的、または間接的な損害について、著者ならびに弊社では一切の責任を負いかねます。あらかじめご理解、ご了承ください。

本書で紹介している内容のご質問につきましては、巻末をご参照のうえ、お問い合わせフォームかメールにてお問い合わせください。電話やFAX等でのご質問には対応しておりません。また、本書の発行後に発生した利用手順やサービスの変更に関しては、お答えしかねる場合があることをご了承ください。

動画について

操作を確認できる動画を弊社Webサイトで参照できます。画面の動きがそのまま見られるので、より理解が深まります。

▼動画一覧ページ
https://dekiru.net/ggpb

●用語の使い方

本文中で使用している用語は、基本的に実際の画面に表示される名称に則っています。

●本書の前提

本書では、「Windows 10」に「Google Chrome」がインストールされているパソコンおよび「iOS 13.6.1」を搭載した「iPhone SE」で、インターネットに常時接続されている環境を前提に画面を再現しています。お使いの環境と画面解像度が異なることもありますが、基本的に同じ要領で進めることができます。macOSでも読み進められますが、ショートカットや一部の画面などが異なる部分があります。

まえがき

新型コロナウイルス（COVID-19）の感染拡大への対策として、多くの企業で採り入れられたのがテレワークです。さらに現在では、テレワークを新たな働き方として自社の業務に積極的に取り込むことを公表する企業も増加しています。

このテレワークのメリットの1つに、ワークライフバランスの改善が挙げられます。特に日本では、仕事（ワーク）に多くの時間が割かれることにより、私生活（ライフ）を充実させることが難しいといった課題が以前から指摘されていました。しかしテレワークによってオフィスに通う必要がなくなれば、その時間を私生活に割り当てることが可能になり、ワークライフバランスを改善することができるというわけです。

さらに現在では、テレワークに利用できる便利なサービスが数多く登場しています。その中でも見逃せないのが、Googleが提供している数多くのサービスです。

たとえばGmailを利用すれば、インターネット回線さえあればどこででも気軽にメールを送受信することが可能になります。またクラウド上にファイルを保存することが可能なほか、簡単にほかのユーザーとファイルを共有できるGoogleドライブも、テレワークにおいて便利なサービスです。

テレワークに欠かせないオンライン会議のためのサービスとしては、GoogleハングアウトやGoogle Meetが用意されています。これらを利用すれば、離れた場所にいる同僚とも気軽にコミュニケーションできるほか、取引先との打ち合わせもオンラインで実施することが可能です。

そして何より魅力的なのは、これらのサービスが無償で提供されている点です。このため、新たに投資することなく素早くテレワークのための環境を整えることができます。

本書では、テレワークに活用できるこれらのGoogleのサービスについて、基本的な使い方から高度な使いこなしテクニックまで、さまざまな“ワザ”を解説しています。これらのワザを覚えてGoogleサービスを使いこなせるようになれば、テレワークもスムーズに進められることができるようになるでしょう。

なお本書の執筆にあたっては、株式会社インプレス できる編集部のみなさまを始め、多くの方々にご協力をいただきました。心よりお礼申し上げます。

2020年9月　株式会社インサイトイメージ　川添貴生

本書の読み方

中項目

各章は、内容に応じて複数の中項目に分かれています。あるテーマについて詳しく知りたいときは、同じ中項目のワザを通して読むと効果的です。

ワザ

各ワザは目的や知りたいことからQ&A形式で探せます。

イチ押し①

ワザはQ&A形式で紹介しているため、A（回答）で大まかな答えを、本文では詳細な解説で理解が深まります。

イチ押し②

操作手順を丁寧かつ簡潔な説明で紹介！ パソコン操作をしながらでも、ささっと効率的に読み進められます。

第4章 Google カレンダーで予定を管理するワザ

Google Chrome / Googleマップ / Gmail / Googleカレンダー / Googleドライブ / ドキュメント / スプレッドシート / スライド / ハングアウトとMeet / アカウント・セキュリティ / 便利なアプリ / スマホ連携

予定の管理をGoogleカレンダーで効率化

ビジネスでGoogleを利用する際、積極的に活用すべきサービスの1つがGoogleカレンダーです。柔軟に予定を管理できるだけでなく、直感的に操作できることが大きな特徴になっています。

Q153 お役立ち度 ★★★

予定を作成するには

A カレンダー上をクリックして入力します

Googleカレンダーで予定を作成するには、表示されているカレンダーから日付を選び、予定を入れたい時間をクリックします。クリックした時間が予定の時間として自動的に設定されるため、予定入力の手間を省けます。なおクリックして時間を指定する際に、上下方向にドラッグするとドラッグした範囲の時間を予定時間として指定することが可能です。たとえば13時から15時までの予定を作成したい場合は、まず13時の部分でクリックし、マウスポインターを予定の下の部分に合わせて15時までドラッグしましょう。

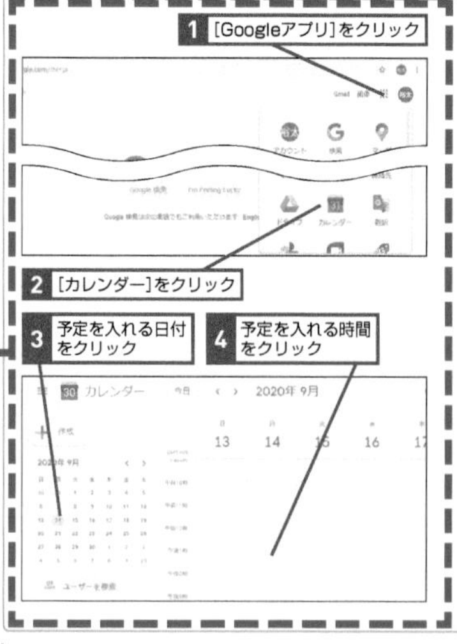

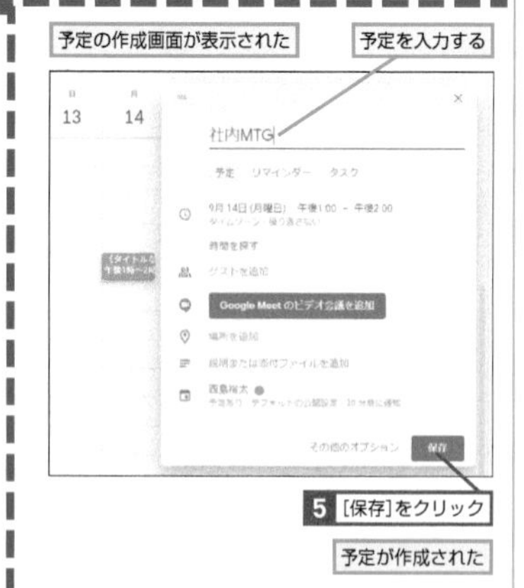

関連 Q154 予定の日時を変更するには……P.107

106 できる 予定の管理をGoogleカレンダーで効率化

関連ワザ参照

紹介しているワザに関連する機能や、併せて知っておくと便利なワザを紹介しています。

※ここに紹介しているのは紙面のイメージです。
本書の内容とは異なります。

解説

「困った!」への対処方法を回答付きで解説しています。

イチ押し③

ボタンの位置や重要なポイントが分かりやすい画面で解説！ 目的の操作が迷わず行えるようになっています。

解説動画

ワザで解説している操作を動画で見られます。QRコードをスマホで読み取るか、Webブラウザーで「できるネット」の動画一覧ページにアクセスしてください。動画一覧ページは2ページで紹介しています。

Q154　お役立ち度 ★★

予定の日時を変更するには

動画で見る

A 予定の詳細画面で編集します

作成した予定をクリックすると、予定の詳細画面が表示されます。ここで［編集］をクリックして編集画面を表示すれば、時間帯を変更することが可能です。なお予定をダブルクリックすると、直接編集画面に移動できます。また作成した予定をドラッグし、変更したい日時まで移動することも可能です。さらに予定の枠の上にマウスカーソルを合わせると、マウスカーソルが指型アイコンに変わります。この状態で上下にドラッグすると、予定の開始時間を変更することができます。

➡Googleカレンダー……P.259

ワザ153を参考に予定を作成しておく

1 変更する予定をクリック

予定の詳細画面が表示された

2 ［編集］をクリック

予定の編集画面が表示された

ここでは開始の日付を変更する

3 開始の日付をクリック

4 変更する日付をクリック

日付が変更された

5 ［保存］をクリック

予定の日時が変更される

左右のつめでは、カテゴリーでワザを探せます。ほかの章もすぐに開けます。

Google Chrome / Google マップ / Gmail / Google カレンダー / Google ドライブ / ドキュメント / スプレッドシート / スライド / ハングアウトとMeet / アカウント・セキュリティ / 便利なアプリ / スマホ連携

手順

解説

操作の前提や意味、操作結果について解説しています。

操作説明

「○○をクリック」など、それぞれの手順での実際の操作です。番号順に操作してください。

用語参照

分かりにくい用語や、操作に必要な用語を巻末の用語集(キーワード)で調べられます。操作しながら用語を覚えることで、効率的にGoogleの知識が身に付きます。

目次

Google Chrome

Google Chrome

拡張機能でGoogle Chromeをパワーアップする 46

第2章 Google検索とマップを便利に使うワザ

効率的な検索のためのワザ 54

ビジネスに役立つ検索ワザ 63

Gmail

Gmailをさらに便利に使うワザ 95

第4章 Google カレンダーで予定を管理するワザ

第5章 Google ドライブでファイルを共有するワザ

Googleドライブ

ドキュメント

第6章 ドキュメントで文書を作成するワザ

スプレッドシート

第8章 スライドとその他の便利ワザ

プレゼン資料を効率良く作成 166

スライド

スライド

共同編集などでチームの生産性を上げる 173

ハングアウトとMeet

第9章 GoogleハングアウトとMeetの便利ワザ

ハングアウトでコミュニケーションする 180

無料サービスになったMeetを使いこなそう 189

第10章 Googleアカウントを安全に使うワザ

第12章 スマートフォンと連携させるワザ

スマホ連携

Googleのツールでテレワークを行う4つのメリット

いよいよテレワークを始めることになったけど、どのサービスを選んでいいか分からない……そんな方にお勧めしたいのがGoogleの各種ツールです。ここでは、Googleのツールを活用するメリットについて紹介します。

1 すべて無料で利用できる

Googleのツールはすべて無料で提供されており、Googleのアカウントを作成するだけで利用できます。豊富な機能を持つ「Google Chrome」や「Gmail」を始め、文書作成が可能な「ドキュメント」、表計算アプリの「スプレッドシート」など、仕事に必要なアプリがほぼそろっています。また、一部のアプリには機能を強化した有料プランも用意されています。

関連する章

第1章、第3章、第6章、第7章、第8章

2 オンライン会議がすぐにできる

テレワークに欠かせないオンライン会議、ビデオチャットなどを簡単な設定ですぐに始められます。GoogleカレンダーやGmailを使って会議を設定できるほか、Gmail以外のメールを使っているユーザーも招待できます。無料アカウントの場合は会議時間の上限が1時間までですが、その他の機能は有料プランと同じものが使用できます。

関連する章

第9章

3 メンバーの予定を簡単に調整できる

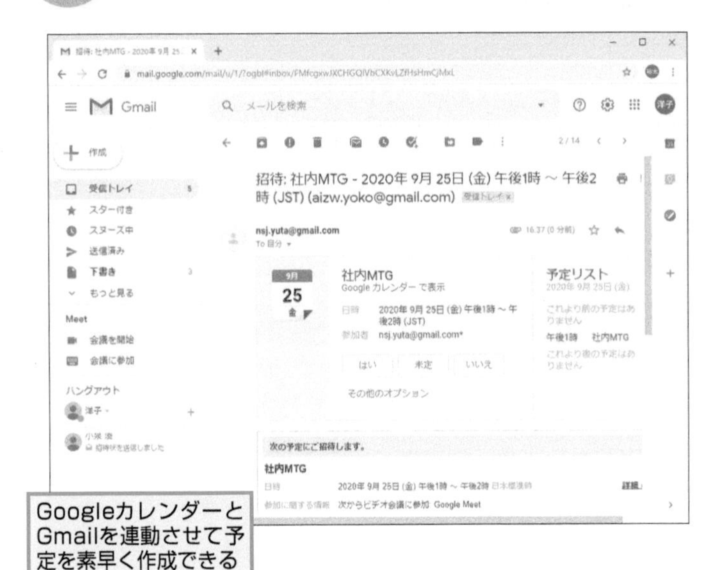

Googleカレンダーと Gmailを連動させて予定を素早く作成できる

Googleカレンダーには他の人を予定に招待したり、カレンダーをチームで共有したりする機能があります。また、重要な予定を忘れないようにGmailやWindows 10の「通知」をリマインダーにすることもできます。また、仕事用と個人用に別々のカレンダーを作成できるなど、便利な機能を備えています。

関連する章

第３章、第４章

4 データを共有して仕事を効率化できる

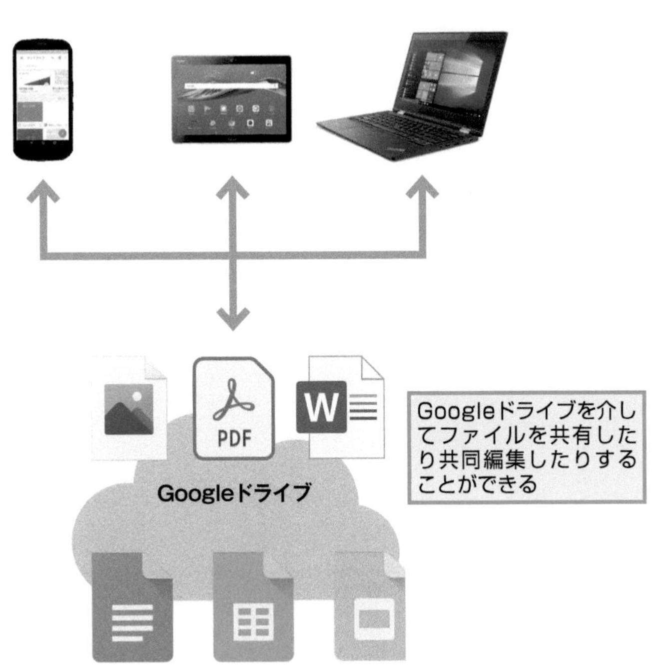

Googleドライブを介してファイルを共有したり共同編集したりすることができる

クラウドサービスの「Googleドライブ」と、クラウド上で文書や表を作成できる「ドキュメント」「スプレッドシート」などを組み合わせると、チーム内でのデータ共有を簡単に行えます。チームで同じ書類を参照し、その場で編集することもできます。また、Microsoft Officeで作成した各種ファイルの参照や編集も可能です。

関連する章

第５章、第６章、第７章、第８章

第1章 Google Chromeを使いこなすワザ

Google Chromeを使ってみよう

Googleが提供しているWebブラウザ「Google Chrome」は、さまざまな機能を備えています。これらの機能を使いこなせば、効率的にWebサイトへアクセスすることが可能です。

Q001 お役立ち度 ★★★

Google Chromeをインストールしたい

A GoogleのWebサイトからダウンロードします

便利な機能を数多く搭載し、またスピードが速く快適にWebサイトへアクセスできるWebブラウザとして、多くのユーザーに利用されているのが「Google Chrome」です。Googleが提供するさまざまなサービスを快適に利用できるほか、セキュリティのための機能も数多く備えており、安心して利用することができます。まだGoogle Chromeを使っていないのであれば、まずはインストールして使って見ましょう。

Microsoft EdgeでGoogle ChromeのWebページを表示する

▼Google ChromeのWebページ
https://www.google.com/chrome/

1 上記のURLを入力

2 Enter キーを押す

3 [Chromeをダウンロード]をクリック

Google Chromeのダウンロードが終わった

4 [ファイルを開く]をクリック

Google Chromeのインストールが始まる

Google Chromeがインストールされ、起動した

Q002　お役立ち度 ★★★

Googleのアカウントを作りたい

A Googleのサイトで簡単に作れます

Gmailをはじめとするグーグルのサービスを利用する際、必要になるのがGoogleのアカウントです。この手順でアカウントを作成すると、自動的にGoogle Chromeにも作成したアカウントが設定されます。

ワザ001を参考にGoogle Chromeをインストールしておく

Google Chromeで［Google Accountの作成］Webページを表示する

▼Google Accountの作成
https://accounts.google.com/signup

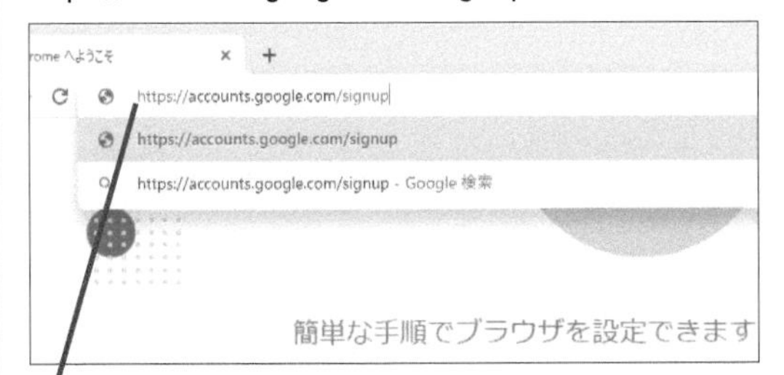

1 上記のURLを入力

2 Enter キーを押す

［Google Accountの作成］Webページが表示された

3 ユーザー名、パスワードなどを記入

4 ［次へ］をクリック

5 再設定用のメールアドレス、生年月日などを記入

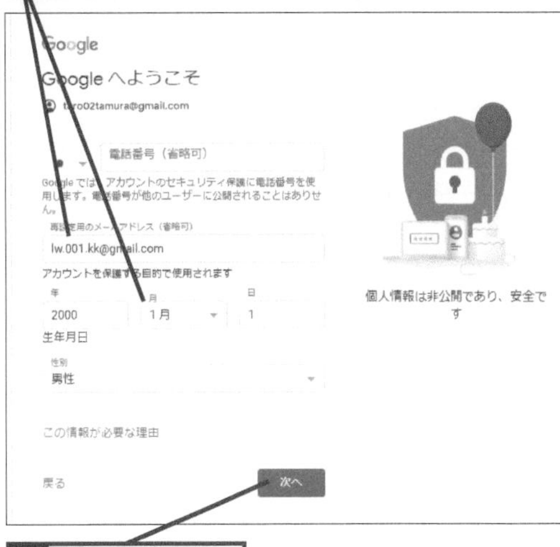

6 ［次へ］をクリック

7 プライバシーポリシーと利用規約を確認

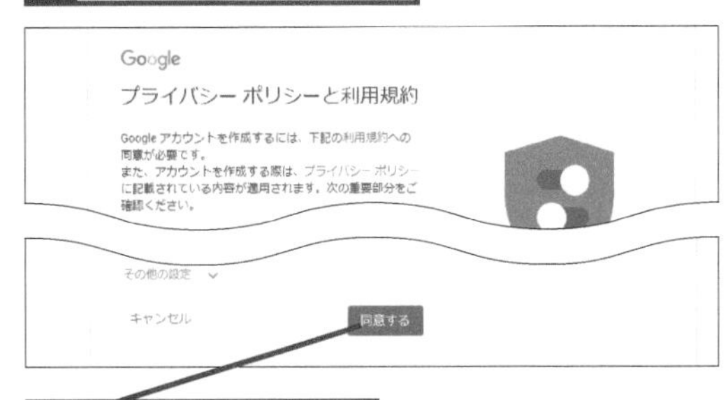

8 ［同意する］をクリック

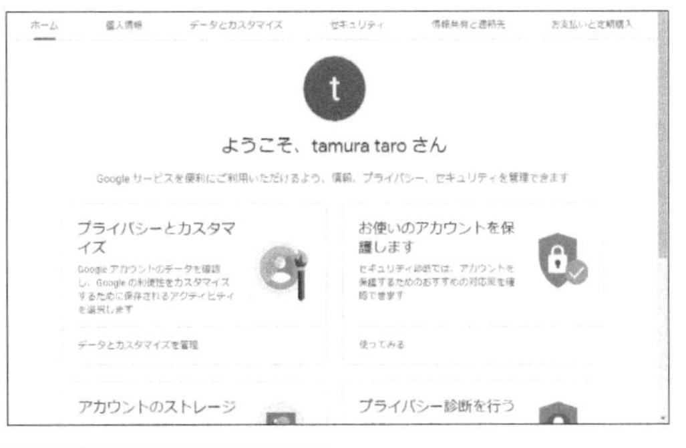

アカウントが作成された

Q003 お役立ち度 ★★★

Googleアカウントから ログアウトしたい

A アカウント画面でログアウトを選びます

Google Chromeに設定しているアカウントからログアウトすることもできます。作成したアカウントが不要になったなどの場合は、この方法でログアウトしましょう。ワザ005を参考にログアウト後に再ログインすることも可能です。

1 [Googleアカウント]をクリック

2 [ログアウト]をクリック

ログアウトした

ここをクリックすると再度ログインできる

関連 Q004 ログインしなくても使えるサービスを教えて！……P.24
関連 Q005 Googleアカウントにログインするには……P.25

Q004 お役立ち度 ★★★

ログインしなくても 使えるサービスを教えて！

A 検索やマップなどが利用可能です

Googleのサービスには、ログインせずに利用できるものも数多くあります。ただサービスによっては、ログインすることで利用できる機能が増えるものがあります。アカウントを持っているのであればログインしましょう。

➡ログイン……P.264

[ニュース] などのサービスはログアウト状態でも使える

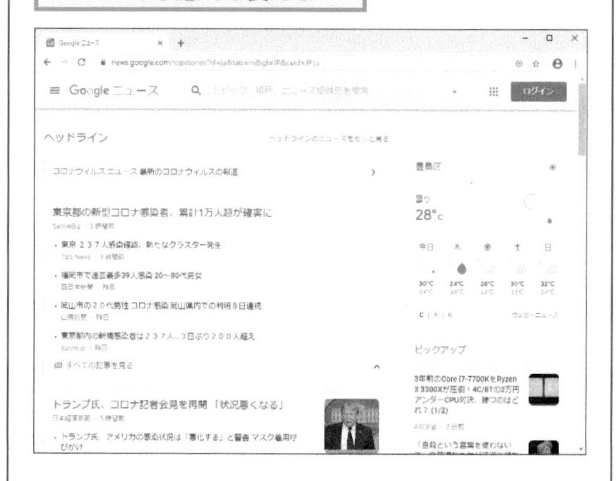

●ログインしなくても使える主なサービス

サービス名	URL
検索	https://www.google.com/
マップ	https://www.google.co.jp/maps/
YouTube	https://www.youtube.com/
Play (＊購入不可)	https://play.google.com/store
Meet	https://meet.google.com/
ニュース	https://news.google.com/
翻訳	https://translate.google.co.jp/
ショッピング	https://www.google.co.jp/shopping

関連 Q002 Googleのアカウントを作りたい……P.23
関連 Q003 Googleアカウントからログアウトしたい……P.24
関連 Q005 Googleアカウントにログインするには……P.25
関連 Q008 Google Chromeの同期機能から Googleアカウントにログインするには……P.27

Q005 お役立ち度 ★★★

Google アカウントにログインするには

A アカウント画面でログインします

すでに持っているGoogleアカウントを、インストールしたGoogle Chromeに設定することも可能です。アカウントを設定せずにGoogle Chromeを利用することも可能ですが、設定しておけばGoogle Chromeのすべての機能を利用できるようになるほか、Googleの各サービスを利用する際に、いちいちログインする必要がないといったメリットがあります。もしアカウントを持っているのであれば、この方法でログインしておきましょう。

➡ログイン……P.264

1 [Googleアプリ]をクリック

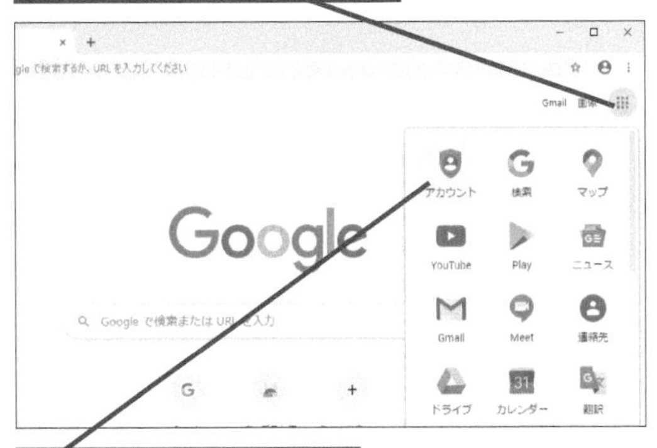

2 [アカウント]をクリック

3 [ログイン]をクリック

4 ログインするアカウントをクリック

5 パスワードを入力

6 [次へ]をクリック

ログインが完了した

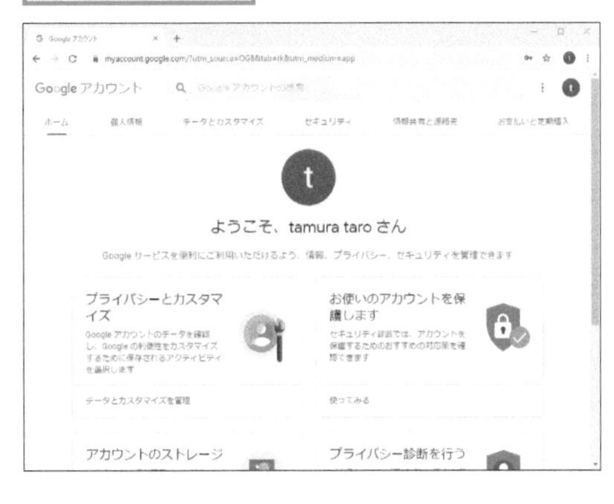

関連 Q003 Googleアカウントからログアウトしたい……P.24
関連 Q004 ログインしなくても使えるサービスを教えて！……P.24
関連 Q008 Google Chromeの同期機能からGoogleアカウントにログインするには……P.27

Q006 お役立ち度 ★★★

Google Chromeの同期を有効にするには

A アカウントの画面で有効化します

Google Chromeには、同じアカウントでログインしていれば、別のパソコンのGoogle Chromeでも同じブックマークなどが利用できる同期の機能が用意されています。複数のパソコンを使っている際に便利です。

1 ここをクリック

2 [同期を有効にする]をクリック

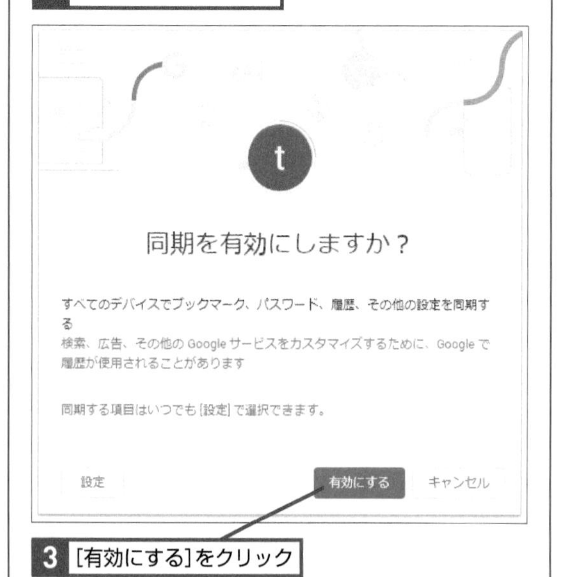

3 [有効にする]をクリック

Q007 お役立ち度 ★★★

Google Chromeの同期を無効にするには

A アカウント画面で無効にできます

同期を無効にすると、ブックマークなどの同期が行われなくなり、それぞれ個別の設定でGoogle Chromeを利用できます。個人用と業務用でパソコンを使い分けているなどといった際は、同期を無効にするとよいでしょう。

➡同期……P.264

1 ここをクリック

2 [同期は有効です] をクリック

Google の設定画面が表示された

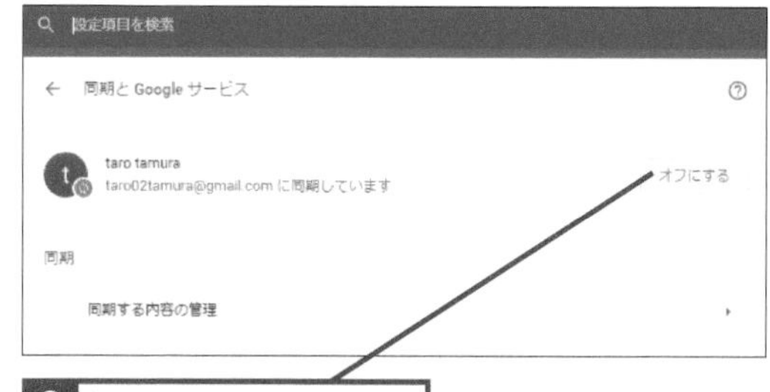

3 [オフにする]をクリック

[同期とカスタマイズをオフにしますか？] 画面が表示されるので[オフにする]をクリックする

関連 Q006 Google Chromeの同期を有効にするには………P.26
関連 Q008 Google Chromeの同期機能からGoogleアカウントにログインするには…………P.27

Q008 お役立ち度 ★★★

Google Chromeの同期機能からGoogleアカウントにログインするには

A アカウント画面で再度ログインできます

Google Chromeにアカウントが設定されている状態でGmailなどGoogleのサービスにアクセスし、そのサービス上でログアウトすると、アドレスバーの右に［:一時停止中］と表示され、同期が停止されます。この状態から同期を再開するには、以下の方法で操作します。これにより、Google Chromeに再度アカウントが設定され、改めて同期が行われるようになります。意図せず［:一時停止中］のアイコンが表示された場合は、この方法で元に戻しましょう。

1 ［同期が一時停止されています］をクリック

2 ［もう一度ログインする］をクリック

3 メールアドレスを確認

4 ［次へ］をクリック

5 パスワードを入力

6 ［次へ］をクリック

Google Chromeにログインできた

Google アカウントにも自動的にログインされる

関連 Q005 Googleアカウントにログインするには……………P.25
関連 Q006 Google Chromeの同期を有効にするには………P.26
関連 Q007 Google Chromeの同期を無効にするには………P.26

Q009 お役立ち度 ★★★

よく見るWebサイトに素早くアクセスするには

A Webサイトをブックマークに登録すれば、素早くアクセスできます

多くのWebブラウザと同様、Google Chromeにもブックマークの機能が用意されています。頻繁にアクセスするWebサイトをブックマークに登録しておけば、URLを入力したり検索したりすることなく、素早くそのWebサイトにアクセスできるので便利です。またGoogle Chromeには、アドレスバーの下にブックマークしたWebサイトを表示する、「ブックマークバー」の機能もあります。このブックマークバーにWebサイトを登録すれば、いちいちメニューを開かずに済むので便利です。 ➡ブックマーク……P.264

●ブックマークバーへの追加

ブックマークバーへ追加するWebページを表示しておく

1 [このタブをブックマークに追加]をクリック

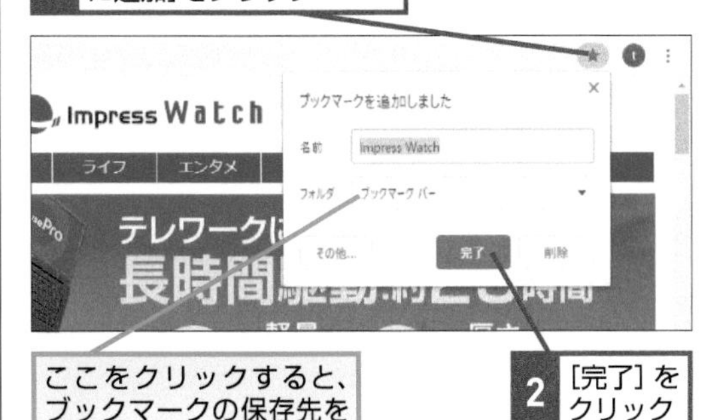

ここをクリックすると、ブックマークの保存先を変更できる

2 [完了]をクリック

表示していたWebページがブックマークバーへ追加される

●ブックマークバーからの削除

ブックマークから削除するWebページを表示しておく

1 [このタブのブックマークを編集]をクリック

2 [削除]をクリック

●ブックマークバーの表示

1 [Google Chromeの設定]をクリック

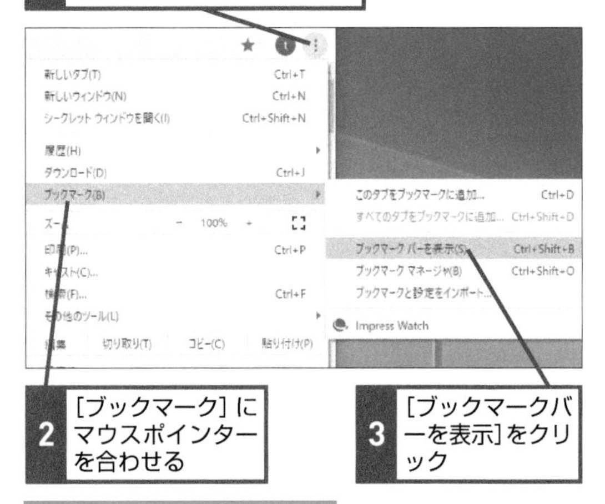

2 [ブックマーク]にマウスポインターを合わせる

3 [ブックマークバーを表示]をクリック

ブックマークバーに追加したブックマークが表示された

Q010 お役立ち度 ★★★

複数のWebサイトをまとめてブックマークするには

A タブをまとめて登録できます

Google Chromeでは、表示しているタブのWebサイトをまとめてブックマークする機能があります。この方法で作成したブックマークは、新しく作るフォルダの中にまとめて保存されるので、分かりやすいフォルダ名を設定しましょう。 ➡タブ……P.263

ブックマークに追加するWebページをすべて表示しておく

1 [Google Chromeの設定]をクリック

2 [ブックマーク]にマウスポインターを合わせる

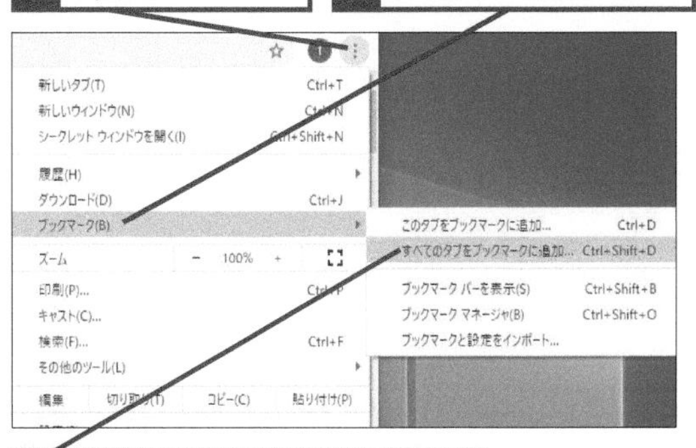

3 [すべてのタブをブックマークに追加]をクリック

4 フォルダの名前を入力

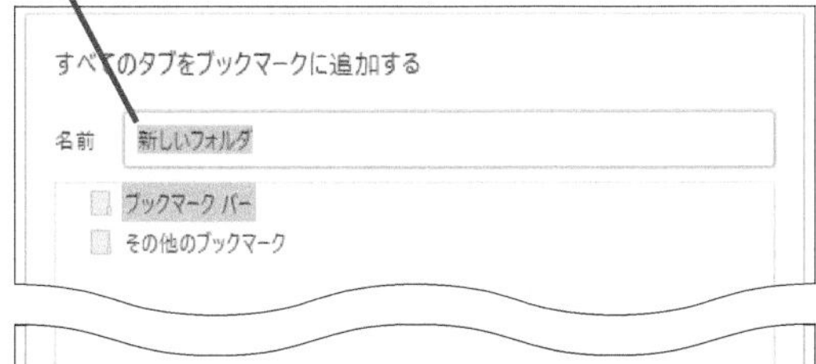

5 [保存]をクリック

関連 Q009 よく見るWebサイトに素早くアクセスするには……P.28
関連 Q011 ブックマークを整理するには……P.29

Q011 お役立ち度 ★★★

ブックマークを整理するには

A ブックマークマネージャを使います

ブックマークマネージャを利用すると、ブックマークを別のフォルダに移動したり、不要になったブックマークを削除したりすることが可能です。また画面上に表示される名前を変更できるほか、URLを書き換えるといったこともできます。

1 [Google Chromeの設定]をクリック

2 [ブックマーク]にマウスポインターを合わせる

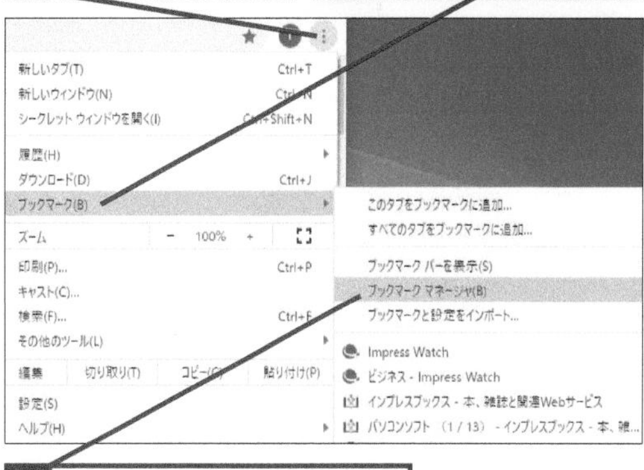

3 [ブックマークマネージャ]をクリック

[ブックマークマネージャ]が表示された

[管理]をクリックするとブックマークの追加や削除ができる

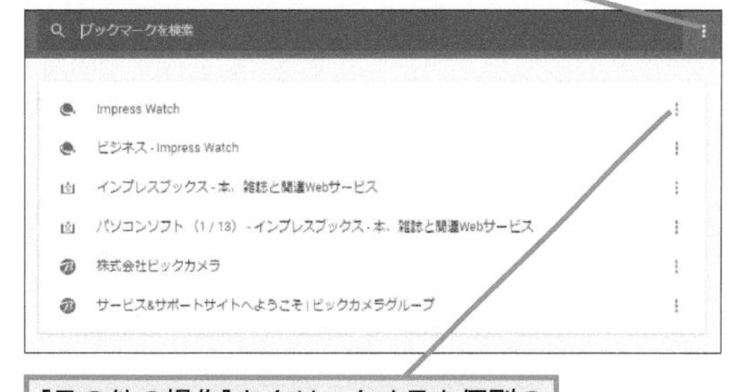

[その他の操作]をクリックすると個別のブックマークを編集できる

関連 Q009 よく見るWebサイトに素早くアクセスするには……P.28
関連 Q010 複数のWebサイトをまとめてブックマークするには……P.29

Q012 お役立ち度 ★★★

保存したブックマークをグループでまとめたい

A フォルダを作成して分類します

ブックマークマネージャを利用すれば、新たにフォルダを作成し、そこにブックマークを移動することができます。ブックマークの種類が増えたので整理したいといったとき、この方法でカテゴリごとなどで分類すればよいでしょう。

ワザ011を参考に［ブックマークマネージャ］を表示しておく

1 ［管理］をクリック

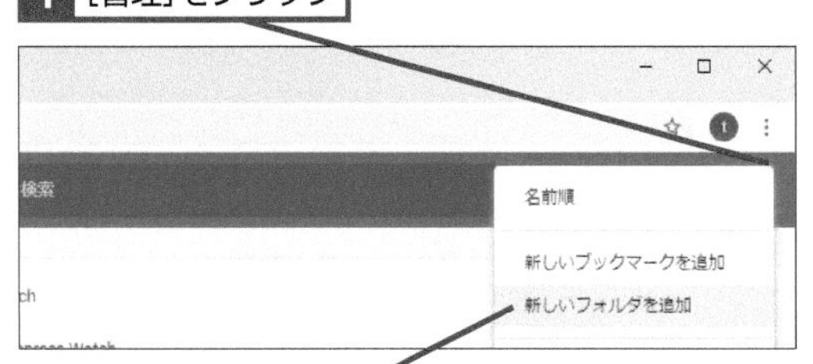

2 ［新しいフォルダを追加］をクリック

3 フォルダ名を入力

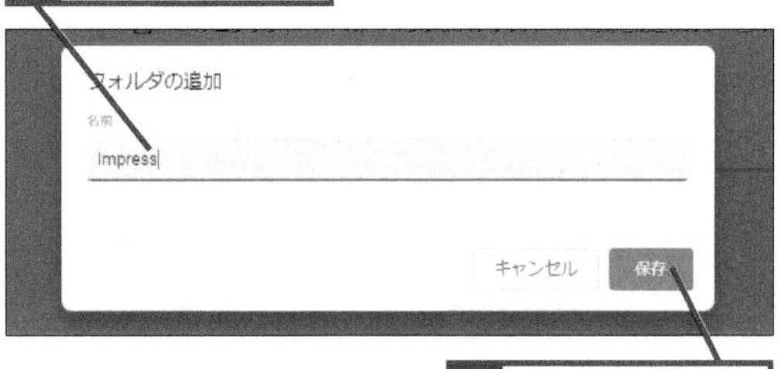

4 ［保存］をクリック

フォルダが追加された

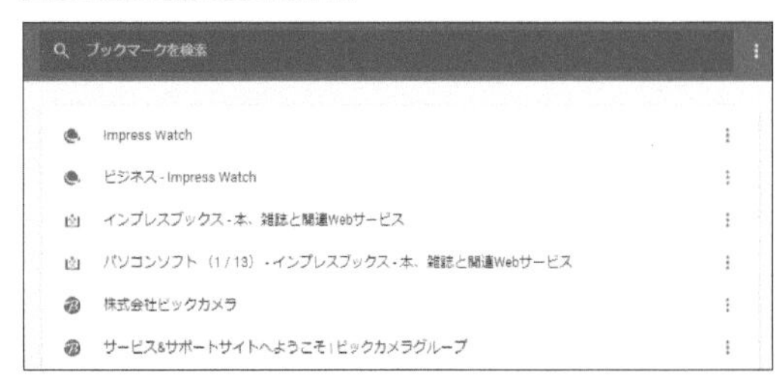

ブックマークをドラッグアンドドロップでフォルダに追加できる

Q013 お役立ち度 ★★★

ブックマークの内容を変更したい

A ブックマークマネージャで変更します

ブックマークマネージャでは、それぞれのブックマークの名前やURLを編集することが可能です。たとえばWebサイトの名前が長くて分かりづらいなどといった際、この仕組みを使うことで短く分かりやすい名前に変更できます。

ワザ011を参考に［ブックマークマネージャ］を表示しておく

1 ブックマークをクリック

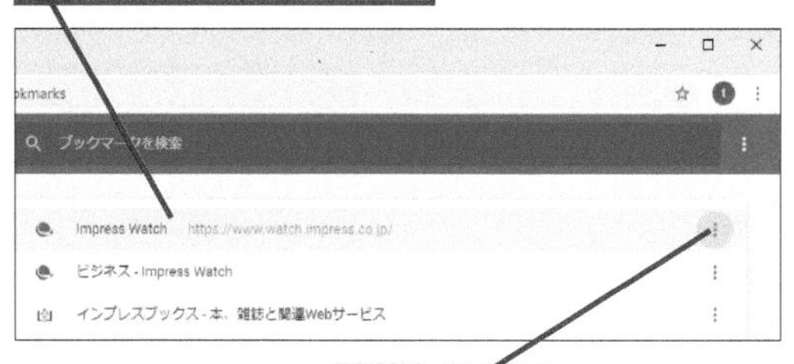

2 ［その他の操作］をクリック

3 ［編集］をクリック

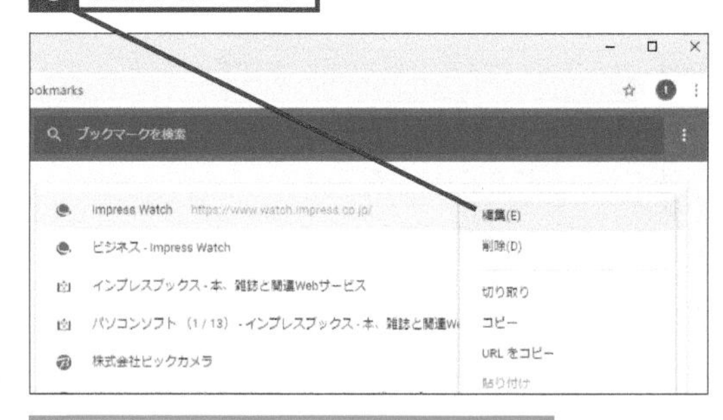

ブックマークの名前やURLを編集できる

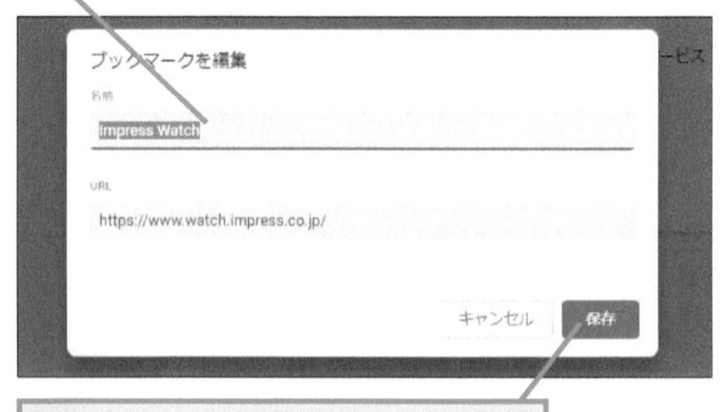

編集が完了したら［保存］をクリックする

Q014 お役立ち度 ★★★

ほかのWebブラウザのブックマークを使いたい

A ブックマークをインポートします

Google Chromeでは、同じパソコンにインストールされているMicrosoft EdgeやInternet Explorerの［お気に入り］を取り込むことができます。これにより、改めてGoogle Chromeでブックマークする手間を省けます。なお、HTML形式で保存されたブックマークをインポートするには、ワザ015の操作2で［ブックマークをインポート］をクリックします。

1 ［Google Chromeの設定］をクリック

2 ［ブックマーク］にマウスポインターを合わせる

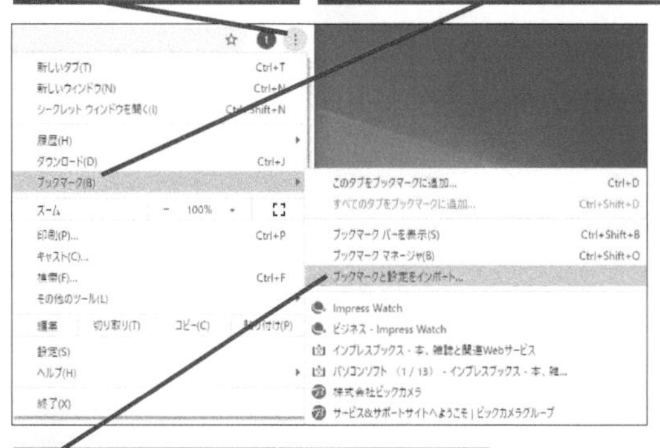

3 ［ブックマークと設定をインポート］をクリック

4 ブックマークを複製したいブラウザを選択

5 ここにチェックマークが付いているか確認

6 ［インポート］をクリック

関連 Q011 ブックマークを整理するには……P.29
関連 Q015 ブックマークをHTML形式で保存したい……P.31

Q015 お役立ち度 ★★★

ブックマークをHTML形式で保存したい

A ブックマークをエクスポートします

Google Chromeでは、ブックマークしたWebサイトの一覧をHTML形式で保存することが可能です。トラブルに備えてブックマークをバックアップしておきたいなどといった際には、この方法でエクスポートしておきましょう。 ➡エクスポート……P.261

ワザ011を参考に［ブックマークマネージャ］を表示しておく

1 ［管理］をクリック

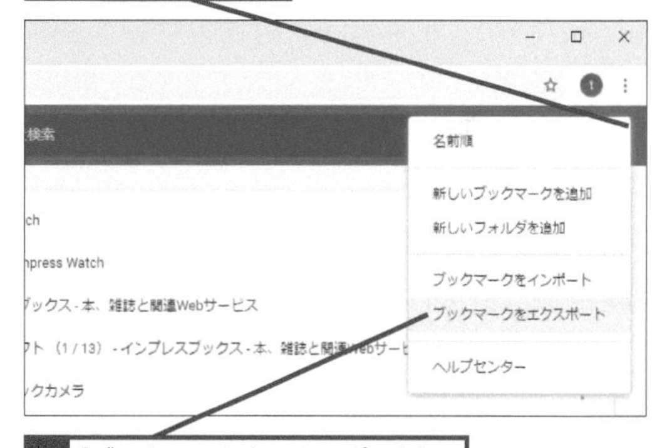

2 ［ブックマークをエクスポート］をクリック

3 任意のフォルダを選択

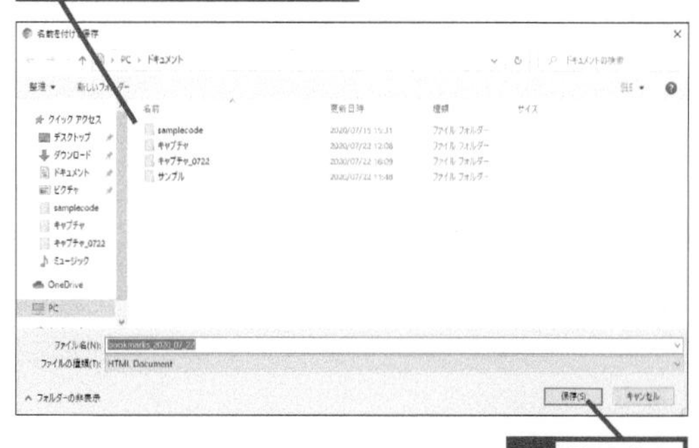

4 ［保存］をクリック

関連 Q011 ブックマークを整理するには……P.29
関連 Q014 ほかのWebブラウザのブックマークを使いたい……P.31

Q016 お役立ち度 ★★★

起動時に特定のページを開くには

A 設定で起動時に表示するページを指定することができます

Google Chromeの初期設定では、起動時に新しいタブが開き、Googleのロゴが中央に配置されたページが表示されます。この設定は変更することが可能で、特定のページを表示するように設定することが可能です。たとえば、Google Chromeを起動したときは、まず最初にニュースサイトにアクセスしてニュースをチェックしているといった場合、この仕組みを使って最初からニュースサイトを表示するように設定することが可能です。これにより、いちいちブックマークからニュースサイトを選んだり、URLを入力したりする手間が省けます。

また最初に表示するページは、「ページセット」として複数登録することも可能です。たとえば複数のニュースサイトを見たい、業務で頻繁に利用するWebサービスのページを表示しておくようにしたいといった場合は、最初のページを登録した後、さらに「新しいページを追加」を選んで、起動時に表示したいWebサイトを複数登録します。これにより、Google Chromeが起動した際、登録した複数のWebサイトがそれぞれ個別のタブで表示されるため、タブを切り替えるだけで素早くアクセスすることが可能です。

特定のWebサイトを開くのではなく、前回の終了時に表示していたWebサイトを再現することも可能で、その場合は「前回開いていたページを開く」を選択します。複数のタブを開いて終了した場合でも、それぞれのタブの内容が再現されます。

1 [Google Chromeの設定]をクリック

2 [設定]をクリック

[設定]画面が表示された

3 起動時をクリック

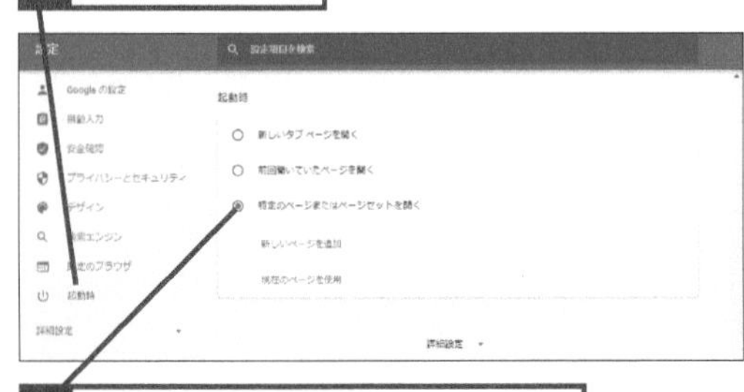

4 [特定のページまたはページセットを開く]をクリック

5 URLを入力

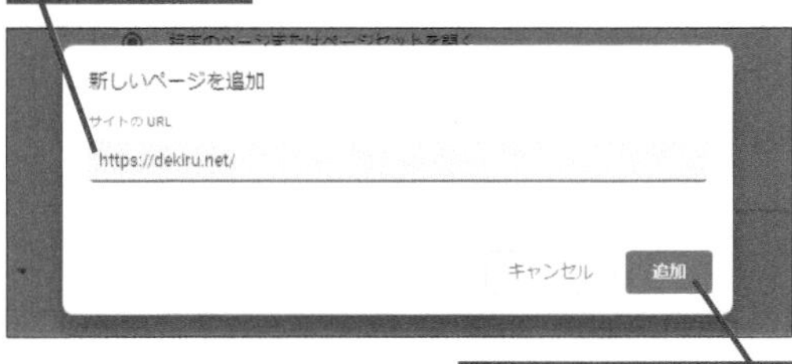

6 [追加]をクリック

7 Google Chromeを再起動する

指定したWebページが開いた

Q017 お役立ち度★★★

Webページの文字が小さくて見づらい

A 拡大表示で読みやすくなります

文字や画像などのコンテンツも含めたWebページ全体の拡大と縮小が可能なほか、文字（フォント）の大きさだけを変更することもできます。それぞれの設定を1度試してみて、どちらの方が見やすいか確認するとよいでしょう。

●Webページ全体を拡大する

1 [Google Chromeの設定]をクリック

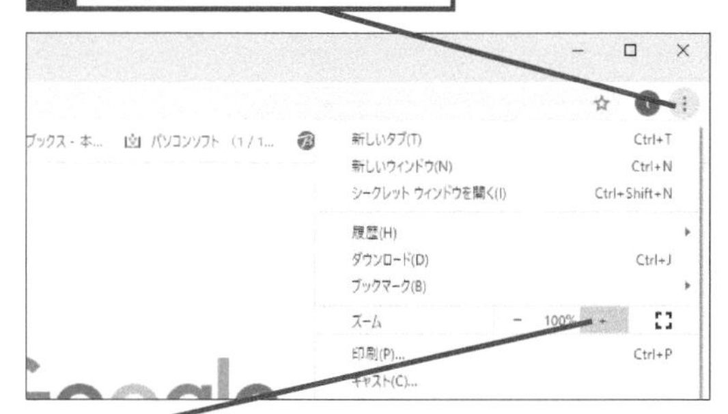

2 [+]をクリック

[-] をクリックすると表示を小さくできる

●文字のみを拡大する

ワザ016を参考に［設定］画面を表示しておく

1 [デザイン]をクリック

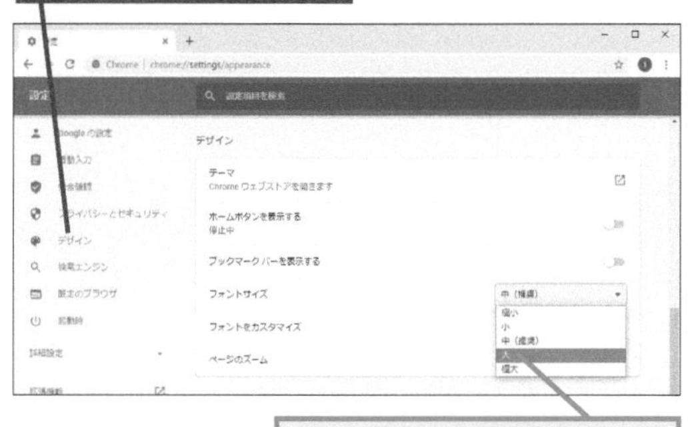

ここをクリックしてフォントの大きさを変更できる

Q018 お役立ち度★★★

Webページ内を検索するには

A ページ内の文字を対象に検索できます

文章が長いWebサイトの場合、目的の情報がどこにあるのか判断しづらいケースがあります。その際に役立つのがWebページ内の検索で、キーワードを入力すると、それに該当する語句がハイライト表示されるので、見たい情報を素早く探せます。なおショートカットキーを使う場合はCtrl+Fキーで検索できます。

1 [Google Chromeの設定]をクリック

2 [検索]をクリック

3 検索したい語句を入力

表示しているWebページに検索した語句がいくつあるか表示される

該当する語句がハイライト表示される

Q019 お役立ち度 ★★★

以前に見たWebページを探すには

A 履歴の機能を利用します

Google Chromeには過去にアクセスしたWebサイトを確認できる、履歴の機能が用意されています。昨日見たWebサイトにもう1度アクセスしたいなどといった際に便利です。なお履歴を表示したページで、キーワードなどで検索することも可能です。

1 [Google Chromeの設定]をクリック

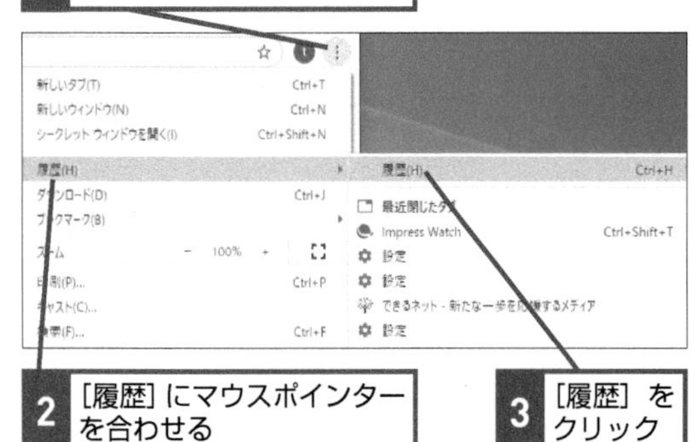

2 [履歴]にマウスポインターを合わせる

3 [履歴]をクリック

[履歴]画面が表示された

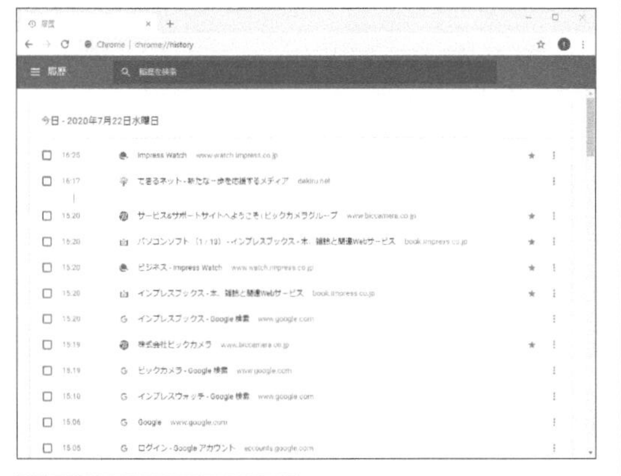

日付で履歴を参照できる

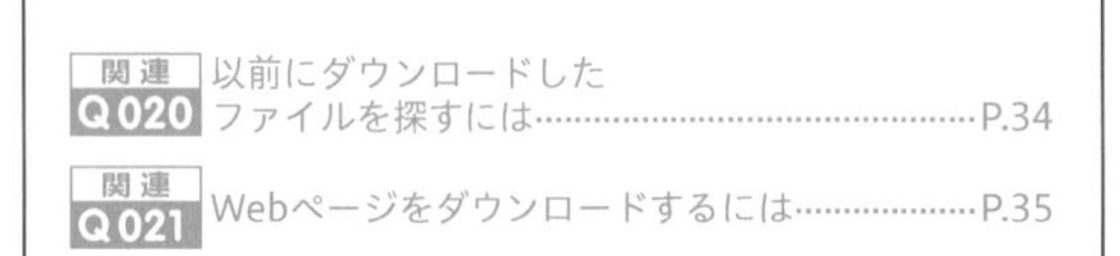
関連 Q020 以前にダウンロードしたファイルを探すには……P.34
関連 Q021 Webページをダウンロードするには……P.35

Q020 お役立ち度 ★★★

以前にダウンロードしたファイルを探すには

A ダウンロード画面で確認できます

ダウンロードしたファイルの履歴を表示する機能を使えば、以前にダウンロードしたファイルを確認することが可能です。また、ダウンロードしたときと同じフォルダにファイルが残っていれば、ダウンロード画面からファイルを開くこともできます。さらにダウンロード画面でも検索することが可能で、ファイル名や、ファイルをダウンロードしたWebサイトのURLを対象に検索することができるので、たとえば「あのWebサイトでダウンロードしたファイルをもう1度見たい」といった場合でも、すぐにファイルを探し出せます。

1 [Google Chromeの設定]をクリック

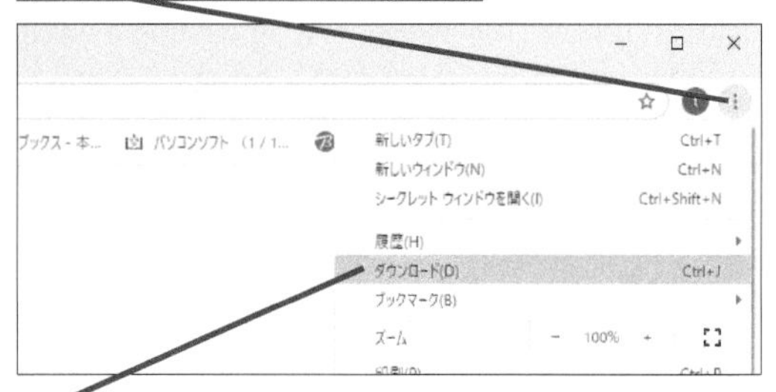

2 [ダウンロード]をクリック

[ダウンロード]画面が表示された

[その他の操作]をクリックするとダウンロードしたフォルダを開くことができる

Q021 お役立ち度 ★★★

Webページをダウンロードするには

A アクセスしたWebサイトの内容をファイルとして保存できます

有益な情報が掲載されているWebサイトを見つけたが、その後アクセスするといつの間にかページが削除されていた、あるいはコンテンツが書き換えられたなどといった経験を持つ人は多いでしょう。そうした場合に備えて利用したいのが、Webページのダウンロードです。この機能を利用すれば、Webページの内容を画像も含めてファイルとして保存することが可能で、保存したファイルをダブルクリックすれば、いつでもGoogle Chromeで保存した内容を参照することができます。 ➡ダウンロード……P.263

●Webページをダウンロードする

1 [Google Chromeの設定]をクリック

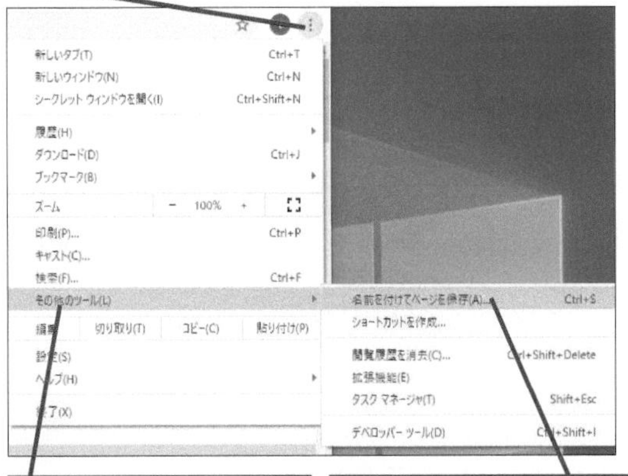

2 [その他のツール]にマウスポインターを合わせる

3 [名前を付けてページを保存]をクリック

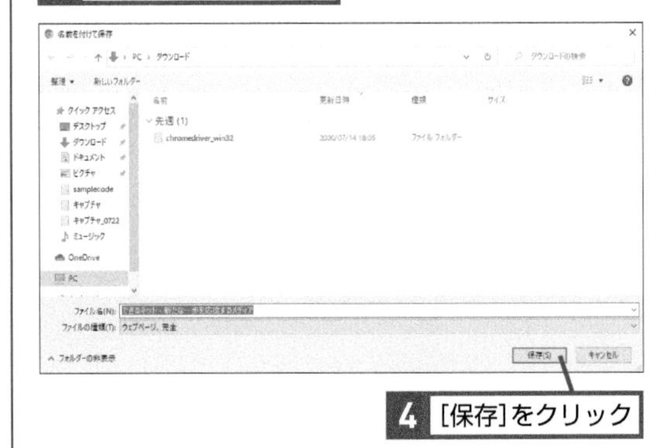

4 [保存]をクリック

●ダウンロードしたWebページをChromeで表示する

1 Ctrl＋Oキーを押す

[開く]画面が表示された

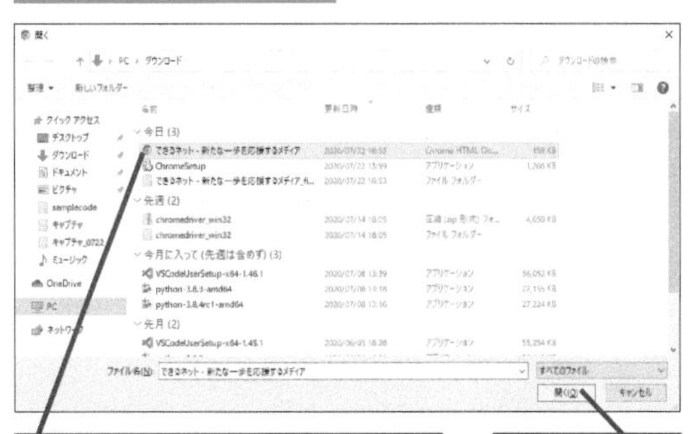

2 保存したWebページのHTMLファイルをクリック

3 [開く]をクリック

ダウンロードしたWebページが表示された

関連 Q019 以前に見たWebページを探すには……P.34
関連 Q020 以前にダウンロードしたファイルを探すには……P.34

Google Chromeをさらに便利に使うワザ

Google Chromeは多機能なWebブラウザで、ここまでで紹介したワザ以外にも、便利な機能が数多く用意されています。ここでは、その中でもぜひ使い方を覚えておきたいワザを解説します。

Q022　お役立ち度 ★★★

履歴を残さずにWebサイトを利用するには

動画で見る

A シークレットモードを利用します

シークレットモードを利用すると、閲覧履歴やCookieとサイトデータ、フォームに入力した情報をパソコンに保存せずにWebサイトにアクセスすることが可能になります。これにより、パソコンに履歴を残さずにWebサイトにアクセスできます。ただ完全に匿名でアクセスできるわけではなく、訪問先のWebサイトや、企業のネットワークを使っている場合にはその企業のサーバーなどにアクティビティが記録される可能性があるので注意しましょう。

➡アクティビティ……P.260

1 [Google Chromeの設定] をクリック

2 [シークレットウィンドウを開く] をクリック

シークレットモードが起動した

STEP UP! サードパーティの Cookieとは

Webサイトによっては、アクセスした際に何らかの情報をユーザーのパソコンに保存することがあります。このようにWebサイトから発行される情報を「Cookie」と呼びます。さらにCookieには、「ファーストパーティ Cookie」と「サードパーティ Cookie」の2つの分類があります。ファーストパーティ Cookieはアクセスしたwebサイトが発行したCookie、サードパーティ Cookieはそれ以外のサイトから発行されたCookieです。サードパーティ Cookieは、主に広告配信を目的に利用されます。

Q023 お役立ち度 ★★★

リンク先を新しいタブで表示するには

A Ctrlキーを押しながらリンクをクリックします

Webサイトを閲覧しているとき、元のページはそのまま表示しつつ、そこでリンクされたWebサイトにアクセスしたいことがあります。このとき、以下のように操作すれば元のページを残したまま、新しいタブにリンク先を表示できます。 ➡タブ……P.263

1 Ctrlキーを押しながらリンクをクリック

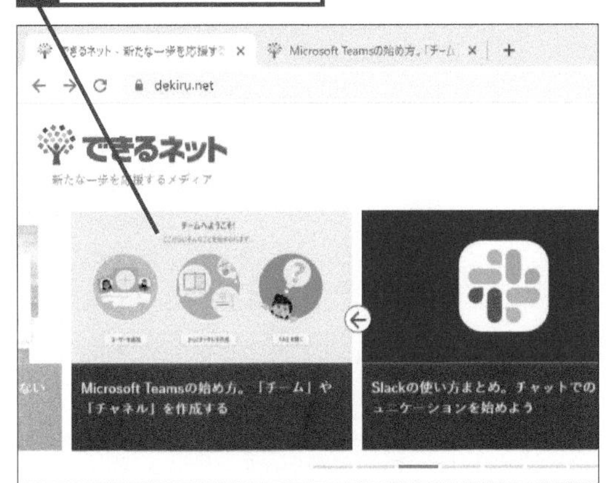

リンク先が新しいタブで表示された

2 新しいタブをクリック

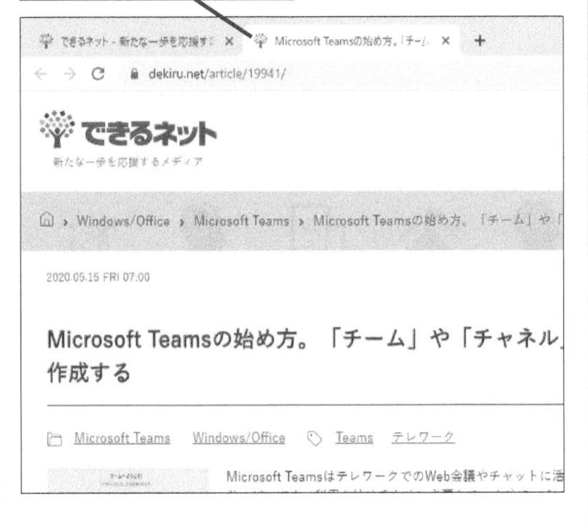

Q024 お役立ち度 ★★★

間違えて閉じたタブを再表示するには

A ［履歴］から開けます

Google Chromeなら、間違えてタブを閉じた場合でも慌てる必要はありません。過去の履歴から、直前まで表示していたWebサイトを素早く再表示することが可能です。タブを間違えて閉じたときに慌てないように、このワザを覚えておきましょう。なおショートカットキーを使う場合はCtrl＋Shift＋Tキーで再表示できます。 ➡タブ……P.263

1 ［Google Chromeの設定］をクリック

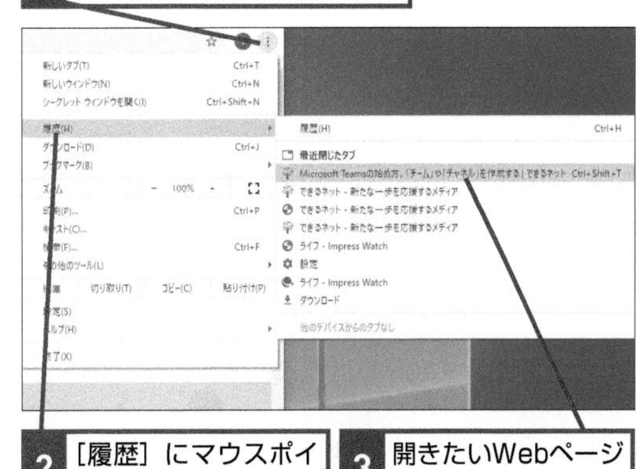

2 ［履歴］にマウスポインターを合わせる

3 開きたいWebページをクリック

Webページが再表示された

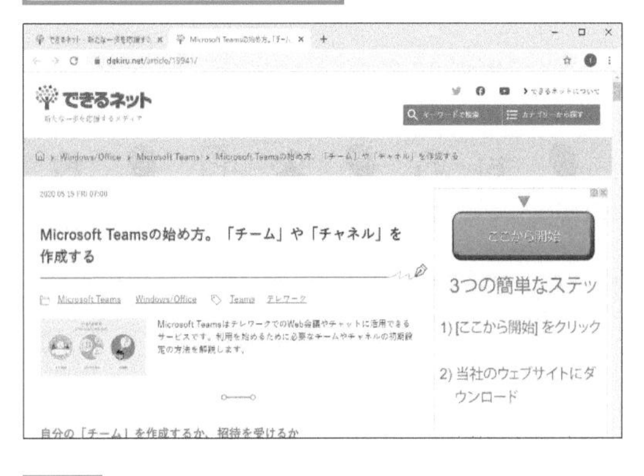

関連 Q019 以前に見たWebページを探すには……P.34
関連 Q022 履歴を残さずにWebサイトを利用するには……P.36
関連 Q025 キーボードだけでGoogle Chromeを操作するには……P.38

Q025　お役立ち度 ★★★

キーボードだけでGoogle Chromeを操作するには

A 数多くのショートカットキーがあります

Google Chromeを使って効率的にWebサイトにアクセスするために、積極的に活用したいのがショートカットキーです。タブの操作やスクロール、検索、あるいはChromeの機能の利用など、さまざまな種類のショートカットキーが用意されています。たとえばタブ操作のショートカットキーを覚えれば、現在見ているタブを素早く閉じたり、マウスを使わずに別のタブを表示するなどといったことが可能になり、Webサイトを閲覧する際の効率が大幅に向上します。

●タブ操作に便利

操作内容	ショートカットキー
タブを開く	Ctrl+T
タブを閉じる	Ctrl+W
閉じたタブを開く	Ctrl+Shift+T
次のタブに移動する	Ctrl+Tab
前のタブに移動する	Ctrl+Shift+Tab
特定のタブに移動する	Ctrl+1～8
最後のタブに移動する	Ctrl+9

●流し読みに便利

操作内容	ショートカットキー
ページをスクロールする	space

●検索に便利

操作内容	ショートカットキー
アドレスバーにカーソルを移動	Ctrl+L、Alt+D、F6のいずれか
新しいタブを開いてGoogle検索を実行する	Alt+Enter

●Chromeの機能を使いこなす

操作内容	ショートカットキー
ブックマークに追加	Ctrl+D
ブックマークバーを表示/非表示にする	Ctrl+Shift+B
シークレットウィンドウを開く	Ctrl+Shift+N
Chromeを終了する	Ctrl+Shift+Q

Q026　お役立ち度 ★★★

Webサイトの音を消したい

A タブ単位で音を消せます

昨今では動画コンテンツを掲載するWebサイトが増えたため、Google Chromeを使っていると突然音が鳴り始めることがあります。多くの場合、Webサイトの動画コンテンツの表示エリアなどに音量を調整するボタンなどが用意されていますが、Google Chrome上で音を消すことも可能です。

➡タブ……P.263

●音声が鳴るWebページで音を消す

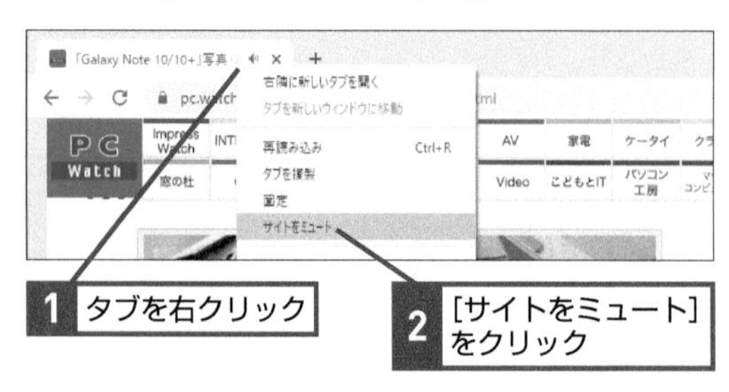

●音声が鳴るWebページで音を出す

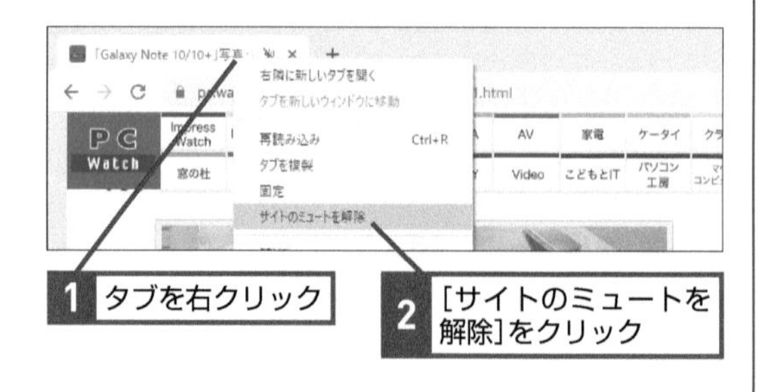

Q027 お役立ち度 ★★★

閲覧履歴を削除するには

A 個別、またはまとめて履歴を削除できます

過去に閲覧したWebサイトの履歴を削除する方法として、Google Chromeでは選択した履歴を個別に削除する方法と、過去の履歴をすべて削除する方法の2種類が用意されています。状況に応じて使い分けるとよいでしょう。

なお、過去の閲覧履歴をすべて削除する場合、期間を選択することも可能です。[1時間以内] や [過去24時間]、[過去7日間] など期間を指定することが可能なほか、Cookieなどのデータやキャッシュとして保存された画像やファイルも同時に削除することも可能です。さらに[詳細設定]タブに切り替えると、ダウンロードの履歴や保存したパスワード、自動入力のために保存されたフォームのデータなど、さらに細かく削除するデータを指定することができます。

●個別の閲覧履歴を削除する

ワザ019を参考に[履歴]画面を表示しておく

1 削除する履歴のここをクリック

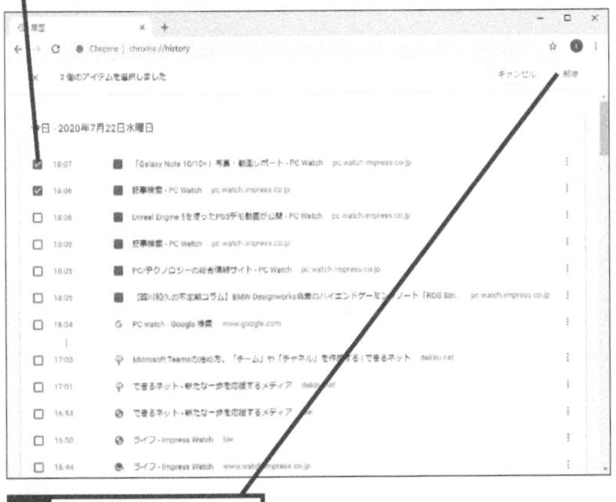

2 [削除]をクリック

関連 Q019 以前に見たWebページを探すには ……………………P.34

関連 Q022 履歴を残さずにWebサイトを利用するには ……P.36

●閲覧履歴をすべて削除する

ワザ016を参考に[設定]画面を表示しておく

1 [プライバシーとセキュリティ] をクリック

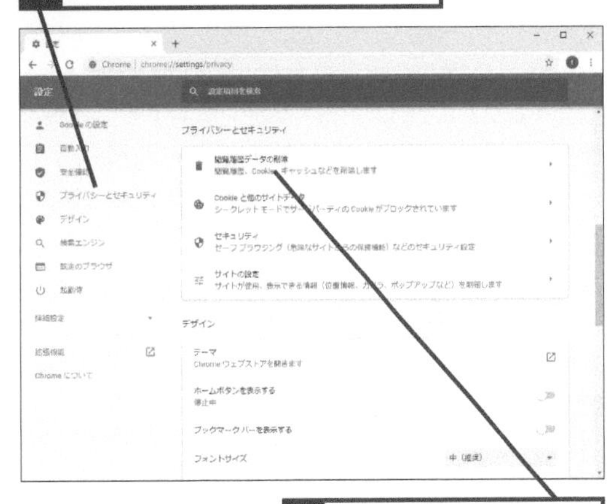

2 [閲覧履歴データの削除] をクリック

[閲覧履歴データの削除] 画面が表示された

3 ここをクリックして期間を設定

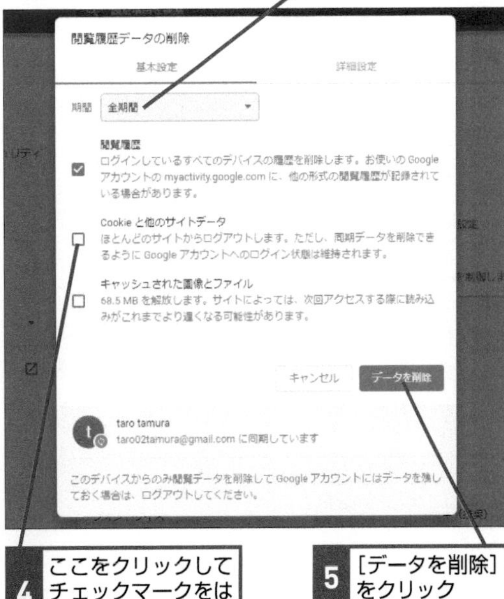

4 ここをクリックしてチェックマークをはずす

5 [データを削除] をクリック

Q028 お役立ち度 ★★★

検索エンジンを変更するには

A ほかの検索エンジンも利用可能

アドレスバーに文字を入力して検索した場合、標準ではGoogle検索で検索した結果が表示されますが、それ以外の検索エンジンを使うように設定することもできます。たとえば以前から検索にはYahoo！ JAPANを利用しているといった場合、検索エンジンとしてYahoo！ JAPANを選択すれば、Google ChromeからダイレクトにYahoo！ JAPANで検索することが可能になります。Google以外の検索エンジンを使いたい場合は、この仕組みを使って検索エンジンを設定しましょう。

➡検索エンジン……P.262

ワザ016を参考に[設定]画面を表示しておく

1 [検索エンジン]をクリック

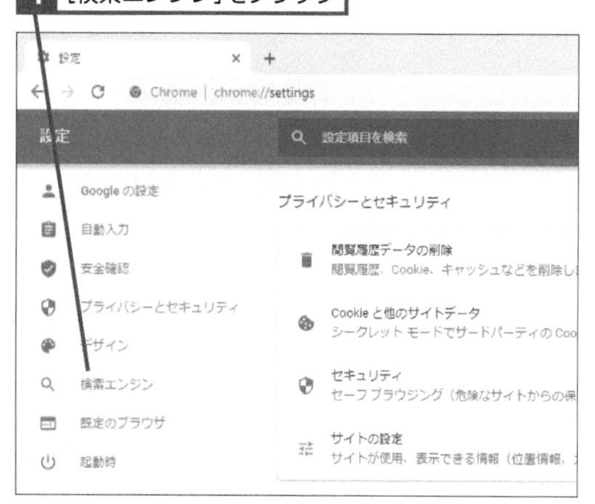

2 [Google]をクリック

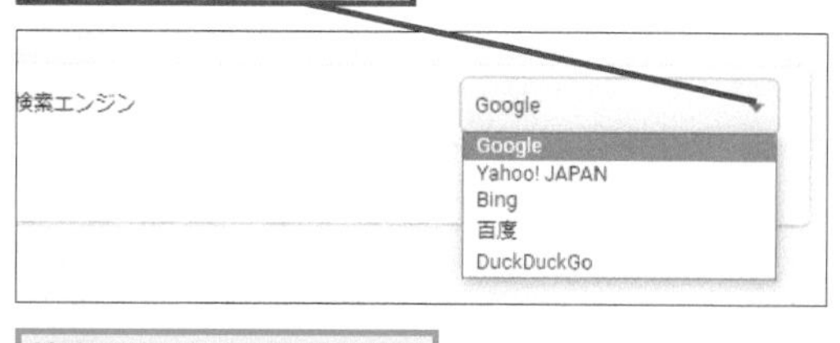

検索エンジンを変更できる

Q029 お役立ち度 ★★★

検索エンジンを追加するには

A 好きな検索エンジンを追加できる

AmazonやWikipediaなど、好きな検索エンジンをGoogle Chromeに追加することもできます。登録すると、アドレスバーに指定したキーワードを入力して[Tab]キーを押し、キーワードを入力すれば検索することができます。

➡Wikipedia……P.260

ワザ016を参考に[設定]画面を表示しておく

1 [検索エンジン]をクリック

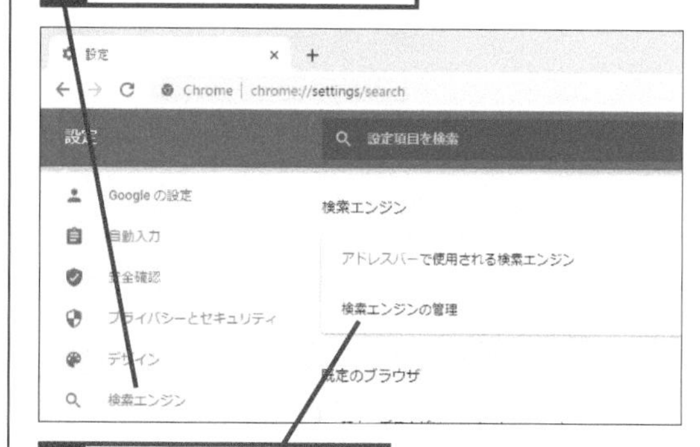

2 [検索エンジンの管理]をクリック

3 [追加]をクリック

URLなどを入力して検索エンジンを追加できる

Q030 お役立ち度 ★★★

パスワードを自動入力するには

A パスワードを保存しておこう

アクセスしたWebサイトでユーザー名とパスワードを入力すると、それらを保存するか尋ねる画面が表示されます。ここで［保存］をクリックすれば、次からはGoogle Chromeが自動的に入力してくれるようになります。

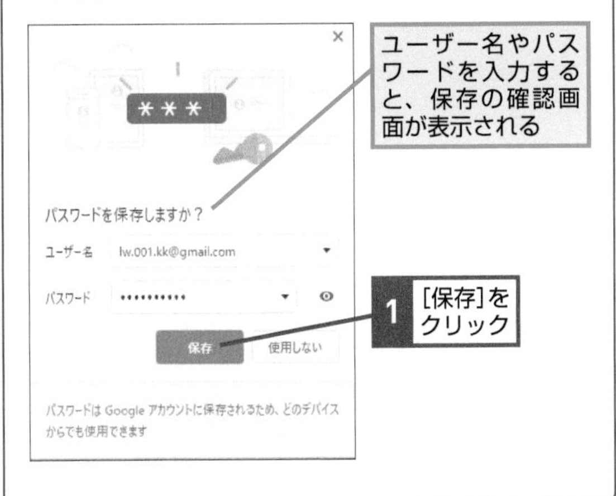

ユーザー名やパスワードを入力すると、保存の確認画面が表示される

1 ［保存］をクリック

STEP UP! パスワードを強力にするには

パスワードは本人を確認するための極めて重要な情報であるため、第三者に知られないように管理する必要があるのはもちろん、誕生日や電話番号など、簡単に第三者が推察することができる単純なパスワードは避けなければなりません。アカウントなどのセキュリティを安全に保つために、できるだけ長いパスワードにする、大文字と小文字、数字、記号など複数の文字種を使う、辞書に載っている単語は使わないなど、複雑なパスワードを設定することを心がけましょう。ただ長くて複雑なパスワードは覚えるのが大変なことも事実です。そこで活用したいのがGoogle Chromeのパスワードを保存する仕組みです。Google Chromeに保存しておけばパスワードを覚える必要はないため、長くて複雑なパスワードを設定しても困ることはほとんどありません。積極的にこの仕組みを利用しましょう。

Q031 お役立ち度 ★★★

保存されているパスワードを表示するには

A 設定画面で確認できます

Google Chromeで保存したパスワードは、設定画面で確認することができます。ただ第三者による盗み見を防ぐため、パスワードを表示するにはWindowsにログインする際のパスワード、あるいはPINを入力する必要があります。

ワザ016を参考に［設定］画面を表示しておく

1 ［自動入力］をクリック

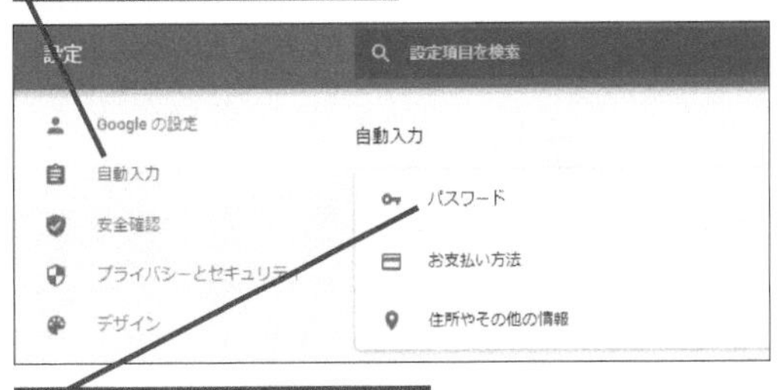

2 ［パスワード］をクリック

3 ［パスワードを表示］をクリック

［Windowsセキュリティ］画面が表示された

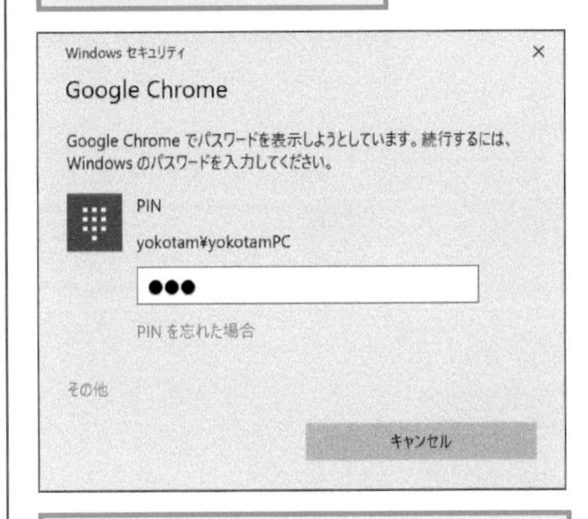

PINを入力するとパスワードを表示できる

Q032 お役立ち度 ★★★

いつも表示しているWebページをタブに固定するには

A タブを右クリックして［固定］を選びます

タブを固定しておくと、つねに左端にコンパクトに表示されるようになります。また固定したタブには［閉じる］ボタンがないため、誤ってタブを閉じてしまうこともありません。たとえば業務でよく利用するWebサービスをタブとして固定しておけば、必要な時にすぐさまアクセスすることが可能になり、効率的に作業できるようになります。 ➡タブ……P.263

1 タブを右クリック

2 ［固定］をクリック

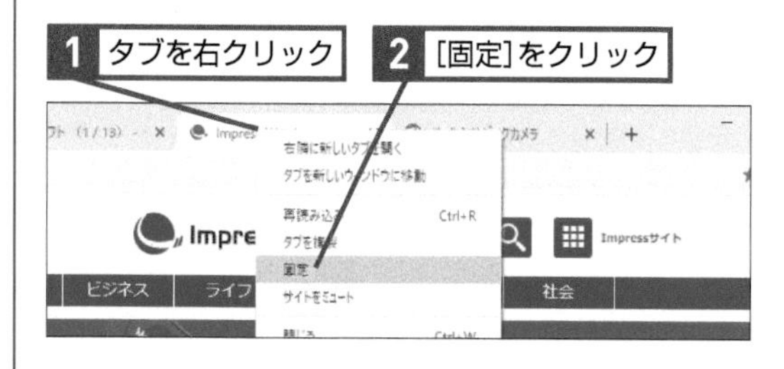

タブが固定された

Q033 お役立ち度 ★★★

テーマを変更するには

A 設定画面からテーマを変更できます

Google Chromeで利用できるテーマは数多く用意されており、好みや気分に合わせて変更することができます。公開されているテーマには、カラフルなものから動物やアニメをモチーフに利用したもの、黒をベースとした落ち着いたものなどさまざまな種類があり、それらを選んでいるだけでも楽しめるのではないでしょうか。また作業に煮詰まったとき、気分転換にテーマを変えるのもよいでしょう。 ➡テーマ……P.263

ワザ016を参考に、［設定］の画面を表示しておく

1 ［テーマ］のここをクリック

テーマの一覧が表示された

2 テーマのサムネイルをクリック

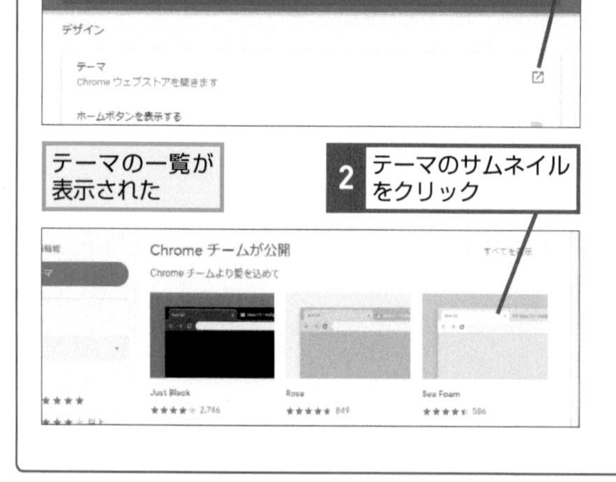

3 ［Chromeに追加］をクリック

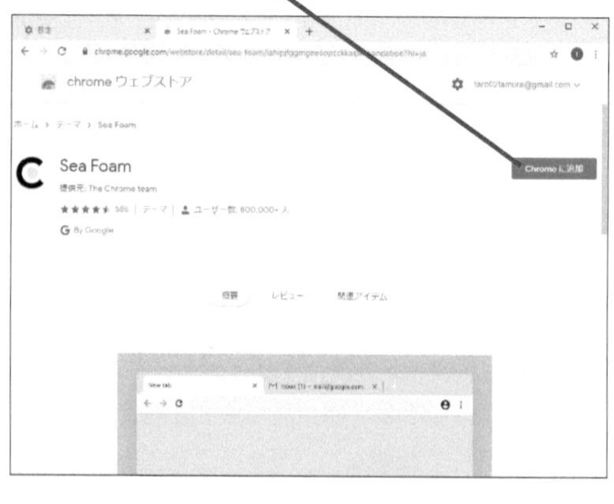

Q034 お役立ち度 ★★★

ファイルの保存場所を変更するには

A 任意のフォルダを指定できます

ダウンロードしたファイルの保存場所は、標準の状態ではWindowsのユーザーフォルダ内にある「ダウンロード」フォルダですが、それ以外の場所に保存するように設定することも可能です。必要に応じて変更しましょう。 ➡ダウンロード……P.263

ワザ016を参考に[設定]画面を表示しておく

1 [詳細設定] をクリック

2 [ダウンロード]をクリック

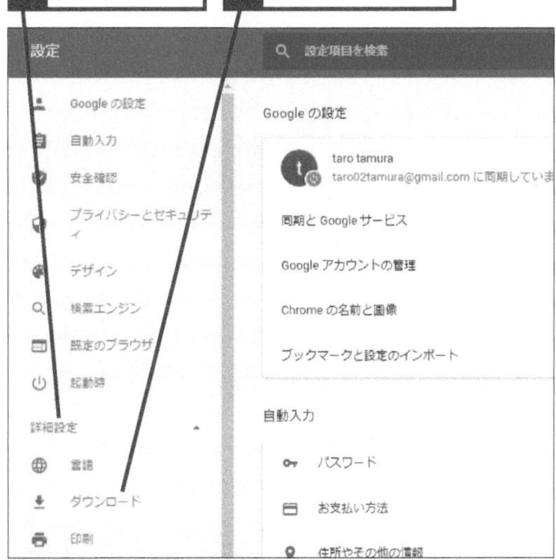

3 [変更]をクリック

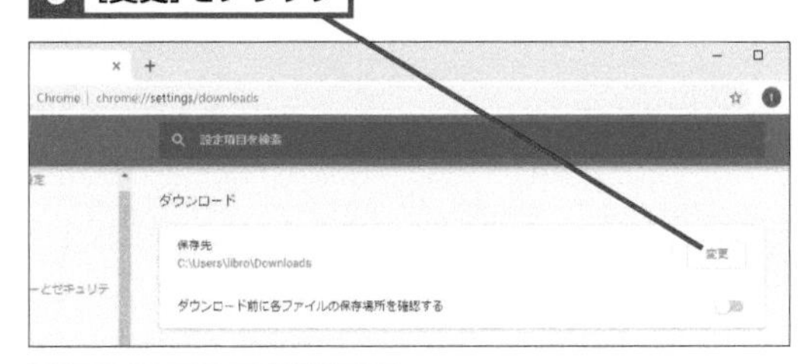

任意のフォルダを選べる

関連 Q016 起動時に特定のページを開くには……P.32
関連 Q021 Webページをダウンロードするには……P.35

Q035 お役立ち度 ★★★

複数のアカウントで利用するには

A 別アカウントを追加できます

Google Chromeでは、複数のアカウントを追加し、アカウントを切り替えて利用することが可能になっています。たとえば個人用と業務用でアカウントを使い分けているといった場合に、それぞれのアカウントをGoogle Chromeに設定しておくとよいでしょう。

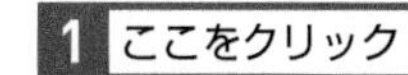
1 ここをクリック

2 [追加]をクリック

3 ユーザー名を入力

4 [追加]をクリック

表示された画面から他のアカウントでログインする

Q036　お役立ち度 ★★★

同期する内容を選択したい

A 必要なものだけ同期することができます

ほかのパソコンのGoogle Chromeとブックマークや設定などを同期する機能は便利ですが、場合によっては特定の項目だけを同期したい、この項目は同期させたくないといったケースもあるでしょう。Google Chromeでは、同期する項目を細かく指定することが可能です。

初期設定では［すべてを同期する］が有効になっていますが、［同期をカスタマイズする］を有効にすると、ブックマークや設定のほか、Google Chromeで利用しているアプリや拡張機能、履歴、テーマ、開いているタブ、パスワード、住所や電話番号などフォームに入力したデータ、Google Payの支払い方法や住所の各項目について、個別に同期の有効／無効を切り替えることができます。

この仕組みを利用すれば、たとえばブックマークは複数のパソコンで共通して利用したいが、設定はパソコンごとに個別に行いたいといったとき、ブックマークだけを同期するように設定するといったことが可能です。またパソコンの使い方によっては、パスワードだけを同期しないように設定したいといったことも考えられるでしょう。

特に同じアカウントで個人用のパソコンと業務用のパソコンのそれぞれでGoogle Chromeを使う際は、この設定を適切に行い、不必要な項目が同期されないように設定しておきましょう。

ワザ016を参考に［設定］画面を表示しておく

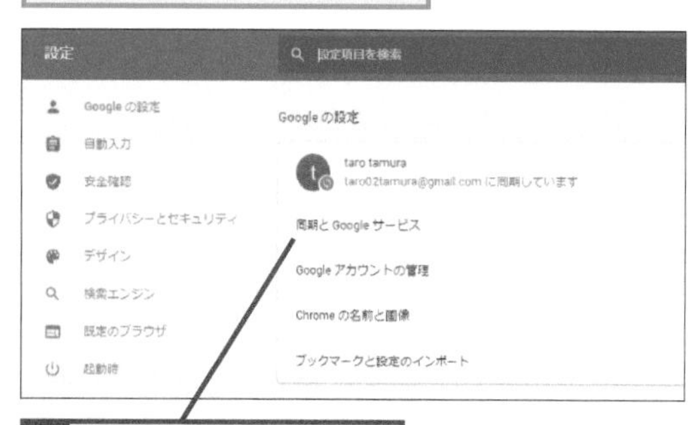

1 ［同期とGoogleサービス］をクリック

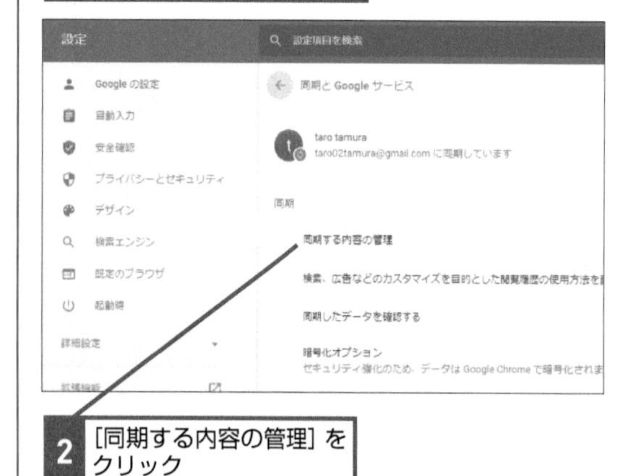

2 ［同期する内容の管理］をクリック

3 ［同期をカスタマイズする］をクリック

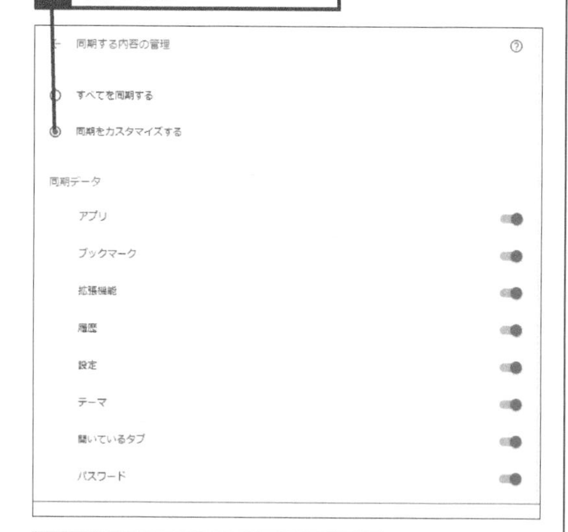

同期したい内容を個別に選択できる

関連 Q008 Google Chromeの同期機能から Googleアカウントにログインするには ……… P.27
関連 Q035 複数のアカウントで利用するには ……… P.43
関連 Q037 履歴やブックマークを一時的に使えなくするには ……… P.45

Q037 お役立ち度 ★★★

履歴やブックマークを一時的に使えなくするには

A ゲストモードを利用します

ほかの人にGoogle Chromeを使ってもらうなどといった際、便利なのがゲストモードです。これを利用すれば、そのウィンドウではブックマークや履歴が見られなくなります。また、Webサービスに普段とは別の別のアカウントでログインしたいときにも便利です。

1 ここをクリック

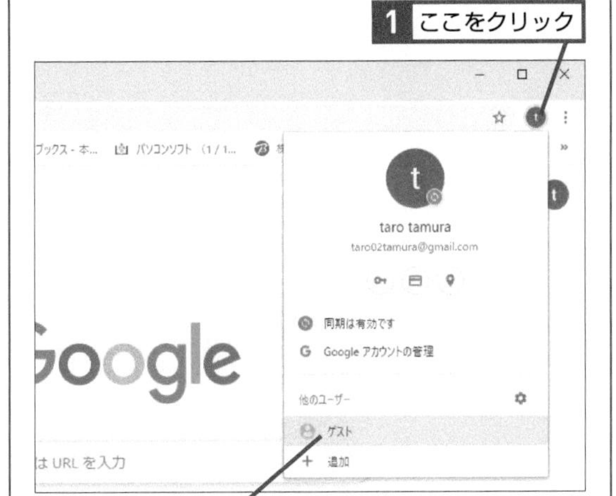

2 [ゲスト]をクリック

新しいウィンドウが表示された

ゲストモードで使用できる

関連 Q022 履歴を残さずにWebサイトを利用するには……P.36

関連 Q027 閲覧履歴を削除するには……P.39

関連 Q035 複数のアカウントで利用するには……P.43

Q038 お役立ち度 ★★★

重たいWebページを閉じたい

A タスクマネージャを利用します

Google Chromeには、各タブのメモリ消費量やCPUの利用量を確認できる、[タスクマネージャ] と呼ばれる機能があります。Google Chromeの動作が遅いと感じたとき、この機能を使ってメモリ消費量やCPUの利用量が多いタブを閉じてみましょう。

1 [Google Chromeの設定]をクリック

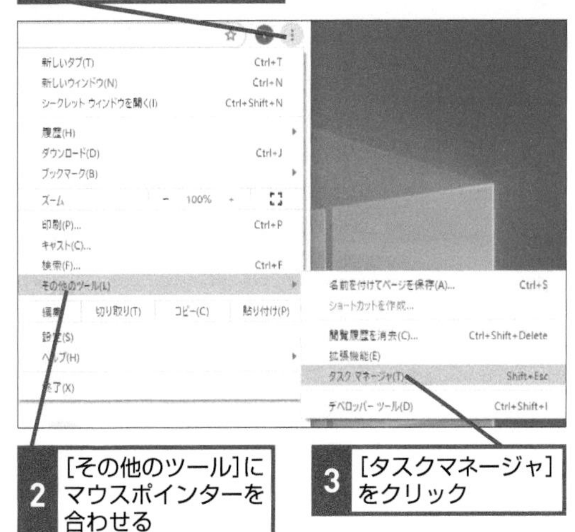

2 [その他のツール]にマウスポインターを合わせる

3 [タスクマネージャ]をクリック

[タスクマネージャ]画面が表示された

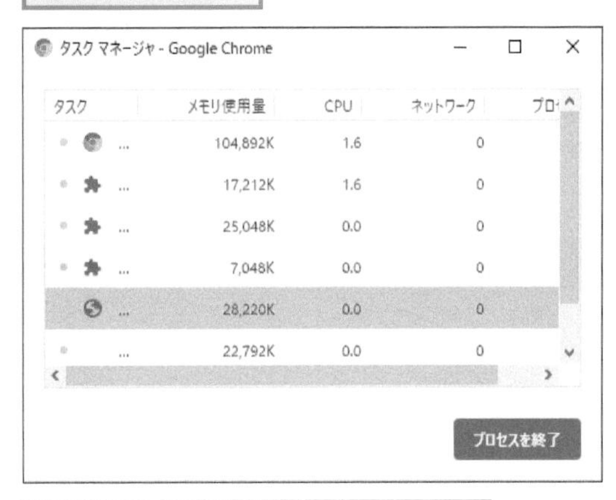

個別にページを選んで[プロセスの終了]で閉じることができる

拡張機能でGoogle Chromeをパワーアップする

Google Chromeには、さまざまな拡張機能を追加できる仕組みが用意されています。ここでは、拡張機能の追加方法や、特に便利な拡張機能を紹介していきます。

Q039　お役立ち度 ★★★

Chromeウェブストアを表示するには

A 拡張機能の画面からアクセスします

Google Chromeに拡張機能を追加するには、まずChromeウェブストアにアクセスする必要があります。下記の方法でアクセスすることができるほか、アドレスバーに直接URL（https://chrome.google.com/webstore/）を入力して表示することも可能です。

Chromeウェブストアには、Google自身が開発したもののほか、サードパーティ製の拡張機能も数多く用意されています。まずはどんな拡張機能が公開されているのかを調べてみましょう。また、拡張機能を紹介するWebサイトも数多くあります。

1 [Google Chromeの設定]をクリック

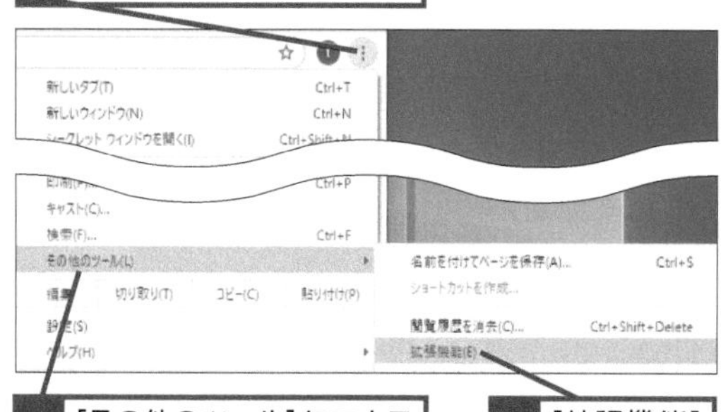

2 [その他のツール] にマウスポインターを合わせる

3 [拡張機能] をクリック

4 [メインメニュー] をクリック

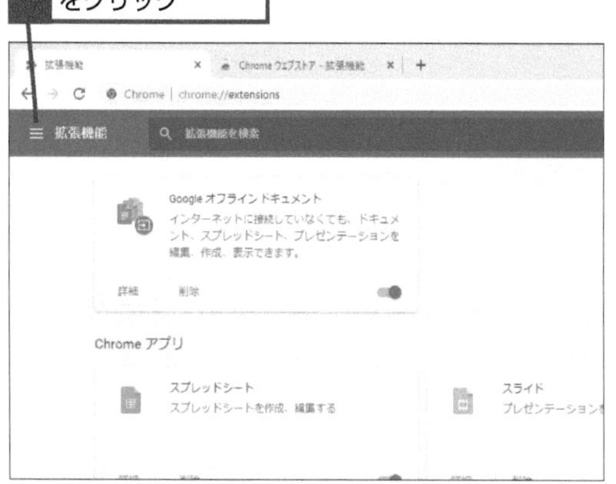

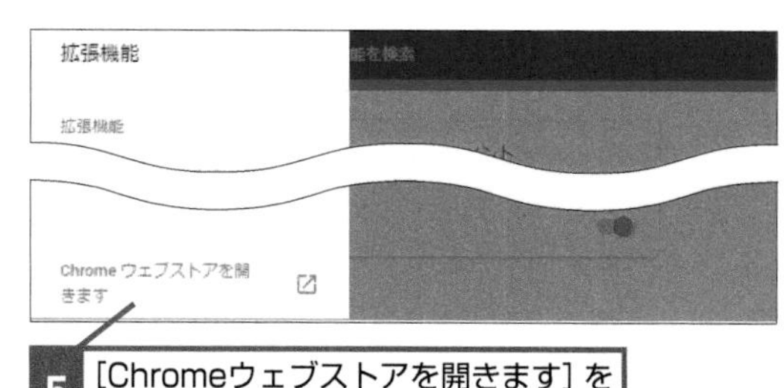

5 [Chromeウェブストアを開きます] をクリック

Chromeウェブストアが新しいタブで表示された

Q040　お役立ち度 ★★★

拡張機能を追加するには

A Chromeウェブストアから追加します

Chromeウェブストアには検索機能が用意されており、キーワードで目的の拡張機能を探すことができます。この際、「オフラインで実行」や「By Google」、「無料」といった指定が可能なほか、ユーザーの評価で検索結果をフィルタリングする機能も利用できます。

使いたい拡張機能があれば、［Chromeに追加］を選択するとGoogle Chromeに拡張機能がインストールされます。自分の使い方にあった、便利な拡張機能を探してインストールしてみましょう。

ワザ039を参考にChromeウェブストアを表示しておく

1 「onetab」と入力

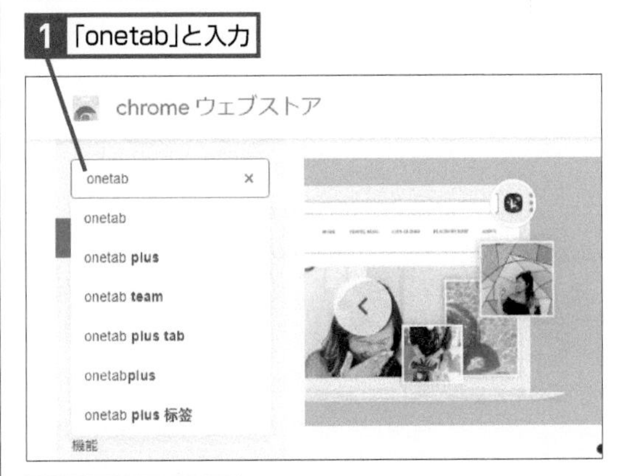

拡張機能の候補が表示された

2 ここをクリック

拡張機能の詳細が表示された

3 ［Chromeに追加］をクリック

4 ［拡張機能を追加］をクリック

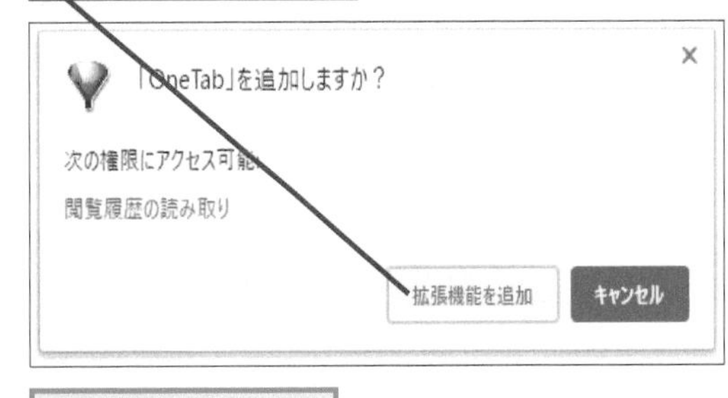

拡張機能が追加された

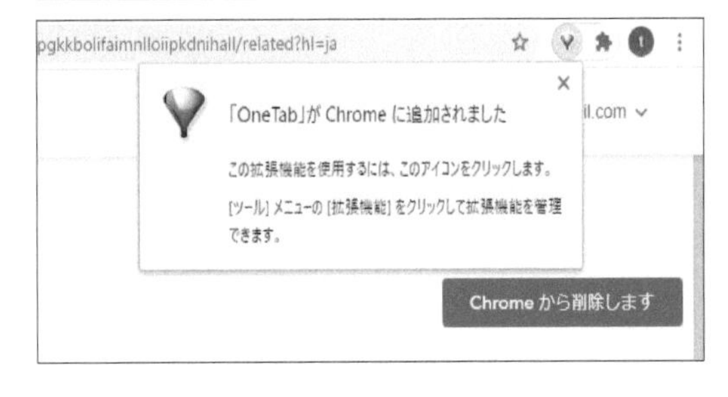

関連 Q039 Chromeウェブストアを表示するには……P.46
関連 Q041 拡張機能の有効／無効を切り替えるには……P.48
関連 Q042 拡張機能をカスタマイズするには……P.48

Q041 お役立ち度 ★★★

拡張機能の有効／無効を切り替えるには

A 拡張機能の管理ページで設定します

インストールした拡張機能は、個別に有効／無効を切り替えることができます。たとえばインストールはしているがあまり利用しないなどといった場合、普段は無効にしておき、利用するときだけ有効にするといったことができます。

➡拡張機能……P.261

1 ［拡張機能］をクリック

2 ［拡張機能を管理］をクリック

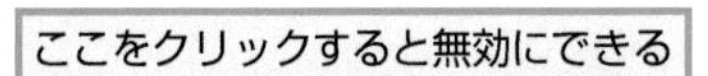
ここをクリックすると無効にできる

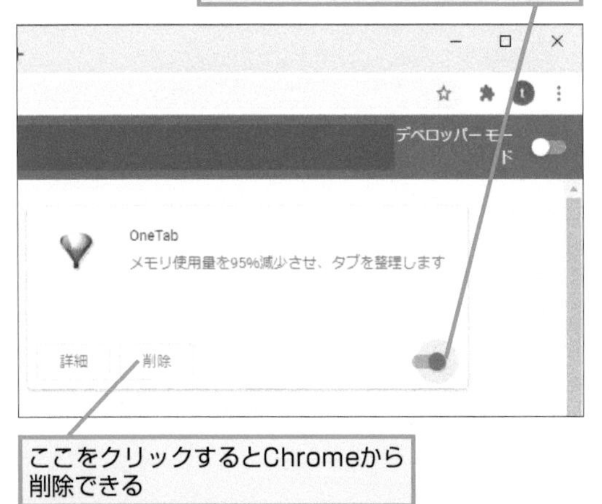

ここをクリックするとChromeから削除できる

Q042 お役立ち度 ★★★

拡張機能をカスタマイズするには

A オプション画面で設定しましょう

拡張機能の種類によっては、オプション画面で動作をカスタマイズすることができます。拡張機能をインストールしたら、まずオプションをチェックし、どのようなカスタマイズが可能かを確認した上で、使い勝手がよくなるように設定を行いましょう。

1 ［拡張機能］をクリック

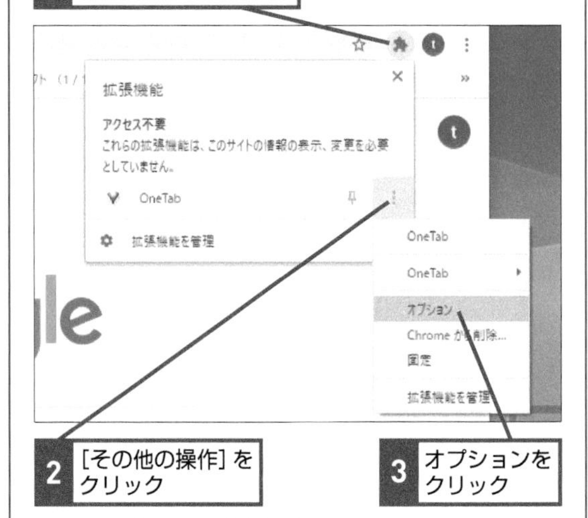

2 ［その他の操作］をクリック

3 オプションをクリック

OneTabのオプションのページが表示された

各種設定ができる

Q043 お役立ち度 ★★★

タブを保存するには

A OneTabでまとめてタブを保存できます

OneTabはGoogle Chromeで開いているタブの内容をまとめて保存することができる拡張機能です。保存したタブは履歴として参照できるほか、必要な時にすべて復元することができるため、1度Chromeを終了した後、前回開いていたタブをすべて再表示するといったことが簡単にできます。またタブのリストをグループとして保存し、その中の特定のタブだけを開くなどといったことも可能です。 ➡タブ……P.263

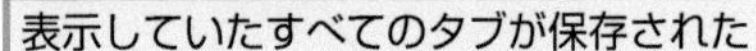

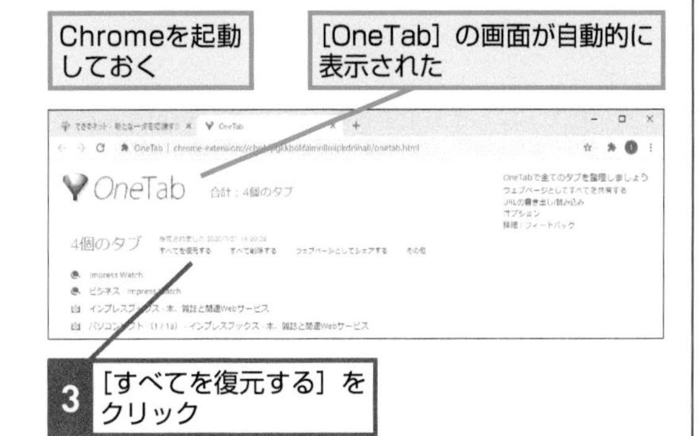

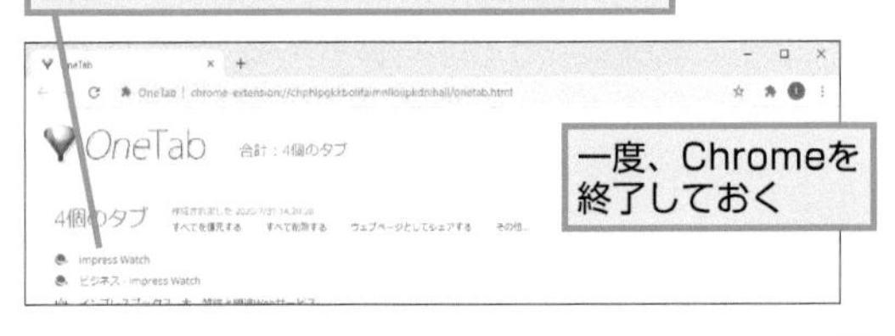

Q044 お役立ち度 ★★★

次のページを自動でつなげて表示するには

A Autopagerizeを利用します

Googleで検索を行ったとき、複数に分かれた検索結果のページを移動するのが面倒に感じることが少なくありません。こうしたページを表示したとき、一番下までスクロールすると自動的に次のページを表示してくれるのが「Autopagerize」です。これを利用すれば、いちいち次のページに移動するためのリンクをクリックする必要がないため、複数ページにまたがるコンテンツを快適に閲覧できます。

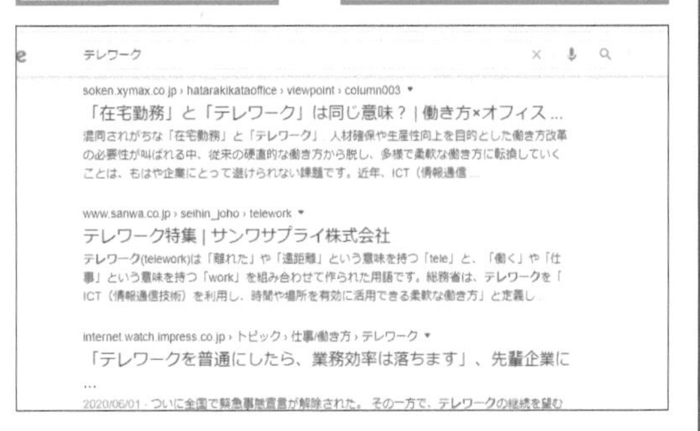

Q045 お役立ち度 ★★★

Webページのスクリーンショットや画像を保存するには

A ［Googleドライブに保存］が便利です

WebサイトのコンテンツをGoogleドライブに保存するための拡張機能として、Google自身で提供しているのが「Googleドライブに保存」です。これを利用すれば、Webページのスクリーンショットを簡単にGoogleドライブに保存することが可能で、表示されていない領域まで含めて画像として保存することもできます。またWebページだけでなく、画像だけをGoogleドライブに保存することも可能です。

➡Googleドライブ……P.259

ワザ040を参考に、［Googleドライブに保存］を追加しておく

ここでは表示しているWebページのスクリーンショットを保存する

1 ［拡張機能］をクリック

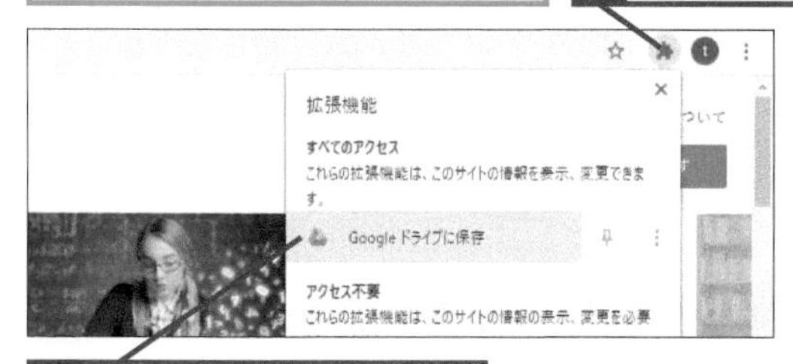

2 ［Googleドライブに保存］をクリック

保存するGoogleドライブのアカウントを選択する

3 アカウント名をクリック

Googleドライブへのアクセスを確認する画面が表示された

4 ［許可］をクリック

指定したアカウントのGoogleドライブに、Webページのスクリーンショットが保存された

関連 Q021 Webページをダウンロードするには……P.35
関連 Q034 ファイルの保存場所を変更するには……P.43
関連 Q040 拡張機能を追加するには……P.47

Q046 お役立ち度 ★★★

検索結果にWebページのサムネイルを表示するには

A SearchPreviewを利用します

「SearchPreview」は、検索結果にリンク先のWebページのサムネイル画像を加えて表示する拡張機能です。検索結果に含まれるWebサイトがどのような内容なのか、わざわざリンクをクリックして実際にアクセスしなくても、サムネイルを見て確認することが可能なため、期待と異なるWebサイトにアクセスしてしまうことを避けることができます。

●通常の検索結果

サイトの説明文は表示されているが、サムネイルは表示されていない

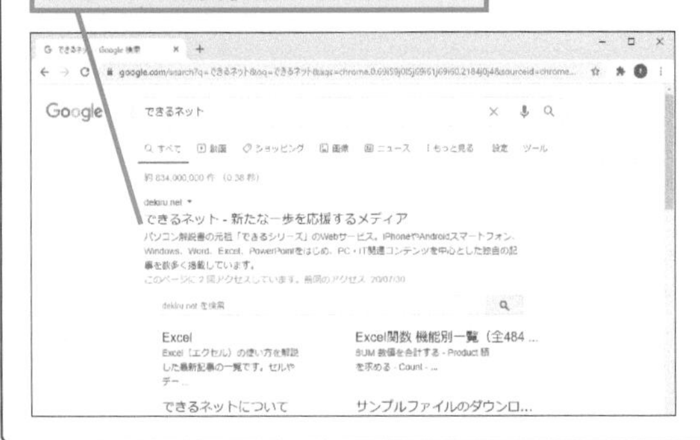

●［SearchPreview］を使用した検索結果

ワザ040を参考に、［SearchPreview］を追加しておく

Webページのサムネイルが表示される

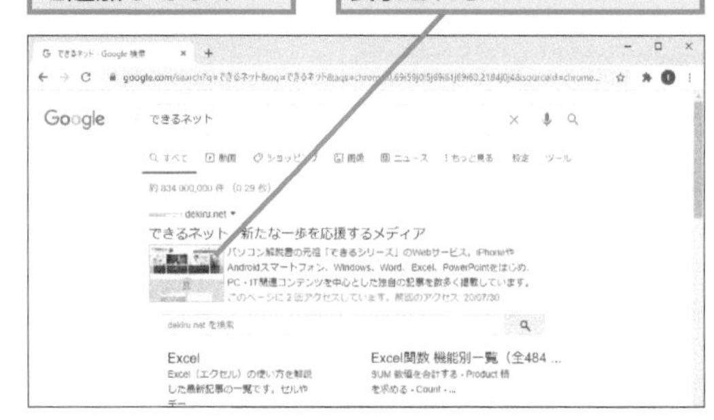

Q047 お役立ち度 ★★★

Gmailの新着メールをチェックするには

A Checker Plus for Gmailが便利です

Gmailにアクセスせずに、Google Chromeのウィンドウ上で新着メールの有無を確認できるのが「Checker Plus for Gmail」です。さらにアイコンをクリックすれば、受信したメールを素早く確認できます。

ワザ040を参考に、「Checker Plus for Gmail」を追加・起動しておく

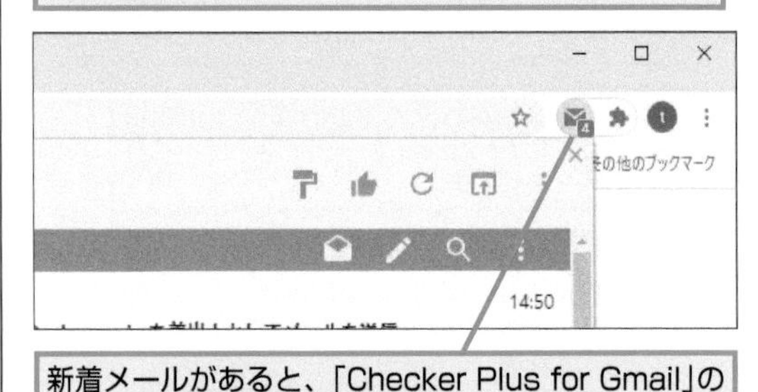

新着メールがあると、「Checker Plus for Gmail」のアイコンに受信数が表示される

Q048 お役立ち度 ★★★

広告を非表示にするには

A Adblock Plusを使いましょう

「Adblock Plus」は、Webページに表示される広告を非表示にするための拡張機能です。広告が読み込まれなくなるため、快適にWebサイトにアクセスすることができるようになります。インストールするだけという手軽さも魅力の1つです。

ワザ040を参考に、［Adblock Plus］を追加・起動しておく

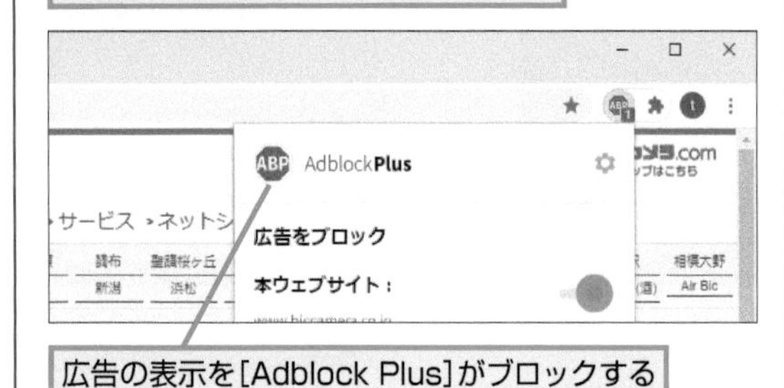

広告の表示を［Adblock Plus］がブロックする

Q049 お役立ち度 ★★★

自宅のパソコンを遠隔操作するには

A Chromeリモートデスクトップを使います

オフィスで作業しているとき、テレワーク中に自宅のパソコンで作成した資料を確認したいなどといった場面で便利なのが「Chromeリモートデスクトップ」です。操作する側とされる側のそれぞれのパソコンに、Google Chromeとこの拡張機能をインストールしておけば、インターネット経由でもう一方のパソコンを遠隔操作することが可能になります。遠隔操作される側のパソコンがインターネットに接続され、スリープモードに入っていなければ使えるため、外出先から自宅のパソコンを操作するといったことも可能です。

ワザ040を参考に［Chromeリモートデスクトップ］をインストールしておく

1 ［リモートアクセス］をクリック

2 ここをクリック

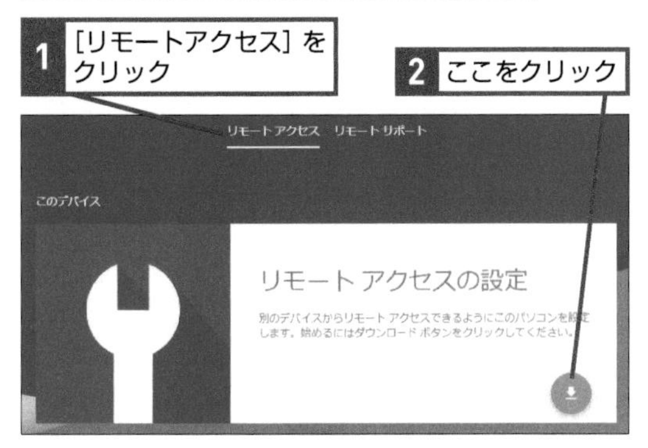

3 ［同意してインストール］をクリック

4 パソコンの名前を入力

5 ［次へ］をクリック

6 PINを2回入力

7 ［起動］をクリック

リモートデスクトップが起動した

自宅のパソコンがスリープ状態にならないように設定しておく

職場のパソコンも同じアカウントでChromeにログインし、［Chromeリモートデスクトップ］をインストールしておく

インストールが完了し、手順1を実施すると手順4で入力したパソコンの名前が表示される。このパソコン名をクリックすると、自宅のパソコンのデスクトップが表示される

Q050 お役立ち度 ★★★

別のアカウントのパソコンを遠隔操作したい

A リモートサポートを利用します

Chromeリモートデスクトップは、自分のアカウントだけでなく、別のアカウントのGoogle Chromeがインストールされたパソコンも遠隔操作できます。たとえば、ほかのユーザーのパソコン操作を遠隔でサポートしたいなどの場面で利用できるでしょう。

ワザ049を参考に［Chromeリモートデスクトップ］を起動しておく

●操作される側の設定

1 ［リモートサポート］をクリック

2 ［コードを生成］をクリック

ワンタイムパスコードを控えておく

●操作する側の設定

3 ［サポートを提供する］をクリック

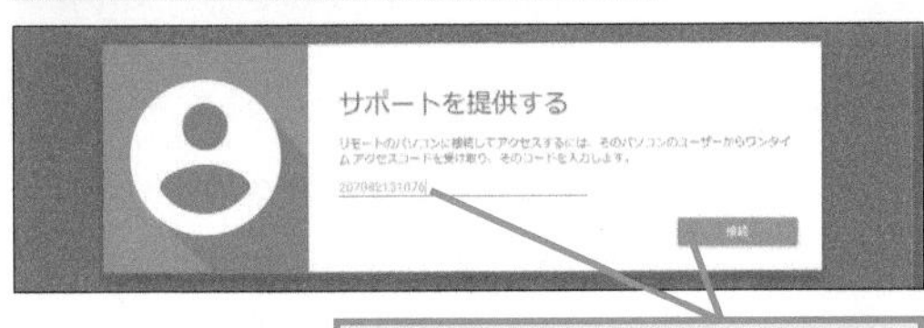

ワンタイムパスコードを入力して［接続］をクリックする

Q051 お役立ち度 ★★★

Chromeの設定を初期化したい

A すべての設定をリセットできます

Google Chromeの設定をすべてデフォルトに戻したいといった場合は、設定のリセットを行います。これにより各種設定が初期化されるほか、拡張機能やテーマもデフォルトの状態に戻ります。ただしブックマークやパスワードは消去されません。

ワザ016を参考に［設定］画面を表示しておく

1 ［詳細設定］をクリック

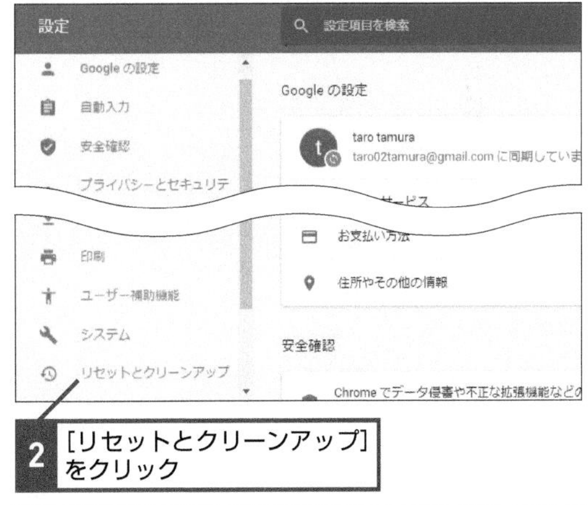

2 ［リセットとクリーンアップ］をクリック

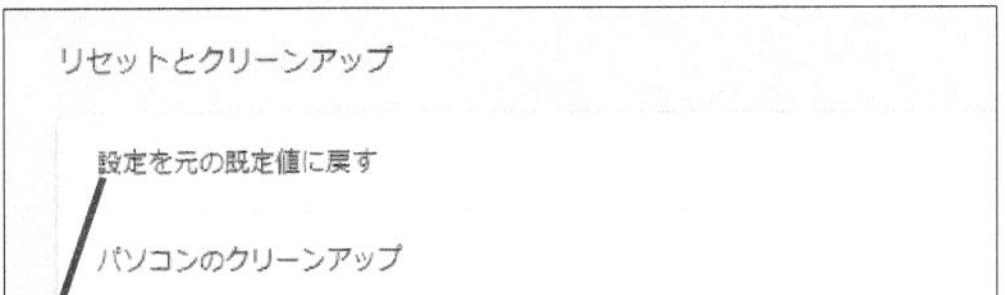

3 ［設定を元の規定値に戻す］をクリック

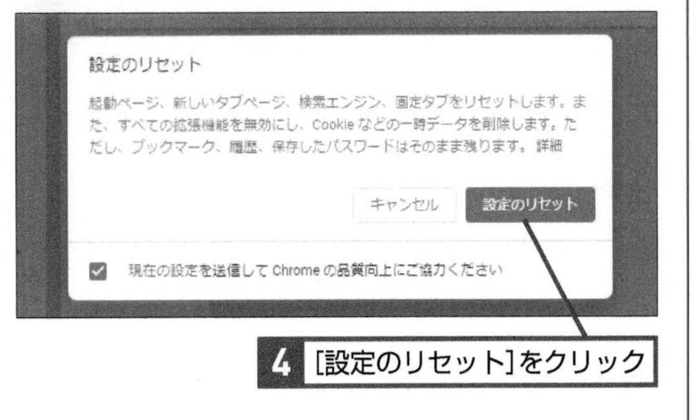

4 ［設定のリセット］をクリック

第2章 Google検索とマップを便利に使うワザ

効率的な検索のためのワザ

検索しても目的の情報がなかなか見つからない、あるいは知りたい情報にたどり着くまでに時間がかかるといった悩みを解決する、覚えておきたいGoogle検索のワザをまとめて紹介します。

Q052 お役立ち度 ★★★

絞り込んで検索するには

A 複数のキーワードを入力します

検索を効率化するために、絶対に覚えておきたいのは絞り込み（And検索）です。Google検索の場合、「在宅勤務　パソコン」のように複数のキーワードをスペースでつなげて入力することで絞り込んで検索を行えます。

➡AND検索……P.258

●通常の検索

●AND検索

関連 Q053 検索範囲を広げて検索するには……P.54

Q053 お役立ち度 ★★

検索範囲を広げて検索するには

A ОR検索で検索範囲を広げられます

「在宅勤務 OR テレワーク」のように、2つ、または複数のキーワードを「OR」でつなぐと、入力したキーワードのいずれかを含むWebページを検索することができます。複数のキーワードのいずれかを含むWebページをまとめて検索したい場面で便利です。

●通常の検索

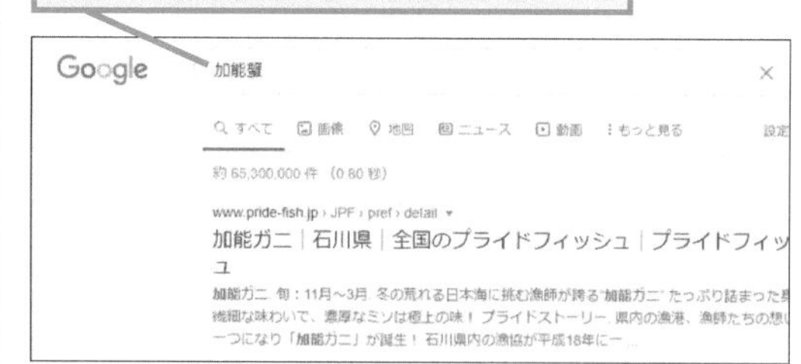

●OR検索

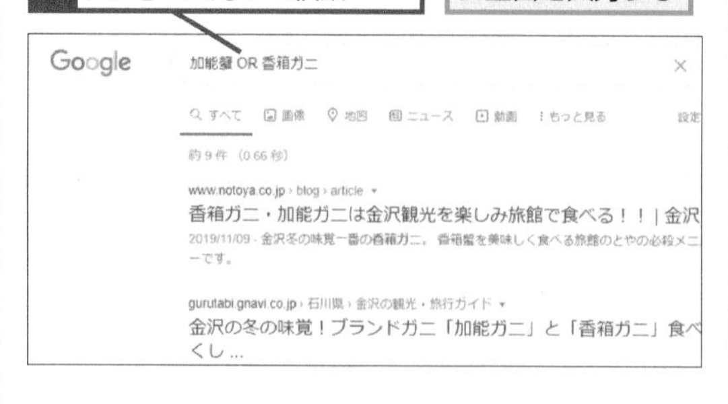

Q054 お役立ち度 ★★★

用語の意味を調べるには

A キーワード+「とは」で検索します

「テレワークとは」など、キーワードに「とは」を付けて検索すると、そのキーワードの意味を解説するWebページが上位に表示されます。

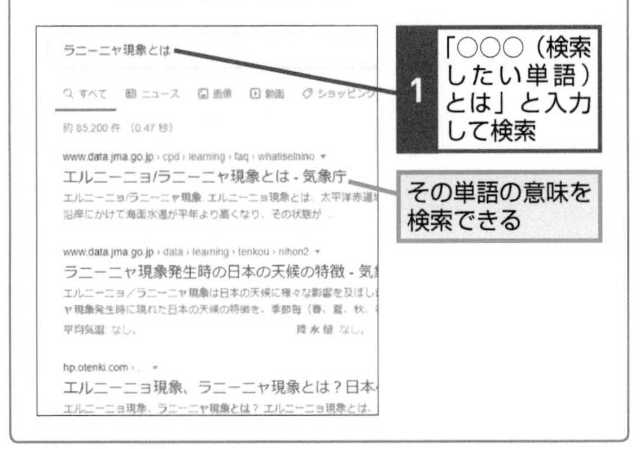

Q055 お役立ち度 ★★★

特定の語句を検索結果からはずすには

A 「-」（マイナス）記号が便利です

「キャッシュレス -QR」のように、複数のキーワードを入力し、そのうちの1つの前に「-」（マイナス）を付けると、マイナスを付けたキーワードを含むWebページが除外されます。不要なWebページが表示されなくなるため、検索効率を高められます。

●マイナス検索

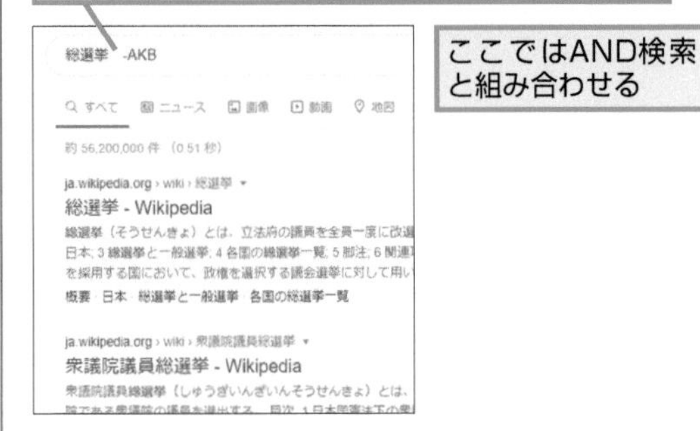

Q056 お役立ち度 ★★★

特定のWebサイト内を検索するには

A 「site:」を付けてURLを指定できます

検索対象のWebサイトのURLを「site:」で指定すれば、そのWebサイトだけを対象として検索を行うことができます。検索機能がないWebサイトで、特定の情報を探したいなどといったときに便利です。

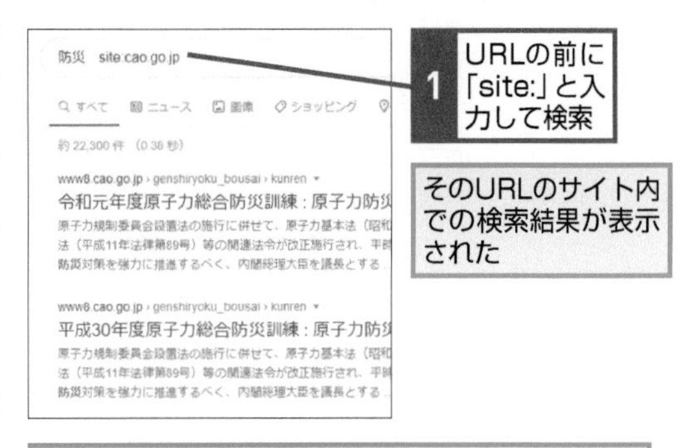

ここではAND検索と組み合わせて「cao.go.jp」内の「防災」に関連した検索結果を表示している

Q057 お役立ち度 ★★★

類似したWebサイトを探したいときは

A 「related:」+URLで検索します

「related:」に続けてURLを指定して検索すると、そのURLのWebサイトに似た別のWebサイトを探すことができます。キーワード検索で目的のWebサイトを見つけたあと、同様のWebサイトでさらに情報を集めたいといったときに使えます。

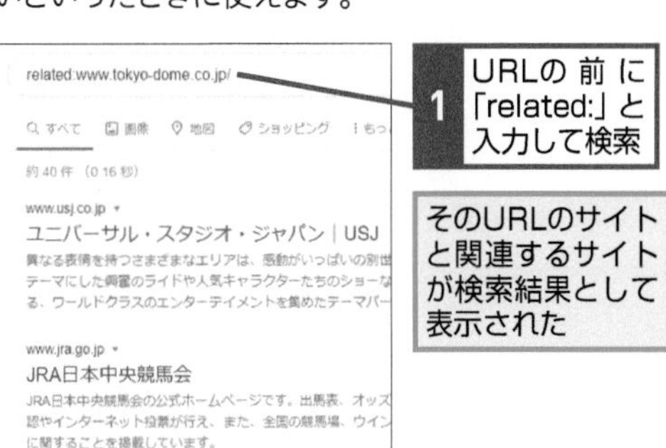

Q058 お役立ち度 ★★★

PDFファイルを探したいときは

A 「filetype:」を使います

検索キーワードに加え、「filetype:pdf」と入力して検索すると、検索キーワードを含むPDFファイルだけを検索できます。また「docx」や「xlsx」、「pptx」を指定すれば、Officeファイルの検索が可能です。

1 「filetype:(拡張子の名前)」で検索

ここではAND検索と組み合わせて、「軽減税率」に関するPDF形式のファイルが検索結果に表示された

Q059 お役立ち度 ★★★

特定の文章が含まれるWebページを検索するには

A キーワードを「"」で囲みます

特定の文章がそのまま含まれるWebページを探したいときは、その文章を「"」で囲って検索します。パソコンのエラーメッセージを調べたい、引用されている文章の元ネタを確認したいなどの場面で便利です。

1 文章を「"」で囲んで検索

ここではパソコンのエラーメッセージの対処法が検索結果に表示された

Q060 お役立ち度 ★★

タイトルに含まれる文字で検索するには

A 「intitle:」を使います

「intitle:Web会議」など、「intitle:」に続けてキーワードを入力して検索すると、そのキーワードをタイトルに含むWebページが検索対象になります。タイトルにはもっとも重要なキーワードが含まれていることが多いため、検索精度を高めたいときに役立ちます。

1 「intitle:(タイトル名)」で検索

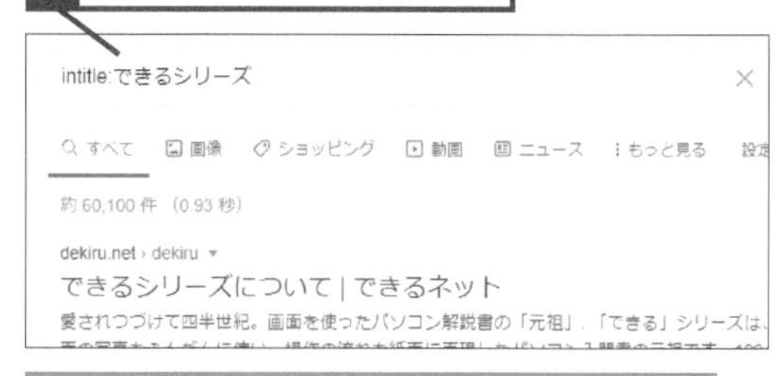

ここでは「できるシリーズ」がタイトルに含まれるWebページが検索結果に表示された

Q061 お役立ち度 ★★★

URLに含まれる文字を検索するには

A 「inurl:」を使って検索します

URLに含まれる文字を対象として検索を行えるのが「inurl:」です。URLの一部分だけを覚えているWebページにアクセスしたいなどといった場面で使ってみましょう。なお日本語URLにも対応しているため、「inurl:リモートワーク」のような検索も可能です。

1 「inurl:(キーワード)」で検索

ここでは「impress」がURLに含まれるWebページが検索結果に表示された

Q062 お役立ち度 ★★★

リンク元を検索するには

A「link:」に続けてURLを入力します

「link:dekiru.net」など、「link:」に続けてURLを指定して検索すると、そのURLのWebサイトをリンクしている別のWebサイトを探し出すことができます。自社のWebサイトにどんなWebサイトがリンクしているのかを調べる、などといった場面で使えます。

ここでは「https://dekiru.net」にリンクしているWebページが検索結果に表示された

Q063 お役立ち度 ★★★

SNSを中心に検索するには

A「@［SNSの名称］」で検索します

「Webカメラ@Twitter」など、キーワードの後に「@［SNSの名称］」を付けて検索すると、そのSNSに投稿されたメッセージを中心に検索を行うことができます。TwitterやInstagram、tumblrなどを指定することが可能です。

ここではTwitterで「できるもん」を含むWebページが検索結果に表示された

Q064 お役立ち度 ★★★

画像を検索するには

A 検索後に［画像］をクリックします

Google検索には、そのキーワードに関連する画像だけを検索結果として表示する、画像検索の機能が用意されています。特定の場所の写真を探したいなどといった際に使えるでしょう。なお見つけた写真を流用する際は、著作権に注意しましょう。

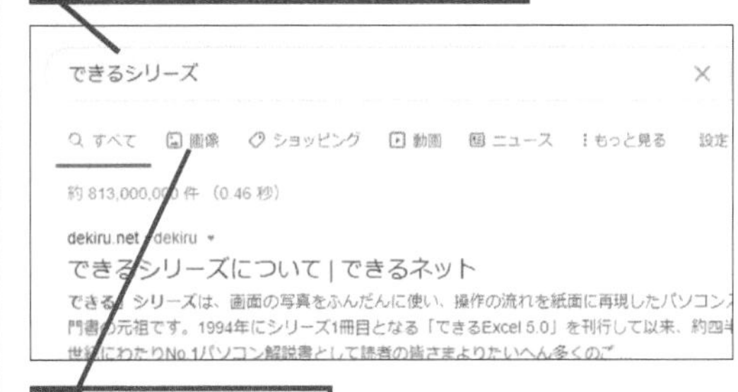

Q065 お役立ち度 ★★★

画像や色、サイズ、種類を指定して検索するには

A［検索ツール］を使いましょう

画像の検索結果を表示するページには、サイズや色などを指定することができる［検索ツール］の機能があります。これを利用すれば、画像サイズや色、種類を指定して検索することが可能で、たとえばクリップアートだけを検索対象にするといったことができます。

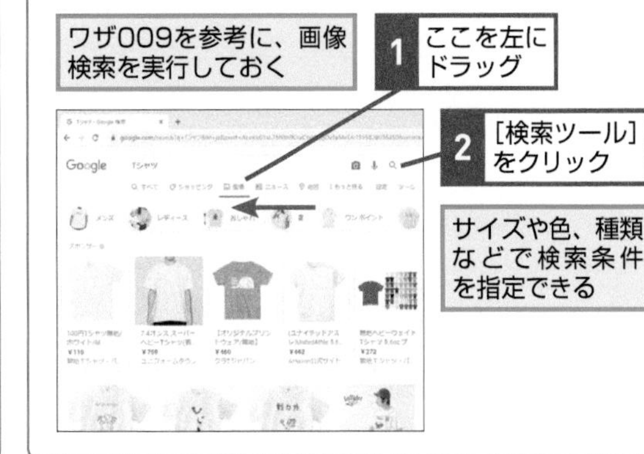

Q066 お役立ち度 ★★★

画像を使って検索するには

A 画像をアップロードしましょう

Google検索では、キーワードによる検索だけでなく、アップロードした画像で検索することも可能です。これで検索を行うと、その画像に関するページを検索することが可能です。写真に写っているものについて調べたい、あるいは類似する画像を探したいなどといった場面で便利です。 ➡アップロード……P.261

1 [画像]をクリック

2 [画像で検索]をクリック

3 [画像のアップロード]をクリック

4 [ファイルを選択]をクリック

パソコンに保存した画像を選択する

5 画像をクリック

6 [開く]をクリック

選択した画像に関するページが検索結果に表示された

関連 Q064 画像を検索するには……P.57
関連 Q065 画像の色、サイズ、種類を指定して検索するには……P.57

Q067

お役立ち度 ★★★

キーワードの候補を表示するには

A 自動で表示できます

Google検索のページで検索キーワードを入力すると、自動的に関連するキーワードの候補が現れます。また、キーワードに続けて空白を入力すると、関連するキーワードの候補を確認することができます。必ずしも目的のキーワードが候補として表示されるわけではありませんが、思いも寄らないキーワードの組み合わせが表示されることもあるので、どんな候補が表示されているのかを確認してみましょう。

1 検索キーワードの後に空白を入力

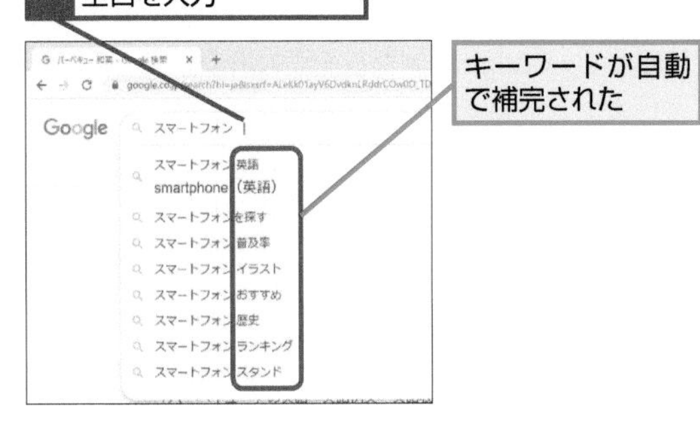

キーワードが自動で補完された

Q068

お役立ち度 ★★★

ページ内の語句をGoogleで調べるには

A マウス操作だけで検索できます

Webページにアクセスしてその内容をチェックしているとき、意味が分からない単語が出てきたという経験は誰でも持っているのではないでしょうか。そうした言葉の意味を探す際にもGoogle検索は使えますが、いちいちその単語を入力して検索するのは面倒です。

Google Chromeであれば、意味を調べたい単語をマウスで選択し、選択した部分を右クリックして［Googleで［○○○（選択した語句）］を検索］］を選択します。これによって新しいタブが開き、選択した単語の検索結果が表示されるので、意味を素早く調べられます。

➡Google Chrome……P.258

●パソコン

1 検索したい語句をドラッグ

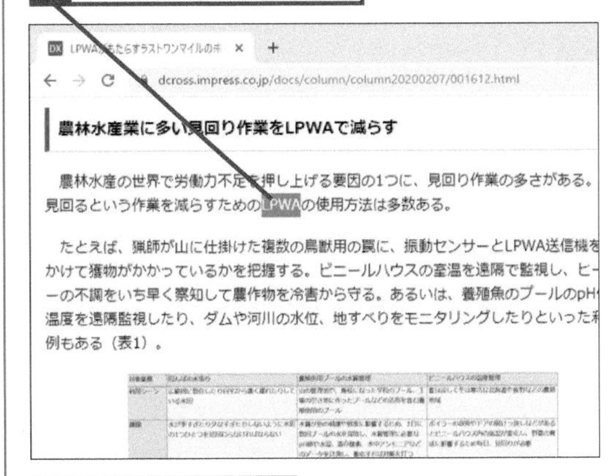

2 そのまま右クリック

3 ［Googleで「○○○（選択した語句）」を検索］をクリック

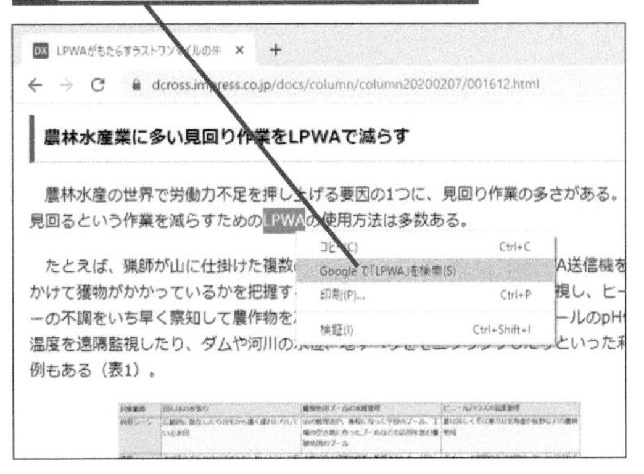

検索結果が表示される

Q069 お役立ち度 ★★★

スペルが分からない単語を調べたいときは

A うろおぼえのスペルで検索しましょう

たとえば「phiradelphia」などと間違ったスペルで検索しても、Google検索なら「次の検索結果を表示しています：philadelphia」と表示され、正しい単語に自動的に修正して検索を行ってくれます。また日本語でも、たとえば漢字が分からないときにひらがなで検索すれば、正しい漢字で検索してくれるケースがあります。

関連 Q067 キーワードの候補を表示するには……P.59
関連 Q068 ページ内の語句をGoogleで調べるには……P.59

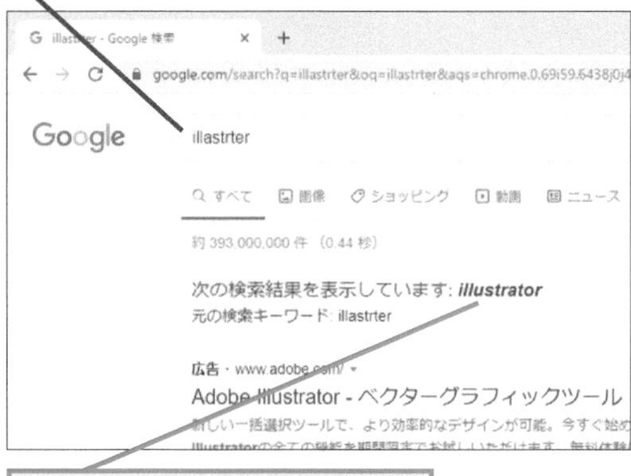

Q070 お役立ち度 ★★★

日本語のWebサイトだけを検索したいときは

A [ツール] で指定できます

検索結果の画面で［ツール］をクリックし、［すべての言語］から［日本語のページを検索する］を選べば、日本語のページだけが検索結果として表示されるようになります。たとえば海外の製品について調べる場合など、キーワード検索を行った際に海外のWebサイトばかり表示されてしまうケースがあります。こうした場面でこの機能を使えば、日本語のページだけが表示されるので効率的に目的の情報を探せます。

Q071 お役立ち度 ★★★

検索演算子を忘れたときは

A 検索オプションを使いましょう

Google検索で検索キーワードとともに使う「OR」や「-」（マイナス）といった検索演算子を忘れたとき、わざわざ調べ直す必要はありません。検索オプションのWebページを開くと、「すべてのキーワードを含む」、「語順も含め完全一致」、「いずれかのキーワードを含む」などの項目があり、それぞれに検索キーワードを入力すれば、検索演算子を使った場合と同様に検索を行うことができます。また言語や地域を指定したり、特定のサイトだけを検索対象に加えるための項目も用意されています。 ➡演算子……P.261

1 [Googleアプリ]をクリック

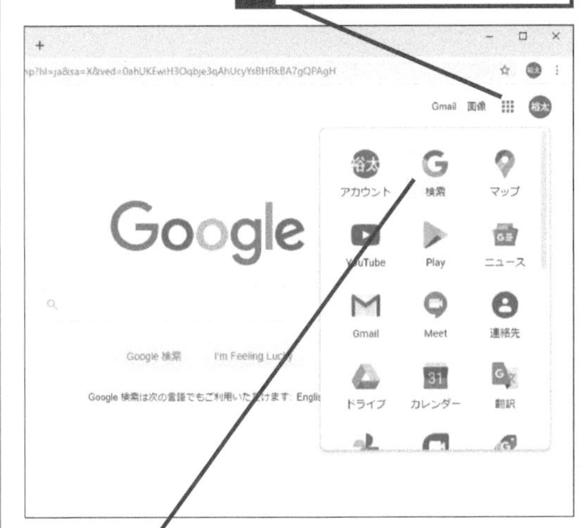

2 [検索]をクリック

Google検索のWebページが表示された

3 [設定]をクリック

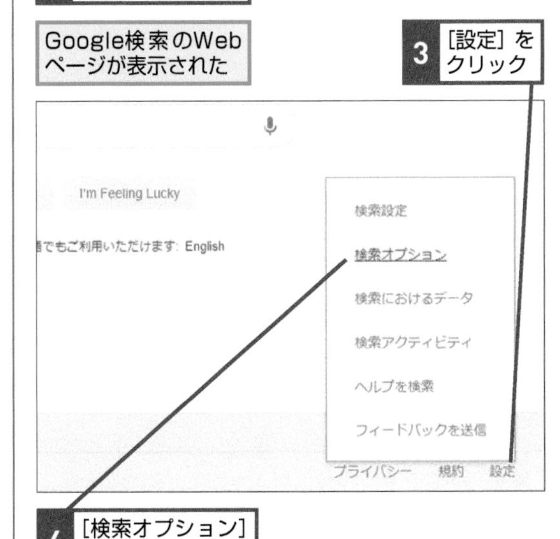

4 [検索オプション]をクリック

検索オプションのWebページが表示された

キーワードの除外や絞り込み検索などが設定できる

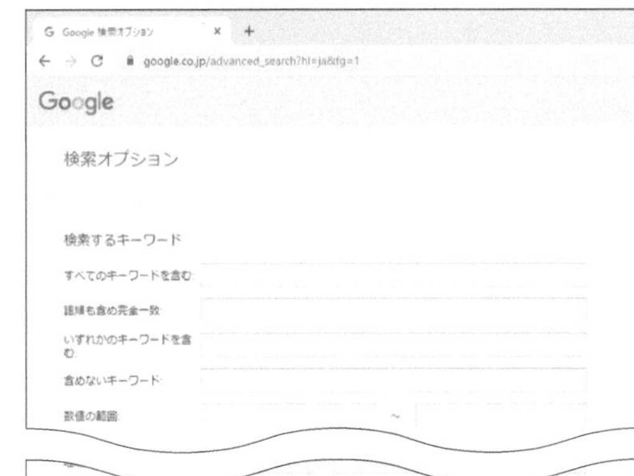

[詳細検索]をクリックすると設定した条件で検索できる

Q072 お役立ち度 ★★★

最近更新されたWebページを検索したいときは

A 特定の期間を指定できます

検索結果のページで［ツール］をクリックし、［期間指定なし］から［1時間以内］や［24時間以内］、［1週間以内］など期間を選択すると、その期間内に更新されたWebページだけが検索結果に表示されるようになります。過去のWebページばかりが上位に表示されるといったときにこの機能を使えば、最近更新されたWebページだけを表示できるので便利です。

検索結果を表示しておく

1 ［ツール］をクリック

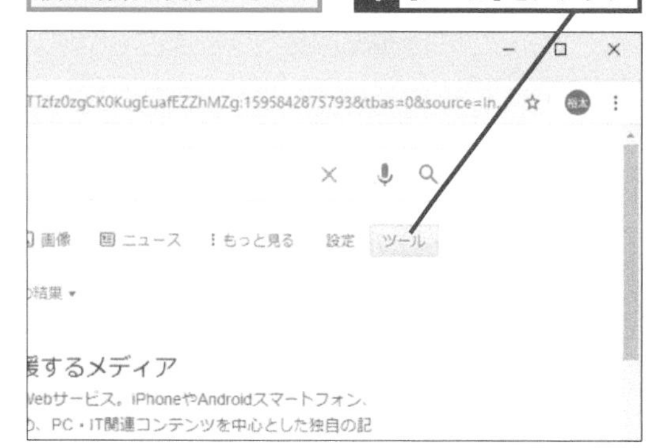

2 ［期間指定なし］をクリック

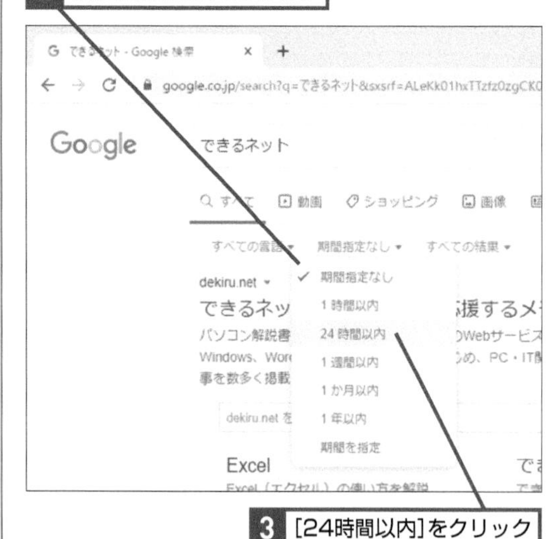

3 ［24時間以内］をクリック

Q073 お役立ち度 ★★★

検索結果から表示できないWebページを開くには

A キャッシュを確認しましょう

検索結果の画面からいずれかのWebページにアクセスしたとき、すでにそのWebページが削除されているなどの理由で内容を確認できないケースがあります。そこでチェックしたいのがキャッシュです。GoogleではWebページの内容をキャッシュとして保存しているケースがあり、検索結果のページからキャッシュにアクセスすることができます。

検索結果を表示しておく

検索結果をクリックしても Webページが存在しない

1 ここをクリック

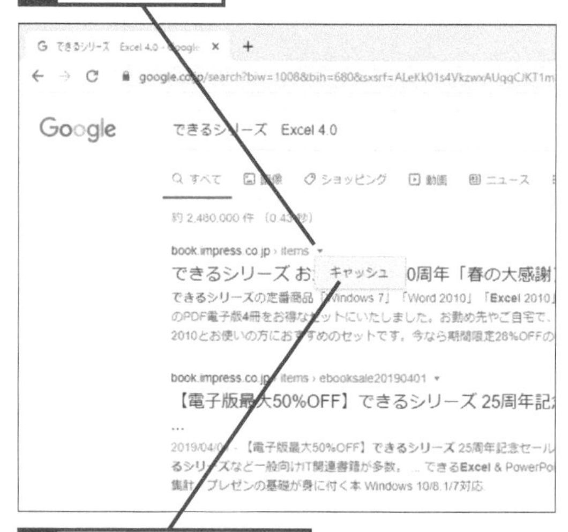

2 ［キャッシュ］をクリック

Googleに保存されている Webページが表示される

関連 Q072 最近更新されたWebページを検索したいときは……P.62
関連 Q074 Webページが更新されたときに通知するには……P.63

ビジネスに役立つ検索ワザ

Google検索には、情報の検索以外にも仕事に役立つ機能が数多く用意されています。これらの機能を使いこなせば、業務効率をさらに高めることが可能です。ぜひ活用しましょう。

Q074 お役立ち度 ★★★

Webページが更新されたときに通知するには

動画で見る

A Googleアラートを使います

あらかじめキーワードを登録しておくと、そのキーワードを含む記事が見つかったときにメールで教えてくれる機能が「Googleアラート」です。たとえば仕事で情報収集を行う必要があるとき、そのキーワードを登録しておけばニュースサイトを巡回することなく新着記事をチェックすることが可能になります。また、オプションで通知の頻度やソース、言語や地域などを細かく設定することが可能です。

以下のURLを参考に、Webページを表示しておく

▼Googleアラートのページ
https://www.google.co.jp/alerts/

1 通知するキーワードを入力

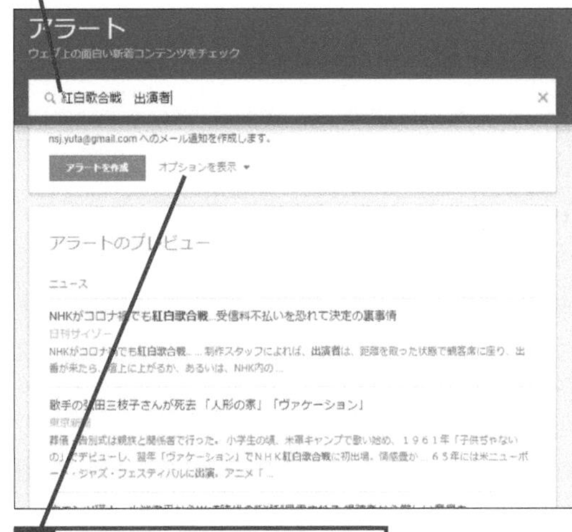

2 [オプションを表示]をクリック

3 通知の条件をクリックして選択

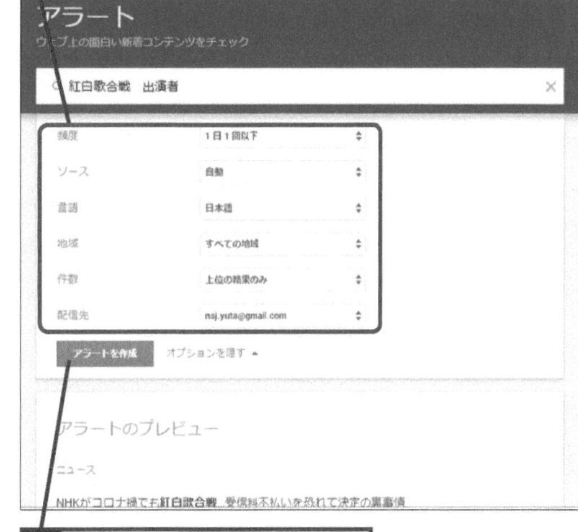

4 [アラートを作成]をクリック

作成したアラートが表示された

Q075 お役立ち度 ★★★

アダルトコンテンツを表示したくないときは

A セーフサーチを有効にします

業務で利用しているパソコンの場合、検索を行った際に意図せずアダルトコンテンツが表示されるのは避けたいところです。そこでGoogle検索に用意されているのが「セーフサーチ」の機能であり、これを利用すれば露骨な性表現が含まれたコンテンツを検索結果から除外することができます。アダルトコンテンツが検索結果に表示されて驚く前に設定しておきましょう。

以下のURLを参考に、Webページを表示しておく

▼検索の設定
https://www.google.co.jp/preferences

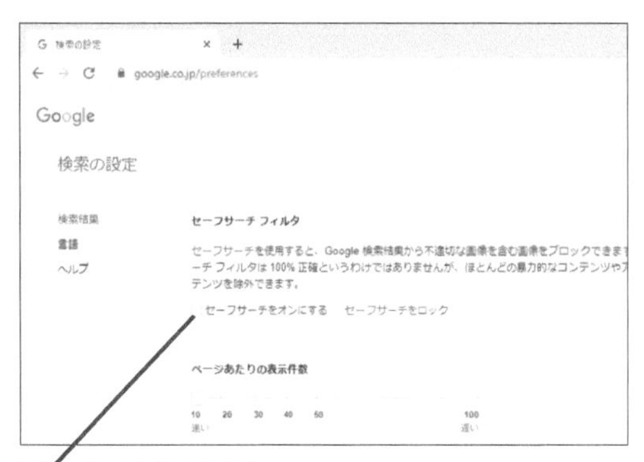

1 ここをクリック

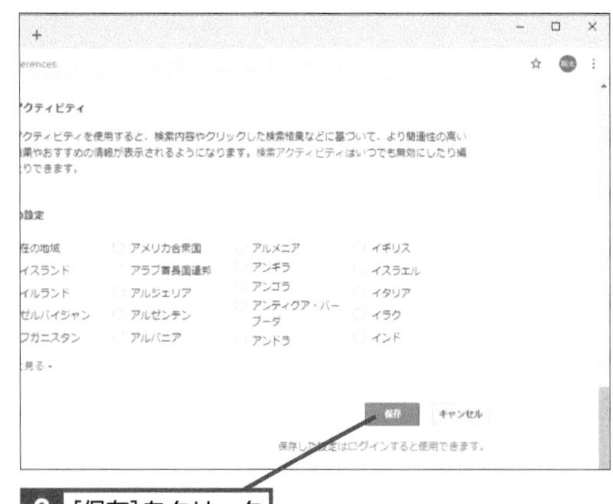

2 ［保存］をクリック

Q076 お役立ち度 ★★★

計算結果を表示するには

A 計算式を入力して検索します

「4800*28」や「2の4乗」など、計算式を入力して検索すると、検索結果のページに電卓のイメージが現れ、そこに計算結果が表示されます。表示された電卓を使って追加で計算することも可能です。なお「電卓」で検索すると、この電卓の画面だけを表示できます。

1 「2の4乗」で検索

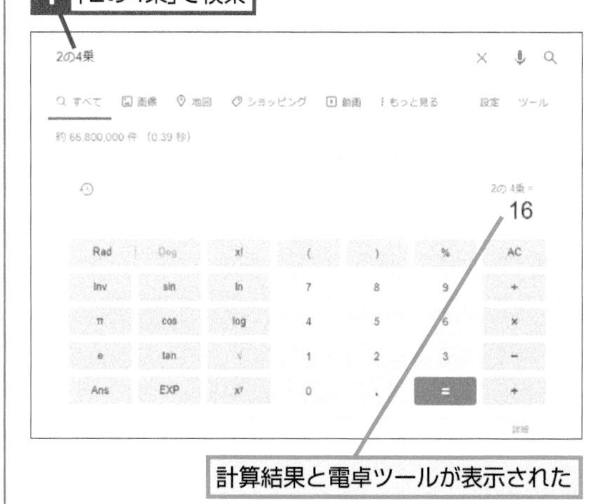

計算結果と電卓ツールが表示された

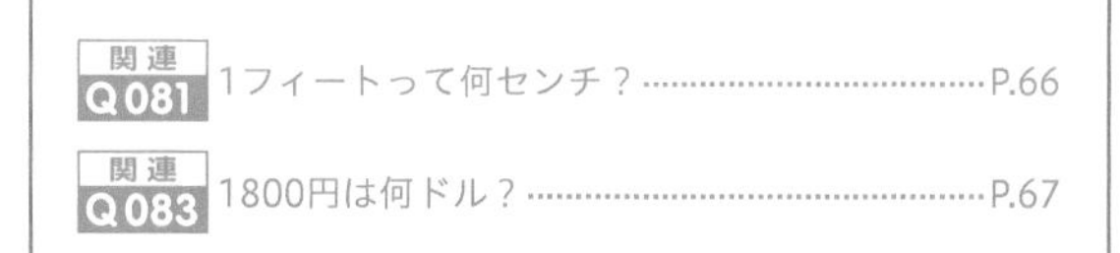
関連 Q081 1フィートって何センチ？ ……… P.66
関連 Q083 1800円は何ドル？ ……… P.67

STEP UP! カラーピッカーの機能もある

Google検索で「カラーピッカー」と入力して検索すると、カラーピッカーが表示されます。これは色を選択すると、その色を表現するためのコードが表示される機能です。コードとしては、R（赤）G（緑）B（青）の各値を2桁の16進数で指定するHEX、同じくRGBの各値を0～255で指定するRGB、シアン、マゼンタ、イエロー、黒の各値を0～100%で色を表現するCMYK、色相と彩度、明度で色を指定するHSV、色相と彩度、輝度で表示するHSLに対応しています。

Q077　お役立ち度 ★★☆

天気予報を調べたいときは

A「天気」で検索しましょう

「天気」をキーワードに検索すると、ユーザーがいると思われる場所の天気予報が表示されます。降水確率や湿度などのほか、1週間の天気予報も表示されるので便利です。「天気」に続けて「千代田区」などと地名を入力すれば、その場所の天気予報を確認できます。

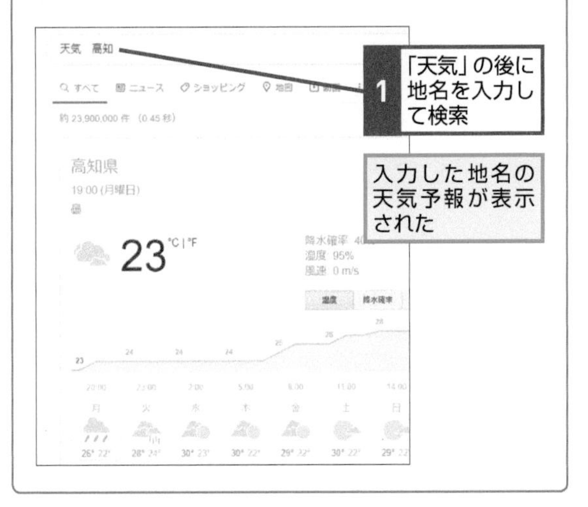

Q078　お役立ち度 ★★☆

郵便番号を調べたいときは

A「郵便番号　(住所)」で検索します

郵便物などを送る際､郵便番号が分からないときは「郵便番号」の後に空白を入力し、郵便番号を知りたい住所を町名まで含めて検索しましょう。これで画面上にその住所の郵便番号が表示されます。

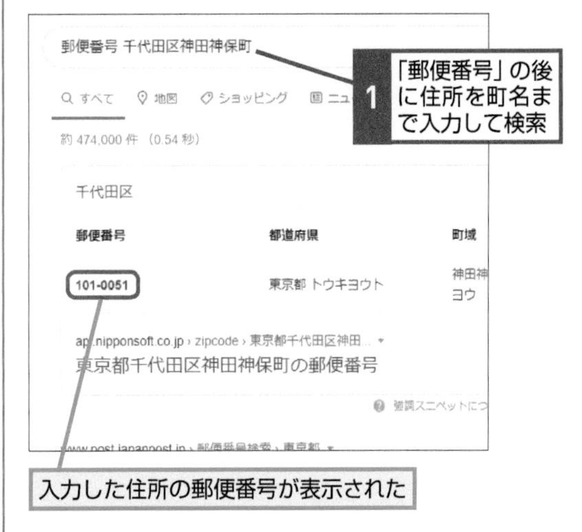

Q079　お役立ち度 ★★☆

電車の乗り換え案内を検索するには

A「(出発地）から（目的地)」で検索

初めての場所に向かうとき、電車やバスの乗り換えについて知りたいという場面は少なくありません。Google検索で「東京駅からお台場海浜公園駅」といったように、出発地と目的地を「から」でつないで検索すると、検索結果にルートが表示されます。ここには、所要時間や運賃などが表示されるほか、[すぐに出発]をクリックすれば、出発時刻や到着時刻を指定しての検索も可能です。

1 「○○(出発地)から○○(目的地)」で検索

神保町から横浜

2 電車のアイコンをクリック

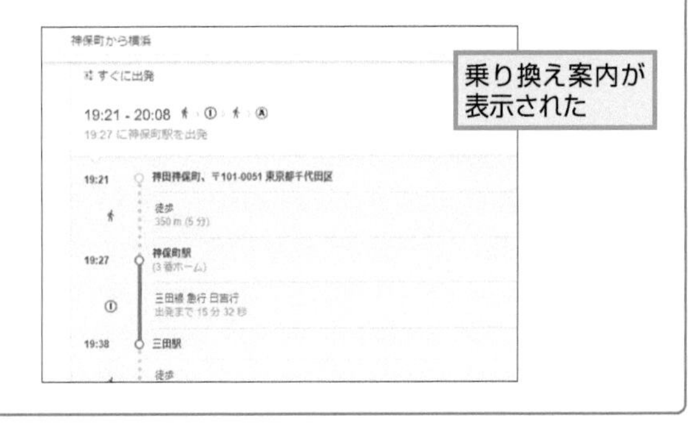

Q080 お役立ち度 ★★★

音声で検索するには

A マイクのアイコンをクリックしましょう

Google検索の画面や検索結果の画面にあるマイクのアイコンをクリックすると、パソコンのマイクを使って音声で検索することが可能です。キーボード入力がしづらいときなどに試してみましょう。

1 マイクのアイコンをクリック

2 知りたいことを話しかける

音声検索の結果が表示された

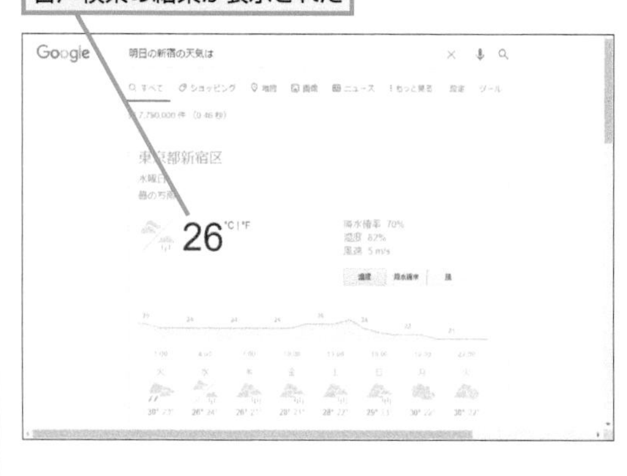

Q081 お役立ち度 ★★★

1フィートって何センチ？

A 「1フィート」で検索しましょう

Google検索では、さまざまな単位を変換することができます。たとえば「1フィート」と入力して検索すれば、「30.48センチメートル」とセンチメートルに単位変換した結果が表示されます。「1フィート　センチメートル」のように検索することも可能です。また長さ以外にも、面積や重さ、温度など、さまざまな単位変換に対応しています。

●変換したい単位を検索する

1 「1フィート」で検索

検索結果と単位を変換するツールが表示された

●単位変換ツールを表示する

1 「単位変換」で検索

単位を変換するツールが表示された

Q082　お役立ち度 ★★★

今日の為替レートを知りたいときは

A 通貨単位を入力するだけで検索できます

「USドル」や「ユーロ」、「ポンド」など、通貨単位をキーワードとして検索すると、その通貨の為替レートを検索することが可能です。また検索結果で日本円以外の取引レートを調べることもできます。

1 通貨単位で検索

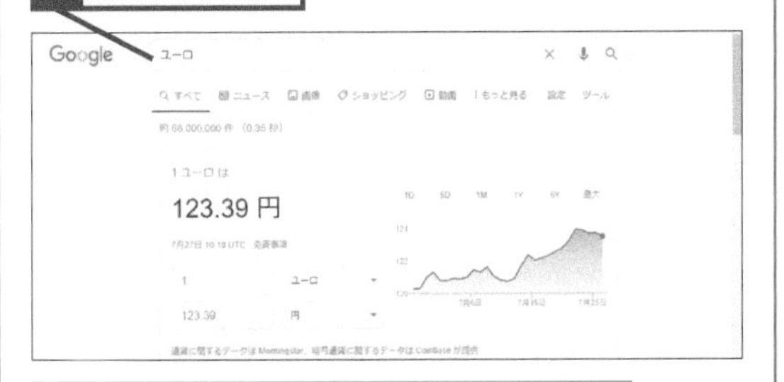

入力した通貨単位の為替レートが表示された

Q083　お役立ち度 ★★★

1800円は何ドル？

A 「1800円 ドル」で検索しましょう

円の金額がドルではいくらになるのかを知りたいとき、便利なのがこの検索方法です。これにより、現在の為替レートで換算した結果を知ることができます。また「1800円 ユーロ」や、「1800円 ポンド」など、ほかの通貨を指定して換算することもできます。

1 「1800円　ドル」で検索

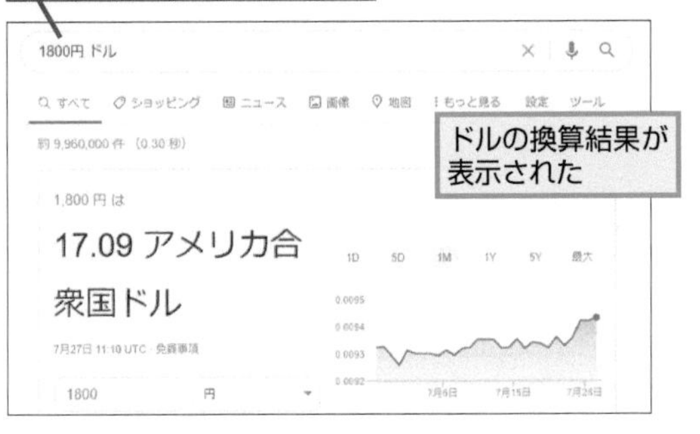

ドルの換算結果が表示された

Q084　お役立ち度 ★★★

会社の株価を知りたいときは

A 「（社名）（株価）」で検索します

会社名の後に空白を入力し、「株価」と入力して検索すると、その会社の株価を調べることができます。検索結果の画面では、グラフの表示期間を変更することも可能です。

➡AND検索……P.258

1 社名と「株価」でAND検索

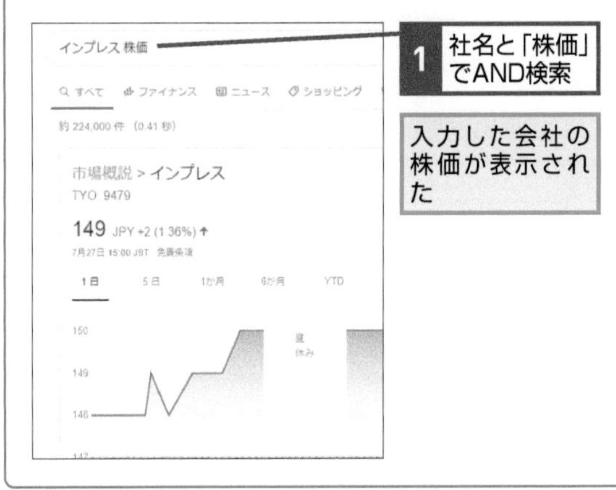

入力した会社の株価が表示された

Q085　お役立ち度 ★★★

外国語の発音を調べたいときは

A 単語に「翻訳」を付けて検索しましょう

たとえば「urchin　翻訳」と検索すると、入力した単語の日本語訳が表示されます。このとき、元の言語の下にあるスピーカーアイコンをクリックすると、その単語が読み上げられ、発音を調べることができます。

1 調べたい単語と「翻訳」でAND検索

2 マイクのアイコンをクリック

単語が読み上げられる

Q086 お役立ち度 ★★★

ニュース記事を検索するには

A 検索画面で［ニュース］をクリックします

検索を行った後、検索結果の画面で［ニュース］をクリックすると、検索したキーワードを含む最新のニュース記事をチェックすることが可能です。特定の話題に対する最新記事を確認したいときに便利です。

調べたいニュース記事に関連するキーワードで検索しておく

1 ［ニュース］をクリック

ワールドカップ

すべて　ニュース　画像　動画　ショッピング　もっと見る　設定　ツール

約 73,800,000 件（0.55 秒）

ja.wikipedia.org › wiki › FIFAワールドカップ

FIFAワールドカップ - Wikipedia

www.jfa.jp › worldcup_2018 › schedule_result

日程・結果 2018FIFAワールドカップ ロシア｜SAMURAI BLUE ...

キーワードに関するニュース記事の検索結果が表示された

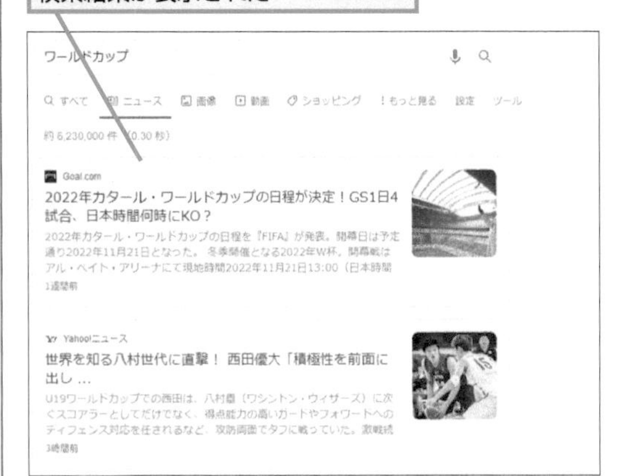

関連 Q059 特定の文章が含まれるWebページを検索するには……P.56
関連 Q074 Webページが更新されたときに通知するには……P.63

Q087 お役立ち度 ★★

世界の時刻や時差を知りたいときは

A 地名に「時差」を追加して検索します

海外の相手に電話をかけたいなどといった場面で、その相手がいる場所の現地時間を知りたいときにもGoogle検索を利用することができます。海外旅行の際にもこの機能は役立ちます。

1 調べたい地名と「時差」でAND検索

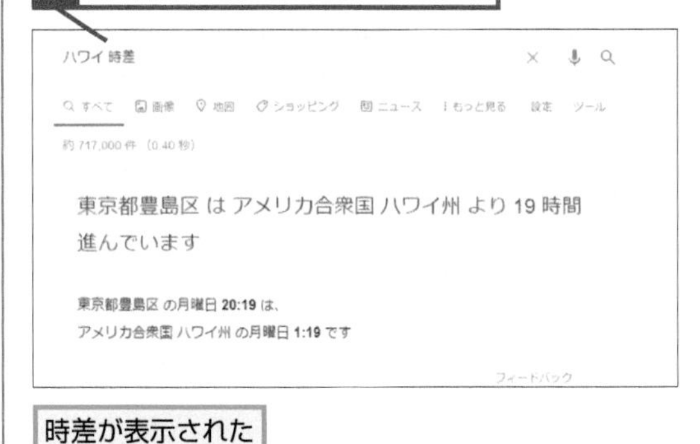

時差が表示された

Q088 お役立ち度 ★★

場所を指定して検索するには

A「location:」で場所を指定します

「美術館 location:埼玉県」などと入力して検索すると、埼玉県を対象として「美術館」のキーワードで検索を行うことができます。特定の場所にある施設やレストランを検索したい場面で役立ちます。

1 「美術館 location:埼玉県」で検索

埼玉県の美術館が表示された

Googleマップで地図を使いこなす

Googleが提供するサービスの1つとして、多くの人に愛用されているのが「Googleマップ」です。この便利なサービスを活用する、さまざまなワザを解説します。

Q089 お役立ち度 ★★★

現在地を表示するには

A ［現在地を表示］をクリックします

Googleマップは紙の地図にはない便利な機能が数多くありますが、その1つとして挙げられるのが自分の現在地を表示できることです。紙の地図のように、周囲のものを確認して自分がどこにいるかを調べるという作業が必要ありません。ただし、パソコンでGoogleマップを使う場合、現在地が表示できない場合もあります。その場合はスマートフォンのGoogleマップを使いましょう。

➡Googleマップ……P.260

●Googleマップを表示する

1 ［Googleアプリ］をクリック

2 ［マップ］をクリック

Googleマップが表示された

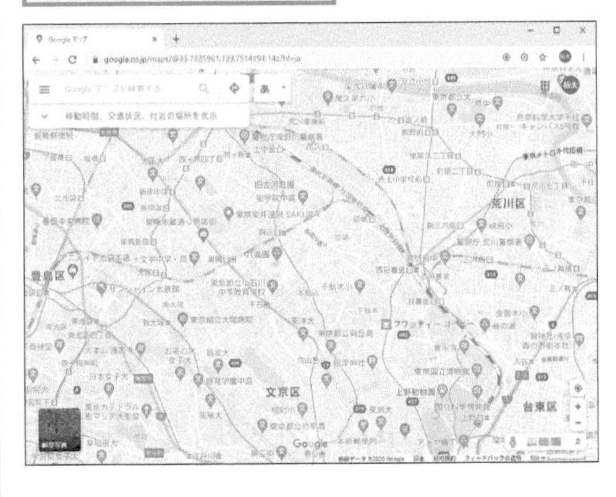

●現在地を表示する

1 ［現在地を表示］をクリック

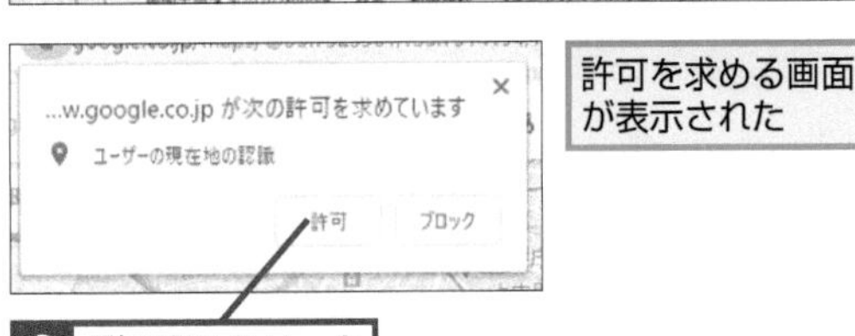

許可を求める画面が表示された

2 ［許可］をクリック

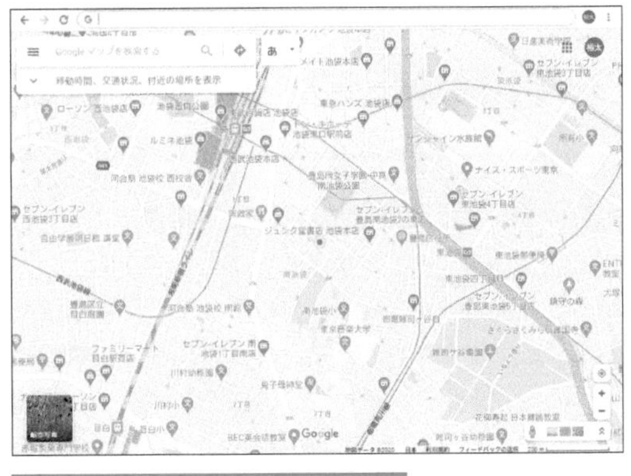

地図の中央に現在地が表示された

関連 Q088 場所を指定して検索するには ……………… P.68

Q090

お役立ち度 ★★★

目的地を検索するには

A お店や施設の名前で検索します

Googleマップには検索機能があり、お店や施設の名前をキーワードにして目的地を素早く探し出せます。またGoogle検索と同様にAND検索が行えるほか、郵便番号や電話番号で検索することも可能です。

関連 Q052 絞り込んで検索するには……P.54

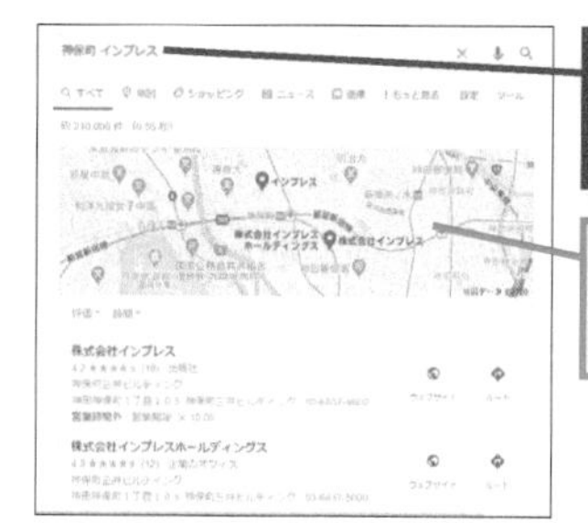

Q091

お役立ち度 ★★★

目的地までの経路を検索するには

A [ルート・乗り換え]をクリックします

キーワード検索や地図のクリックで目的地を指定したあと、現在地からそこに至るまでの経路を素早く探し出すことができます。現在地の情報がない場合は、出発地をキーワードで入力するか、地図をクリックしましょう。

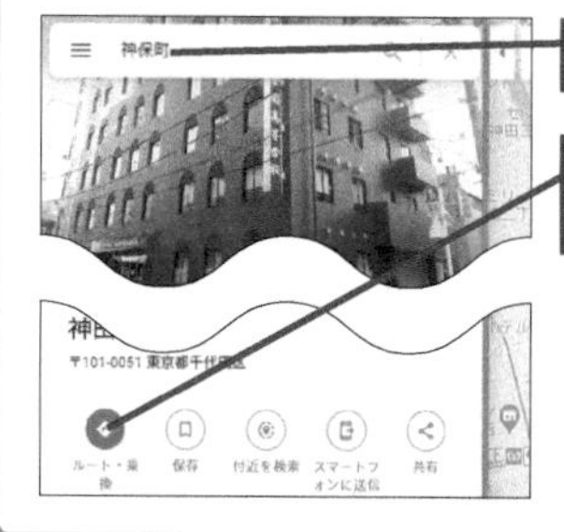

Q092

お役立ち度 ★★★

交通手段を指定するには

A 複数の交通手段から選べます

Googleマップで経路を検索した際、交通手段として車や公共交通機関、徒歩、自転車などの交通手段を選ぶことができます。公共交通機関を選んだ場合には、徒歩で移動するルートまで表示されるので、目的に近い駅に着いてから道に迷うといった心配もありません。

➡Googleマップ……P.260

ワザ091を参考に[ルート・乗り換え]を表示しておく

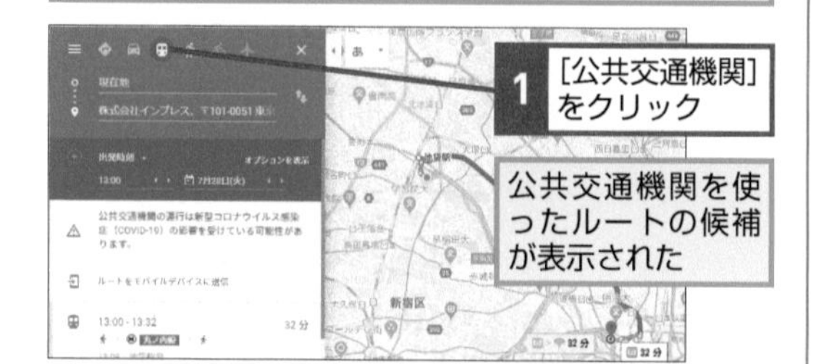

Q093　お役立ち度 ★★★

出発地を検索するには

A 出発地にしたい場所を入力します

経路検索を行うと、出発地は自動的に現在地となりますが、別の場所を出発地として指定したい場合には、その場所を示すキーワードを入力して検索し直します。上下の矢印のアイコンをクリックすると、目的地と出発地を入れ替えられます。帰路を検索したいときに使いましょう。

ワザ092を参考に経路を検索しておく

ここでは出発地を現在地から変更する

1 [現在地]をクリック

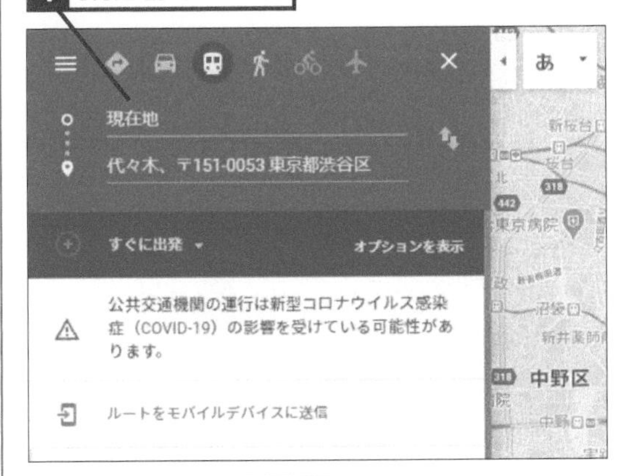

検索ボックスが表示された

2 出発地を入力

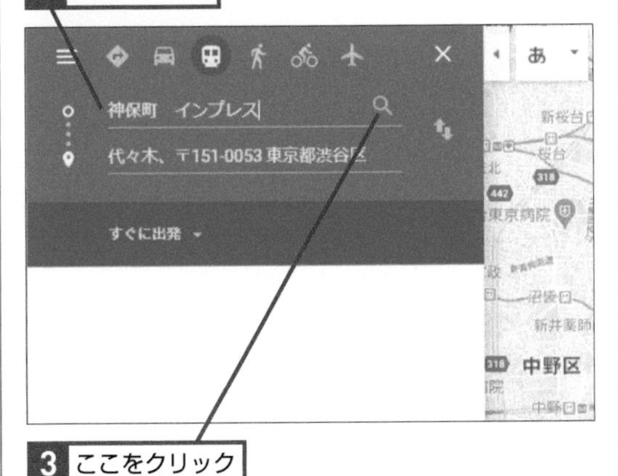

3 ここをクリック

Q094　お役立ち度 ★★★

出発時刻や到着時刻を指定するには

A [すぐに出発] をクリックします

経路検索をする際、「10時に出発すると目的地に着くのは何時か」、あるいは「15時に到着するためには何時に出発すればよいのか」を調べたいときがあります。Googleマップの経路検索では、出発時刻や到着時刻を指定して検索することも可能なため、こうしたこともすぐに調べることができます。また、時刻だけでなく日付を指定することも可能です。

ワザ092を参考に電車の経路を検索しておく

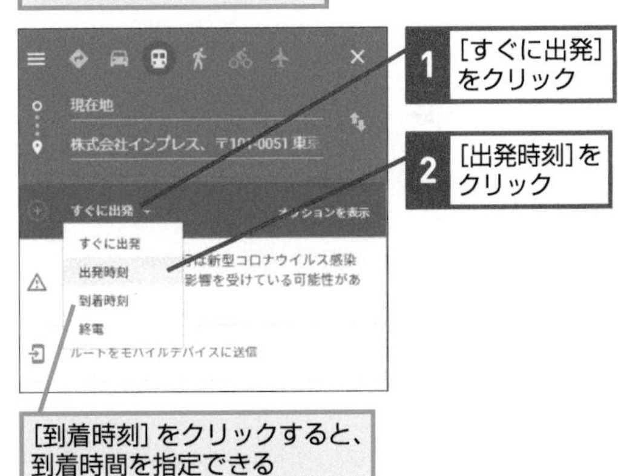

1 [すぐに出発]をクリック

2 [出発時刻]をクリック

[到着時刻] をクリックすると、到着時間を指定できる

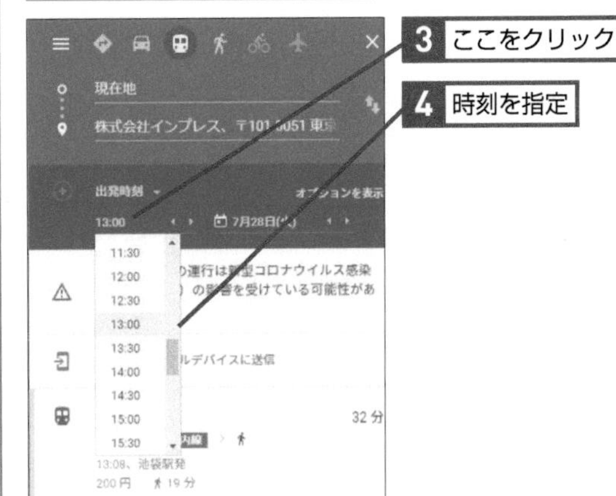

3 ここをクリック

4 時刻を指定

関連 Q092 交通手段を指定するには……P.70

Q095 お役立ち度 ★★★

終電を検索するには

A メニューから［終電］を選びます

「終電を逃してしまい帰れなくなった」「途中までは行けたが、その先の電車がなかった」などといった失敗を防ぐために役立つのがGoogleマップの終電検索で、目的地に到着するための最終電車を調べることができます。 ➡Googleマップ……P.260

ワザ092を参考に電車の経路を検索しておく

1 ［すぐに出発］をクリック

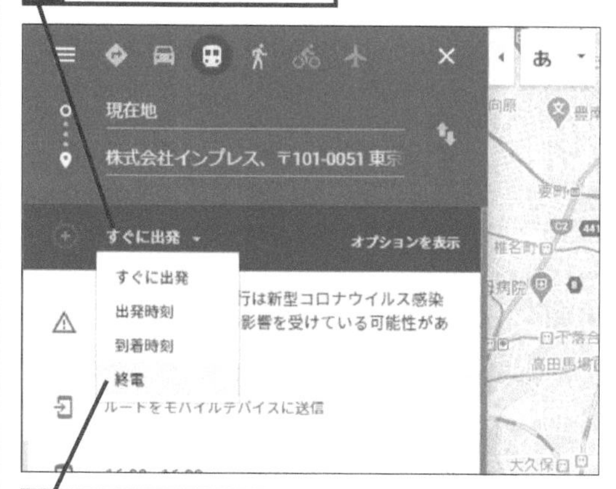

2 ［終電］をクリック

終電の時刻表が表示された

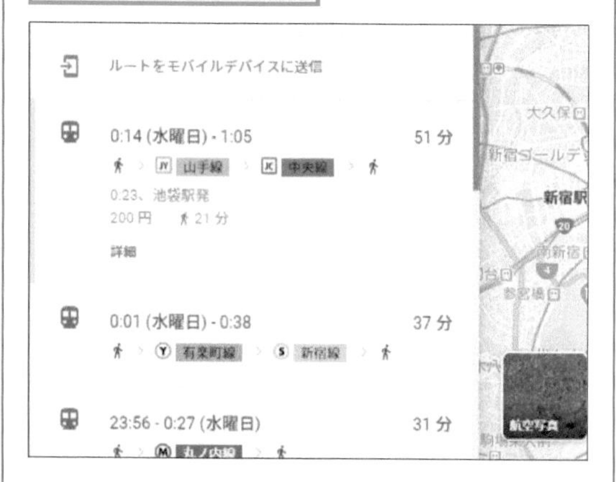

関連 Q092 交通手段を指定するには……P.70

Q096 お役立ち度 ★★★

時刻表を調べるには

A 路線名をクリックします

Googleマップで駅名をキーワードに検索した後、表示された路線名をクリックすると、そのときの時間以降の電車の発車時間が方面ごとに表示されます。また各停や急行といった電車種別も表示されるため、いつ駅に向かうかを判断したいときに便利です。

ワザ092を参考に電車の経路を検索しておく

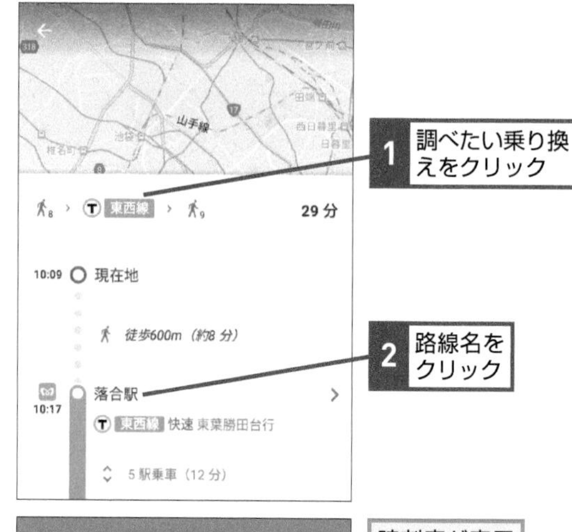

時刻表が表示された

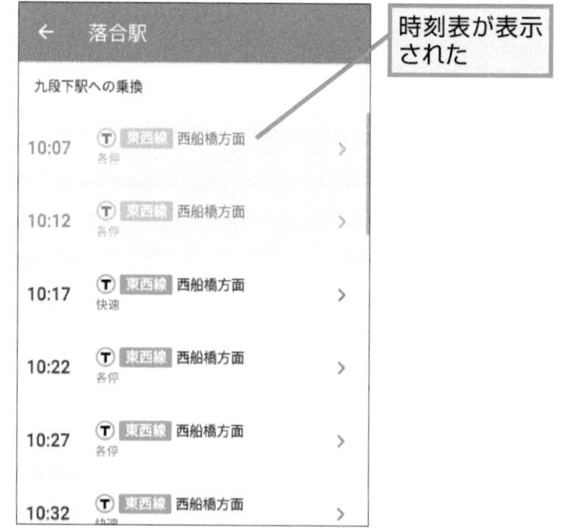

関連 Q092 交通手段を指定するには……P.70

Q097 お役立ち度 ★★★

経路検索で経由地を追加するには

A ［目的地を追加］をクリックします

経路検索で移動手段として車や徒歩を選んだ場合は、目的地とは別に経由地を指定することが可能です。たとえば車で移動するとき、目的地に着く前にレストランに寄って食事をしたいといったときに使えます。また経由地は複数追加することが可能なため、たとえばドライブの際に複数の観光地を効率良く回れるルートを探したいといったときにも役立ちます。なお追加した経由地はドラッグ＆ドロップで順番を入れ替えることが可能です。

ワザ091を参考に、経路を検索しておく

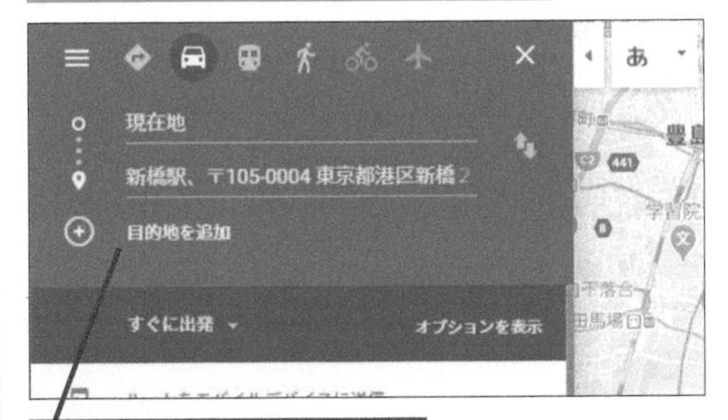

1 ［目的地を追加］をクリック

2 経由地を入力

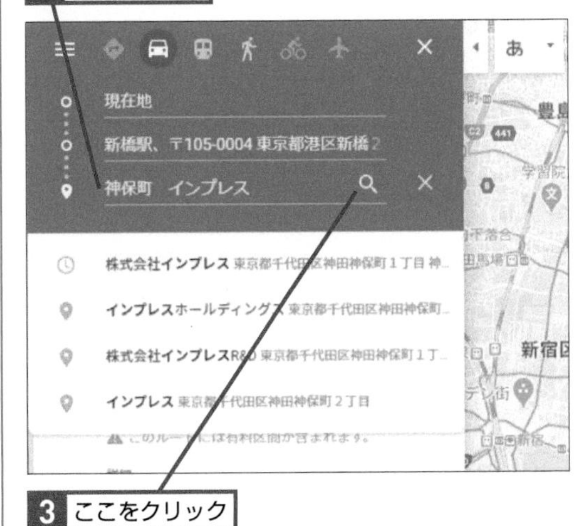

3 ここをクリック

経由地が追加された

ここでは、インプレスを経由してから目白駅に移動する経路に変更する

4 ここを上にドラッグ

経由地が追加された経路が表示された

Q098 お役立ち度 ★★★

目的地を共有するには

A 共有リンクを取得します

待ち合わせ場所などをみんなに伝えたいといった場面でもGoogleマップは役立ちます。目的地を検索すると、その場所を表示するリンク（共有リンク）を取得することができます。このリンクをメールで送信すれば、その場所を相手にもGoogleマップ上で見てもらえるため、意図した場所を間違いなく相手に伝えることができます。またTwitterやFacebookで場所を共有することも可能です。

➡Googleマップ……P.260

目的地を検索しておく

1 [共有]をクリック

共有方法が表示された

Q099 お役立ち度 ★★★

目的地をリストに保存するには

A 場所をまとめたリストを作成できます

Webブラウザのブックマークのように、場所をリストとして保存しておくことができるGoogleマップの機能がリストです。「お気に入り」や「行ってみたい」、「スター付き」の各リストがあらかじめ用意されており、場所を検索してこれらのリストに保存することができます。よく行く場所をリストとしてまとめる、あるいはいつか行ってみたいお店をリストに登録しておくなどの使い方が便利です。

➡ブックマーク……P.264

関連 Q098 目的地を共有するには……P.74
関連 Q100 新しいリストを作成するには……P.75

目的地を検索しておく

1 [保存]をクリック

クリックするとリストに保存できる

Q100

お役立ち度 ★★☆

新しいリストを作成するには

A [新しいリスト] をクリックします

Googleマップにあらかじめ用意されたリストを使うのではなく、自分だけのリストを作成することも可能です。たとえば「取引先」といったリストを作成し、よく行く取引先の場所をリストに登録しておく、あるいはテレビで見つけた会食に使えそうなお店をリスト機能を使ってメモしておくなどといった使い方が考えられるでしょう。なおリストに登録した場所は地図上にアイコンが表示されるので、目的地を素早く探し出せるようになるメリットもあります。

目的地を検索しておく

1 [保存]をクリック

2 [新しいリスト]をクリック

[新しいリスト]画面が表示された

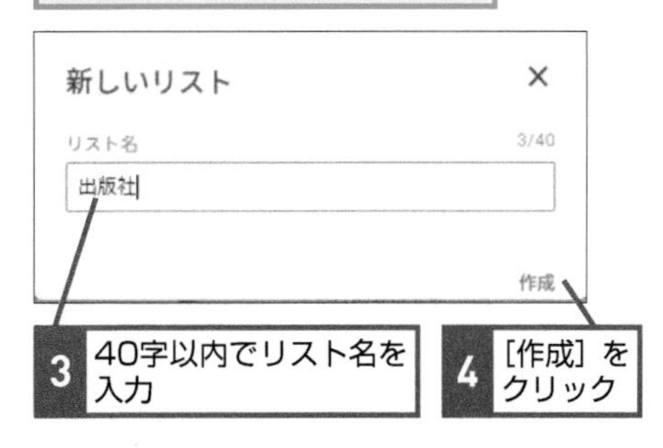

3 40字以内でリスト名を入力

4 [作成] をクリック

Q101

お役立ち度 ★★☆

リストに保存した目的地を表示するには

A [マイプレイス] でリストを選びます

リストに登録した場所を確認できるほか、いずれかの場所をクリックすると、地図上にその場所が表示され、そのまま経路検索を行うことも可能です。キーワード検索や地図上をクリックするよりも素早く目的地を表示できるため、ぜひ覚えておきたいワザです。

Googleマップを表示しておく

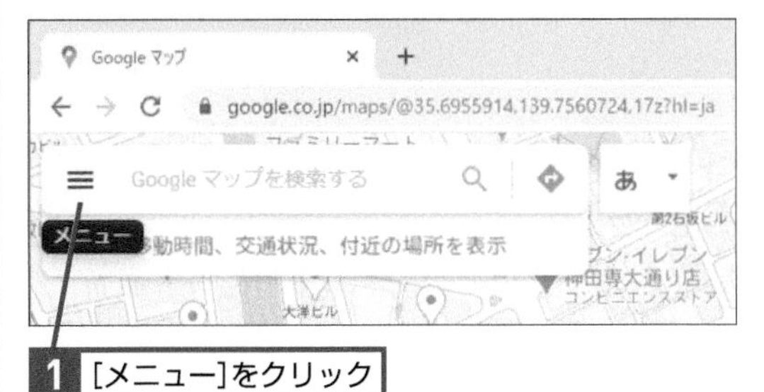

1 [メニュー]をクリック

2 [マイプレイス]をクリック

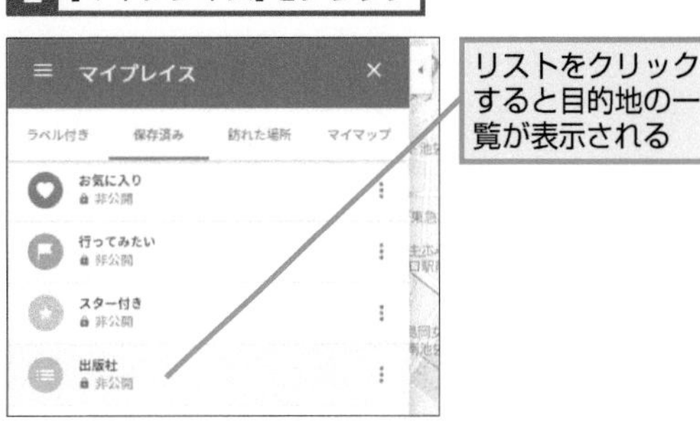

リストをクリックすると目的地の一覧が表示される

Q102 お役立ち度 ★★★

目的地にラベルを付けるには

A ［ラベルを追加］をクリックします

特定の場所やお店などに分かりやすい名前を付けておけるのがラベルの機能です。目的地を検索する際、ラベルの名前も検索対象になるため、よく検索する場所に短く分かりやすいラベルを付けておけば、効率的に検索できます。 ➡ラベル……P.264

目的地を検索しておく

1 ［ラベルを追加］をクリック

2 ラベル名を入力

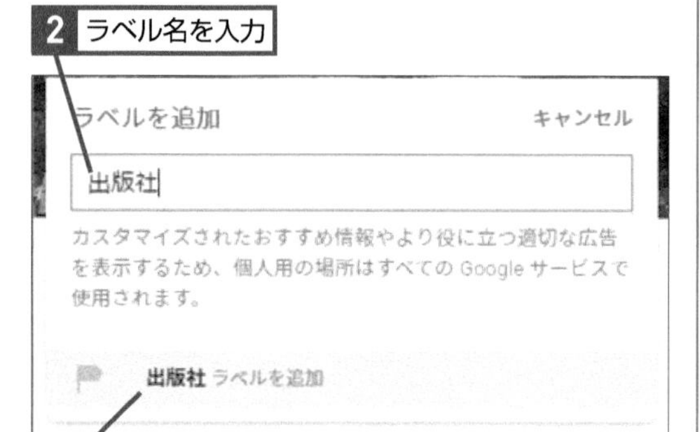

3 ここをクリック

Q103 お役立ち度 ★★★

災害情報を表示するには

A 「災害情報マップ」にアクセスします

Googleが提供している災害情報マップでは、台風の経路図や地震および津波情報、気象情報、気象警報・注意報、交通状況を確認することが可能です。災害が発生した場所が地図上で示されるため、どこで災害が発生したのかを素早く把握できます。なお、この災害情報マップはGoogleマップとは別に提供されています。万が一に備え、このWebサイトをブックマークしておきましょう。 ➡ブックマーク……P.264

注意 2021年4月からGoogle災害情報マップは使用できなくなりました

1 ［+］をクリック

地図の表示が拡大される

2 知りたい地域をクリック

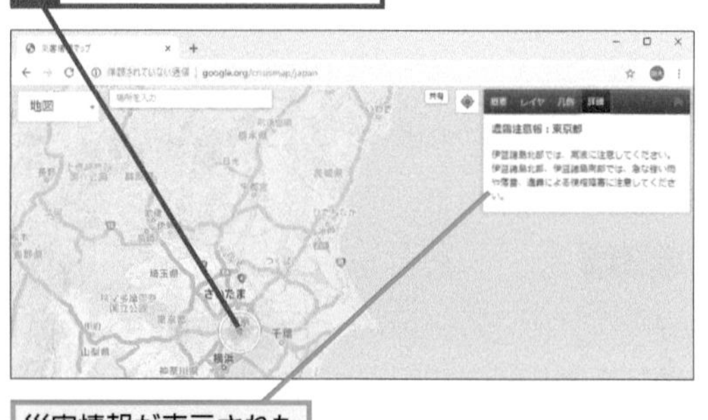

災害情報が表示された

Q104 お役立ち度 ★★★

過去に訪れた場所や経路を確認するには

A [タイムライン] を確認します

スマートフォンでGoogleマップアプリを使っていて、ロケーション履歴の機能がオンになっていれば、パソコンでもGoogleマップからスマートフォンを持って訪れた場所や経路を時系列で確認することができます。これを利用すれば、いつどこに移動したのかが自動的に記録されるため、交通費精算などのために移動先をメモするなどといった手間を省けます。なおロケーション履歴を閲覧できるのは本人のみであり、第三者に閲覧されることはありません。またロケーション履歴はいつでも有効/無効を切り替えられるほか、3か月、あるいは18か月以上経過した履歴を自動的に削除するオプションも用意されています。さらに行き先（アクティビティ）を選択して個別に削除することも可能です。

GoogleマップのWebページを表示しておく

1 [メニュー]をクリック

Googleマップのメニューが表示された

2 [タイムライン]をクリック

タイムラインの解説画面が表示されたときは[スキップ]をクリックする

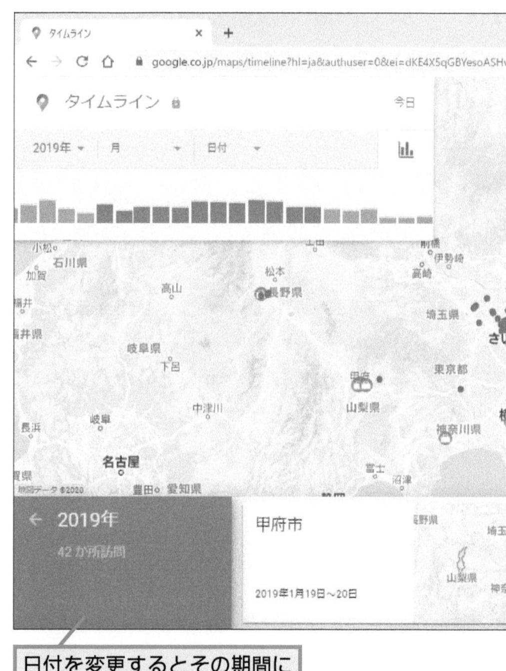

日付を変更するとその期間に訪れた場所が表示される

関連 Q099 目的地をリストに保存するには……P.74

関連 Q101 リストに保存した目的地を表示するには……P.75

Q105 お役立ち度 ★★★

交通状況を表示して道路の混み具合を確認するには

A メニューの［交通状況］をクリックします

Googleマップでは、高速道路や一般道の交通状況を確認することもできます。交通状況に関する情報はさまざまなWebサイトで提供されていますが、Googleマップなら日本全国の状況を地図上で確認できるのがメリットです。車で移動する前にチェックしましょう。

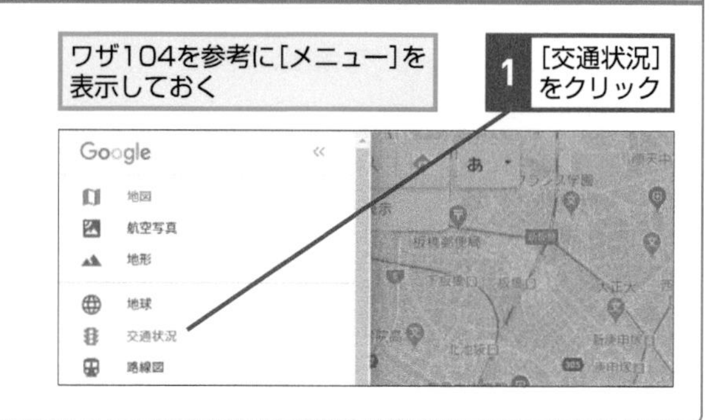

Q106 お役立ち度 ★★★

ほかのルートと比較するには

A「ルート比較ツール」を使います

Googleマップの経路検索を使い、公共交通機関のルートを検索したとき、最大で4つのルートが表示されます。そのうちのどのルートで移動すべきかを検討する際に使いたいのが「ルート検索ツール」です。出発する時間ごとに、移動時間と到着時間がひと目で分かるように表示されるため、いつ出発するのがもっとも効率的に移動できるかが素早く把握できます。

目的地を検索しておく

1 ここをクリック

2 ここをクリック

現在地
秋葉原、東京都台東区
ルート比較ツール

3 [ルート比較ツール]をクリック

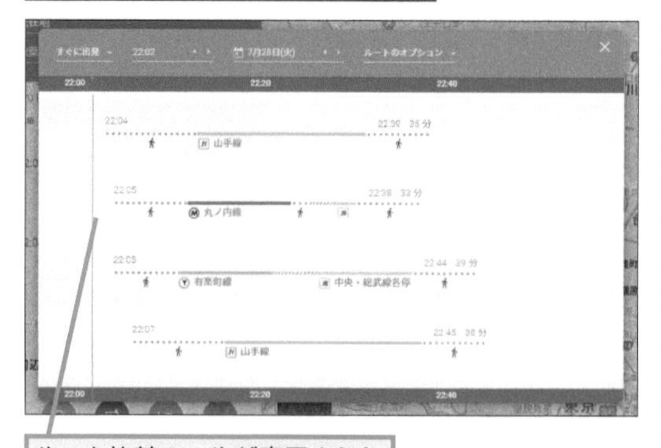

ルート比較ツールが表示された

関連 Q097 経路検索で経由地を追加するには……P.73

現地の状況を確認するには

A ストリートビューで目的地を確認しましょう

ストリートビューとは、指定した場所の周囲の状況を写真で見ることができるGoogleマップの機能です。初めて行く場所に向かうとき、事前にストリートビューで現地の状況を把握しておけば、そこがどういった場所なのか、周りの風景はどのような感じなのかを確認できます。事前に情報を得ておけば、目的地に到着してから戸惑うことを避けられるでしょう。またストリートビューの表示中にカーソルキーを押すか、画像上に表示されている矢印をクリックすれば、前後左右に移動することが可能です。この仕組みを利用して、たとえば駅に着いてから現地に向かうまでの道のりを事前に確認するといった使い方もできます。

目的地を検索しておく

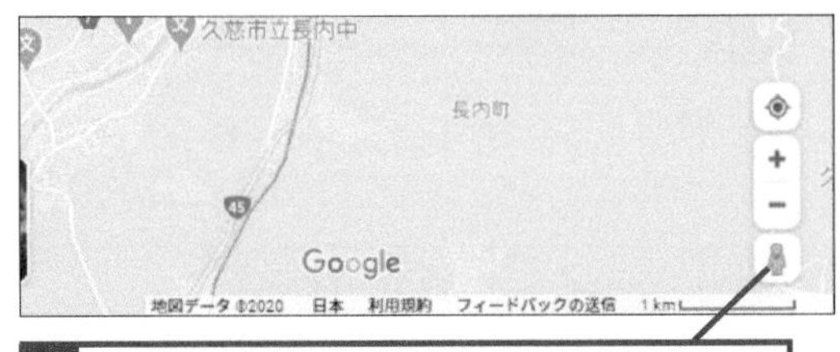

1 ［ストリートビューを表示できます］をクリック

ストリートビューに対応したエリアが表示された

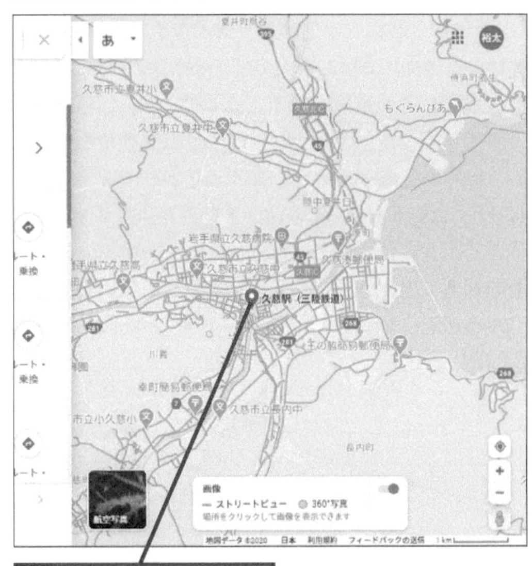

2 見たい場所をクリック

現地の写真が表示された

ここをクリックすると地図の表示に戻る

関連 Q103 災害情報を表示するには……P.76
関連 Q106 ほかのルートと比較するには……P.78

Q108 お役立ち度 ★★☆

自宅や職場を設定するには

A [マイプレイス] で設定します

「自宅から目的地までのルートを調べたい」、あるいは「出張先から勤務先までの乗り換えをチェックしたい」といった場面に備え、あらかじめ設定しておきたいのが「自宅」と「職場」です。これは［マイプレイス］で設定することができ、これにより出発地や目的地として自宅や職場を簡単に指定することができるようになり、Googleマップでのルート検索をよりスマートに行えるようになります。なお、自宅や勤務先以外の場所を同様に出発地や目的地として設定したい場合はラベルを利用します。

➡ラベル……P.264

[マイプレイス]に住所を登録する

1 [メニュー]をクリック

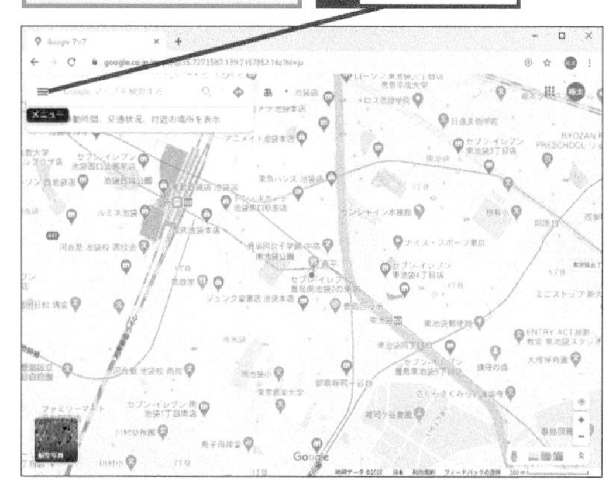

2 [マイプレイス]をクリック

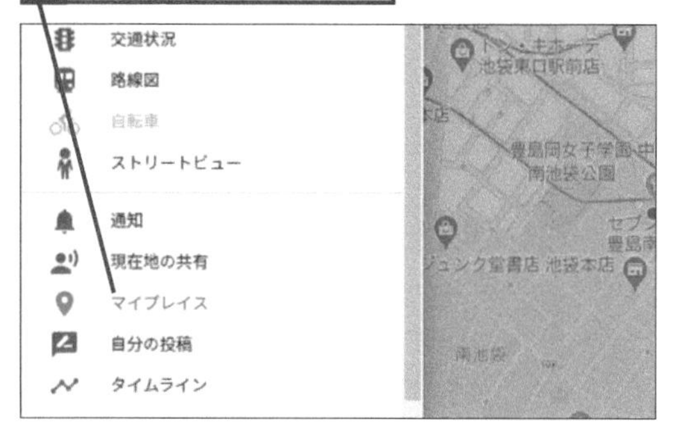

ここでは職場を登録する

3 [職場] をクリック

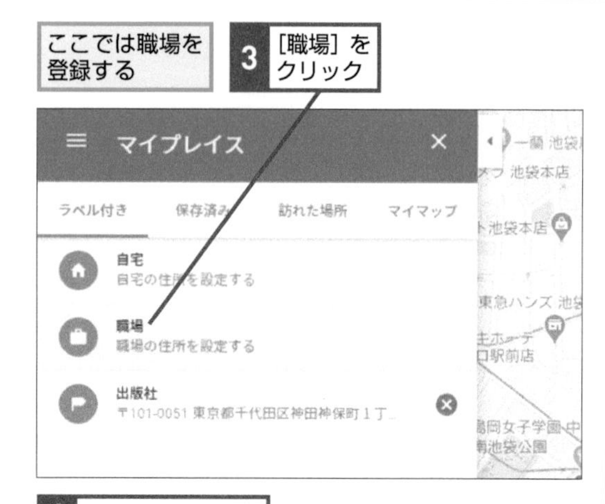

4 職場の住所を入力

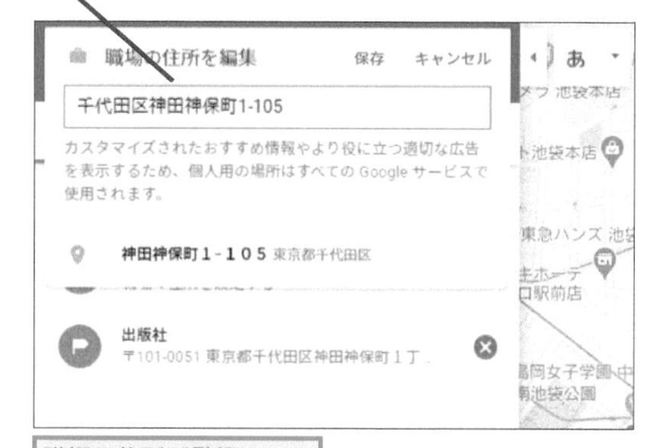

職場の住所が登録された

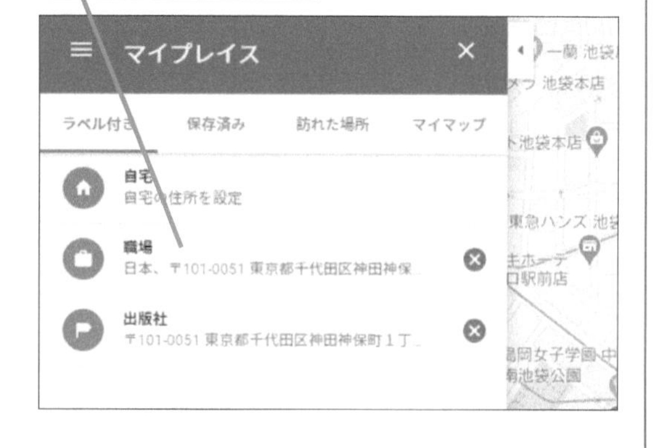

関連 Q089 現在地を表示するには……P.69

Q109

お役立ち度 ★★★

地図を印刷するには

A 印刷機能を使います

Googleマップの地図を紙に印刷して持ち運ぶこともできます。画面に表示している内容をそのまま印刷するため、表示する場所はもちろん、拡大率を調整して自分が見やすい内容で印刷することができます。またメモを追加することも可能で、目的地の住所をメモとして記録しておくなどといった使い方ができます。

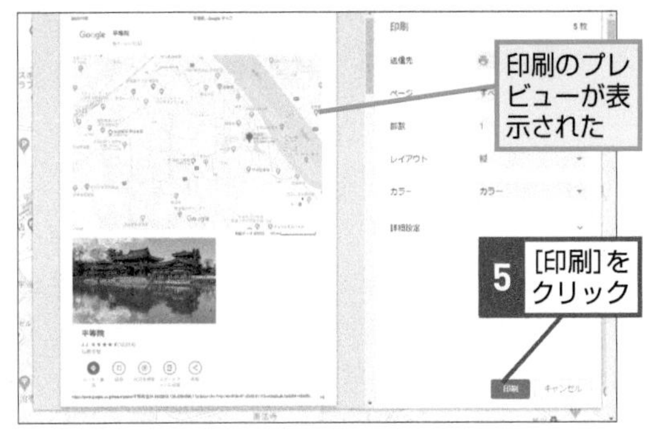

Q110

お役立ち度 ★★★

パソコンからスマートフォンに経路を送信するには

A ルートをスマートフォンと共有できます

外出時、行き先までのルートを調べるためにスマートフォンのGoogleマップを使って検索するといった人は多いでしょう。ただ複雑なルートを検索するといった場合は、画面が大きいパソコンのほうが便利です。そこで利用したいのがモバイルデバイスにルートを送信する機能です。事前にパソコンで検索したルートをスマートフォンで素早く確認できるため、スムーズに移動することができます。また、検索した経路をカレンダーに登録することも可能です。

パソコンの[Chrome]アプリで経路を検索しておく

スマートフォンに設定しているGoogleアカウントでパソコンの[Chrome]アプリにログインしておく

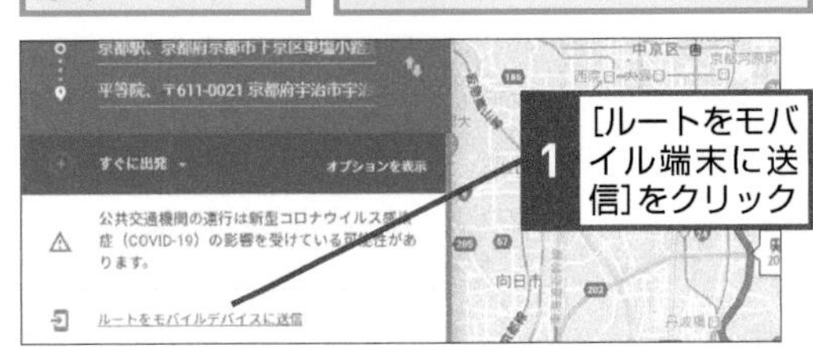

送信方法が表示されるので、クリックして選択する

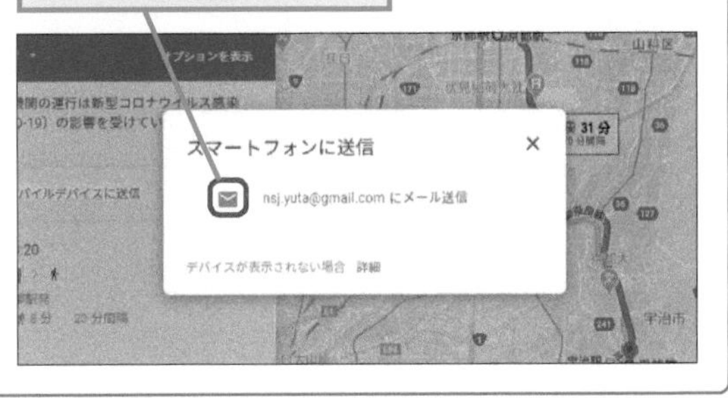

第3章 Gmailでメール作業を短縮するワザ

Google Chrome
Google マップ
Gmail
Google カレンダー
Google ドライブ
ドキュメント
スプレッドシート
スライド
ハングアウトとMeet
アカウント・セキュリティ
便利なアプリ
スマホ連携

素早くメールを送受信する

メールを送受信するためのサービスとして、多くのユーザーに支持されているのがGmailです。ここでは、Gmailの基本とも言えるメールの送受信に関するワザについて解説していきます。

Q111 お役立ち度 ★★★

メールを作成するには

A 新規メッセージ画面を表示します

Gmailの大きな特徴として挙げられるのが、Webメールとしての使い勝手のよさです。インターフェイスがシンプルにまとめられていて、初めて使う場合でも戸惑うことはありません。また豊富な機能が提供されていながら、それらをスムーズに使えるように工夫されていることも見逃せないポイントです。新規メールの作成も簡単で、デスクトップアプリのメールソフトと同様の感覚で素早く作成して送信できます。

Googleアカウントにログインしておく

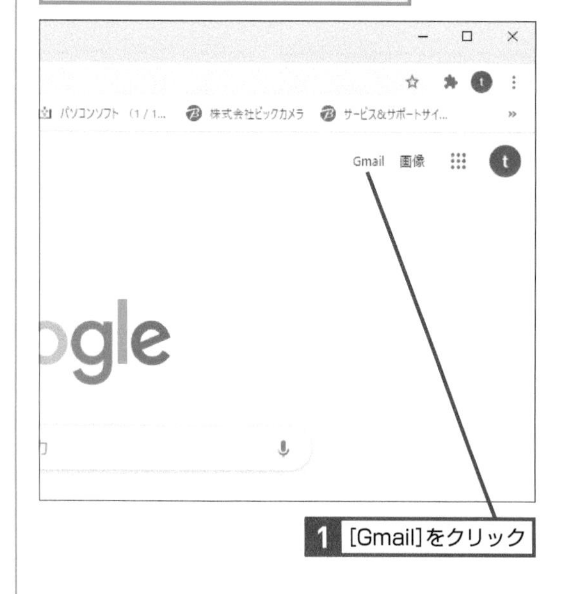

1 [Gmail]をクリック

Gmailが起動した

2 [作成]をクリック

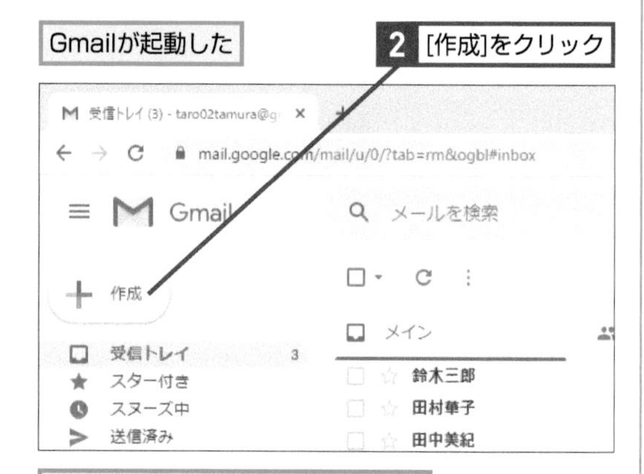

[新規メッセージ]画面が表示された

3 メールアドレスや件名、本文を入力する

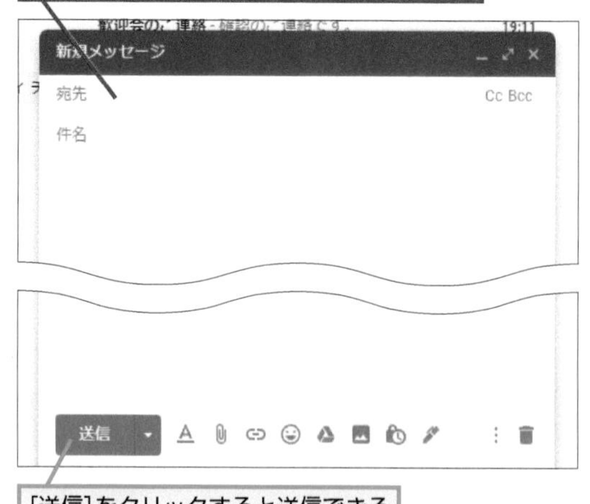

[送信]をクリックすると送信できる

Q112 お役立ち度 ★★★

書きかけのメールは保存できないの？

A ［下書き］の中に保存できます

作成中のメールはいつでも［下書き］に保存することが可能です。保存した後は、［下書き］にある書きかけのメールをクリックすることで、再度そのメールを開いて清書することができます。

ワザ111を参考に［新規メッセージ］画面を表示しておく

1 ［保存して閉じる］をクリック

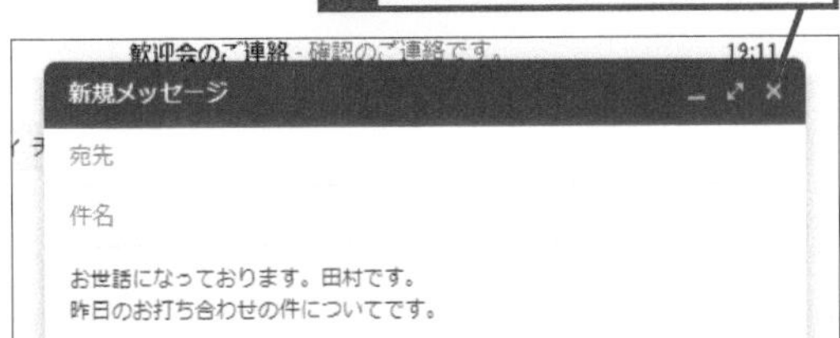

［下書き］にメールが保存された

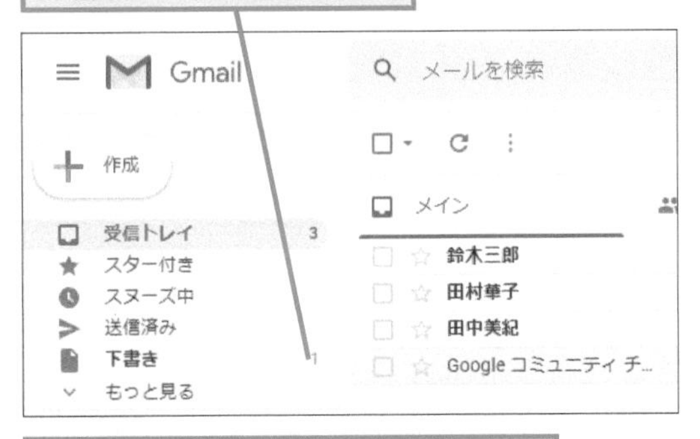

初期設定では作成したメールは一定時間で自動的に保存される

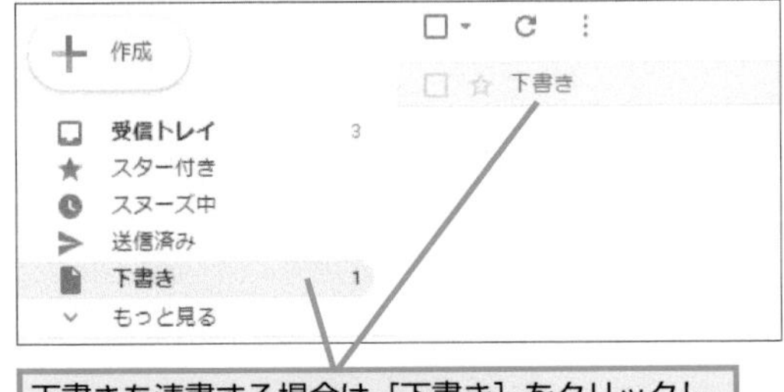

下書きを清書する場合は［下書き］をクリックし、対象のメールをクリックする

関連 Q111 メールを作成するには……P.82

Q113 お役立ち度 ★★★

送信日時を指定してメールを送信したい

A メール送信時に日時を指定できます

Gmailであれば送信日時を指定して送信することが可能なため、「明日の午前7時にメールを届けたい」といった場合でも、その時間に手作業で［送信］ボタンをクリックする必要はなく、自動で送信できます。

メールを作成しておく

1 ここをクリック

2 ［送信日時を設定］をクリック

［送信日時の設定］画面が表示された

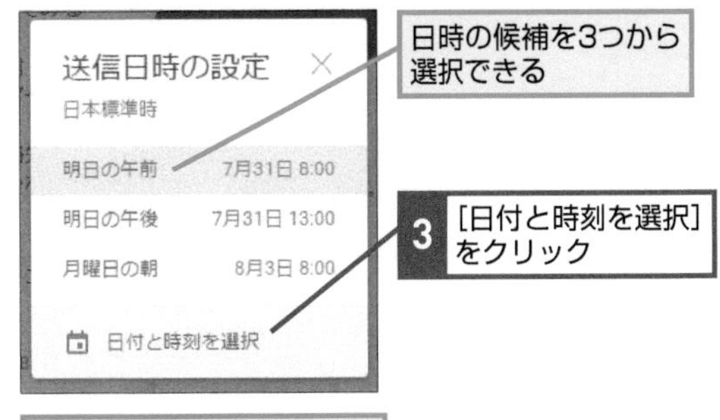

日時の候補を3つから選択できる

3 ［日付と時刻を選択］をクリック

［日付と時刻を選択］画面が表示された

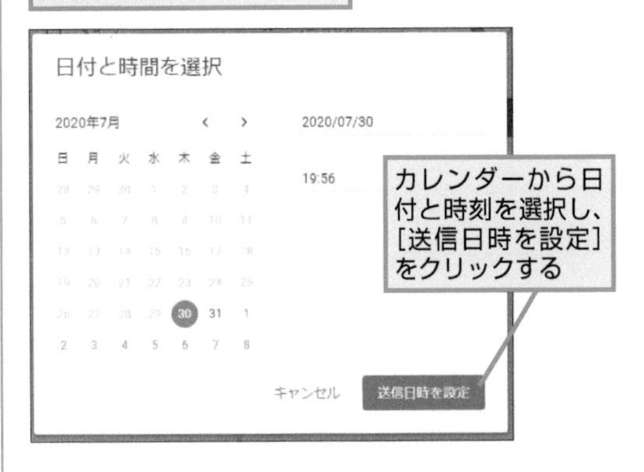

カレンダーから日付と時刻を選択し、［送信日時を設定］をクリックする

関連 Q111 メールを作成するには……P.82

Google Chrome
Google マップ
Gmail
Google カレンダー
Google ドライブ
ドキュメント
スプレッドシート
スライド
ハングアウトとMeet
アカウント・セキュリティ
便利なアプリ
スマホ連携

Q114 お役立ち度 ★★★

ファイルを添付するには

A ［ファイルを添付］をクリックします

一般的なメールソフトと同様、Gmailでもメールにファイルを添付して送信できます。以下の手順の方法のほか、ドラッグ&ドロップで添付することも可能です。なお、添付できるファイルの上限は25MBです。

メールを作成しておく

1 ［ファイルを添付］をクリック

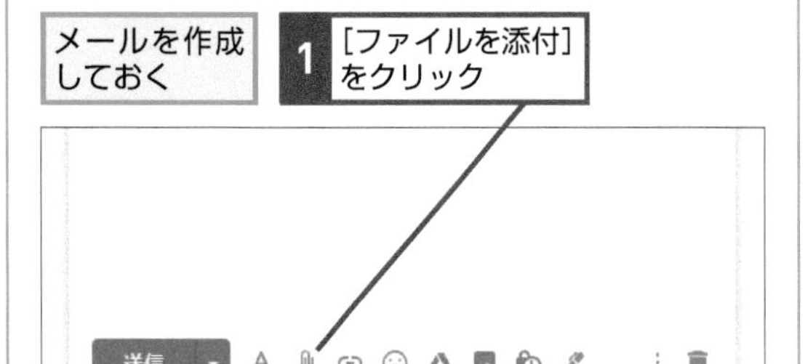

2 ファイルを選択

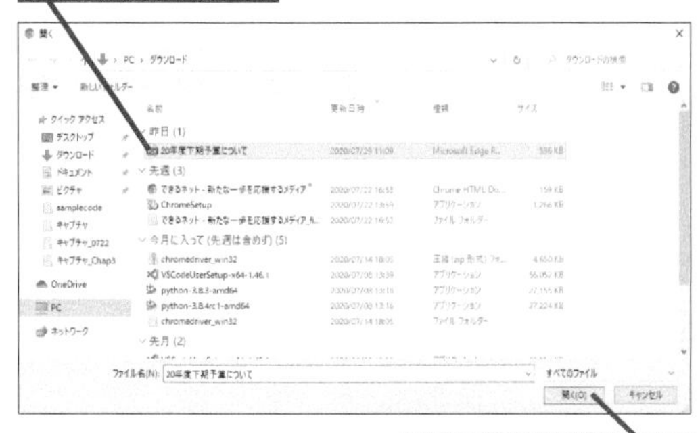

3 ［開く］をクリック

ファイルが添付された

同じ手順で添付ファイルを複数追加できる

関連 Q116 添付ファイルをGoogleドライブに保存するには……P.84

Q115 お役立ち度 ★★

テキスト形式でメールを送信するには

A プレーンテキストモードに切り替えます

Gmailでは、書式付きのHTMLメールがデフォルトですが、プレーンテキストモードへの切り替えも可能です。HTMLメールに戻すには、プレーンテキストモードのチェックを外します。 ➡Gmail……P.258

ワザ111を参考に［新規メッセージ］画面を表示しておく

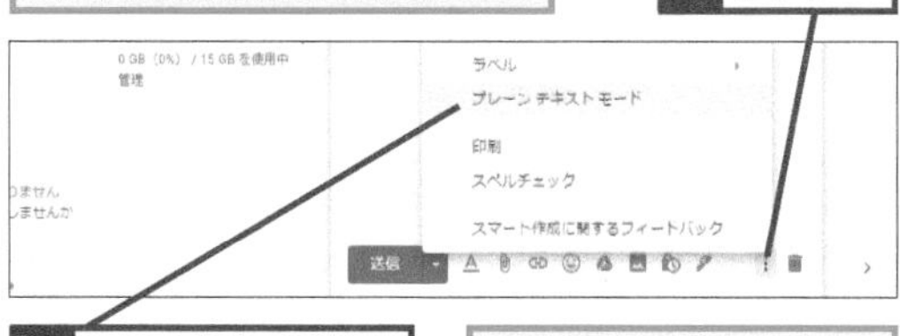

2 ［プレーンテキストモード］をクリック

テキスト形式でメールが作成されるようになる

Q116 お役立ち度 ★★★

添付ファイルをGoogleドライブに保存するには

A 保存先としてGoogleドライブを選べます

添付ファイル付きのメールを受信した際、そのファイルの保存先としてGoogleドライブを選択することが可能です。なお、そのまま添付ファイルをクリックすると、可能な場合はプレビューが表示されます。

1 添付ファイルにマウスポインターを合わせる

2 ［ドライブに追加］をクリック

Q117

お役立ち度 ★★★

間違って送信したメールを取り消したい

A あらかじめ送信取り消しを有効にします

書きかけのメールを間違って送信してしまった、あるいは文面に誤りがあることに気付いたとき、Gmailでは送信直後であれば送信を取り消せるように設定することが可能です。取り消しを可能にする時間は、5～30秒の範囲で指定できます。メールの送信に不安がある場合は、あらかじめ送信取り消しを有効にしておきましょう。

➡Gmail……P.258

●送信取り消しの設定

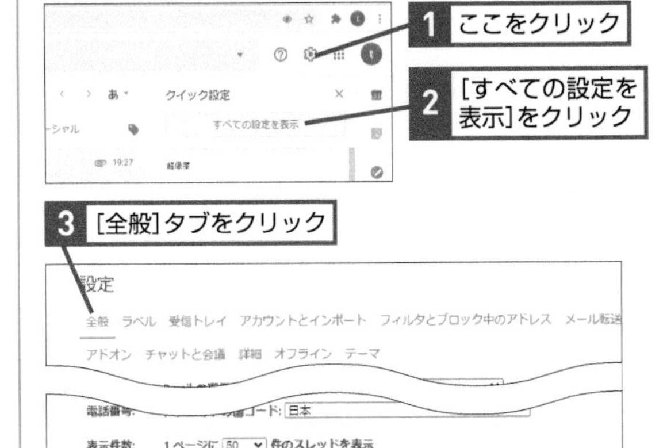

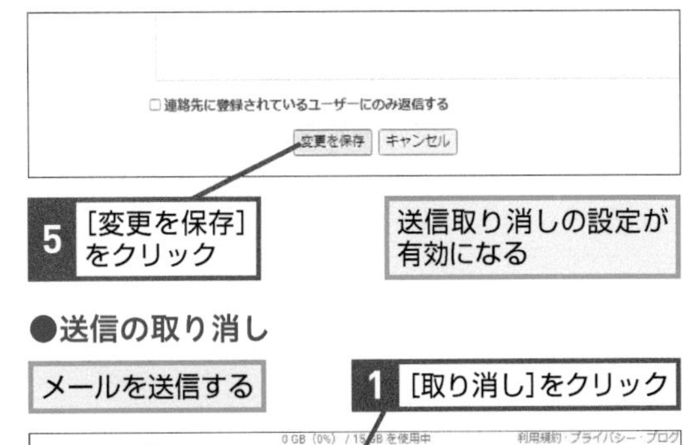

●送信の取り消し

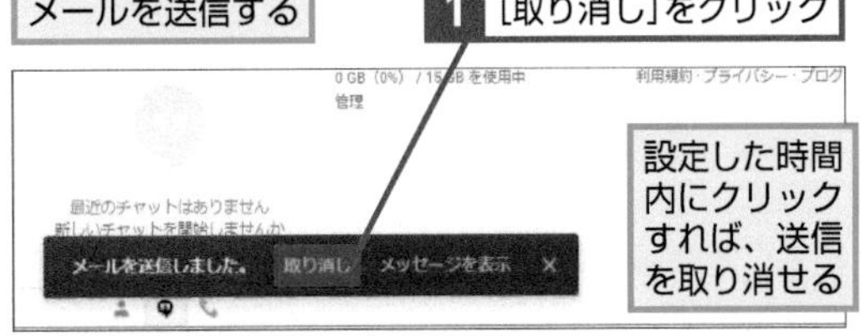

Q118

お役立ち度 ★★

情報保護モードでメールを送信するには

A 送信前に設定します

情報保護モードとは、メールの有効期限を設定したり、必要に応じてアクセス件を取り消したりすることを可能にするものです。特に機密情報をメールで送信する必要がある場合に有効でしょう。

メールを作成しておく

1 [情報保護モードをオン/オフにする]をクリック

情報保護モード画面が表示された

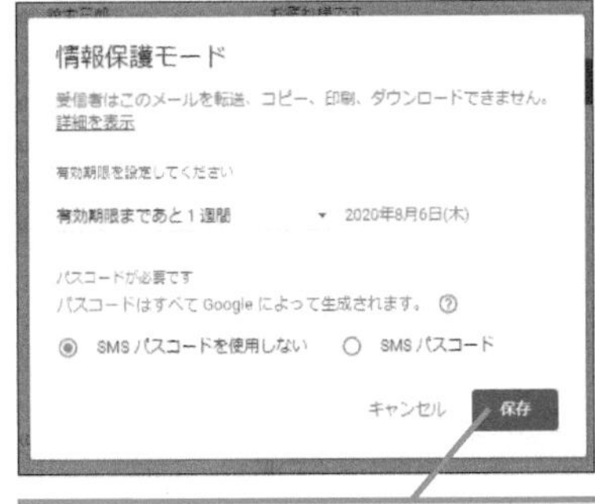

[保存] をクリックすると保存期間などを限定したメールを作成できる

Q119 お役立ち度 ★★★

特定の相手から届いたメールだけを表示するには

A 送信元を絞り込んで表示できます

ある人との過去のやり取りを確認したいなど、特定の相手から送られてきたメールだけをまとめてチェックしたいといったとき、以下のように操作することで送信元を絞り込んで表示することができます。また「from:」に続けてメールアドレスを入力して検索すると、同様にそのユーザーから送られたメールだけを表示できます。

1 [メールを検索]をクリック

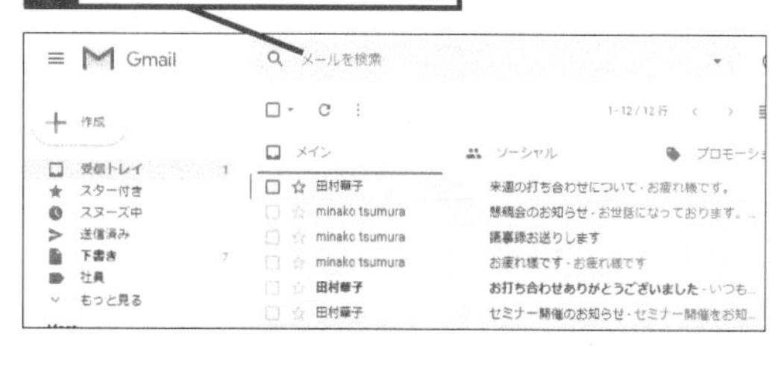

2 差出人のアドレスを入力

3 候補のアドレスをクリック

特定のアドレスのメールのみが表示された

Q120 お役立ち度 ★★

大事なメールに目印を付けたい

A 「スター」の機能を利用します

Gmailでは、重要なメールに対して「スター」と呼ばれるマークを付けておくことができます。スターを付けると、メール一覧に黄色のスターマークが付き、ひと目で重要なメールだと認識できます。またスター付きのメールだけを表示することも可能です。大事なメールを受信したときは、ほかのメールと区別し、すぐに内容を表示できるようにスターを付けておきましょう。

受信したメールを表示しておく

1 [スターなし]をクリック

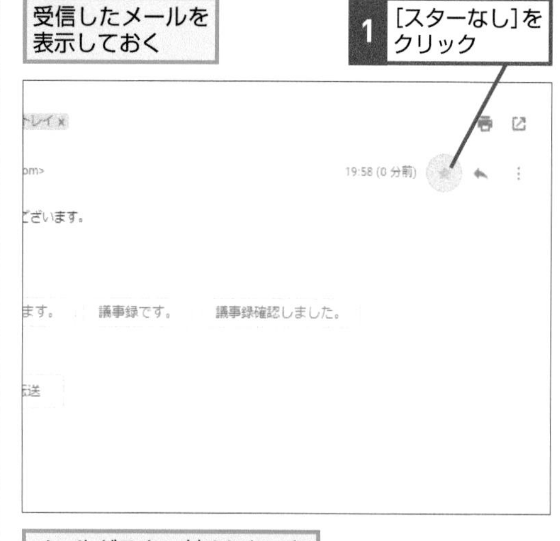

メールがスター付きになった

メール一覧でも表示される

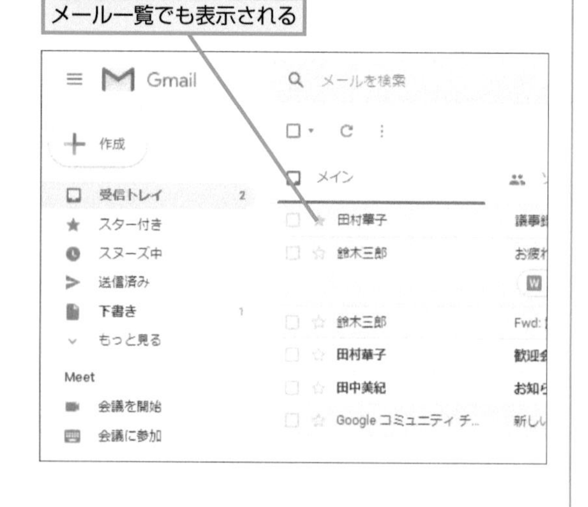

Q121 指定した日時にメールを再表示したい

お役立ち度 ★★★

A スヌーズの機能を使います

受信したメールを後で再表示するための機能として、Gmailでは「スヌーズ」が用意されています。すぐに返信できないとき、このスヌーズの機能を使って再表示すれば、返信し忘れることを防げるでしょう。

受信したメールを表示しておく

1 [スヌーズ]をクリック

日時の候補を3つから選択できる

2 [日付と時間を選択]をクリック

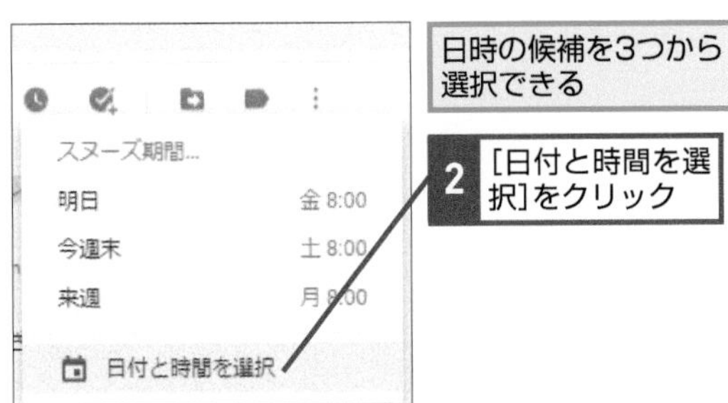

[日付と時間を選択]画面が表示された

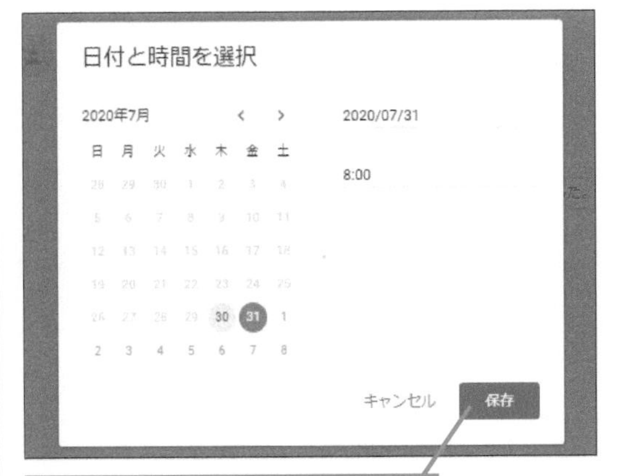

カレンダーから日付と時間を選択し、[保存]をクリックする

Q122 受信トレイを整理するには

お役立ち度 ★★

A アーカイブで整理できます

アーカイブとは、読み終わったメールを保管しておく場所です。受信トレイには未読のメールや返信できていないメールだけを残し、それ以外はアーカイブするなど、整理のためのルールを作ると便利です。

●メールを整理する

整理したいメールを表示しておく

1 [アーカイブ]をクリック

スレッドがアーカイブされた

●メールを受信トレイに戻す

1 [メールを検索]にメールアドレスなどを入力して検索

メールが表示された

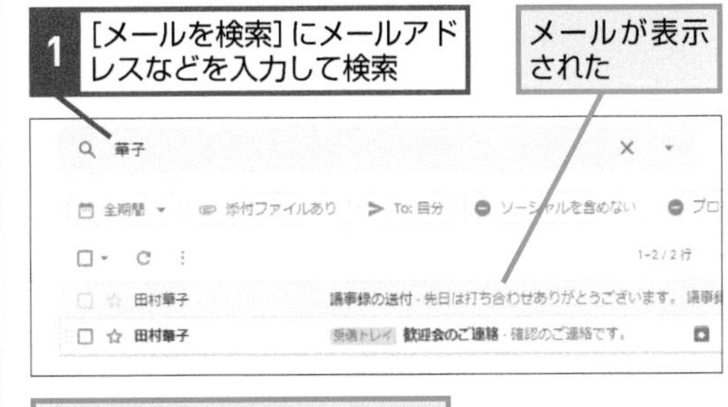

戻したいメールを表示しておく

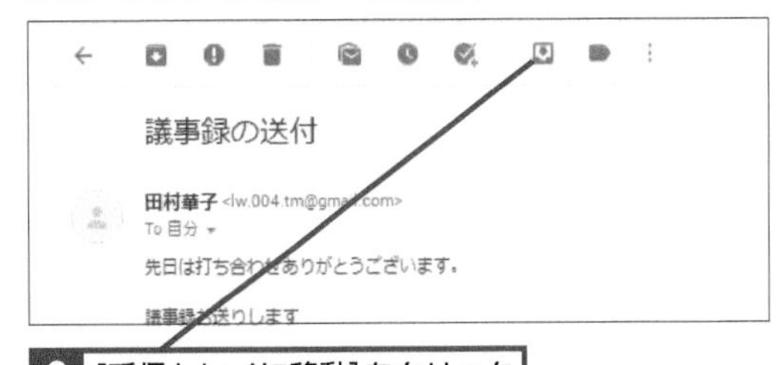

2 [受信トレイに移動]をクリック

Q123 お役立ち度 ★★★

全員に返信するには

A [全員に返信] をクリックします

返信の際に [その他] をクリックすると、そのメールに対する操作を行うためのメニューが表示されます。この中に [全員に返信] があり、これを選べばCcなどに記載されたメールアドレスも含めて返信することができます。

➡CC……P.258

返信したいメールを表示しておく

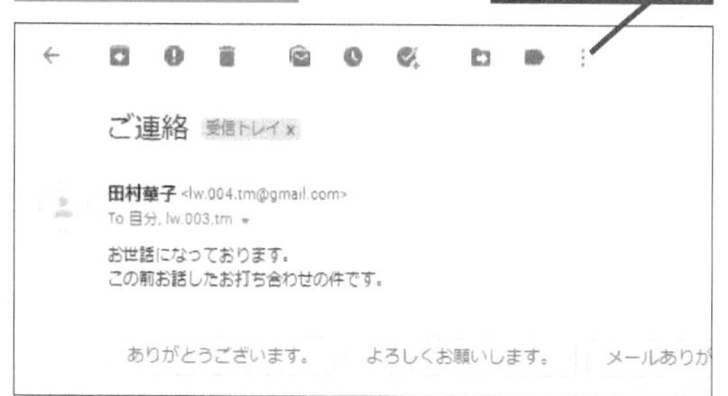

2 [全員に返信]をクリック

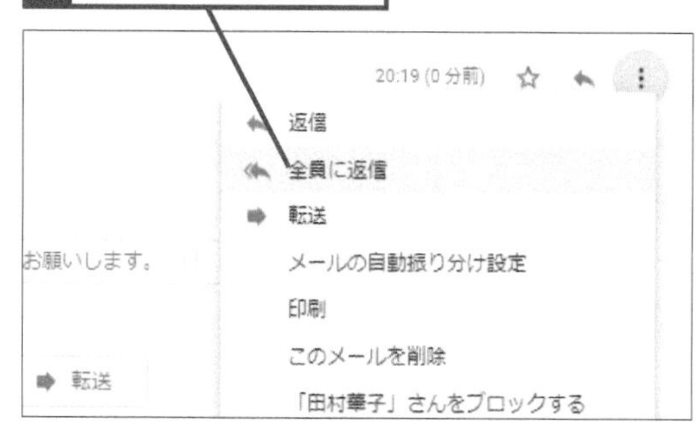

返信用の画面が表示された

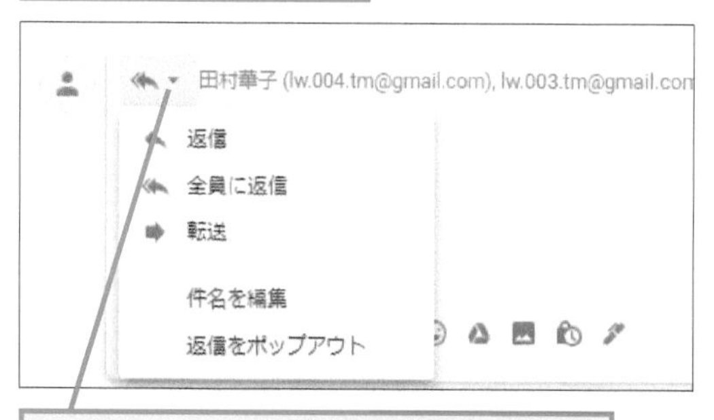

ここをクリックすると返信の種類を変更できる

Q124 お役立ち度 ★★★

全員に返信を標準設定にするには

動画で見る

A [設定] で全員に返信を選択します

ビジネスシーンでは、Ccのメールアドレスまで含めて返信することが一般的なため、いちいちメニューから [全員に返信] を選択するのは非効率です。以下の方法で [全員に返信] をデフォルトにしましょう。

1 [設定]をクリック

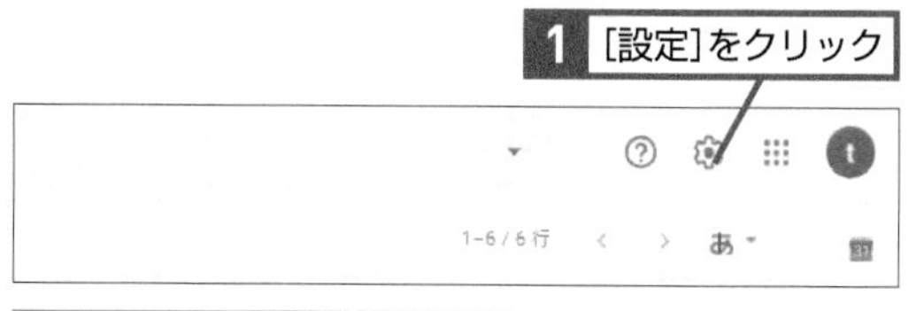

[クイック設定]が表示された

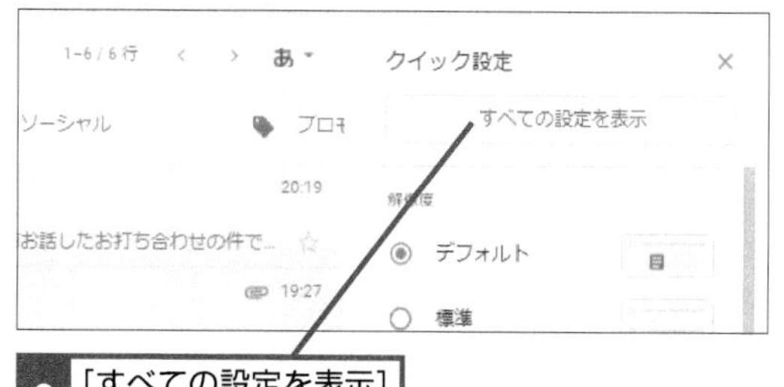

2 [すべての設定を表示] をクリック

設定画面が表示された

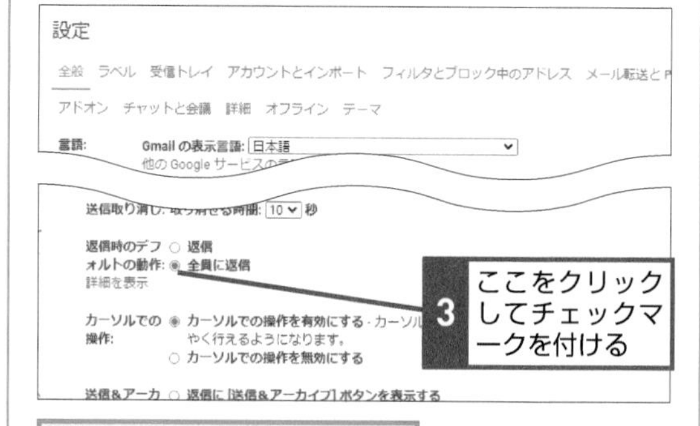

3 ここをクリックしてチェックマークを付ける

画面を下にスクロールしておく

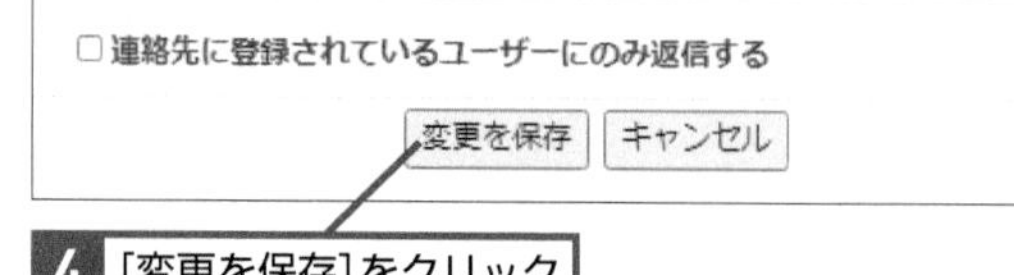

4 [変更を保存]をクリック

Q125　お役立ち度 ★★★

メールを分類するには

A ラベルを利用して分類します

一般的なメールソフトはフォルダを使ってメールを分類しますが、Gmailにはフォルダがありません。その代わりに使うのが「ラベル」です。フォルダとの最大の違いは、1つのメールに複数のラベルを割り当てることが可能な点で、これによりフォルダよりも柔軟にメールを分類できます。画面左のメニューリストからラベルの名前をクリックすると、そのラベルが割り当てられたメールの一覧を確認できます。

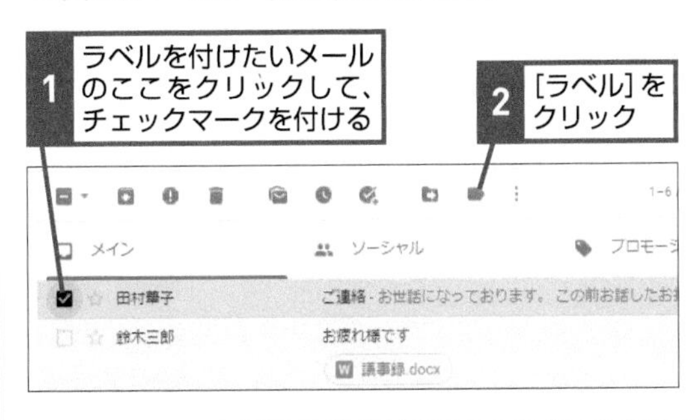

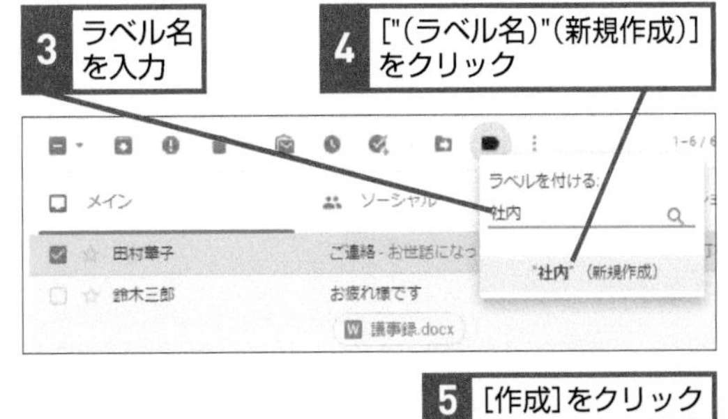

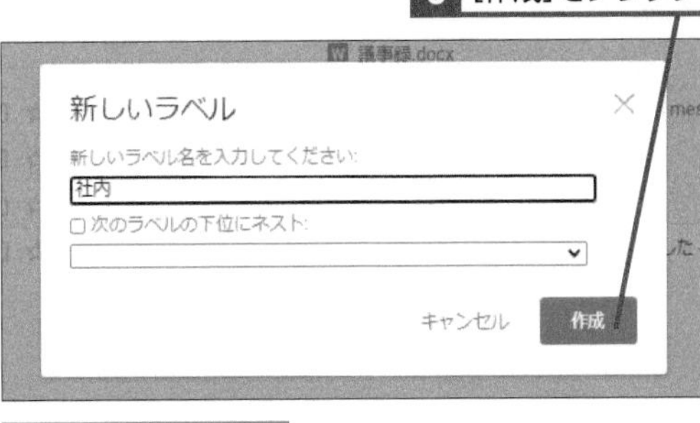

ラベルが作成される

Q126　お役立ち度 ★★

ラベルの名前を変更するには

A 分かりやすいラベル名を付けましょう

ラベルを作成するとき、意識したいのは意図が明確に分かる名前にすること。名前からラベルの目的が分からなければ、本来の意図とは異なるラベルをメールに割り当ててしまうなど、混乱することになりかねません。もしラベル名が分かりづらいと感じるのであれば、ラベル名を修正しましょう。

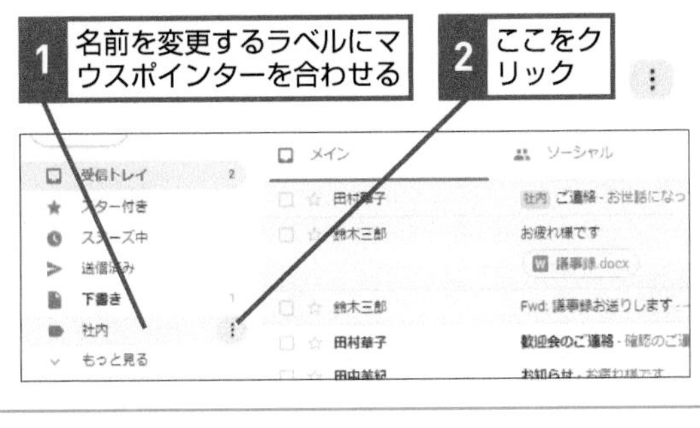

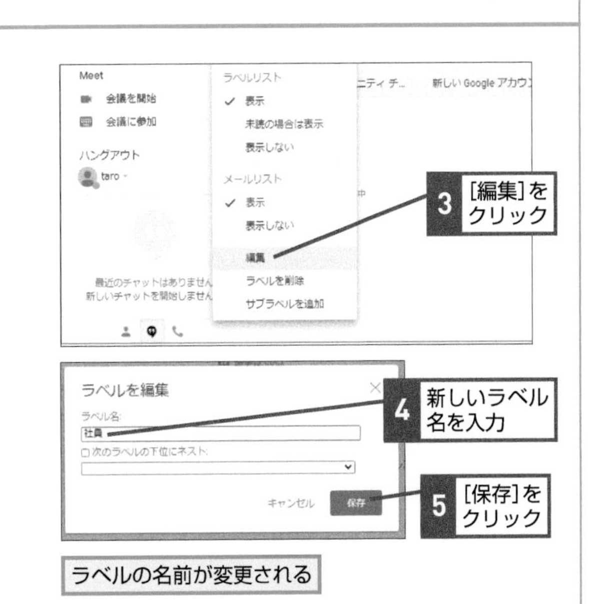

ラベルの名前が変更される

Q127 お役立ち度 ★★☆

ラベルを付けながらメールを整理するには

A 受信トレイからメールを移動します

ラベルを割り当てたメールに対し、受信トレイでは表示せずに、メニューリストにあるラベルをクリックしたときだけ表示されるように設定できます。この設定にすると、フォルダで分類するようにメールを整理できます。

➡ラベル……P.264

整理したいメールを表示しておく

1 [移動]をクリック

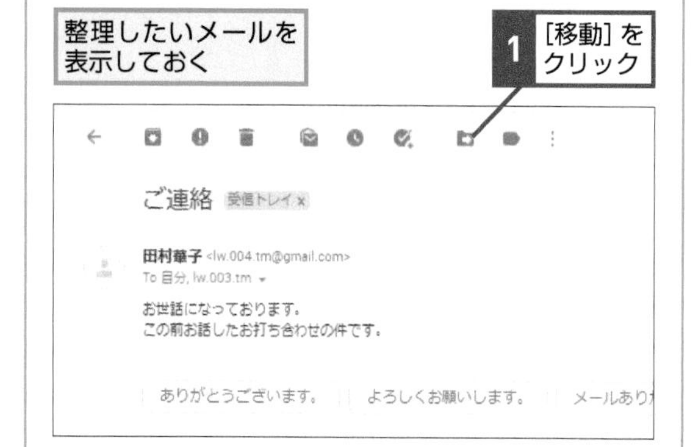

移動先の候補が表示された

2 ラベルと同じものをクリック

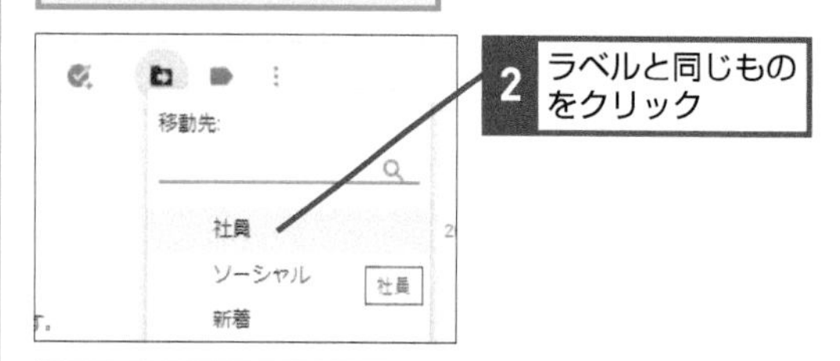

ラベルが一覧に追加され、メールが移動した

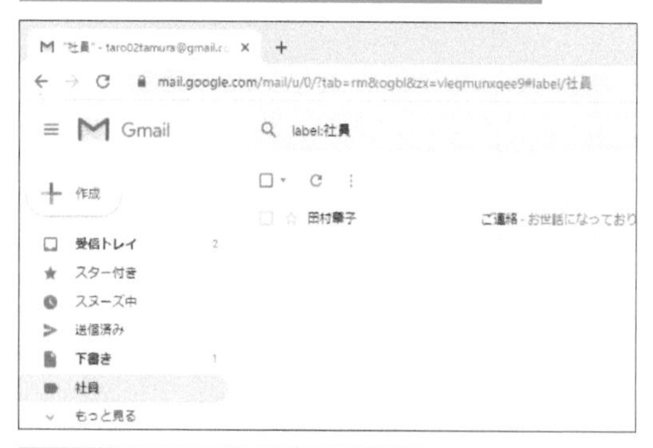

ラベルをクリックすると移動したメールを表示できる

Q128 お役立ち度 ★★★

ラベルを自動で付けるには

A 自動振り分けの機能を利用します

自動振り分けの機能を利用すれば、設定した条件に合致したメールに対して自動でラベルを割り当てることができます。特定のメールアドレスや、特定の文字列が件名に含まれるメールに、自動でラベルを貼り付けたいといった場面で便利です。なお自動振り分けを使えば、スターの付与や別メールアドレスへの転送も自動化できます。

➡ラベル……P.264

1 自動でラベルを付けるメールのここをクリックしてチェックマークを付ける

2 [その他]をクリック

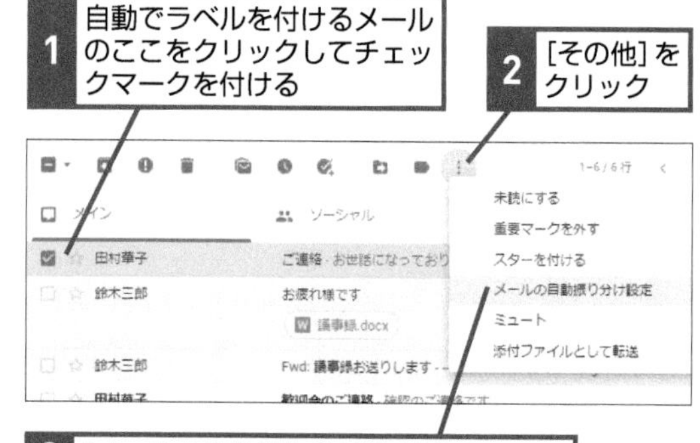

3 [メールの自動振り分け設定]をクリック

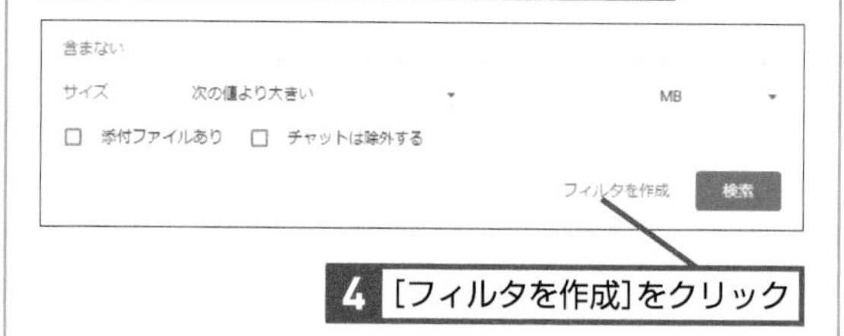

4 [フィルタを作成]をクリック

5 [ラベルを付ける]のここをクリックしてチェックマークを付ける

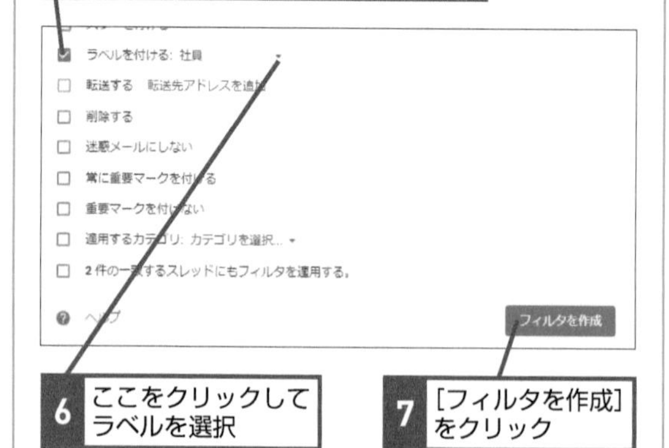

6 ここをクリックしてラベルを選択

7 [フィルタを作成]をクリック

Q129 お役立ち度 ★★

メールを未読にするには

A ［その他］から［未読にする］を選びます

メールの返信漏れを防ぐ方法としては、先に紹介したスヌーズの機能が便利ですが、メールを未読にしておくのも有効な手段です。すでに開いて既読になったメールを未読に戻すには、以下のように操作します。また「label:unread」と入力すれば、未読メールだけをリストアップすることが可能です。さらに「label:unread インプレス」など、キーワードを加えて未読メールを検索することもできます。

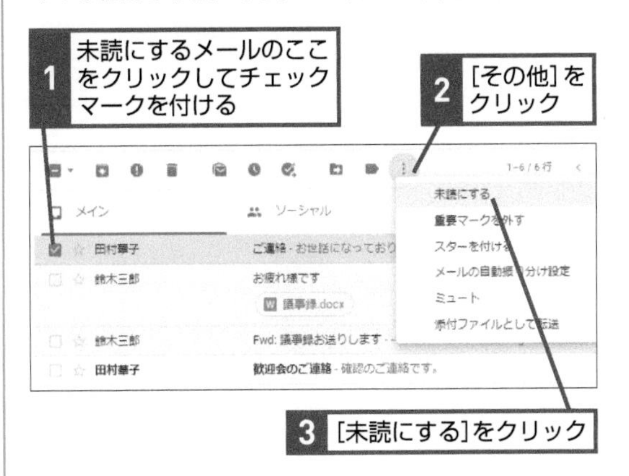

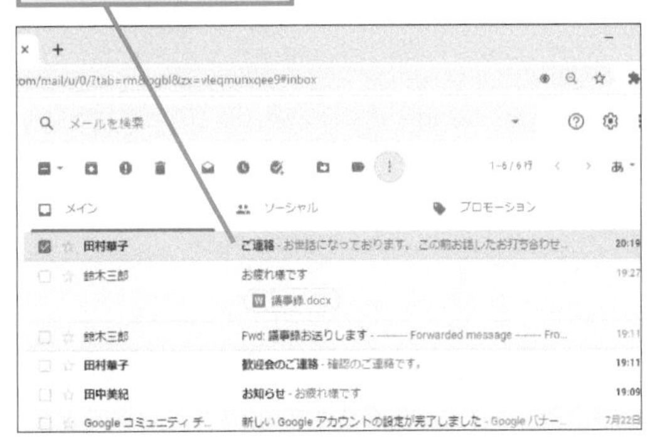

Q130 お役立ち度 ★★★

受信したメールを翻訳するには

A Gmailには翻訳機能もあります

外国語のメールを受信したとき、Gmailであればわざわざ別の翻訳サービスなどにコピー＆ペーストすることなく、そのまま日本語に翻訳することが可能です。また、すぐに原文に切り替えることも可能なため、翻訳文を読んでいて不明な点があったとき、すぐに原文を参照して確認できるのも便利です。

翻訳したいメールを表示しておく

1 ［メッセージを翻訳］をクリック

英語 > 日本語 メッセージを翻訳

From around the Wolfram Community

Creating Cryptograms for Home-Schooling Fun

By Todd Rowland

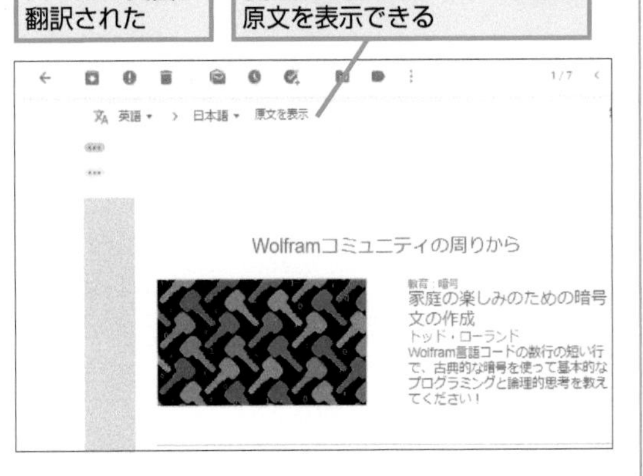

Q131 お役立ち度 ★★

間違って削除したメールを戻したい

A ゴミ箱から削除したメールを復旧できます

Gmailでメールを削除すると、即座に完全に削除されるのではなく、1度[ゴミ箱]に移動します。間違ってメールを削除した場合は、メニューリストにある［ゴミ箱］を開き、受信トレイに移動すれば元に戻すことが可能です。なおゴミ箱に保存される期間は30日間であり、この期限を過ぎると完全に削除されます。単に受信トレイにメールが表示されないようにしたい場合は、アーカイブを利用しましょう。

受信トレイから間違って削除したメールを元に戻す

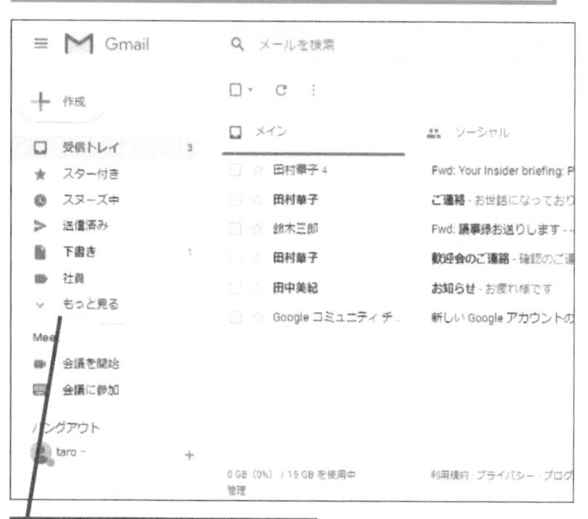

1 ［もっと見る］をクリック

メニューが表示された

2 ここをドラッグしてスクロール

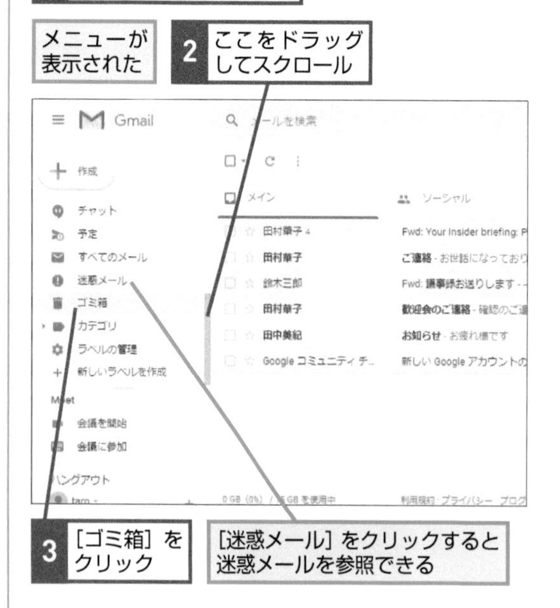

3 ［ゴミ箱］をクリック

［迷惑メール］をクリックすると迷惑メールを参照できる

［ゴミ箱］の内容が表示された

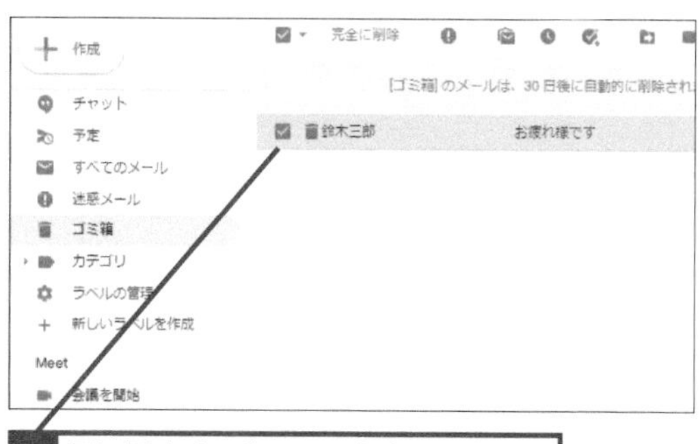

4 元に戻すメールのここをクリックしてチェックマークを付ける

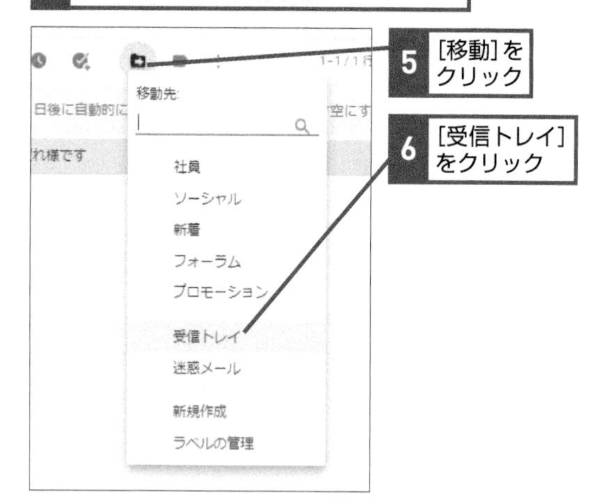

5 ［移動］をクリック

6 ［受信トレイ］をクリック

選択したメールが受信トレイに戻った

Q132

お役立ち度 ★

メールを完全に削除するには

A ［ゴミ箱を今すぐ空にする］を実行します

ゴミ箱に移動したメールは30日間保管されますが、即座に削除したい場合は［ゴミ箱を今すぐ空にする］を実行しましょう。ただ、これを行うとメールを復旧することはできなくなります。メールボックス容量に余裕がある場合は、よほどの事情がない限り、急いでメールを削除する必要はありません。

ワザ131を参考に［ゴミ箱］の画面を表示しておく

1 ［ゴミ箱を今すぐ空にする］をクリック

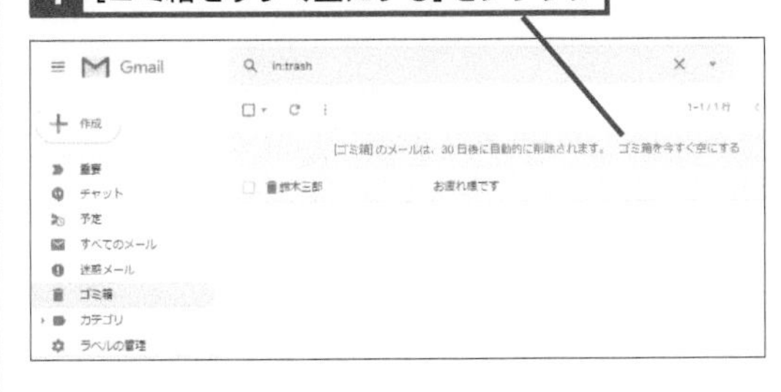

2 ［OK］をクリック

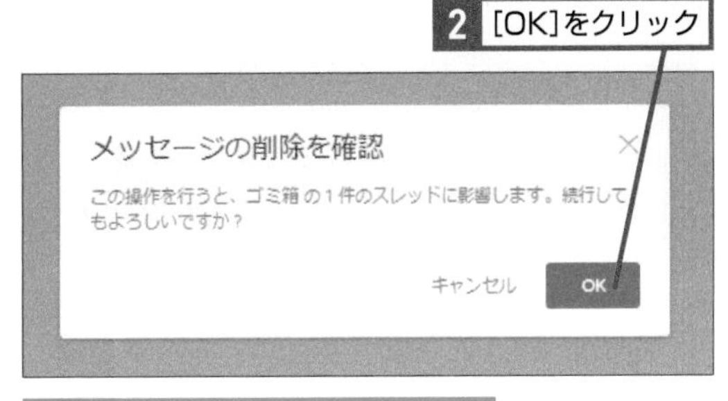

ゴミ箱のメールが完全に削除される

Q133

お役立ち度 ★★★

ファイルが添付されたメールだけを検索したい

A 検索オプションを利用します

検索オプションを使うと、メールの送信元や宛先でメールを検索できるほか、添付ファイルがあることを条件として指定することが可能です。これにより、添付ファイル付きのメールだけを検索できます。また検索ボックスに「has:attachment」と入力して検索しても、同様に添付ファイル付きのメールを検索できます。

1 ［検索オプションを表示］をクリック

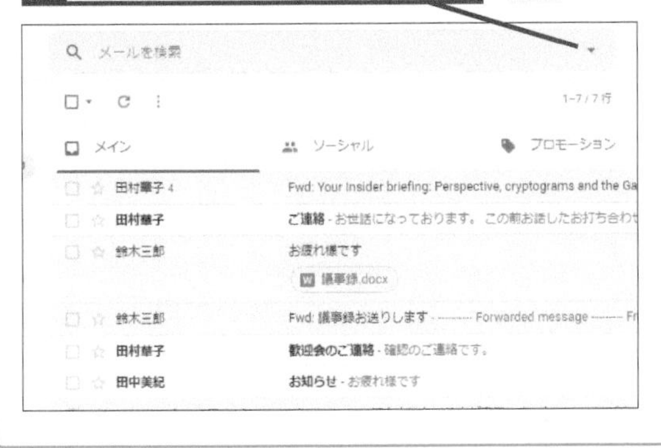

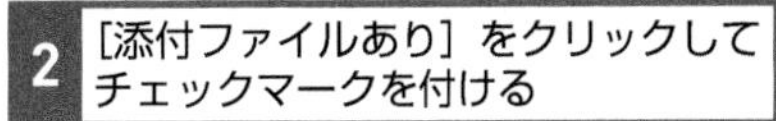

2 ［添付ファイルあり］をクリックしてチェックマークを付ける

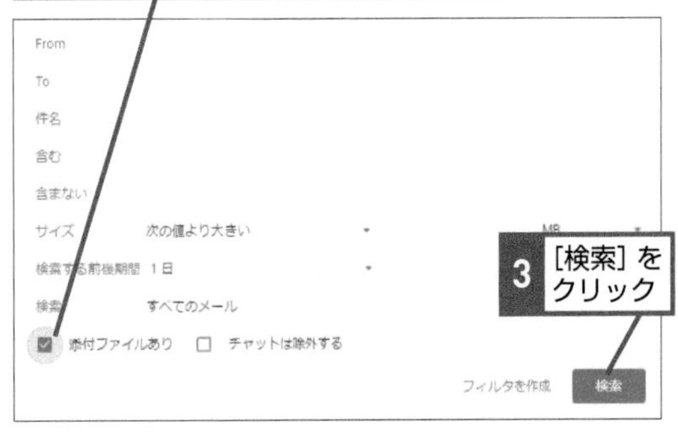

3 ［検索］をクリック

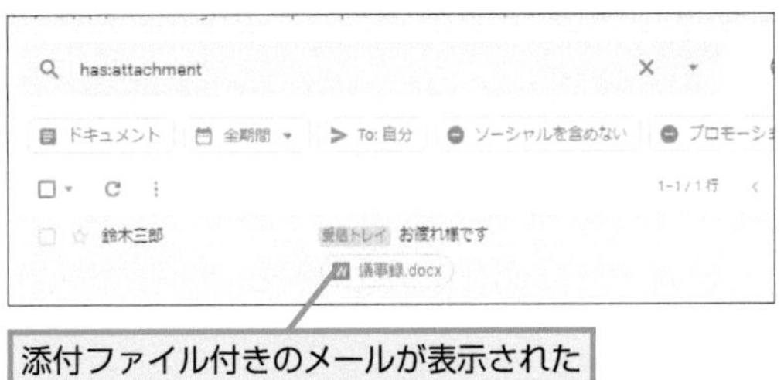

添付ファイル付きのメールが表示された

Q134 お役立ち度 ★★★

すべてのメールを対象に検索するには

A 迷惑メールやゴミ箱も対象にできます

Gmailの通常の検索では、迷惑メールに分類されたメールや、ゴミ箱の中にあるメールは検索対象になりません。あるはずのメールが見つからない場合は、検索オプションで[すべてのメール(迷惑メール、ゴミ箱のメールを含む)]を選択して検索してみましょう。また検索ボックスで「in:anywhere」と入力し、空白に続けてキーワードを入力して検索しても、同様に迷惑メールやゴミ箱を含めて検索できます。

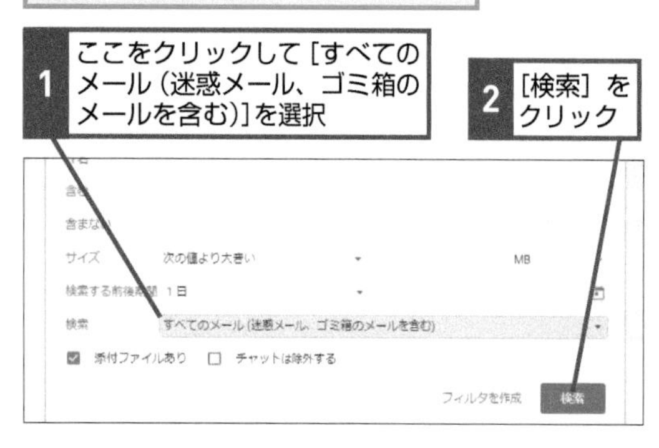

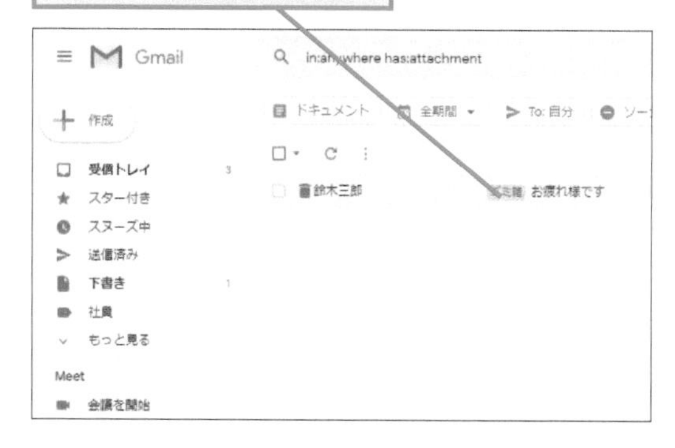

Q135 お役立ち度 ★★★

メール検索に使える演算子とは

A さまざまな演算子を使って検索できます

Gmailでは以下の演算子を利用することが可能で、これらを使いこなせばピンポイントで目的のメールを探し出せます。特に差出人や宛先とキーワードを組み合わせた検索や、添付ファイル付きのメールの検索は便利なので、ぜひ演算子を覚えておきましょう。

演算子	機能	入力例
from:（差出人）	差出人を指定します	from:鈴木
to:（宛先）	受信者を指定します	to:佐藤
has:attachment	添付ファイル付きのメールを検索します	
in:anywhere	すべてのメール（迷惑メールやゴミ箱にあるメールを含む）を検索します	
is:starred is:unread is:read	スター付き、未読、既読メールを検索します	
label:（ラベル名）	指定したラベルのメールを検索します	label:返事待ち

Gmailをさらに便利に使うワザ

Gmailはとにかく多機能なメールサービスであり、ここまでで紹介したワザ以外にも、覚えておくと便利なワザや、イザというときに使えるワザが数多くあります。それらを紹介していきましょう。

Q136 お役立ち度 ★★☆

ChromeでGmailの内容も検索するには

A Chromeに検索エンジンとしてGmailを追加します

ワザ029で紹介したように、Chromeはユーザー自身で検索エンジンを追加できます。そこで検索エンジンにGmailを追加すれば、Chromeのアドレスバーから素早くGmailを検索できるようになります。Gmailを検索エンジンとして追加すれば、検索キーワードを入力した際の検索先の候補としてGmailが表示されるほか、設定の際に指定したキーワード（Gmailなど）を使ってダイレクトにGmailが検索できます。

ワザ029を参考に[検索エンジンの管理]画面を表示しておく

1 [追加]をクリック

[検索エンジンの追加]画面が表示された

2 [Gmail]と入力

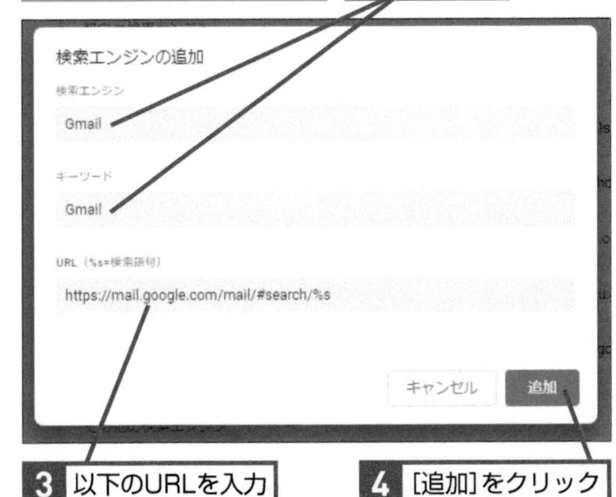

3 以下のURLを入力

4 [追加]をクリック

▼Gmail用クエリURL
https://mail.google.com/mail/#search/%s

Gmail用のクエリが追加された

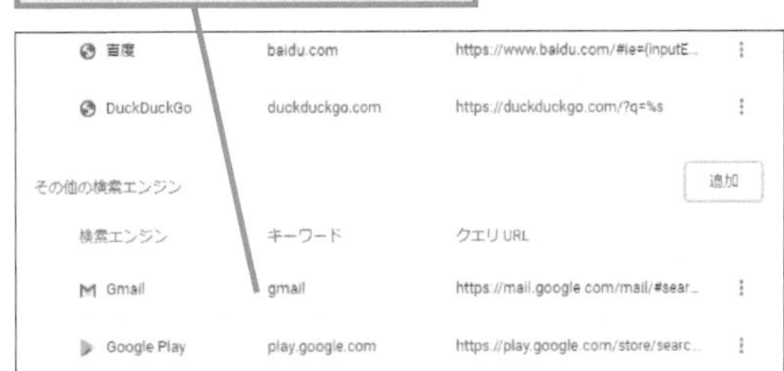

5 Chromeのアドレスバーに検索したい語句を入力

メールが検索された

クリックするとGmailが起動し該当するメールが表示される

Q137　お役立ち度 ★★

メール選択の便利なテクニックを知りたい

A メールをまとめて選択するワザがあります

Gmailでは、複数のメールを選択してスターを付けたり、アーカイブしたりすることができます。選択方法としては、メール一覧の各メールの左に表示されているチェックボックスを使う方法のほか、表示されているメールをすべて選択する方法、特定の種類のメールだけを選択する方法などがあります。これらのワザを使いこなせば、メールを迅速に処理することが可能になります。

➡スター……P.263

●複数選択

1 1つ目のメールのここをクリックしてチェックマークを付ける

2 2つ目のメールのここをクリックしてチェックマークを付ける

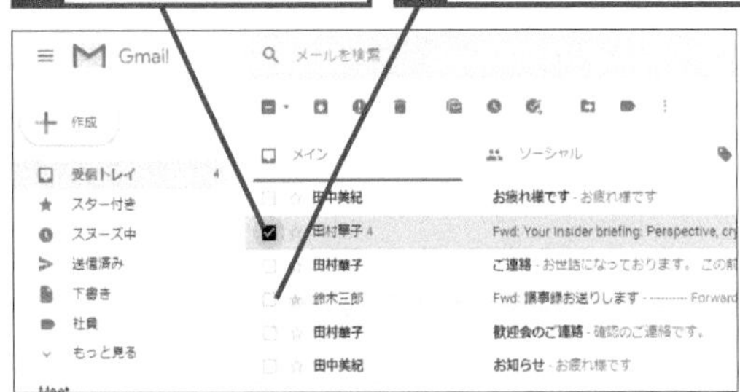

複数のメールが選択された

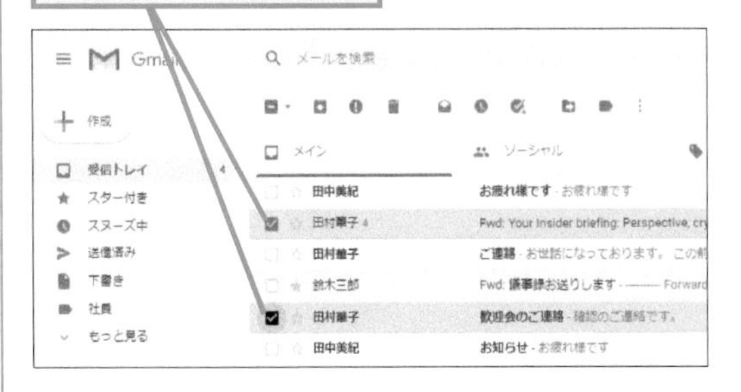

●すべて選択

1 ここをクリックしてチェックマークを付ける

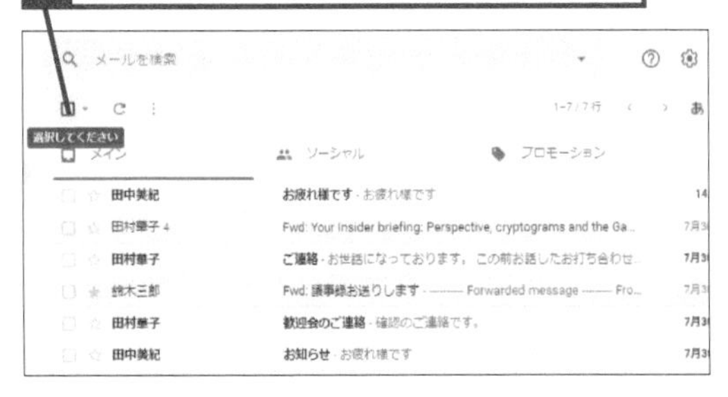

すべてのメールが選択された

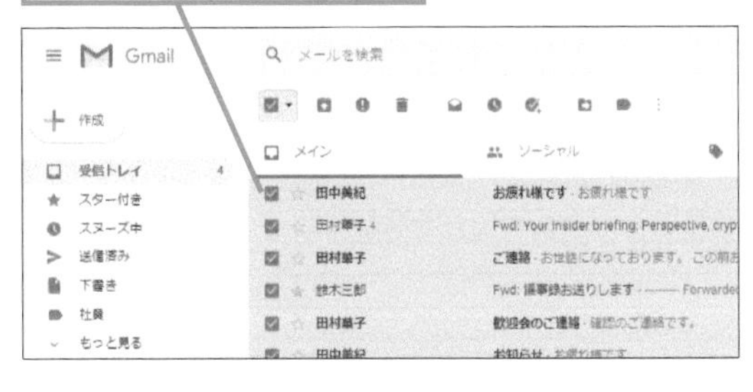

●メールの種類に応じて選択

ここではスターの付いたメールを選択する

1 ここをクリック

2 [スター付き]をクリック

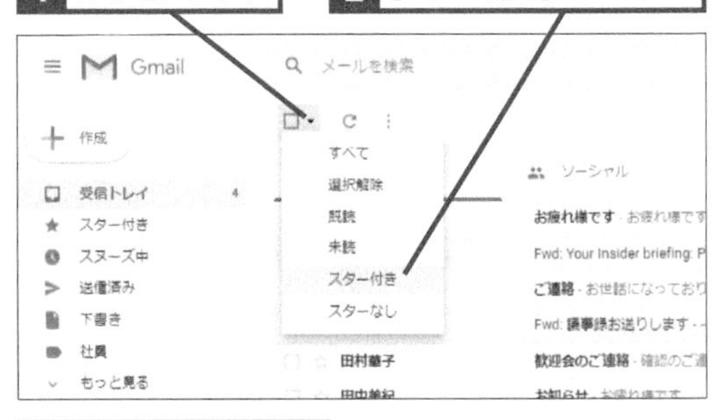

スターの付いたメールだけが選択された

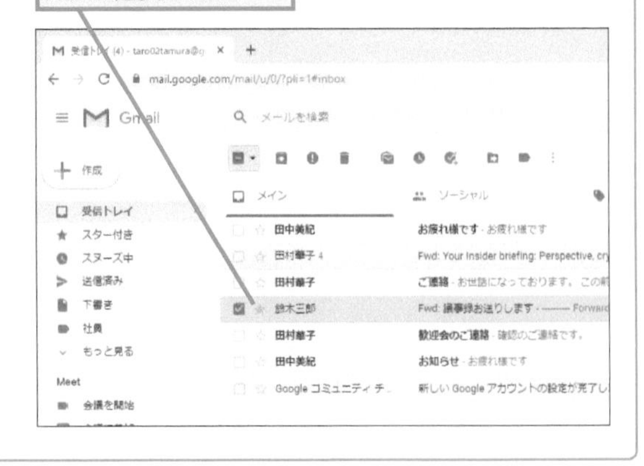

Q138 お役立ち度 ★★

迷惑メールに振り分けられたメールを戻すには

A 迷惑メールではないことを報告します

Gmailの迷惑メールフィルタは高性能ですが、顧客や取引先からのメールが間違えて迷惑メールに振り分けられる可能性はゼロではありません。もし送られたはずのメールが届かないときは、メニューリストの［迷惑メール］を開いて確認し、もし迷惑メールに振り分けられていた場合は以下の方法で報告します。

ワザ131を参考に[迷惑メール]を表示しておく

1 迷惑メールではないメールのここをクリック

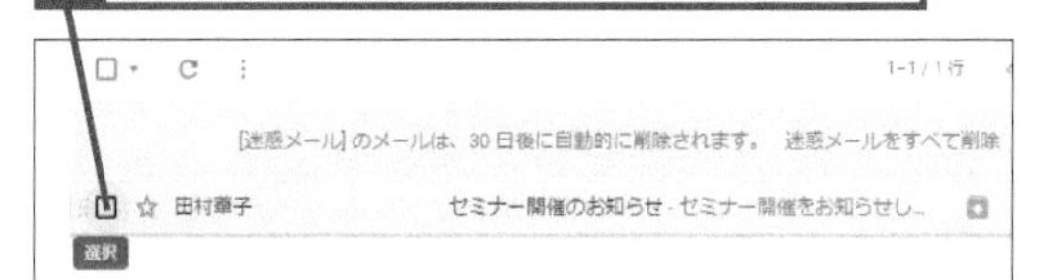

2 [迷惑メールではない]をクリック

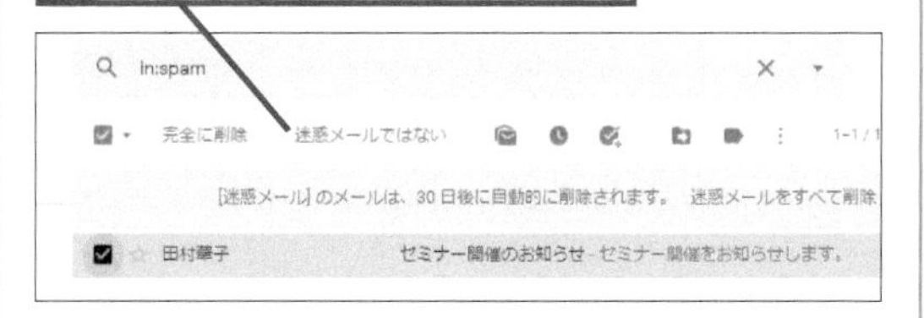

Q139 お役立ち度 ★★

迷惑メールに振り分けるには

A 迷惑メールとして報告します

迷惑メールが受信トレイに届いたとき、そのまま放置しているとその後も受信トレイに届くことになります。少し面倒ですが、迷惑メールとして報告するようにしましょう。これにより、以降は同種のメールが迷惑メールとして処理される可能性が高まります。

迷惑メールに振り分けるメールを表示しておく

1 ［その他］をクリック

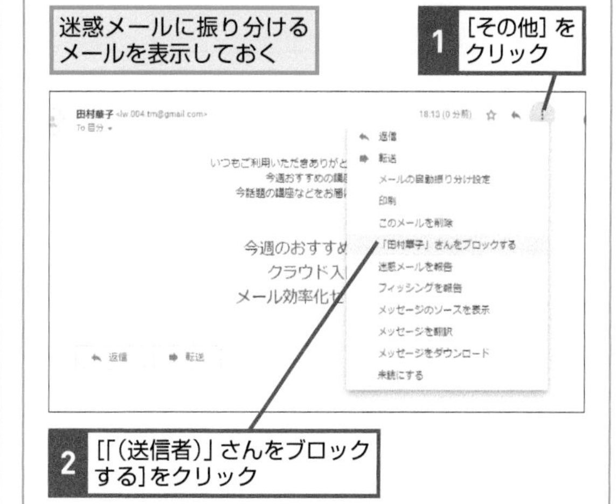

2 [「(送信者)」さんをブロックする]をクリック

Q140 お役立ち度 ★★

自分に無関係なメールを受信トレイに表示しないようにするには

A ミュート機能を利用します

やり取りされているメールが自分とは無関係の場合、ミュートすることで受信トレイに表示させないようにできます。なおミュートしたメールは、アーカイブしたメールと同様に［すべてのメール］で確認できます。

1 ミュートするメールのここをクリック

2 ［その他］をクリック

3 ［ミュート］をクリック

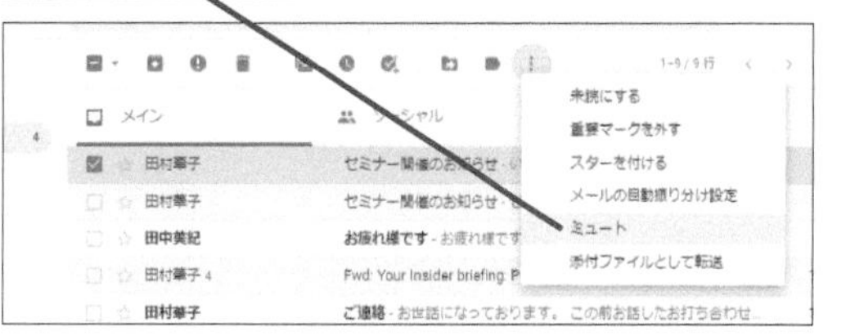

Q141 お役立ち度 ★★★

メールを自動で転送するには

A 設定で転送先アドレスを追加します

Gmailにはメールの転送機能があり、指定されたメールアドレスに受信したメールすべてを転送することができます。Gmailで受信したメールをほかのアカウントでも読みたい、あるいは万が一に備えてメールをバックアップしておきたいといったケースで便利でしょう。またフィルタを利用すれば、条件に合致したメールだけを転送することも可能です。

ワザ124を参考に［設定］の画面を表示しておく

1 ［メール転送とPOP/IMAP］をクリック

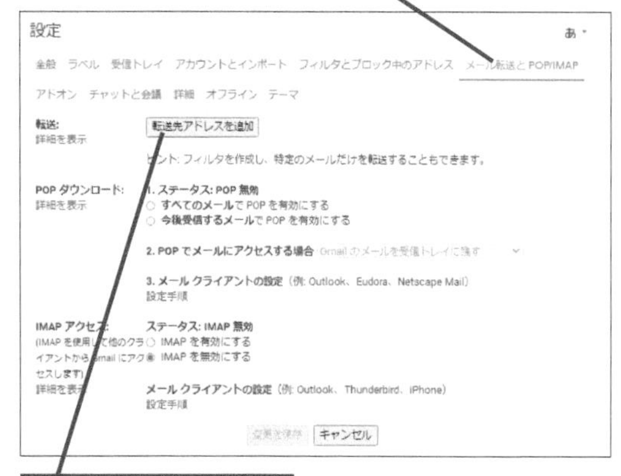

2 ［転送先アドレスを追加］をクリック

3 転送先のメールアドレスを入力

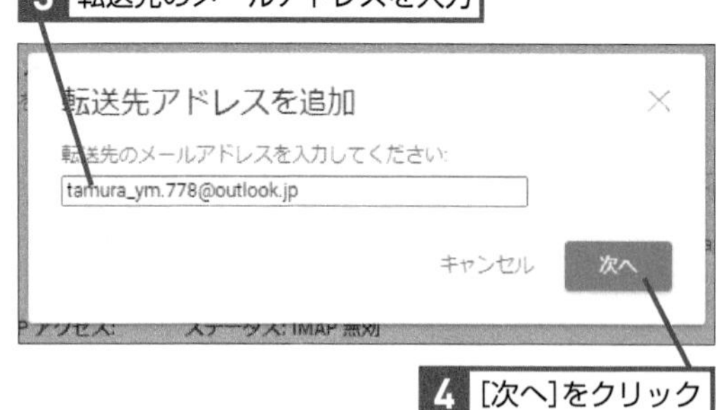

4 ［次へ］をクリック

5 ［続行］をクリック

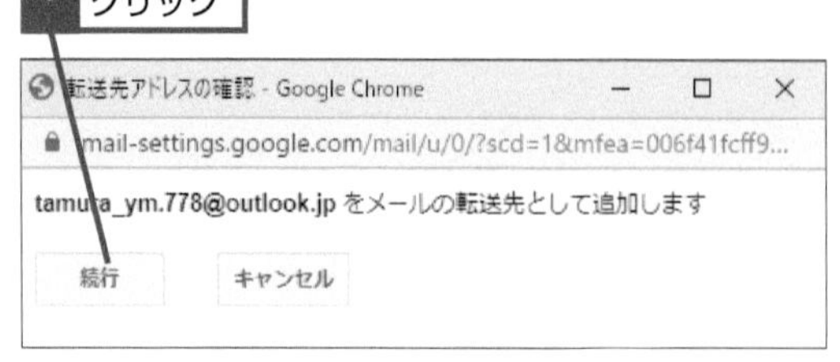

6 ［OK］をクリック

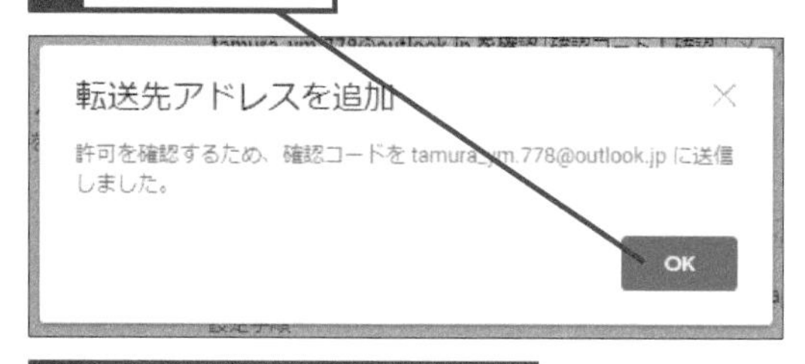

7 転送先のメールアドレスに確認のメールが届くので、届いた確認コードを入力

8 ［確認］をクリック

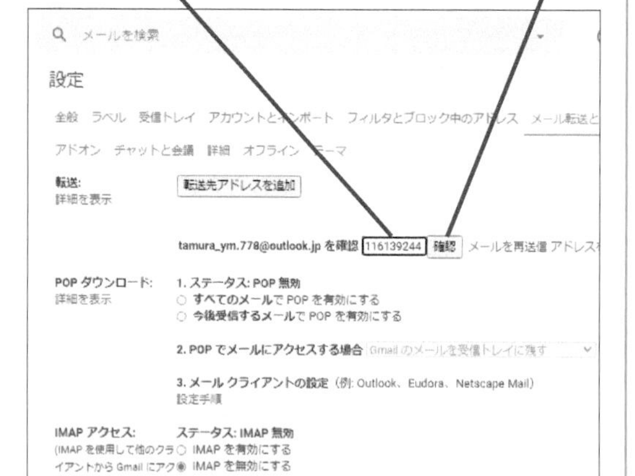

転送先のメールアドレスが設定された

関連 Q124 全員に返信を標準設定にするには……P.88
関連 Q142 休暇中に不在メッセージを自動送信するには……P.99

Q142 お役立ち度 ★★★

休暇中に不在メッセージを自動送信するには

A 不在通知を有効にします

不在通知を有効にすると、メールを受信した際に自動でメッセージを返信することができます。たとえば休暇中にメールを受信した際、返信が遅くなることを知らせるといった使い方ができます。なお［連絡先に登録されているユーザーにのみ返信する］をオンにすれば、連絡先に登録されているユーザーからのメールにのみ不在通知が送られます。

●不在メッセージの設定

ワザ124を参考に［設定］の画面を表示しておく

1 ［全般］をクリック

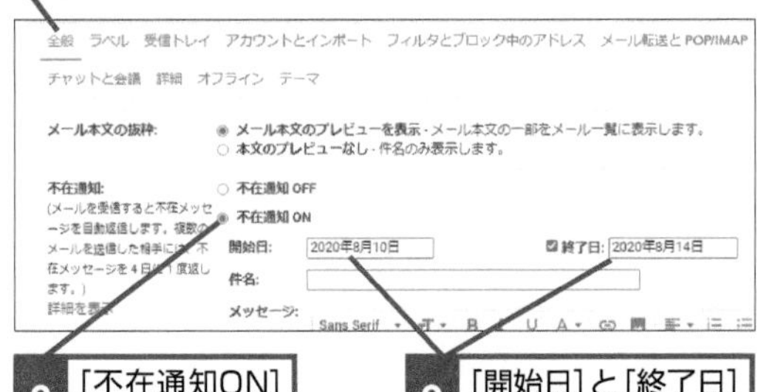

2 ［不在通知ON］をクリック

3 ［開始日］と［終了日］をそれぞれ入力

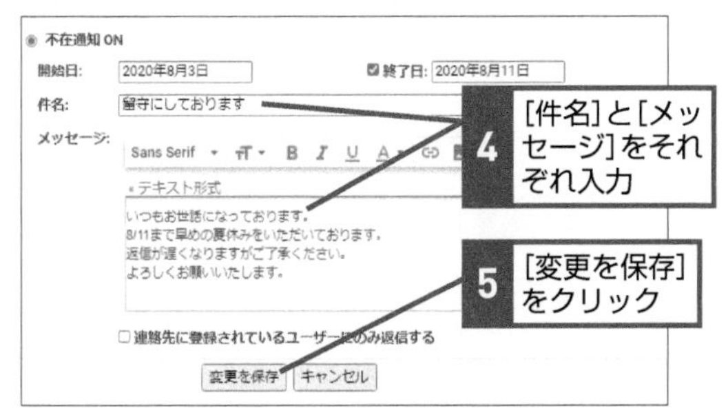

4 ［件名］と［メッセージ］をそれぞれ入力

5 ［変更を保存］をクリック

●相手に届く不在メッセージ

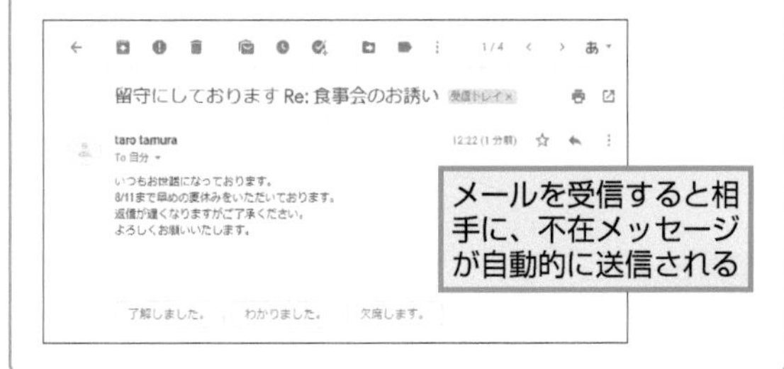

メールを受信すると相手に、不在メッセージが自動的に送信される

Q143 お役立ち度 ★★

署名を設定するには

A 設定画面で署名を登録します

ビジネスメールでは、自分の名前や住所、電話番号、メールアドレスなどをメール本文の最後に署名として記載することが一般的です。Gmailでは、この署名を設定画面で登録しておくことができます。

ワザ124を参考に［設定］の画面を表示しておく

1 ［全般］をクリック

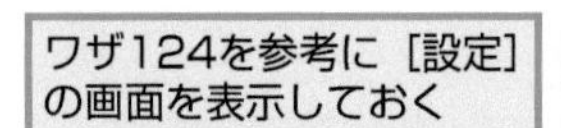

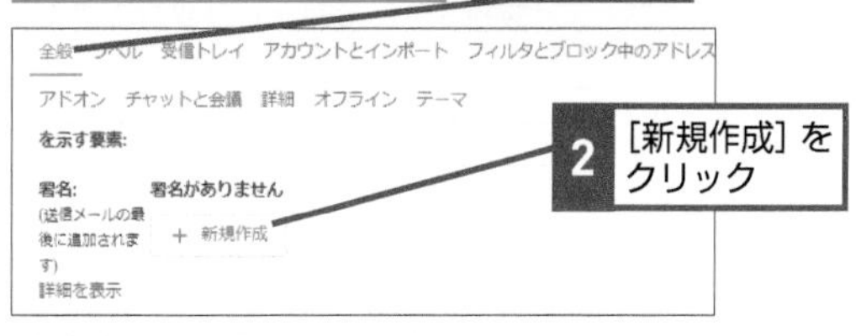

2 ［新規作成］をクリック

3 署名の名前を入力

4 ［作成］をクリック

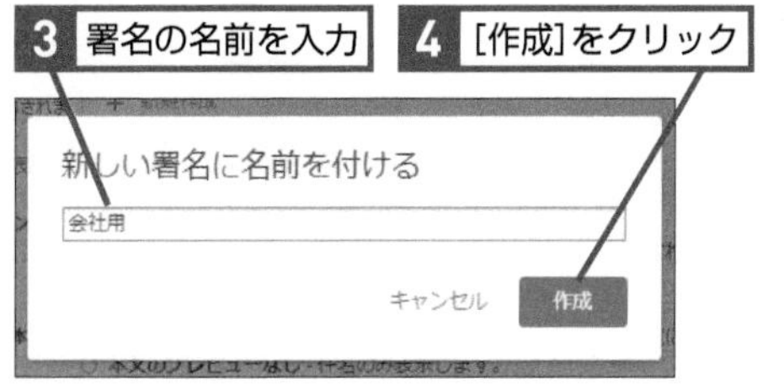

5 署名を入力

6 署名を選択

7 スクロールバーを下にドラッグしてスクロール

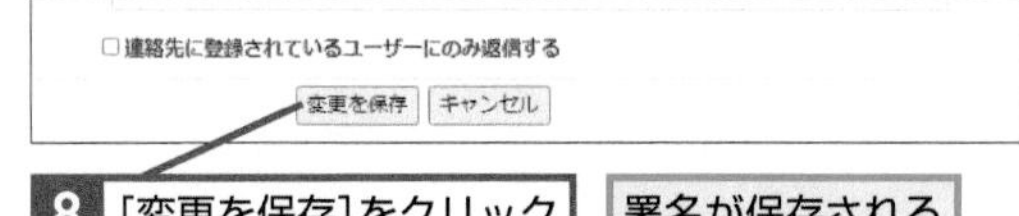

8 ［変更を保存］をクリック

署名が保存される

Q144 お役立ち度 ★★★

プロバイダーのメールをGmailで受け取るには

A メールアカウントを追加します

多くのプロバイダーでは、ユーザーに対してメールアドレスを提供しています。こうしたメールアドレス宛に届いたメールを、Gmailに取り込むことも可能です。これにより、プロバイダー宛のメールとGmail宛のメールをまとめて管理することが可能になり、プロバイダー宛のメールはメールソフト、GmailはWebでと環境を使い分ける必要がなくなります。複数のメールアドレスを使っているなら、この方法でGmailに統合することを検討してみましょう。

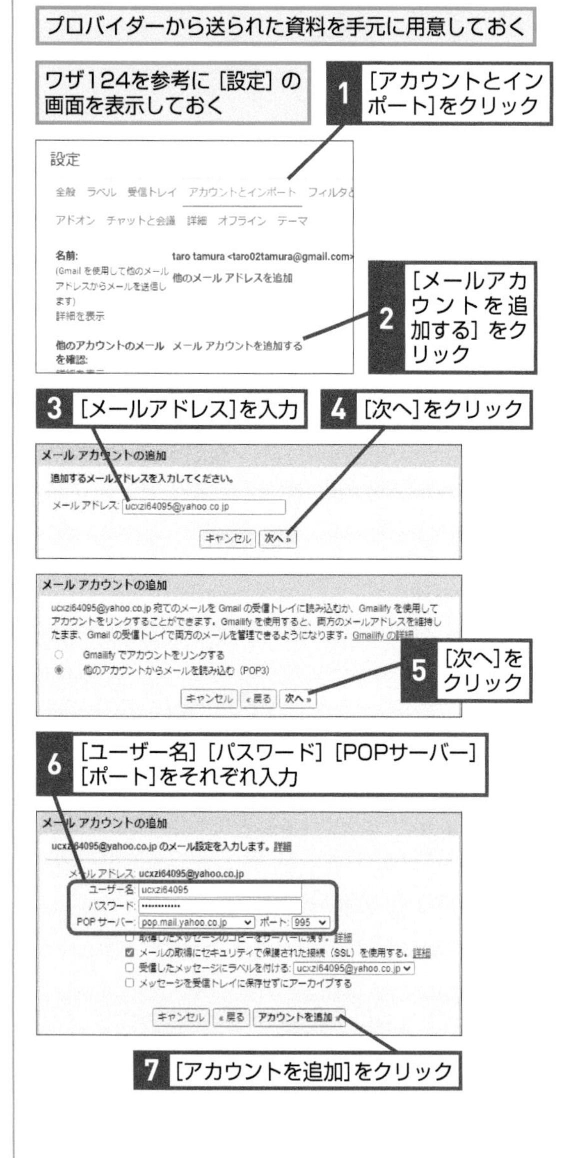

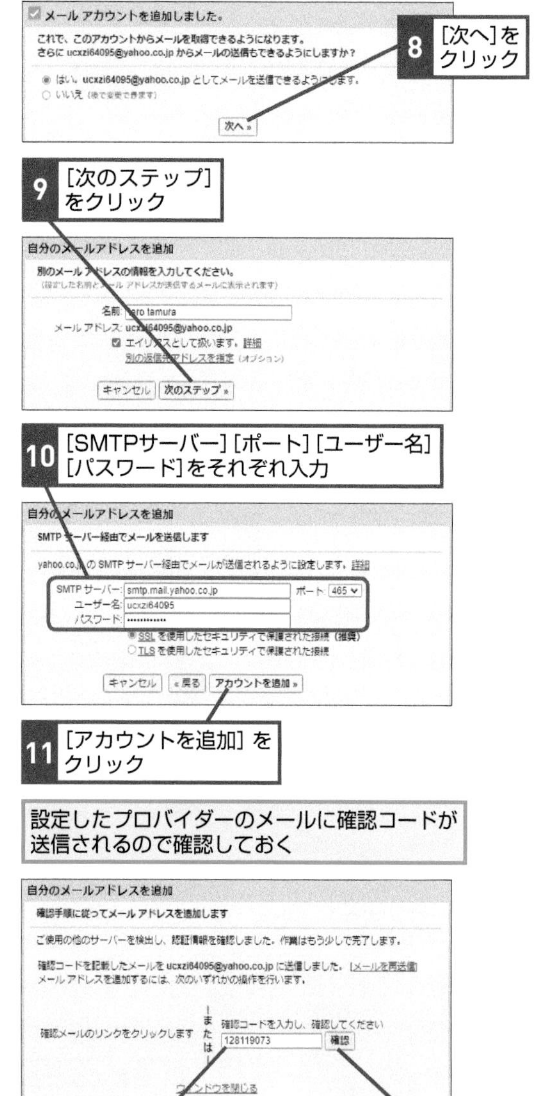

Q145 いつも同じ文面でメールを返信したい

お役立ち度 ★★★

A 定型文を登録しておきます

特定のメールに対して、つねに同じ内容の返信を行う場合、毎回手作業で入力するのは面倒です。そこで活用したいのが「定型返信文」です。これはあらかじめ登録した定型文を自動でメール作成画面に入力してくれる機能で、手作業でメール本文を入力する手間を省くことができます。必要に応じて利用しましょう。

●定型文の有効化

ワザ124を参考に［設定］の画面を表示しておく

1 ［詳細］をクリック

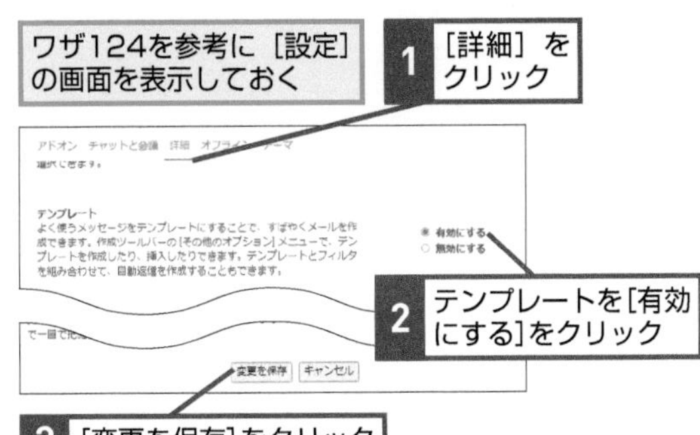

2 テンプレートを［有効にする］をクリック

3 ［変更を保存］をクリック

●定型文の登録

1 ［作成］をクリック

2 定型文を入力

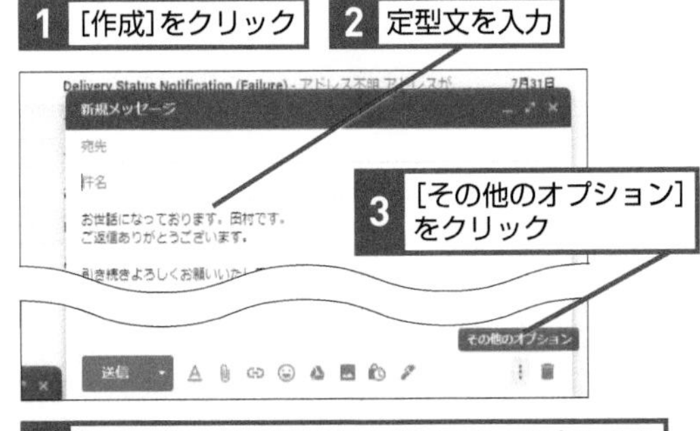

3 ［その他のオプション］をクリック

4 ［テンプレート］にマウスポインターを合わせる

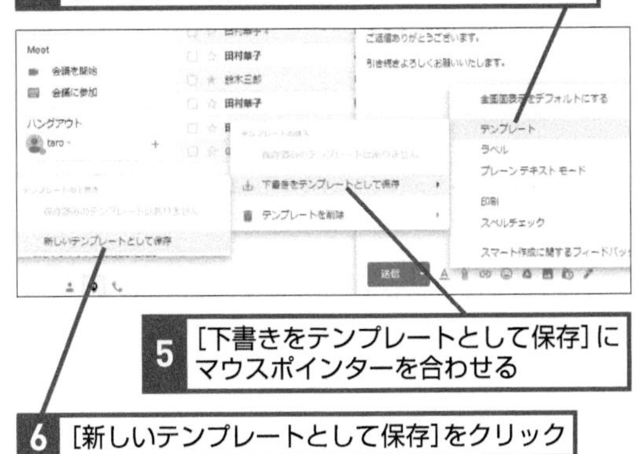

5 ［下書きをテンプレートとして保存］にマウスポインターを合わせる

6 ［新しいテンプレートとして保存］をクリック

7 定型文の名前を入力

8 ［保存］をクリック

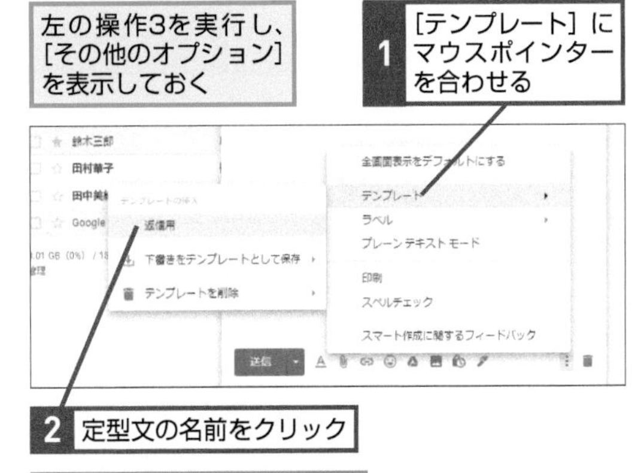

定型文が登録される

●定型文の入力

左の操作3を実行し、［その他のオプション］を表示しておく

1 ［テンプレート］にマウスポインターを合わせる

2 定型文の名前をクリック

選択した定型文が入力された

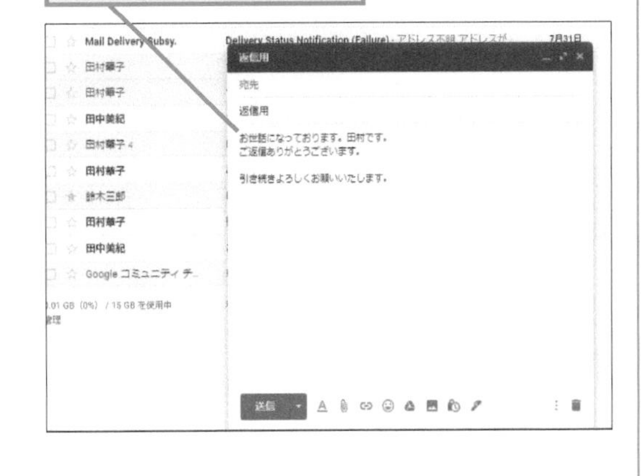

Q146 お役立ち度 ★★★

メールをまとめて既読にしたい

A 未読メールを検索してまとめて既読にします

Gmailの検索ボックスで使える演算子の1つ「is:unread」を使えば、未読メールだけをスレッドリストに表示することができます。この仕組みを利用すれば、未読メールをまとめて既読にすることが可能です。未読のまま残っている宣伝やSNSの通知メールを、まとめて既読にしたいなどといった際に便利でしょう。

1 [メールを検索]をクリック

2 「is:unread」と入力

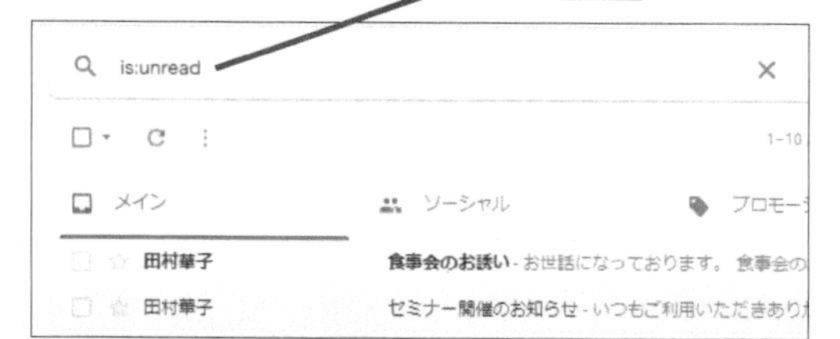

未読メールが表示された

3 ここをクリック

4 [すべて]をクリック

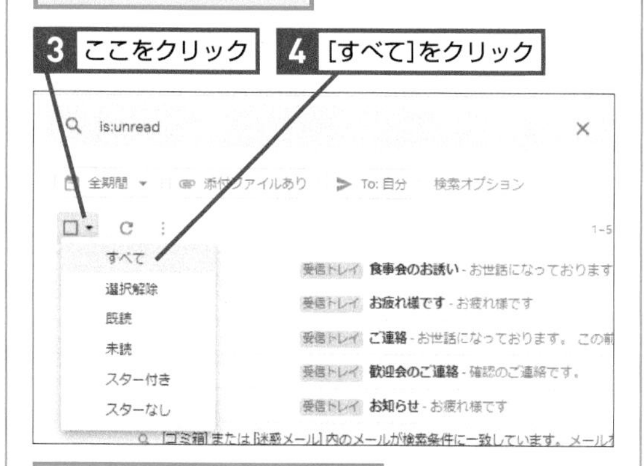

未読メールがすべて選択された

5 [その他]をクリック

6 [既読にする]をクリック

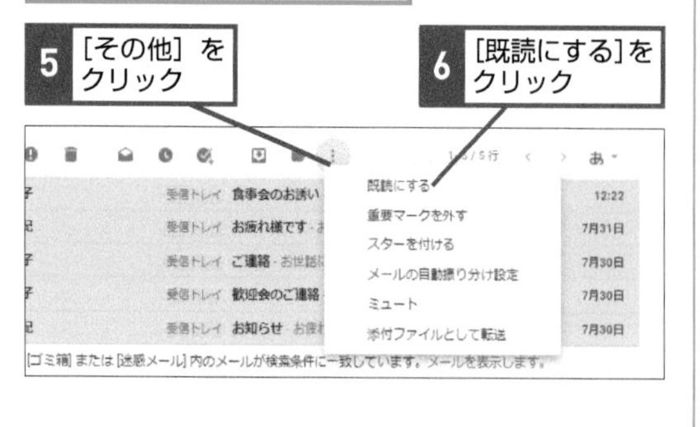

Q147 お役立ち度 ★★

複数のメールを添付して転送するには

A 添付ファイルとして転送します

Gmailには、メールそのものを添付ファイルとして送信する機能が用意されています。複数のファイルをまとめて送信することも可能であるため、複数のメールを転送したいといった場面で利用できるでしょう。

メールの一覧を表示しておく

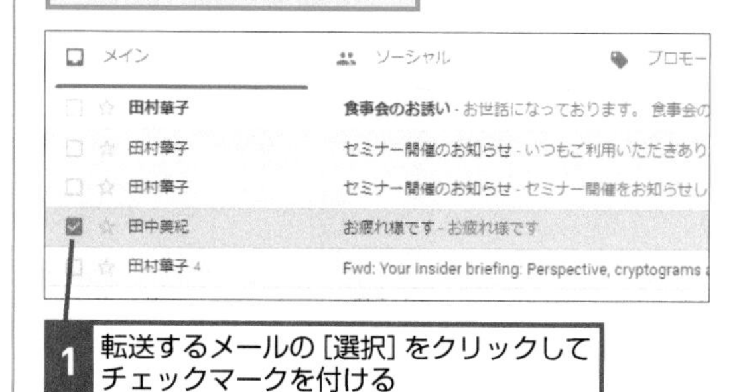

1 転送するメールの[選択]をクリックしてチェックマークを付ける

2 [その他]をクリック

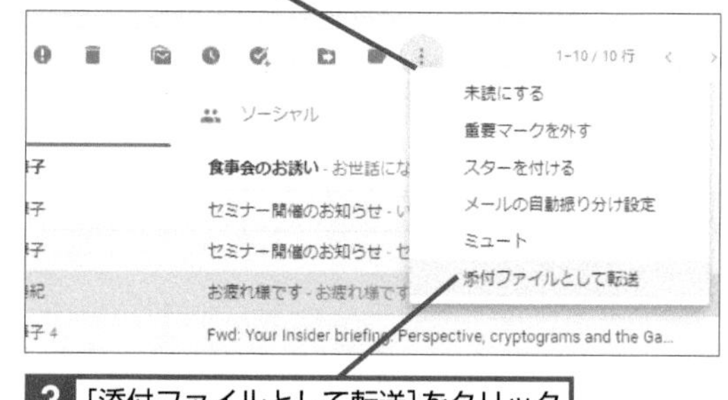

3 [添付ファイルとして転送]をクリック

新規メッセージ画面が表示されるので添付ファイルを確認してメールを作成する

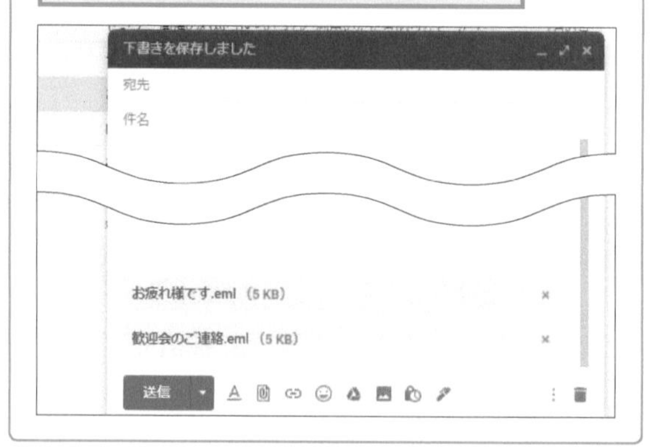

Q148 お役立ち度 ★★☆

受信トレイを3ペイン表示にするには

A 閲覧ペインを表示します

Gmailのデフォルトの画面は、メールの一覧がスレッドリストとして表示されていて、その中のいずれかのメールをクリックしなければ本文が見えない形になっています。これを一般的なメールソフトと同様、スレッドリストを表示しつつ、選択しているメールの本文が同じ画面に表示されるようにするには、閲覧ペインを表示するようにします。なお、閲覧ペインの表示位置はスレッドリストの右と下が選べます。

1 [設定]をクリック

2 [受信トレイの右]をクリック

3 メールをクリック

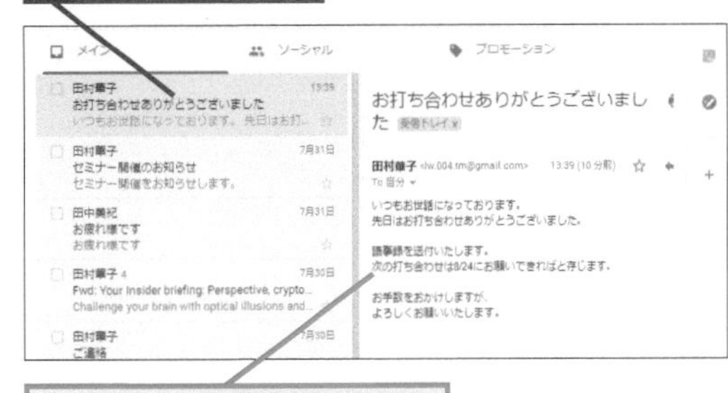

右にメールの内容が表示された

Q149 お役立ち度 ★★☆

好みの背景を設定するには

A Gmailにテーマを設定します

Gmailには好みの背景を設定できる「テーマ」の機能があり、これを利用することで見た目を好みのイメージに変えることが可能です。あらかじめ、膨大な数のイラストや写真がテーマとして登録されているほか、自分の写真をアップロードして利用することが可能です。標準のGmailに見飽きたとき、あるいは気分転換をしたいときに、この機能を使って背景を変えてみてはいかがでしょうか。

➡テーマ……P.263

1 [設定]をクリック

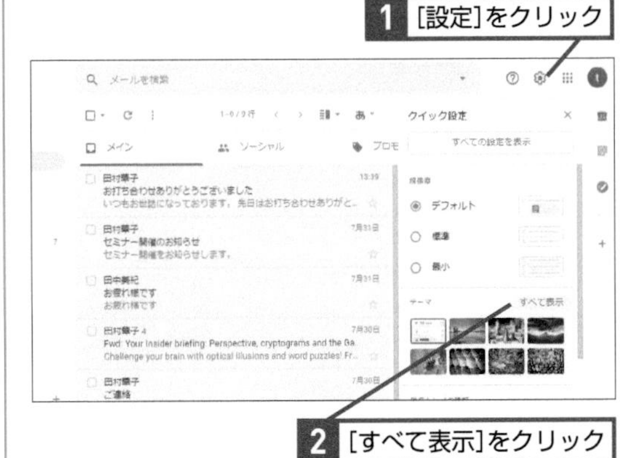

2 [すべて表示]をクリック

3 テーマをクリック

4 [保存]をクリック

背景が変更される

Q150 お役立ち度 ★★★

キーボード操作を有効にするには

A キーボードショートカットを有効にします

Gmailにはさまざまなショートカットキーがあり、これを使いこなせばキーボードから手を離してマウスを操作する必要がなくなるため、効率的にメールに関する作業を進めることができます。ただ、標準でキーボードショートカットは有効にはなっていません。そのため、まずキーボードショートカットを有効にする必要があります。

➡ショートカットキー……P.263

●代表的なショートカットキー

操作内容	ショートカットキー
送信	Ctrl + Enter
迷惑メールとして報告	!
返信	R
転送	F
作成	C

1 ［全般］をクリック

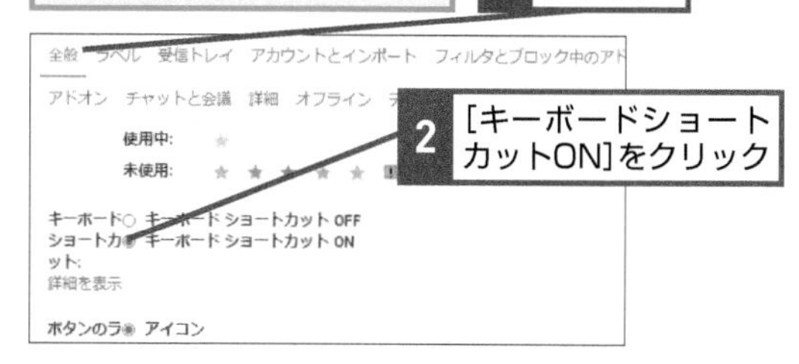

2 ［キーボードショートカットON］をクリック

Q151 お役立ち度 ★★★

別のアドレスでメールを送信するには

A メールアドレスを追加します

Gmailは外部のメールを取り込むことができるだけでなく（ワザ144）、メールの差出人を別のメールアドレスにすることもできます。これを利用すれば、たとえばプロバイダーのメールアドレス宛のメールを受信するだけでなく、そのメールアドレスを使って受信したメールに返信するといったことも可能です。この仕組みを使えば、メールアドレスを変えずにメール環境をGmailに移行することもできるでしょう。

ワザ124を参考に［設定］の画面を表示しておく

1 ［アカウントとインポート］をクリック

全般　ラベル　受信トレイ　アカウントとインポート　フィルタとブロック中のアドレ
アドオン　チャットと会議　詳細　オフライン　テーマ
名前:
(Gmail を使用して他のメールアドレスからメールを送信します)
詳細を表示
taro tamura <taro02tamura@gmail.com>　デフォルト
taro tamura <ucxzi64095@ya
メールの経由サーバー: smtp.
SSL を使用したポート 465 で
保護された接続
他のメール アドレスを追加

2 ［他のメールアドレスを追加］をクリック

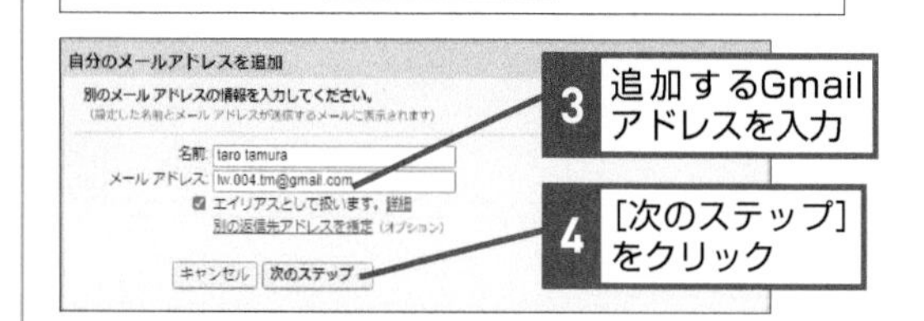

3 追加するGmailアドレスを入力

4 ［次のステップ］をクリック

5 ［確認メールの送信］をクリック

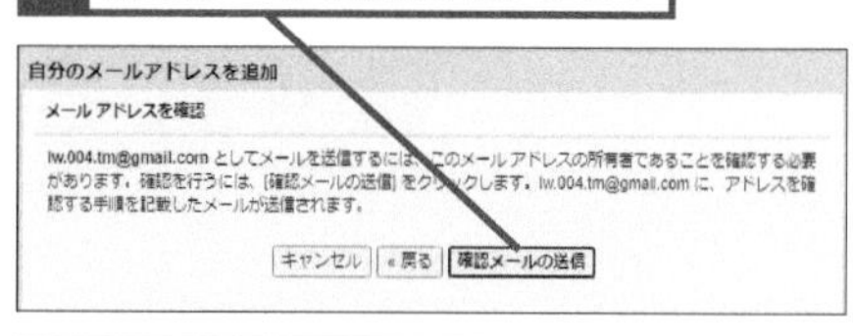

ひも付けるGmailのアドレスに確認コードが送信されるので、確認しておく

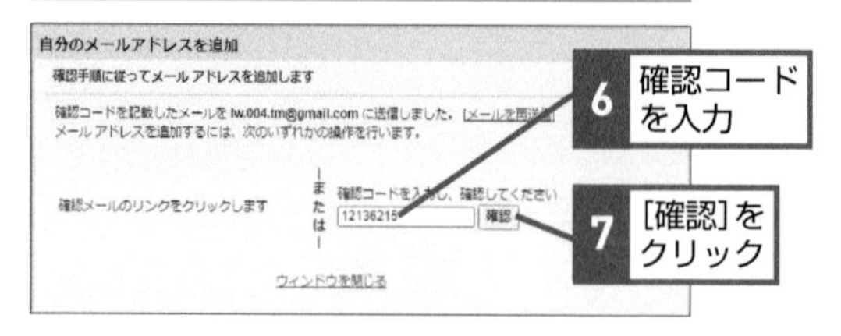

6 確認コードを入力

7 ［確認］をクリック

Q152 お役立ち度 ★★

デスクトップ通知を受け取るには

A メール通知を有効にします

GmailをWebブラウザで使っている場合でも、通常のメールソフトのようにメールを受信したときに通知を受け取ることが可能です。これはデスクトップ通知と呼ばれており、Windows 10であれば画面右下にメールを受信したことを知らせる内容が表示されます。なお、重要なメールを受信した場合にのみ通知を受け取るように設定すれば、宣伝メールやSNSの通知メールは通知の対象外となります。

➡デスクトップ通知……P.264

●デスクトップ通知の設定

ワザ124を参考に[設定]の画面を表示しておく

1 [全般]をクリック

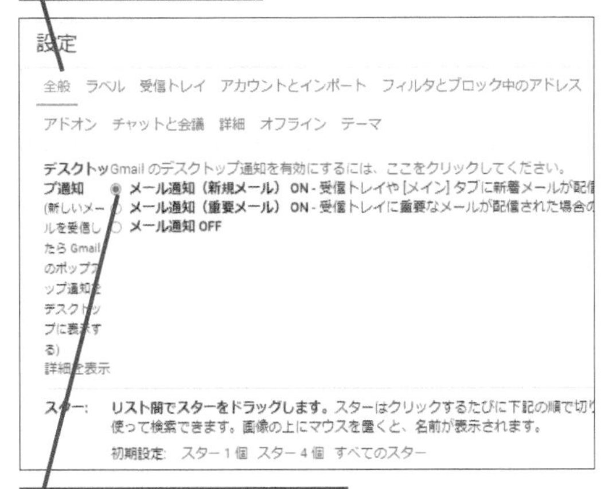

2 [メール通知（新規メール）ON]をクリック

3 スクロールバーを下にドラッグしてスクロール

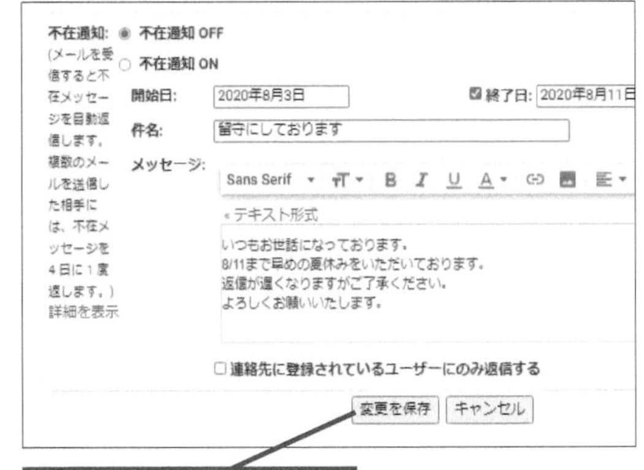

4 [変更を保存]をクリック

●デスクトップ通知の確認

左の手順を参考に、デスクトップ通知を有効にしておく

メールの受信時に、デスクトップ通知が表示される

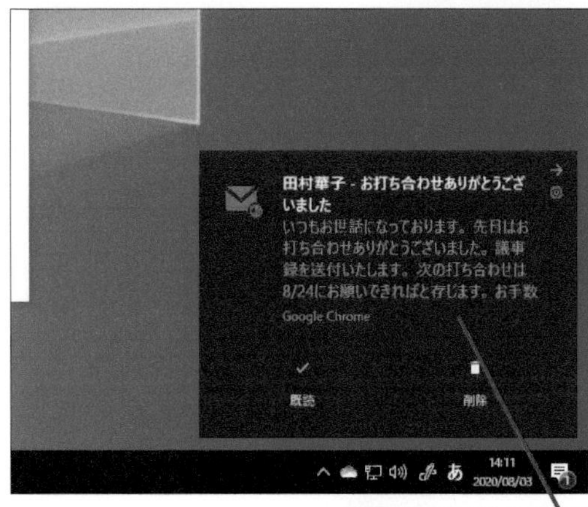

1 デスクトップ通知をクリック

メールの内容が表示された

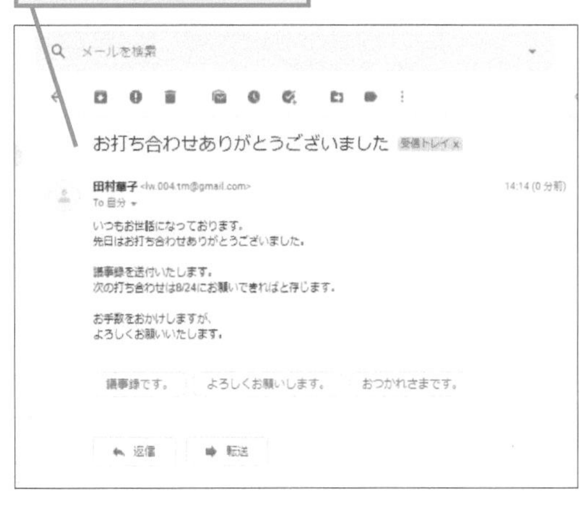

予定の管理をGoogleカレンダーで効率化

ビジネスでGoogleを利用する際、積極的に活用すべきサービスの1つがGoogleカレンダーです。柔軟に予定を管理できるだけでなく、直感的に操作できることが大きな特徴になっています。

Q153 予定を作成するには

お役立ち度 ★★★

A カレンダー上をクリックして入力します

Googleカレンダーで予定を作成するには、表示されているカレンダーから日付を選び、予定を入れたい時間をクリックします。クリックした時間が予定の時間として自動的に設定されるため、予定入力の手間を省けます。なおクリックして時間を指定する際に、上下方向にドラッグするとドラッグした範囲の時間を予定時間として指定することが可能です。たとえば13時から15時までの予定を作成したい場合は、まず13時の部分でクリックし、マウスポインターを予定の下の部分に合わせて15時までドラッグしましょう。

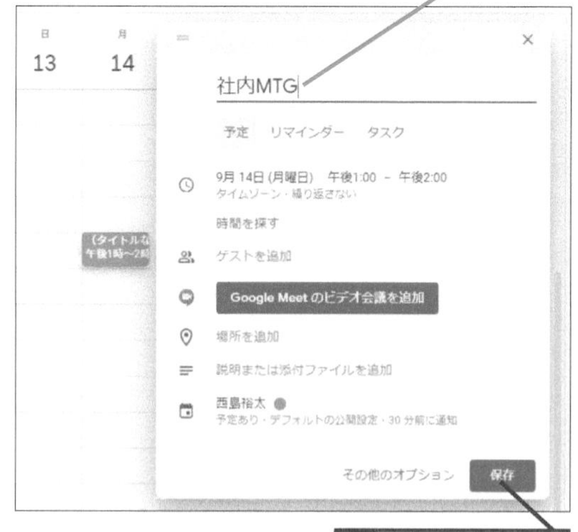

関連 Q154 予定の日時を変更するには P.107

Q154

お役立ち度 ★★

予定の日時を変更するには

動画で見る

A 予定の詳細画面で編集します

作成した予定をクリックすると、予定の詳細画面が表示されます。ここで［編集］をクリックして編集画面を表示すれば、時間帯を変更することが可能です。なお予定をダブルクリックすると、直接編集画面に移動できます。また作成した予定をドラッグし、変更したい日時まで移動することも可能です。さらに予定の枠の上にマウスカーソルを合わせると、マウスカーソルが指型アイコンに変わります。この状態で上下にドラッグすると、予定の開始時間を変更することができます。

ワザ153を参考に予定を作成しておく

1 変更する予定をクリック

予定の詳細画面が表示された

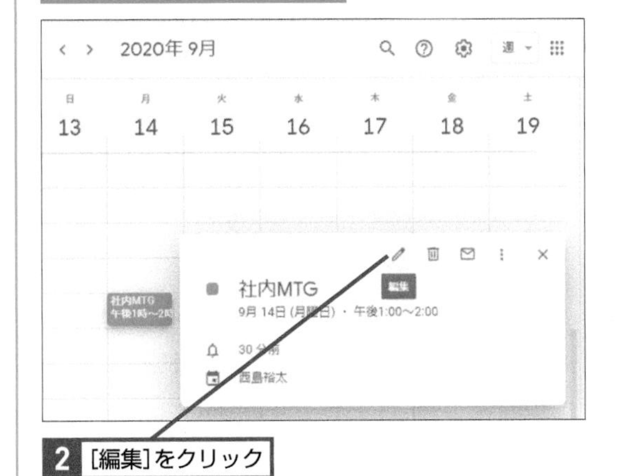

2 ［編集］をクリック

予定の編集画面が表示された

ここでは開始の日付を変更する

3 開始の日付をクリック

4 変更する日付をクリック

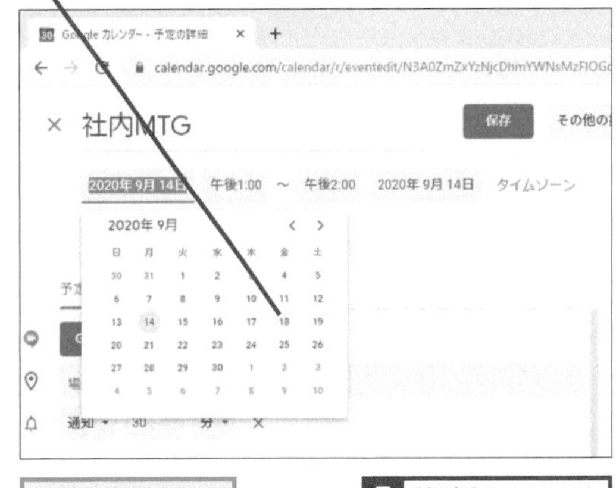

日付が変更された

5 ［保存］をクリック

予定の日時が変更される

Q155 お役立ち度 ★★★

通知を変更するには

A 予定の詳細画面で時間を指定します

Googleカレンダーには、予定の時間が近づくと通知する機能があります。この通知のタイミングは、予定の詳細画面で変更することが可能です。出発しなければならない時間の10分前に通知するなど、予定に応じて設定できるのは便利でしょう。

ワザ154を参考に予定の詳細画面を表示しておく

1 ここをクリック

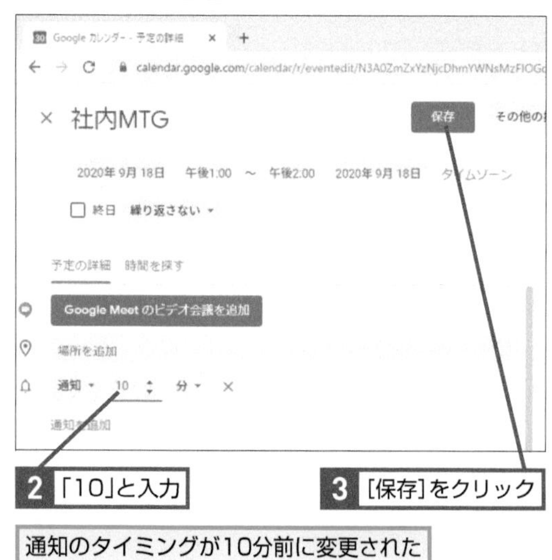

2 「10」と入力

3 [保存]をクリック

通知のタイミングが10分前に変更された

Q156 お役立ち度 ★★★

繰り返しの予定を作成するには

A さまざまなパターンで作成できます

詳細画面で繰り返しの予定を作成することができます。繰り返しのパターンとしては、毎日や毎週、毎月第○月曜日など複数あり、作成する予定に合わせて選択することが可能です。また、繰り返す間隔や終了日を指定することもできます。

ワザ154を参考に予定の詳細画面を表示しておく

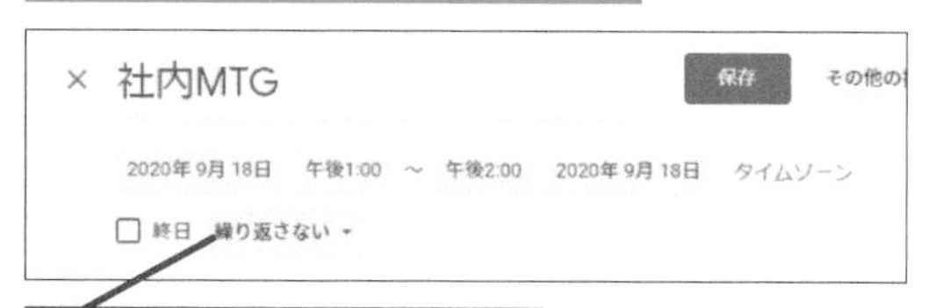

1 [繰り返さない]をクリック

2 一覧から選択

3 [保存]をクリック

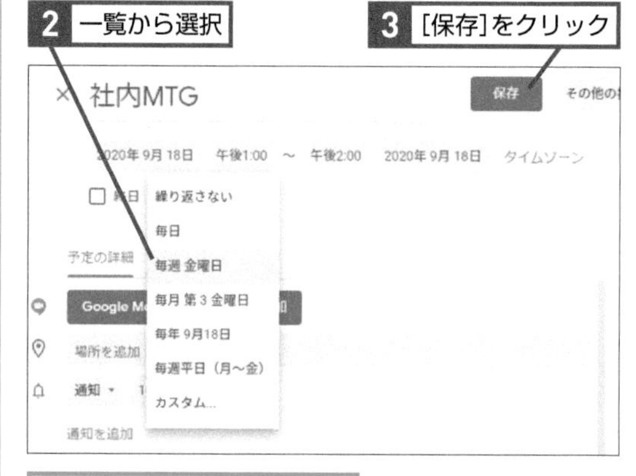

繰り返しの予定が作成された

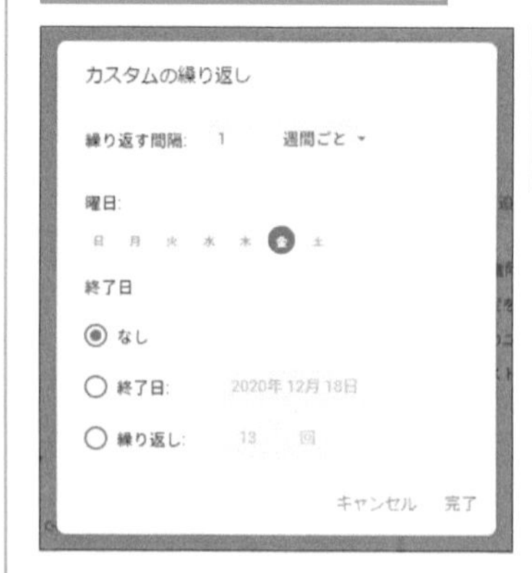

[カスタム] をクリックするとさらに細かく設定できる

予定のコピーを作成するには

A [オプション] から [複製] を選びます

繰り返し行われるが、日時は決まっていないといった予定の場合、繰り返しの予定としては登録することができません。でも毎回新しい予定として登録するのも面倒です。そこで利用したいのが [複製] の機能です。これはコピー&ペーストのような感覚で、作成済みの予定を別の日時に複製できる機能です。これを利用すれば、作成済みの予定をベースに、日時だけを変更した予定を追加するといったことが可能になります。予定のタイトルや場所は、ベースの予定から自動的に引き継がれるため、新たに入力する必要はありません。同じ予定を何度も作成する必要がある場合に利用しましょう。

1 予定をクリック

予定の詳細画面が表示された

2 [オプション]をクリック

3 [複製]をクリック

日付を1週間後に変更して予定を複製する

4 日付をクリックして変更

5 [保存]をクリック

1週間後に予定が複製された

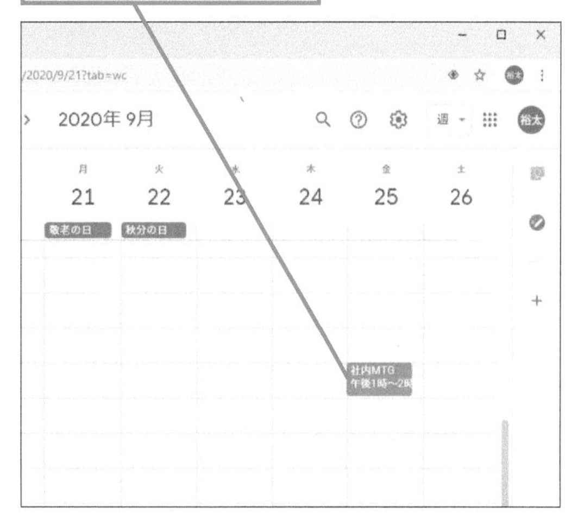

関連 Q156 繰り返しの予定を作成するには……P.108

Q158 お役立ち度 ★★★

予定に地図をリンクするには

A 予定の場所に住所やキーワードを指定します

予定を作成する際、[場所を追加] にキーワードを入力し、表示された候補から目的地を選択するか、あるいは正確な住所を入力します。これで予定を作成すると、予定の詳細画面に表示される場所をクリックすると、Googleマップでその場所が表示されるようになります。 ➡Googleマップ……P.260

ワザ154を参考に予定の詳細画面を表示しておく

1 [場所を追加]をクリック

2 キーワードを入力

場所の候補が表示された

該当する場所が表示されない場合はキーワードを変更して再度検索する

Q159 お役立ち度 ★★★

予定にファイルを添付するには

A メモ欄にファイルを添付できます

予定の詳細画面には [説明を追加] と記載されたテキストボックスがあり、ここに予定に関するメモを入力しておくことができます。[添付ファイルを追加] をクリックしてファイルを選択し、アップロードすれば、予定に対してファイルを添付することが可能です。

ワザ154を参考に予定の詳細画面を表示しておく

1 [添付ファイルを追加]をクリック

[ファイルの選択] 画面が表示された

2 添付するファイルをクリック

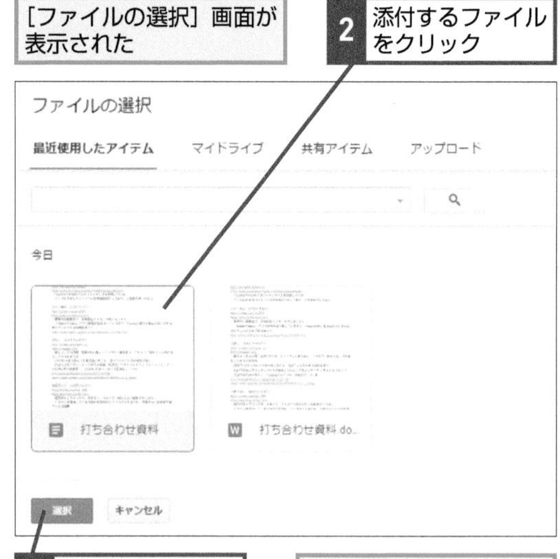

3 [選択]をクリック

カレンダーにファイルが添付される

ドライブ以外の場所にファイルがある場合は [アップロード] をクリックしてドライブにファイルをアップロードする

関連 Q154 予定の日時を変更するには …………………… P.107

予定にほかの人を招待するには

A ゲストとして追加します

会議や打ち合わせを設定する際、自分だけの予定として登録するのではなく、ほかのユーザーを参加者として招待することもできます。ゲストに追加したユーザーには招待メールを送ることが可能で、ゲストはそのメールにある［はい］［未定］［いいえ］のいずれかをクリックすると、その予定に参加するか否かを主催者に伝えられます。また［はい］をクリックすると、そのユーザーのGoogleカレンダーに自動で予定が追加されます。この仕組みを使えば、個別に参加可否を確認する手間が省けて便利です。

ワザ154を参考に予定の詳細画面を表示しておく

1 チェックマークが付いていることを確認

2 ［ゲストを追加］をクリック

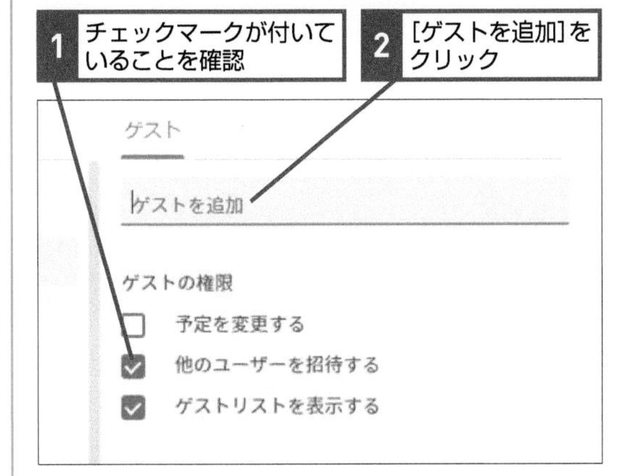

3 招待したい人のメールアドレスを入力

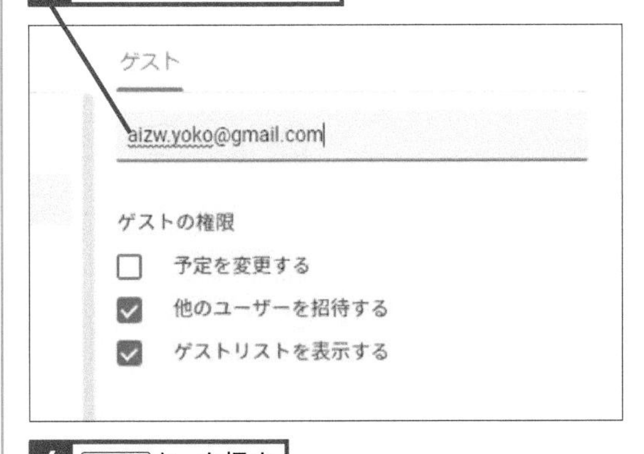

4 Enter キーを押す

ゲストが追加された

5 ［保存］をクリック

招待メールを送信する画面が表示された

6 ［送信］をクリック

ゲストにメールが届いた

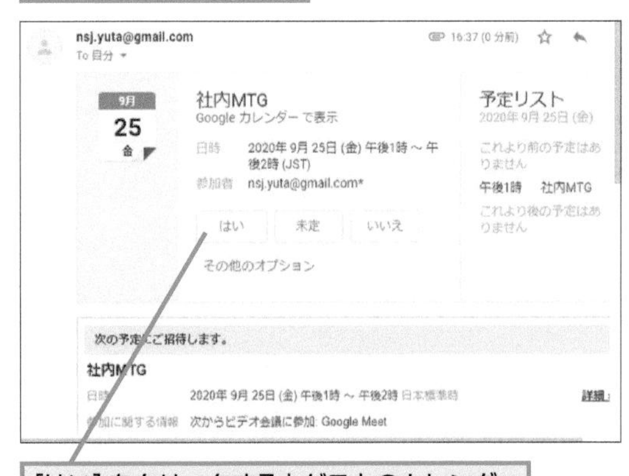

［はい］をクリックするとゲストのカレンダーに予定が追加され、主催者に通知が送られる

関連 Q154 予定の日時を変更するには …… P.107

Q161　お役立ち度 ★★★

通知を追加するには

A 新しい通知を追加して設定します

予定を作成したとき、標準で1つの通知が作成されますが、さらに追加することも可能です。たとえば予定の準備を行う必要があるとき、直前だけでなく1日前にも通知を行う、などといった使い方ができます。また通知はメールで行うことも可能です。

ワザ154を参考に予定の詳細画面を表示しておく

1 ［通知を追加］をクリック

通知が追加された

場所を追加
通知　10　分
通知　10　分
通知を追加

ここをクリックするとメールに変更できる

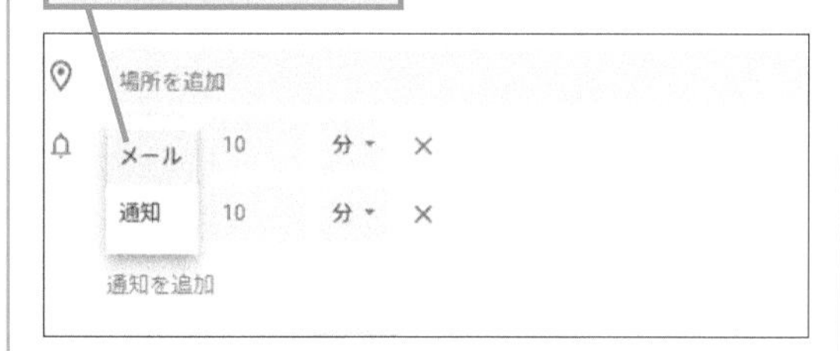

関連 Q154 予定の日時を変更するには …………………… P.107

Q162　お役立ち度 ★★

予定の種類でカレンダーを使い分けるには

A 新しいカレンダーを追加しましょう

Googleカレンダーでは複数のカレンダーを使い分けることが可能です。このため、たとえば個人用と仕事用でカレンダーを使い分けるといったこともできます。またカレンダーごとに表示／非表示を切り替えられるため、普段は個人用と仕事用の両方のカレンダーを表示し、状況に応じていずれかのカレンダーだけを表示するといったことも可能です。

1 ［他のカレンダーを追加］をクリック

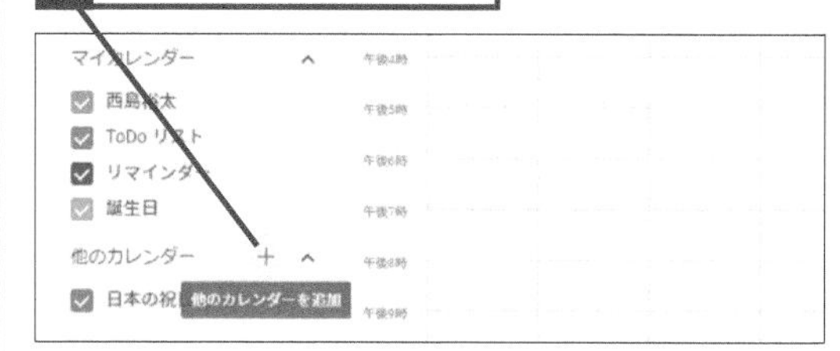

2 ［新しいカレンダーを作成］をクリック

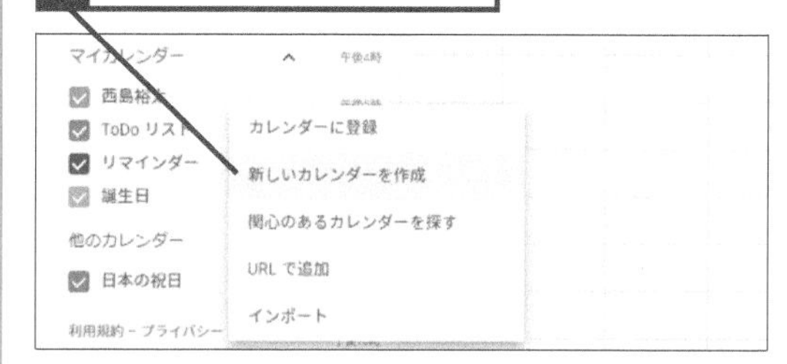

3 カレンダーの名前を入力

4 ［カレンダーを作成］をクリック

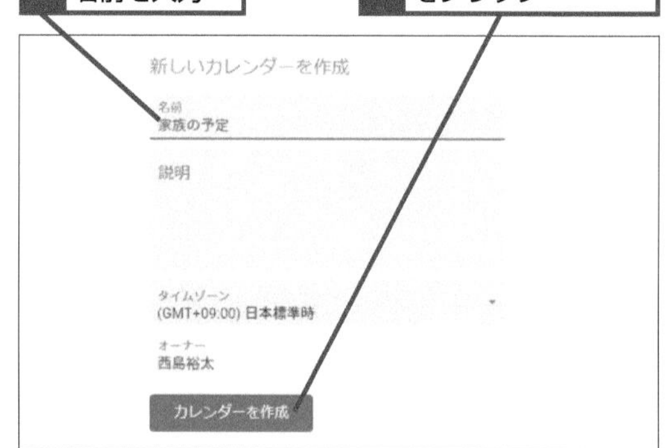

カレンダーが追加される

Q163

お役立ち度 ★★★

予定を保存するカレンダーを変更するには

A 予定の編集画面でカレンダーを選択します

複数のカレンダーがあると、作成した予定を登録するカレンダーを変更することができるようになります。カレンダーの変更は、予定の編集画面で行います。また、予定を作成する際に、新規予定の作成画面でカレンダー名をクリックすると、その予定を登録するカレンダーを選択できます。

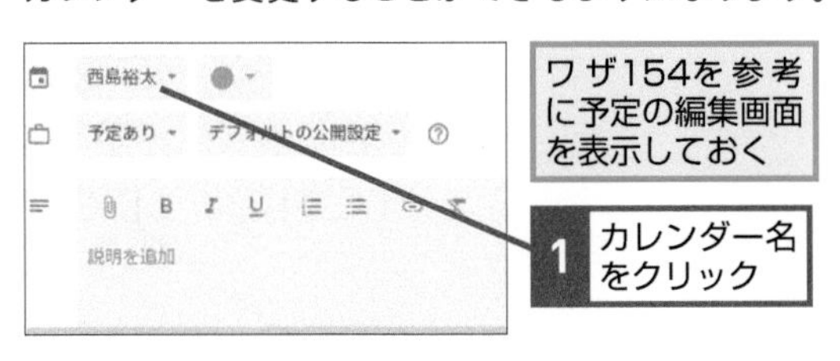

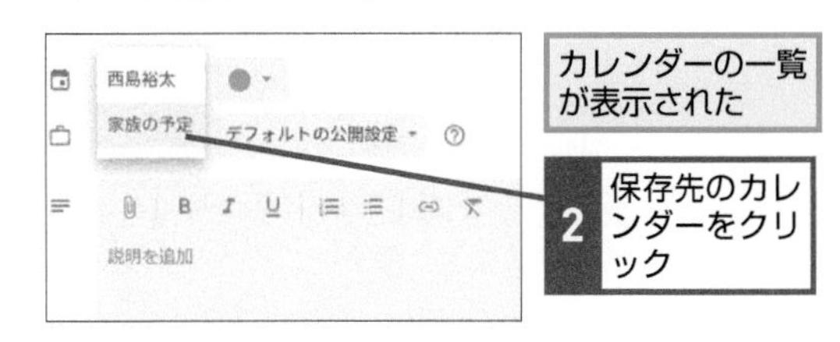

Q164

お役立ち度 ★★★

カレンダーをほかのユーザーと共有するには

A [設定と共有] で共有相手を指定します

Googleカレンダーでは、カレンダーごとにほかのユーザーと共有することが可能です。これにより、業務の予定を同僚と共有する、あるいは個人用として作成したカレンダーを家族と共有するといったことができます。予定を共有すると、共有相手にメールが届きます。その中にある [このカレンダーを追加] のリンクをクリックすると、共有されたカレンダーがGoogleカレンダーに表示されるようになります。共有相手に対し、その予定に関する権限を設定することも可能です。

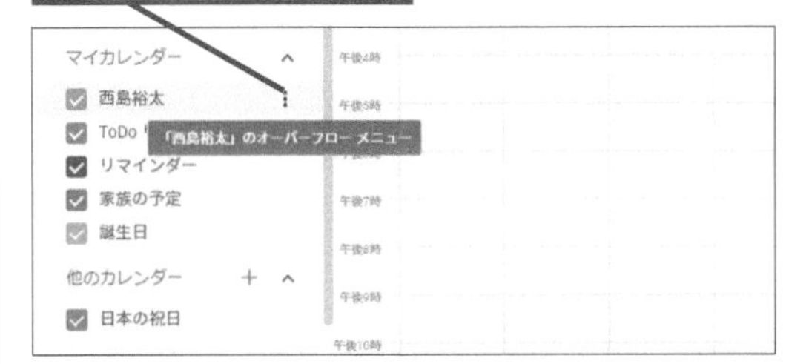

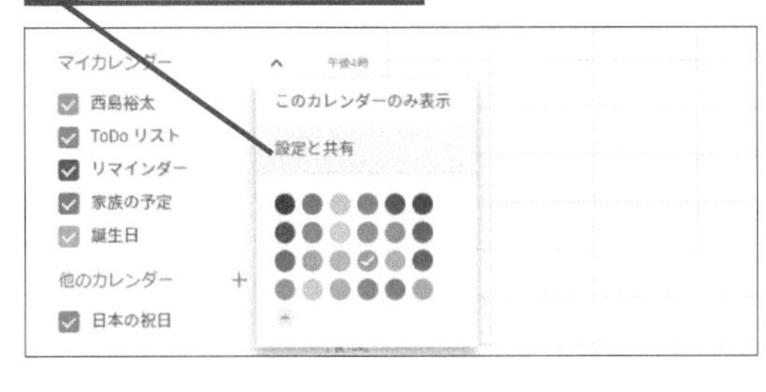

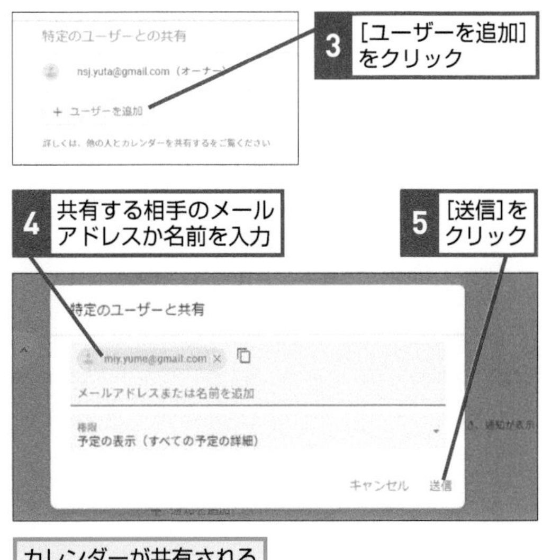

Q165

お役立ち度 ★★★

お薦めのカレンダーを追加するには

A ［関心のあるカレンダーを探す］で追加します

［他のカレンダー］の右横にある［他のカレンダーを追加］をクリックし、［関心のあるカレンダーを探す］をクリックすると、各種祝日が登録されたカレンダーを追加できます。これを使うとクリケットやバスケットボール、フットボール（アメリカンフットボール）などの各チームの試合予定のカレンダーを取り込むことができます。お気に入りのチームのカレンダーを登録しておけば、Googleカレンダーで試合の予定をチェックできて便利です。

1 ［他のカレンダーを追加］をクリック

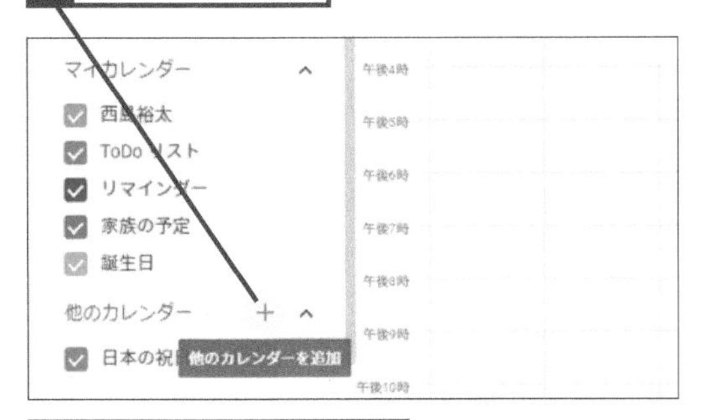

2 ［関心のあるカレンダーを探す］をクリック

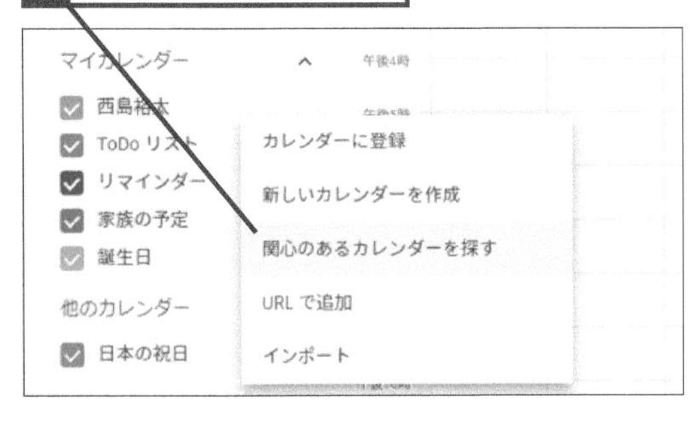

ここではアメリカ合衆国の祝日の日程を追加する

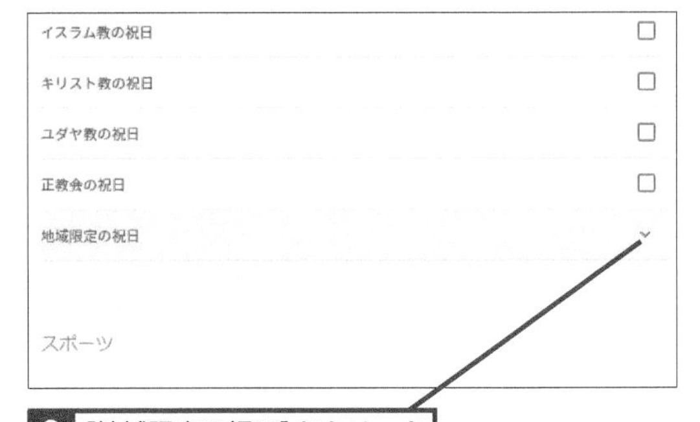

3 ［地域限定の祝日］をクリック

4 ［アメリカ合衆国の祝日］のここをクリック

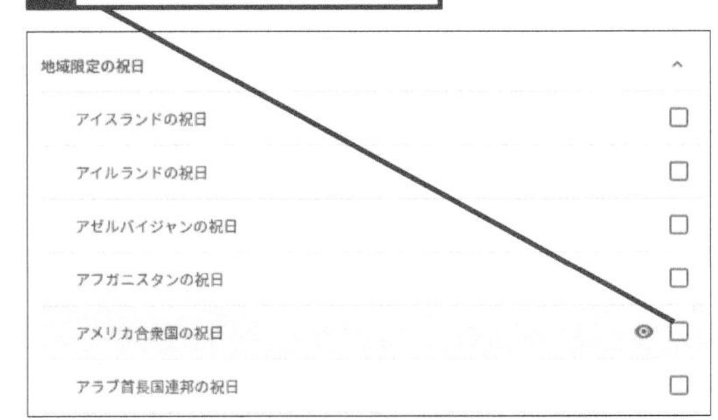

アメリカ合衆国の祝日が追加された

関連 Q162 予定の種類でカレンダーを使い分けるには……P.112
関連 Q166 予定を検索するには……P.115

Q166 お役立ち度 ★★☆

予定を検索するには

A キーワードで予定を検索できます

Googleカレンダーにもキーワード検索の機能が用意されており、予定のタイトルや場所、予定に入力したメモなどを対象として検索を行うことができます。キーワードに該当した予定があると、リスト形式で表示されます。登録したはずの予定が見つからない、あるいは過去の予定を調べたいといったときは検索してみましょう。

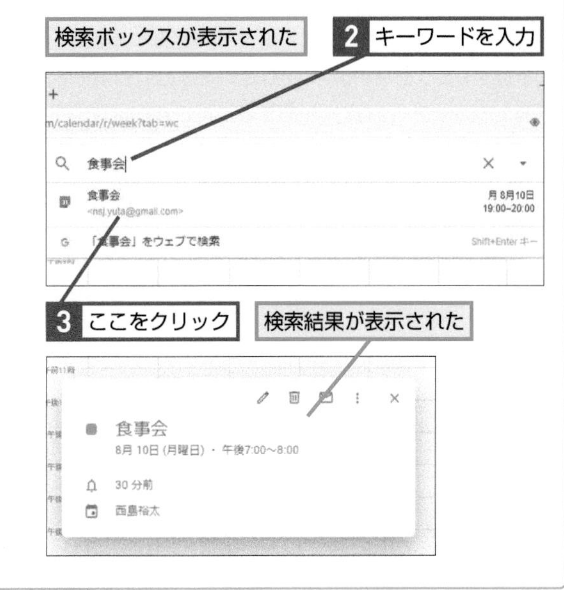

Q167 お役立ち度 ★★★

予定を素早く作成するコツとは

A ショートカットキーを活用します

Gmailなどと同様、Googleカレンダーにもさまざまなショートカットキーが用意されています。その1つがⒸキーで、これを押すと現在の日時を基準に予定の作成画面が表示されます。Ⓠキーでも予定を作成することが可能で、こちらの場合はタイトルの後、空白に続けて開始時間を入力すると、自動的に開始時間が設定されます。多くの予定を登録しなければならないといったとき、この機能を使えばマウスをクリックする手間を省くことができ、効率的に予定を登録できます。

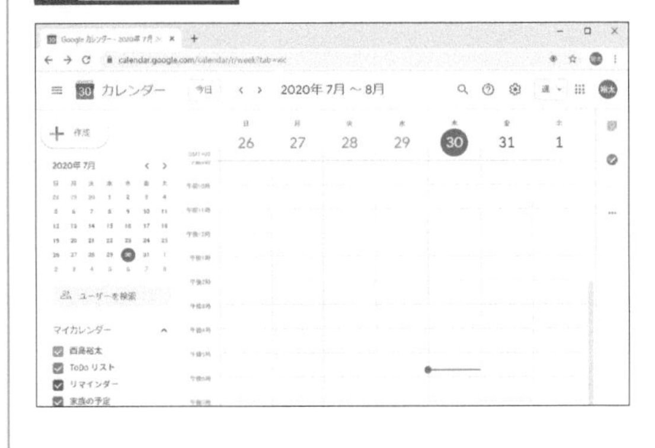

Q168 カレンダーの表示を切り替えるには

お役立ち度 ★★★

A ショートカットキーで切り替えられます

Googleカレンダーの表示形式には「日」「週」「月」「年」「スケジュール」「4日」があります。これらはマウスでも切り替えられるほか、以下のショートカットキー一覧に記載されているキーで切り替えられます。よく利用する表示形式のショートカットキーを覚えておけば、予定のチェックなどを効率的に行えます。また前の期間を表示するPキーと、次の期間を表示するNキーも覚えておくと便利なショートカットキーです。

➡ショートカットキー……P.263

1 1キーを押す

カレンダーが日単位で表示された

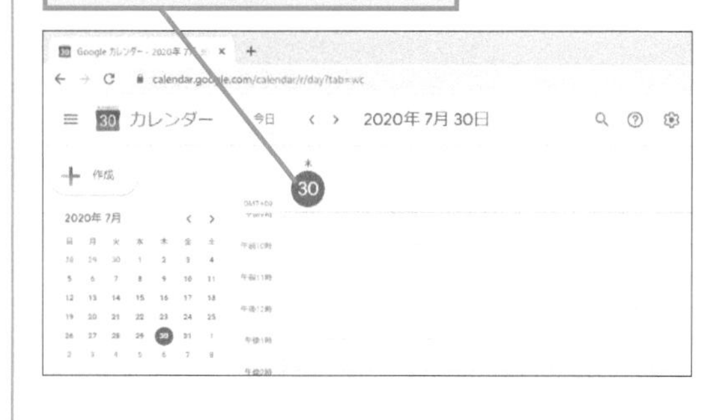

2 5キーを押す

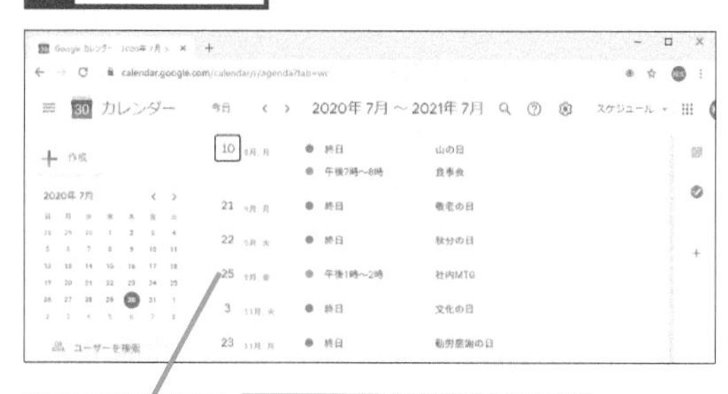

予定の一覧が表示された

2キーを押すと週単位の表示に戻る

●ショートカットキー一覧

ショートカットキー	機能
1またはD	日単位で表示
2またはW	週単位で表示
3またはM	月単位で表示
4またはX	カスタムビューで表示
5またはA	予定リストを表示
6またはY	年単位で表示

STEP UP! カレンダーを印刷することもできる

予定を登録したカレンダーを壁に貼っていつでも見られるようにしたいといった場合は、カレンダーを印刷しましょう。印刷するには、まず［設定メニュー］にある［印刷］をクリックするか、Ctrl+Pキーを押して印刷プレビューを表示します。ここで［印刷範囲］や［表示］［フォントサイズ］［印刷の向き］［色とスタイル］をそれぞれ設定して［印刷］をクリックします。なお表示として選択できるのは［日］と［週］のほか、選択範囲に応じて自動的に設定される［自動設定］の3つです。さらに［表示］で［週］を選び、［週末を表示する］のチェックを外せば、月曜日から金曜日までが印刷対象になります。最後に［印刷］をクリックすれば、Windowsに登録されているプリンターから出力することが可能です。予定を忘れないように見える場所に貼っておきたいなどといったとき、この印刷機能は重宝します。

Q169 お役立ち度 ★★

カレンダーの色を変更するには

A 好きな色を設定できます

標準で設定されたカレンダーの色を変更したい場合は、カレンダーのリストで色を変えたいカレンダーのメニューを表示し、あらかじめ用意された24色のいずれかを選択するか、［カスタム色を追加］をクリックして色を作成します。複数のカレンダーを使っていて、それぞれのカレンダーの色が見分けにくいといった場合は色を変更しましょう。

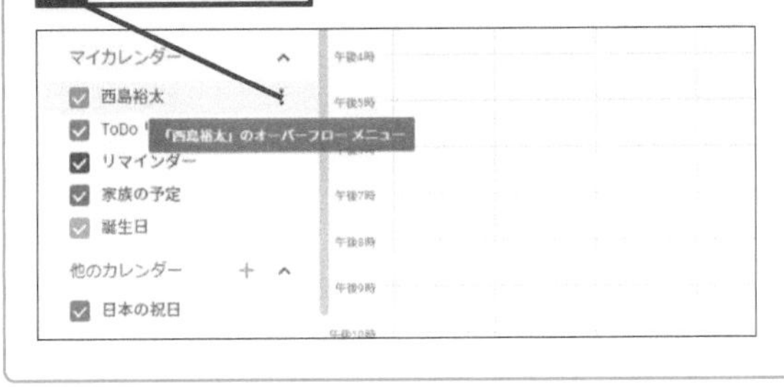

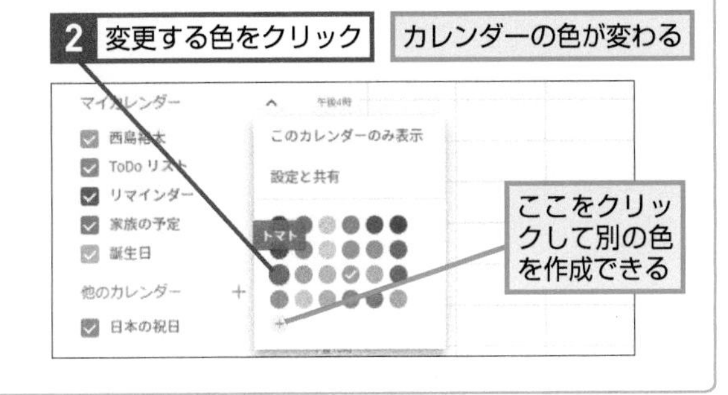

Q170 お役立ち度 ★★

始まりの曜日を変更するには

A 日曜始まりと月曜始まりを選べます

週の始まりが日曜か月曜かは予定表やカレンダーによって異なり、どちらが使いやすいと考えるかは人それぞれでしょう。Googleカレンダーでは、設定で週の始まりの曜日を［土曜日］［日曜日］［月曜日］のいずれかから選択でき、自分の好みに合わせて変更できます。また同じ設定画面にある［時刻の表示形式］で、時刻の表記を12時間制と24時間制のいずれかに切り替えられます。

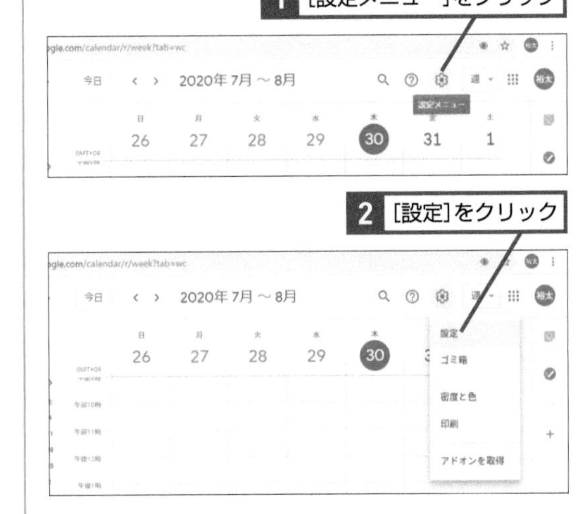

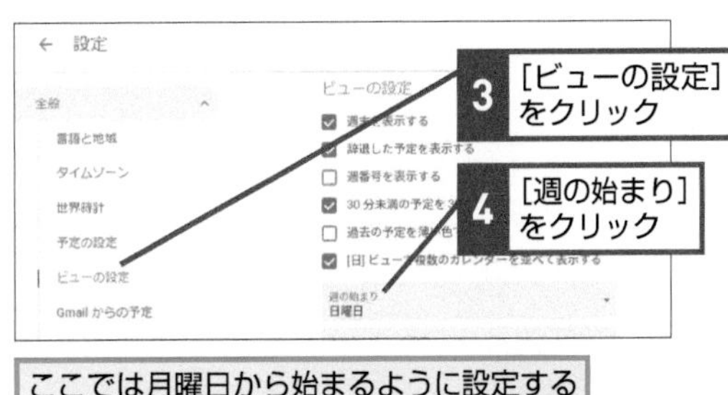

ここでは月曜日から始まるように設定する

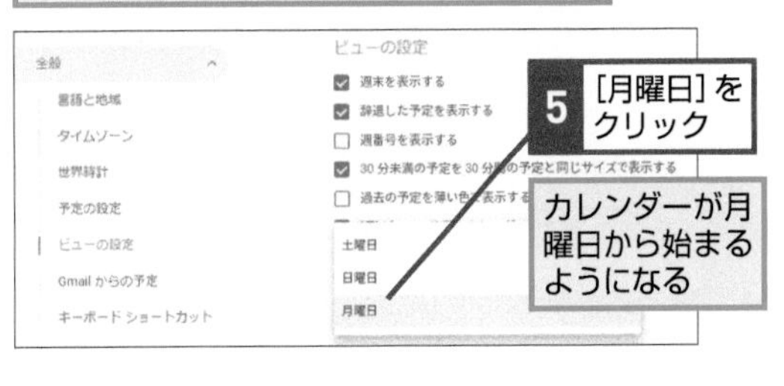

Q171 お役立ち度 ★★★

通知の初期設定を変更するには

A カレンダーの設定で変更できます

Googleカレンダーでは、初期設定では通知が10分前に表示されることになっていますが、予定ごとに通知のタイミングを指定することが可能です。さらに設定を行えば、初期設定の通知タイミングを変えることもできます。「1時間前に必ず通知したい」といった場合には、設定画面で初期設定を変更しましょう。さらにカレンダーを共有している際は、ほかのユーザーによって新しい予定が追加されたり、予定の変更が行われたりした際の通知方法も指定できます。

●通知の初期設定を変更する

1 ここをクリック

マイカレンダー
西島裕太
2020 dekiru
ToDo
「2020 dekiru」のオーバーフロー メニュー
リマインダー
家族の予定
誕生日

2 ［設定と共有］をクリック

マイカレンダー
西島裕太
2020 dekiru
ToDo リスト
リマインダー
家族の予定
誕生日
他のカレンダー
このカレンダーのみ表示
リストに表示しない
設定と共有

［設定］画面が表示された

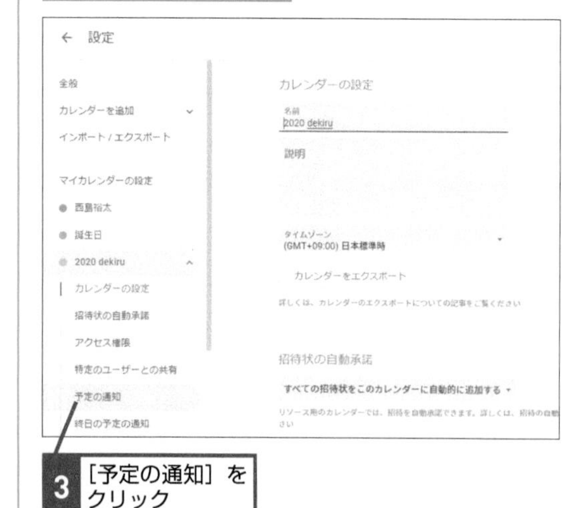

［予定の通知］画面が表示された

ここをクリックすると通知の初期設定を変更できる

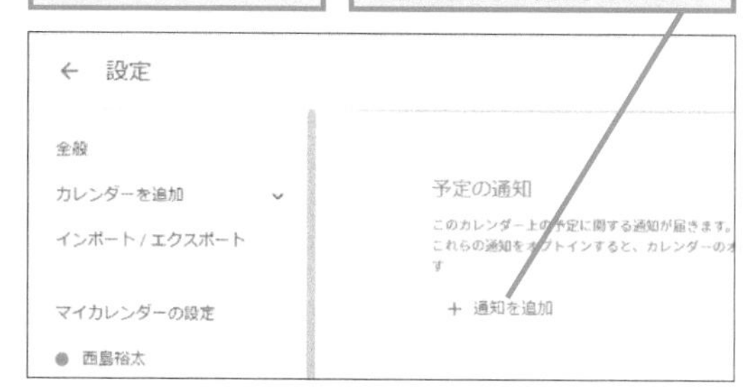

●その他の通知の初期設定を変更する

1 ［その他の通知］をクリック

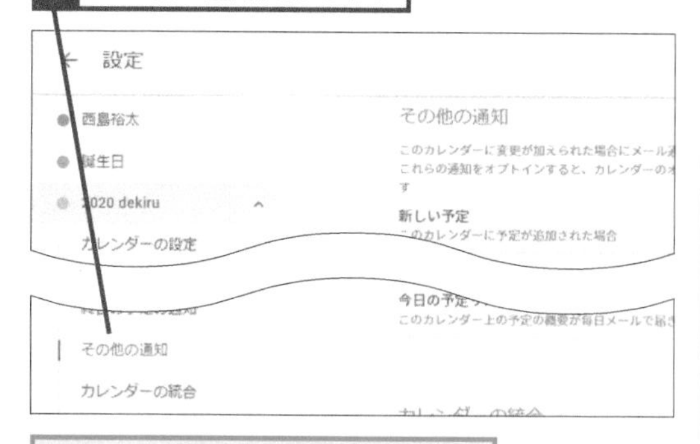

共有している予定が変更された場合の通知方法を設定できる

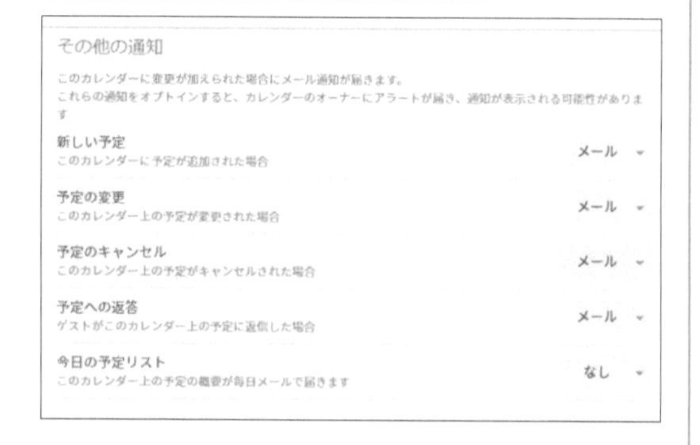

Q172

お役立ち度 ★★★

外国のタイムゾーンを表示するには

A セカンダリタイムゾーンを設定しましょう

Googleカレンダーには、メインのタイムゾーンのほかに2つ目のタイムゾーンであるセカンダリタイムゾーンを指定することが可能です。これを利用すれば、メインのタイムゾーンの横にセカンダリタイムゾーンとして指定した地域の時間が表示されるようになります。仕事で海外の人とやり取りすることが多いといった場合、セカンダリタイムゾーンを設定しておくと、時差を計算する手間を省けます。

ワザ170を参考に［設定］画面を表示して［タイムゾーン］をクリックしておく

1 ［セカンダリタイムゾーンを表示する］のここをクリックしてチェックマークを付ける

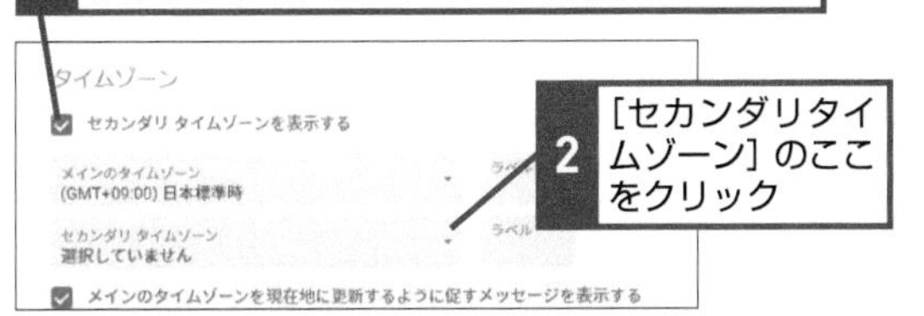

2 ［セカンダリタイムゾーン］のここをクリック

3 設定する都市名をクリック

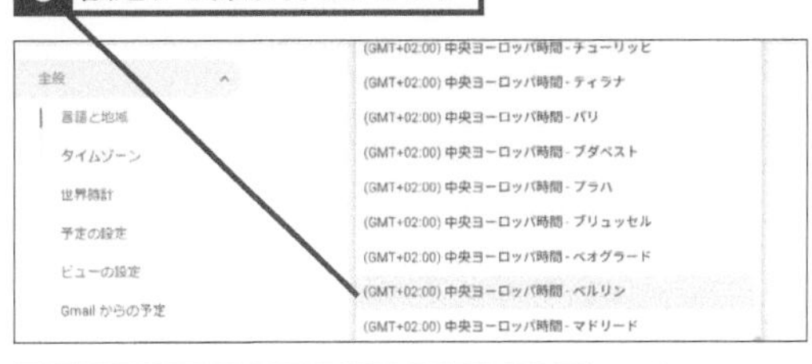

セカンダリタイムゾーンが設定される

Q173

お役立ち度 ★★★

二十四節気をカレンダーに追加するには

A 国立天文台 暦計算書のページから追加します

インターネット上には、Googleカレンダーに取り込めるカレンダーを公開しているWebサイトがいくつもあります。こうしたカレンダーを取り込めば、自分のカレンダーにさまざまな情報や予定を表示することが可能になります。たとえば国立天文台の暦計算室のページには二十四節気をGoogleカレンダーに表示するカレンダーを公開しています。興味があれば追加してみましょう。

Google Chromeで以下のWebページを表示しておく

▼国立天文台 暦計算室のページ
http://eco.mtk.nao.ac.jp/koyomi/

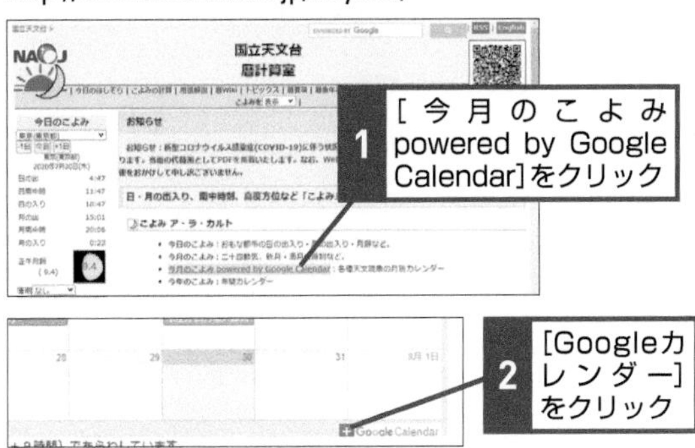

1 ［今月のこよみ powered by Google Calendar］をクリック

2 ［Googleカレンダー］をクリック

ここでは二十四節気だけを追加する

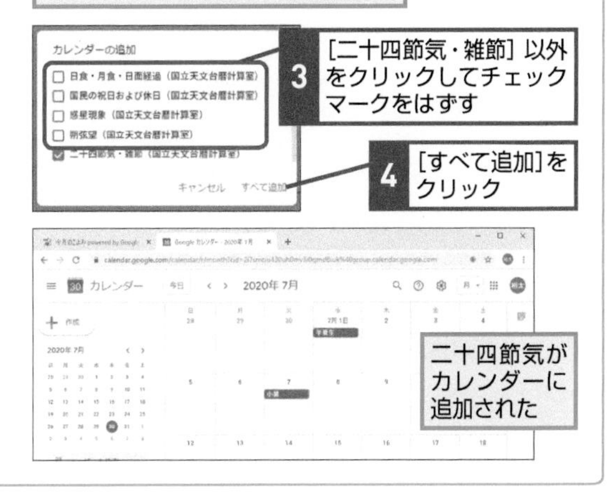

3 ［二十四節気・雑節］以外をクリックしてチェックマークをはずす

4 ［すべて追加］をクリック

二十四節気がカレンダーに追加された

第5章 Google ドライブでファイルを共有するワザ

ファイルの管理と共有に役立つワザ

クラウドにファイルを保存するオンラインストレージサービスとしての機能に加え、オフィス文書を作成するためのアプリケーションまで統合した「Googleドライブ」の使い方を解説します。

Q174 お役立ち度 ★★★

Googleドライブを利用するには

A [Googleアプリ] から [ドライブ] を選びます

Googleドライブはさまざまなファイルの保存先として使えるほか、ワープロや表計算ソフト、プレゼンテーションソフトとしての機能も備えたサービスです。Webブラウザで各種機能を利用できるほか、パソコン用の専用クライアントソフトも提供されています。

●Googleドライブでできること

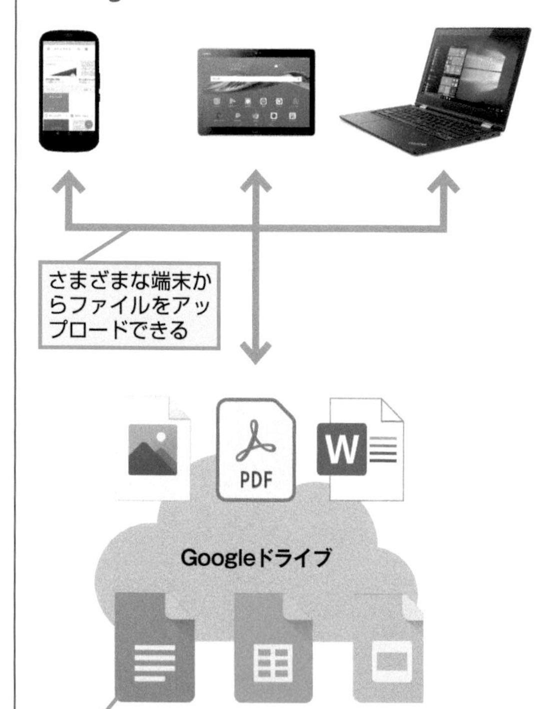

●Googleドライブを表示する

Googleドライブが表示された

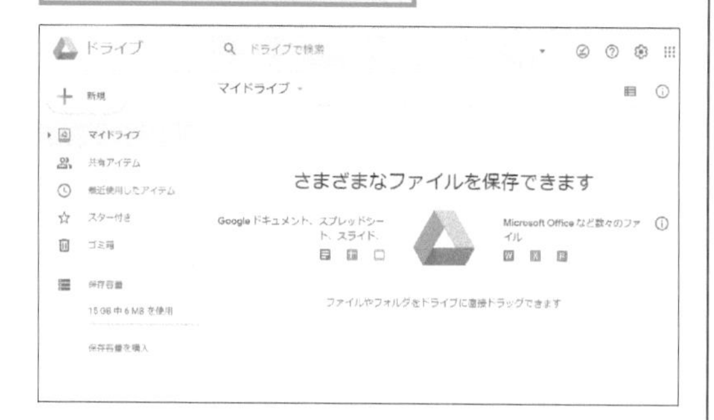

Q175 お役立ち度 ★★★

Googleドキュメントなどの新しいファイルを作成するには

A 画面左上の［新規］をクリックします

Googleドライブには、ワープロソフトの「Googleドキュメント」、表計算ソフトの「Googleスプレッドシート」、そしてプレゼンテーションソフトとして使える「Googleスライド」の各アプリケーションが統合されています。これらのアプリケーションはWebブラウザで利用することが可能で、パソコンにインストールする必要はありません。またそれぞれのアプリケーションには必要にして十分な機能があり、WordやExcel、PowerPointの代わりに使えます。なお作成したファイルは、Googleドライブ上に自動的に保存されます。

ワザ174を参考にマイドライブを表示しておく

ここではGoogleスプレッドシートのファイルを新規に作成する

1 ［新規］をクリック

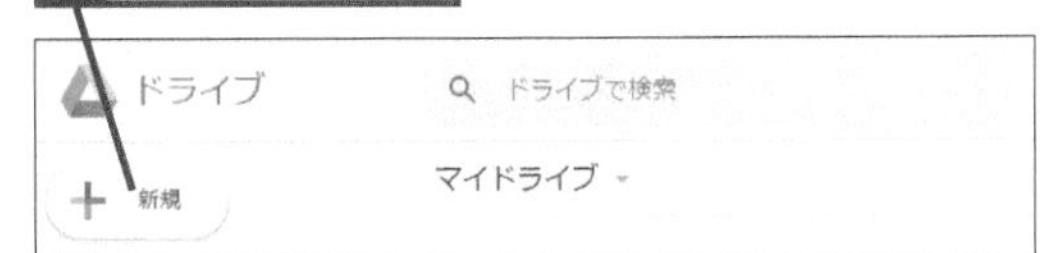

2 ［Googleスプレッドシート］をクリック

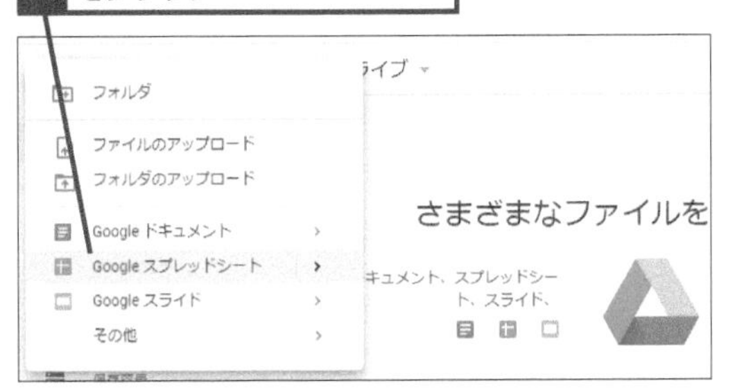

Googleスプレッドシートが起動した

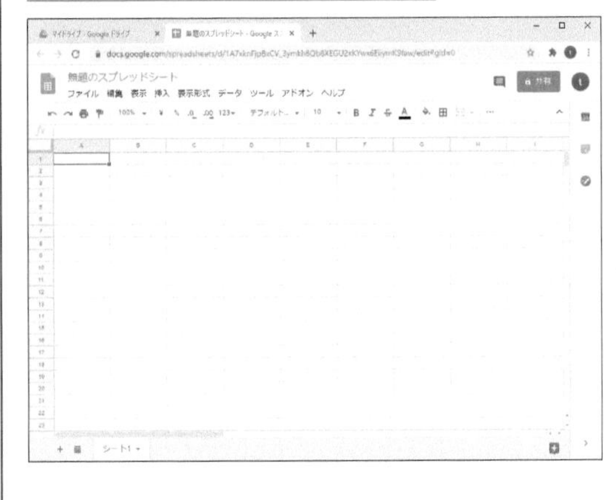

表を作成しておく

3 ［ファイル］をクリック

4 ［名前を変更］をクリック

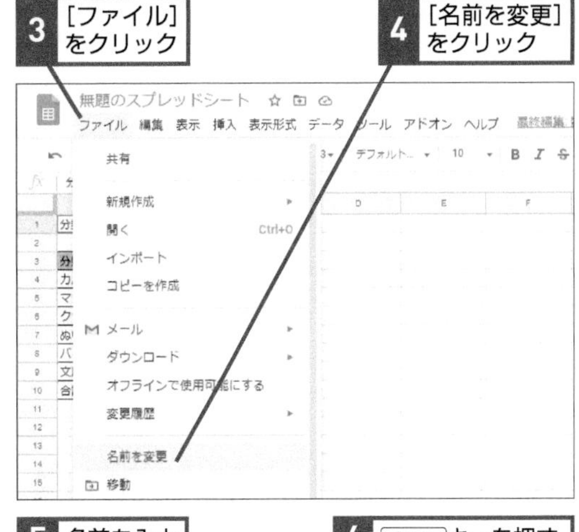

5 名前を入力

6 Enter キーを押す

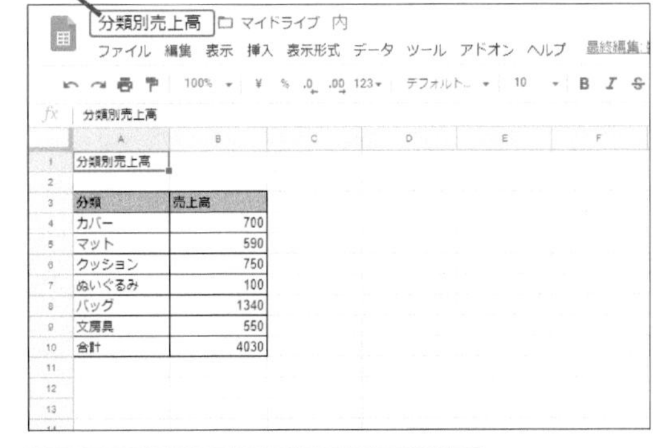

分類	売上高
カバー	700
マット	590
クッション	750
ぬいぐるみ	100
バッグ	1340
文房具	550
合計	4030

入力した名前でファイルが保存された

関連 Q174 Googleドライブを利用するには ……… P.120

関連 Q191 フォルダを新規作成するには ……… P.129

Q176 お役立ち度 ★★★

パソコンのファイルをGoogleドライブに保存するには

A Webブラウザを使ってアップロードします

Googleドライブには、Webブラウザを使って簡単にファイルをアップロードすることができます。下記の手順でアップロード可能なほか、エクスプローラーからWebブラウザの画面にファイルをドラッグすることでもアップロードすることが可能です。なお専用のクライアントソフトである［バックアップと同期］をインストールしておけば、エクスプローラーの専用フォルダにファイルを置くだけでアップロードできるようになります。 ➡アップロード……P.261

ワザ174を参考に［マイドライブ］を表示しておく

1 ［マイドライブ］をクリック

2 ［ファイルをアップロード］をクリック

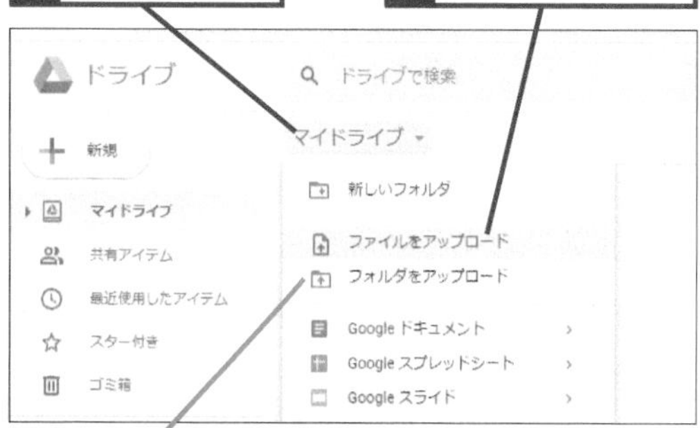

［フォルダをアップロード］をクリックすると、フォルダごとアップロードできる

3 アップロードするファイルをクリック

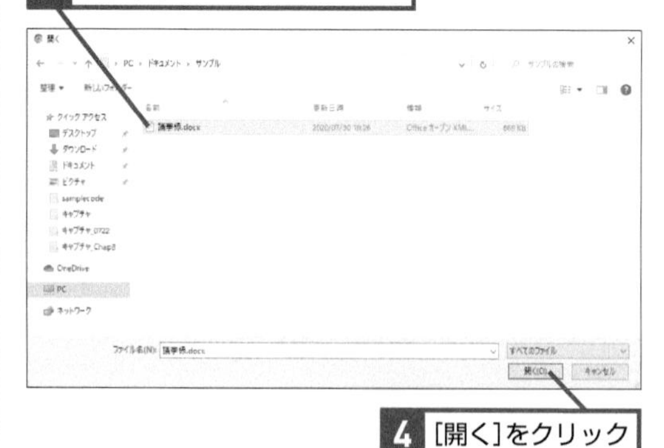

4 ［開く］をクリック

Q177 お役立ち度 ★★★

表示方法を切り替えるには

A リスト表示とギャラリー表示を切り替えられます

Googleドライブにアップロードしたファイルの内容を素早く確認したいといったとき、便利なのが［ギャラリー表示］です。ファイルの内容がサムネイルで表示されるため、どういったファイルなのかをひと目で確認できます。GoogleドキュメントやGoogleスプレッドシート、Googleスライドの各ファイル形式のほか、Wordの「.docx」やExcelの「.xlsx」、PowerPointの「.pptx」、さらにPDF形式のファイルのサムネイル表示に対応しています。もう1つの表示方法は［リスト表示］で、こちらはファイル名だけを表示します。状況に応じて表示方法を選択しましょう。

ワザ174を参考に［マイドライブ］を表示しておく

1 ［リスト表示］をクリック

表示がリスト表示に変更された

［ギャラリー表示］をクリックするとアイコンでの表示に戻る

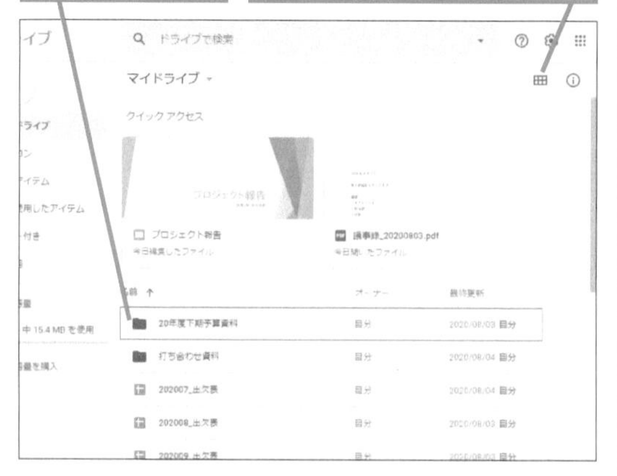

Q178 お役立ち度 ★★★

ファイルを並べ替えるには

A ファイル名と最終更新日で並べ替えが可能です

リスト表示の場合、ファイル名、もしくは最終更新日のいずれかでファイルを並べ替えることができます。ファイル名で並べ替えるには、リストの上部にある［名前］をクリックします。これで昇順と降順が切り替わります。最終更新日でソートするには、同じくリスト上部の［最終更新］の右にある矢印をクリックしましょう。なお［最終更新］をクリックすると、並べ替えする項目として［最終更新（自分）］と［最終閲覧］のいずれかを選択することができます。

ワザ177を参考にリスト表示にしておく

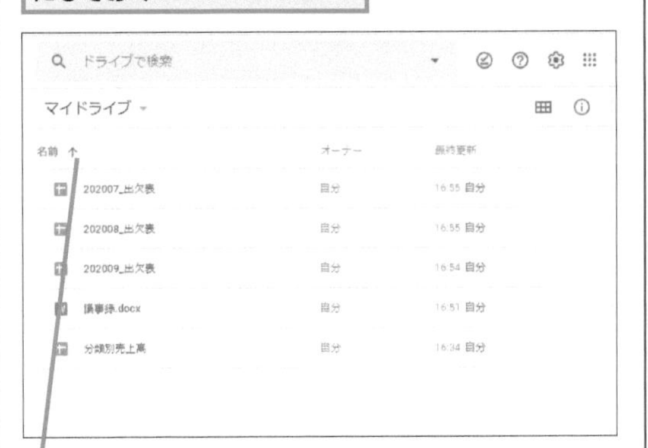

ここをクリックすると名前の昇順と降順を切り替えることができる

1 ［最終更新］をクリック

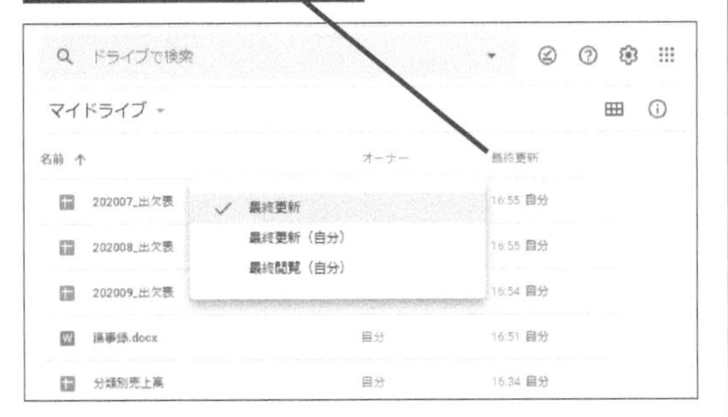

並べ替えする項目を設定できる

Q179 お役立ち度 ★★★

ファイルをダウンロードするには

A メニューから［ダウンロード］を選びます

Googleドライブにアップロードされているファイルは、パソコンにダウンロードして利用することが可能です。すでにアップロードされているOfficeアプリケーションのファイルを編集したいなどといった場合は、ダウンロードして作業しましょう。

ワザ177を参考にリスト表示にしておく

1 ダウンロードするファイルをクリック

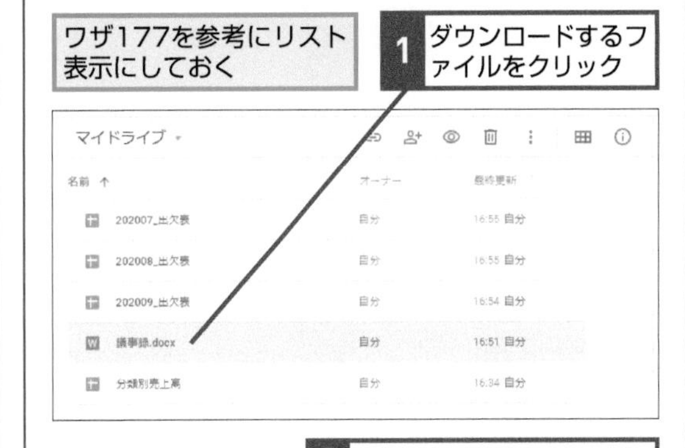

2 ［その他の操作］をクリック

3 ［ダウンロード］をクリック

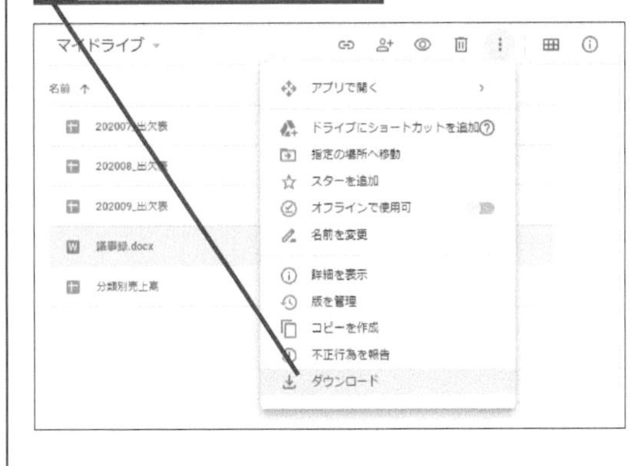

Q180 お役立ち度 ★★★

スターを付けるには

動画で見る

A ファイルにもスターを付けることができます

Googleドライブ上にある、よく利用するファイルには「スター」を付けておくと便利です。ファイル一覧画面でファイルを選択し、[その他の操作のメニュー] から[スターを追加]を選択すればスターを付けられるほか、ファイルのプレビュー画面でも同様の操作でスターを付けることが可能です。スターを付けたファイルは[スター付き] をクリックすると一覧表示できるほか、検索ボックスに「is:starred」と入力して検索すれば、スターを付けたファイルを検索対象にできます。

➡スター……P.263

●ファイルにスターを追加する

ワザ177を参考にリスト表示にしておく

1 スターを付けるファイルをクリック

2 [その他の操作]をクリック

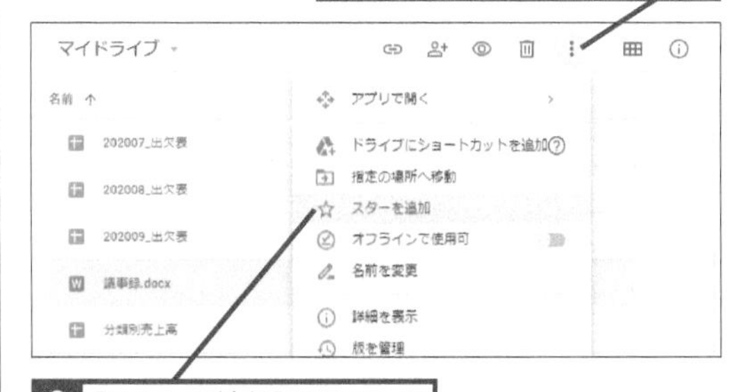

3 [スターを追加]をクリック

ファイルにスターが追加された

●スターを付けたファイルのみを表示する

1 [スター付き]をクリック

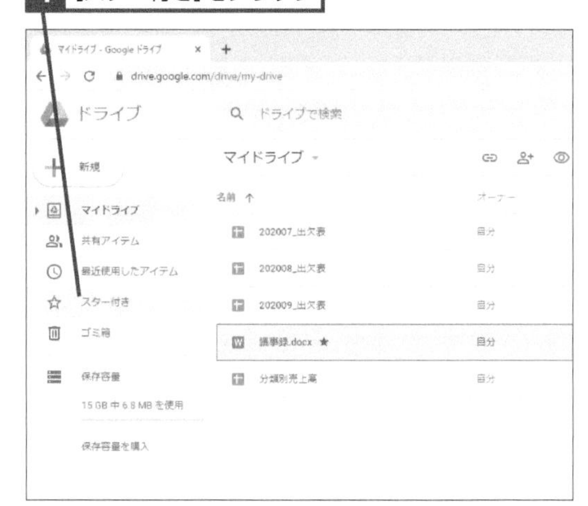

[スター付き] 画面が表示され、スターの付いたファイルのみが表示された

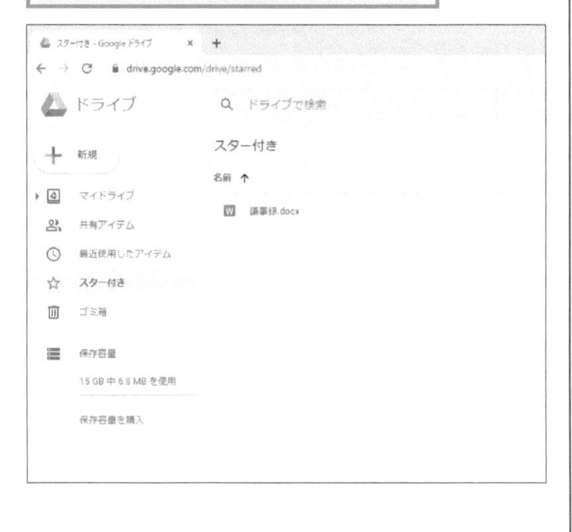

Q181　お役立ち度 ★★★

ファイルを検索するには

A 検索ボックスにキーワードを入力します

Googleのサービスらしく、Googleドライブにも強力な検索機能が用意されています。ファイル名だけでなく、ファイルの内容も対象になるため、たとえば「特定の取引先の名前が記述されたファイルを検索したい」といった場合は、その取引先の名前をキーワードとして検索するだけで、効率的に目的のファイルを探し出すことができます。検索には、空白で区切って複数のキーワードを入力するAND検索が利用できるほか、キーワードの前に「-」(ハイフン)を入力し、そのキーワードに合致するファイルを検索対象から除外することも可能です。さらに検索オプションを使えば、ファイルの種類やオーナー、ファイルの場所、更新日などを対象として検索することができ、目的のファイルをピンポイントで探し出すことができます。この強力な機能はGoogleドライブの大きな魅力です。積極的に活用してファイル管理を効率化しましょう。

●ファイル名で検索する

1 [ドライブで検索]をクリック

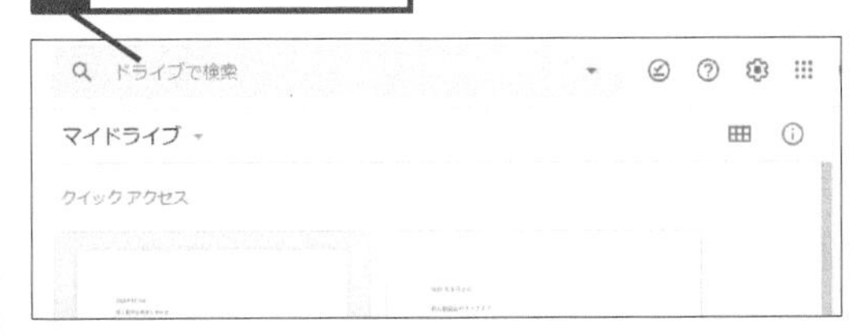

2 検索したいキーワードを入力

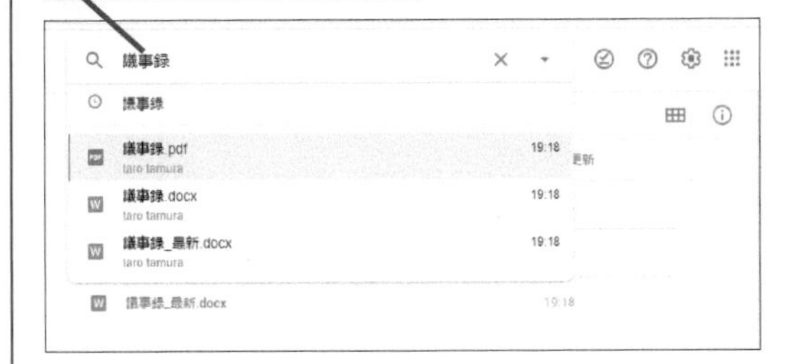

タイトルや内容にキーワードを含むファイルが表示された

●ファイルの種類で検索する

[ドライブで検索]をクリックしておく

1 ファイルの種類をクリック

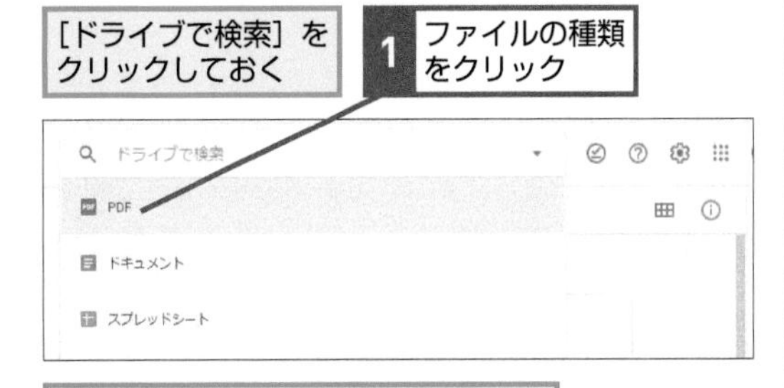

特定の種類のファイルのみ表示された

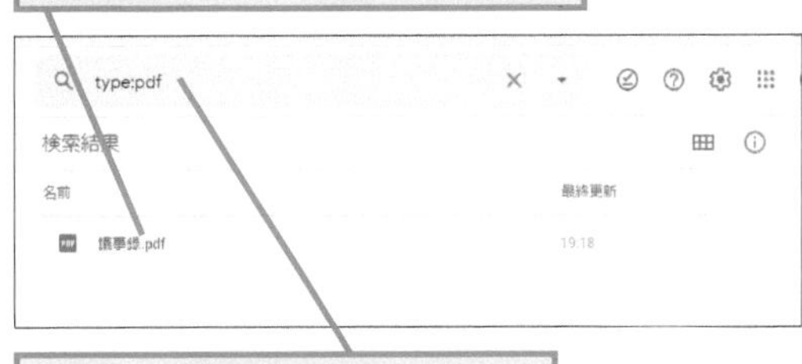

スペースに続けてキーワードを入力すると絞り込み検索ができる

●複数の条件を指定して検索する

1 [検索オプション]をクリック

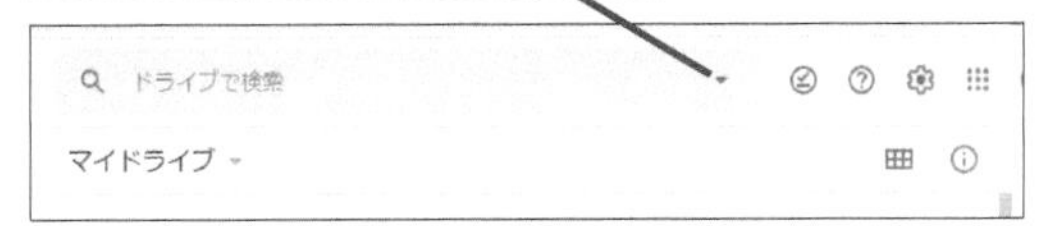

複数の条件を指定して検索ができる

Q182 お役立ち度 ★★★

ファイルをほかのアプリで開くには

A ［その他の操作］から［アプリで開く］を選びます

Googleドライブでファイルをダブルクリックすると、対応しているファイル形式であればプレビュー画面が表示されます。また、［その他の操作］で［アプリで開く］をクリックし、表示されたメニューからアプリを選択すると、そのアプリでファイルを開くことができます。

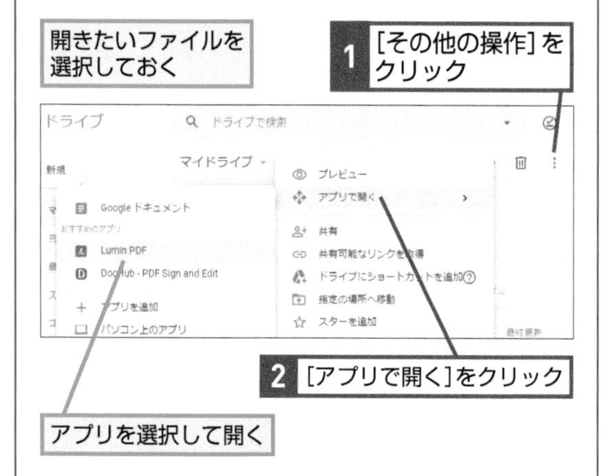

Q183 お役立ち度 ★★★

ファイルを削除するには

A ゴミ箱の画面で完全に削除できます

ゴミ箱にあるファイルを完全に削除する方法は、特定のファイルだけを完全に削除する方法と、ゴミ箱内にあるファイルすべてを削除する方法の2つがあります。なお、完全に削除すると元には戻せません。操作を実行する前に十分に確認しましょう。

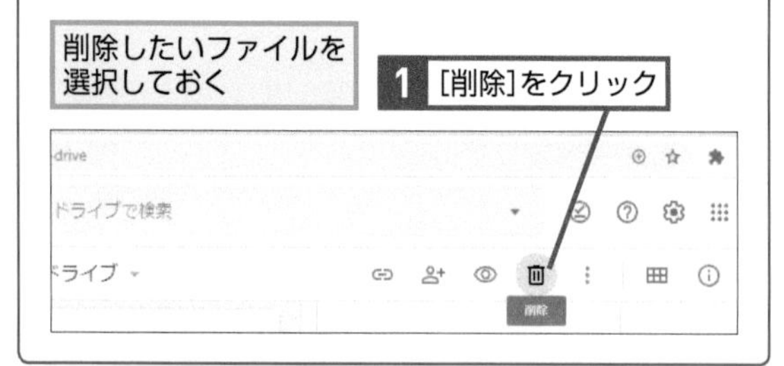

Q184 お役立ち度 ★★★

ファイルを完全に削除するには

A ファイルを選択して［削除］をクリックします

Googleドライブにあるファイルが不要になった場合は削除することができます。削除したファイルは［ゴミ箱］をクリックすると確認することができます。間違えて削除した場合は、ゴミ箱でファイルを選択して［ゴミ箱から復元］をクリックします。

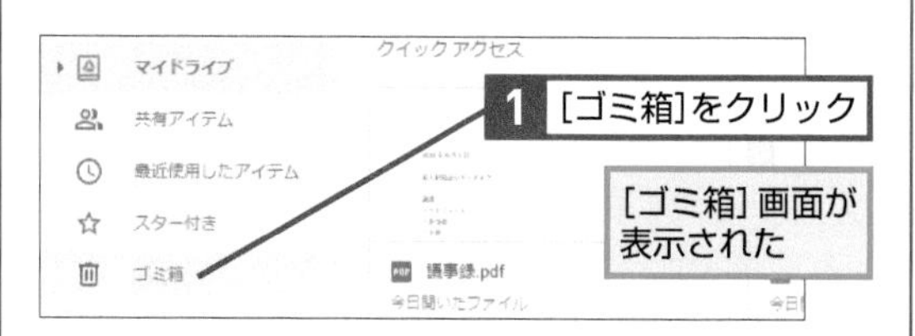

●特定のファイルを削除する

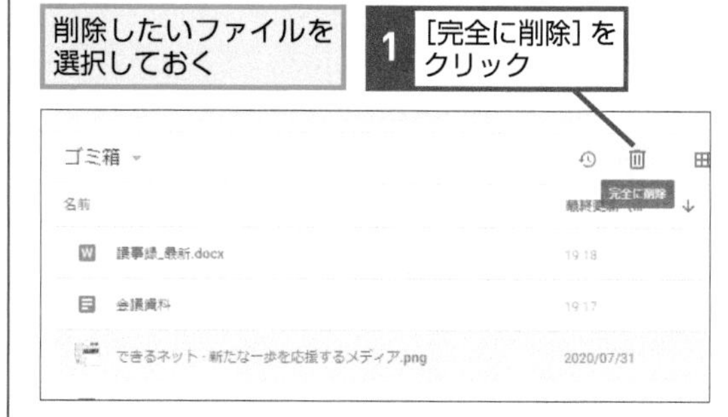

●すべて削除する

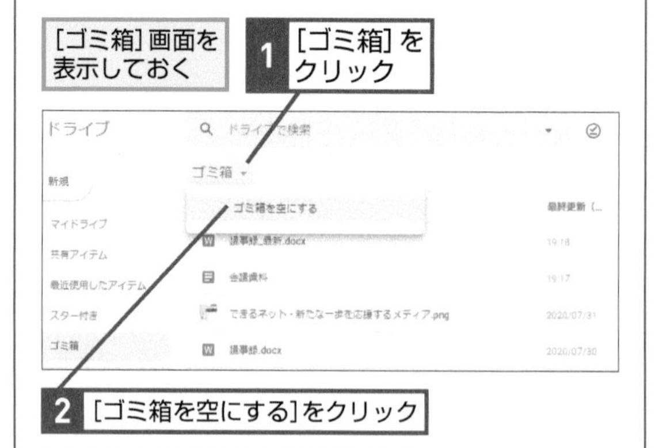

Q185 お役立ち度 ★★★

ユーザーを指定してファイルを共有するには

A 相手のメールアドレスを入力して共有します

Googleドライブでのファイル共有にはいくつかの方法があり、ここで解説した方法で共有すると、そのユーザーのみがファイルにアクセスできます。なお共有相手として指定したメールアドレスがGoogleアカウントではない場合、ファイルのプレビューのみが可能です。

共有したいファイルを選択しておく

1 ここをクリック

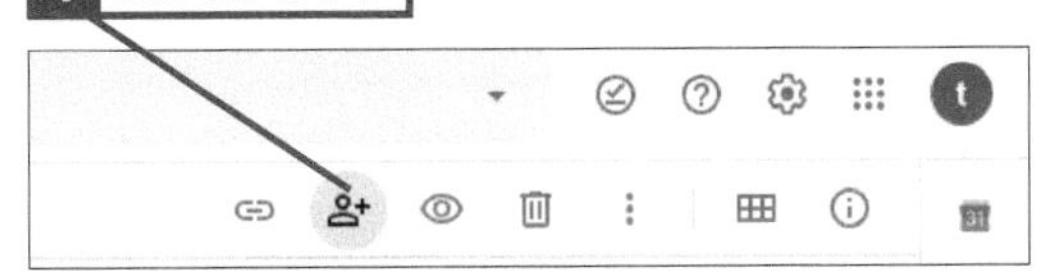

共有を設定する画面が表示された

2 メールアドレスまたはグループ名を入力

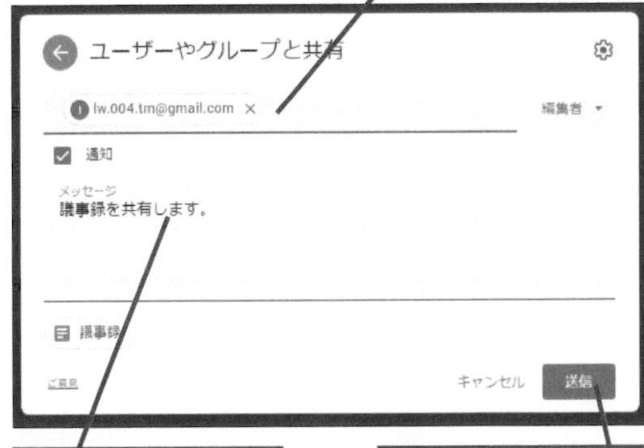

3 メッセージを入力

4 [送信]をクリック

共有先にメッセージが送られ、ファイルが共有された

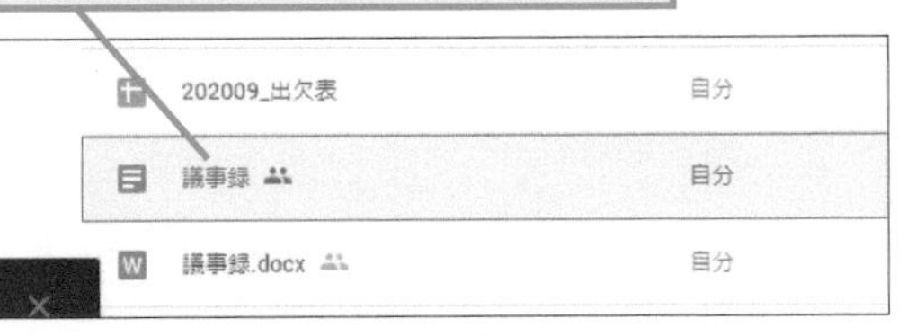

メッセージを送らない場合は操作2の後に[通知]をクリックしてチェックマークをはずし、[共有]をクリックする

Q186 お役立ち度 ★★★

共有の権限を変更するには

A 3つの種類から権限を選べます

相手を指定してファイルを共有する際、共有権限としてファイルのプレビューのみが可能な［閲覧者］、コメントを入力できる［閲覧者（コメント可）］、ファイルの編集を許可する［編集者］のいずれかを指定できます。共有したファイルの内容を変更されたくない場合は［閲覧者］または［閲覧者（コメント可）］に設定しましょう。

ワザ185を参考に共有を設定する画面を表示しておく

1 ここをクリック

クリックすると共有の権限を変更できる

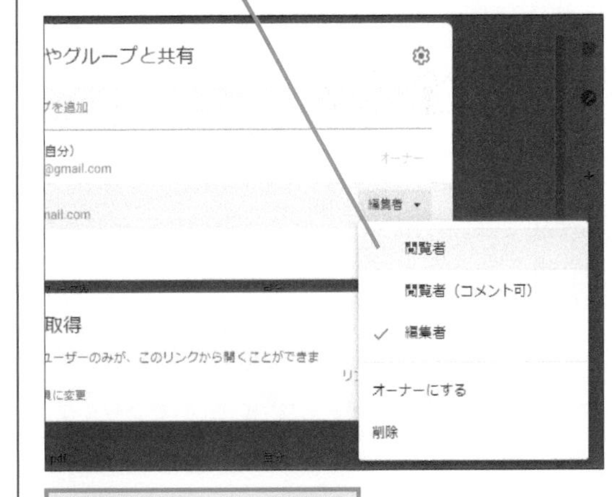

［閲覧者］はファイルの編集や削除などを行えない

関連 Q187 ファイルのオーナー権限を譲渡するには……… P.128
関連 Q188 ファイルを誰とでも共有するには…………………… P.128
関連 Q190 共有相手の権限を変更するには…………………… P.129

Q187 お役立ち度 ★★★

ファイルのオーナー権限を譲渡するには

A 権限の設定で［オーナーにする］を選択します

Googleドライブでは、ほかのユーザーにオーナーの権限を割り当てることも可能です。ただオーナーの権限はもっとも強く、共有権限の変更なども可能となります。オーナーを別のユーザーに割り当てる場合は、慎重に検討しましょう。

➡オーナー……P.261

ワザ185を参考に共有を設定する画面を表示しておく

1 ここをクリック

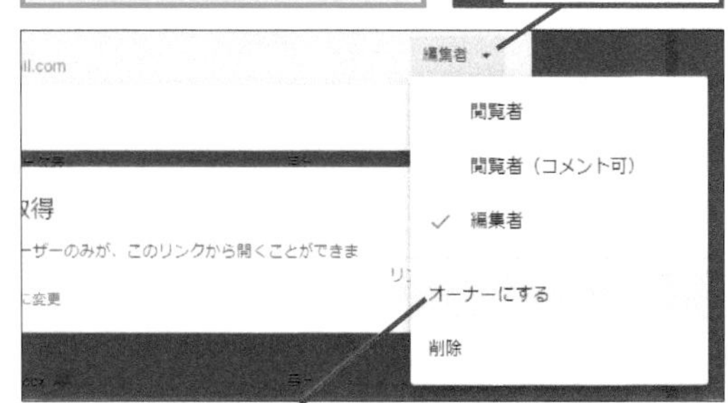

2 ［オーナーにする］をクリック

権限について確認する画面が表示された

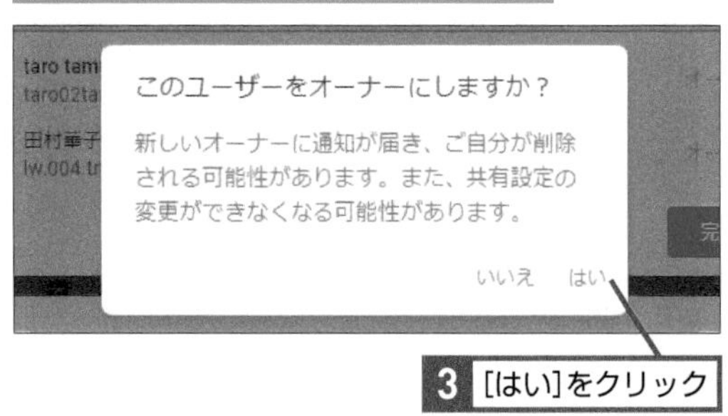

3 ［はい］をクリック

オーナー権限が委譲した

4 ［完了］をクリック

Q188 お役立ち度 ★★★

ファイルを誰とでも共有するには

A 共有のためのリンクを取得します

選択したファイルのリンク（URL）を生成し、そのリンクを知っていれば誰でもファイルを開けるように設定できます。また、指定したユーザーだけがファイルを開けるようにリンクを生成することもできます。誰でも開けるリンクは、思わぬ人にファイルを見られるリスクがあるため、十分に注意しましょう。

●制限なしで共有する

ワザ185を参考に共有を設定する画面を表示しておく

1 ［リンクをコピー］をクリック

リンクを知っている全員がファイルを共有できる

●制限付きで共有する

1 ［リンクを知っている全員に変更］をクリック

［リンクを取得］の設定画面が表示された

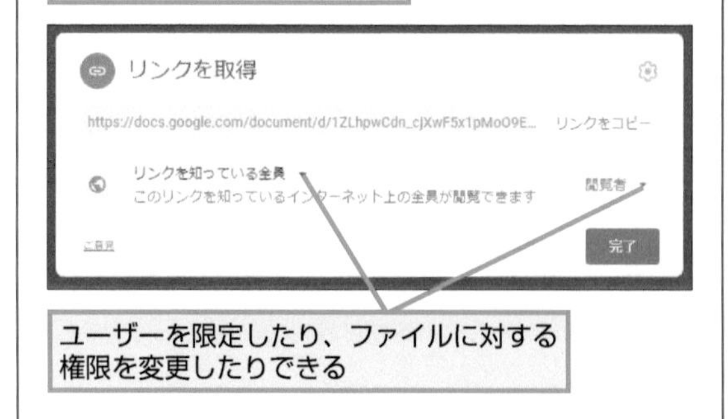

ユーザーを限定したり、ファイルに対する権限を変更したりできる

Q189 お役立ち度 ★★★

共有中のファイルをまとめて確認するには

A [共有アイテム] をクリックします

ほかの人が自分と共有しているファイルを確認するには、画面左にある [共有アイテム] をクリックします。これを利用すれば、共有されているファイルにアクセスしたいといった場合、いちいち過去のメールを探し出さずに済むでしょう。

1 [共有アイテム]をクリック

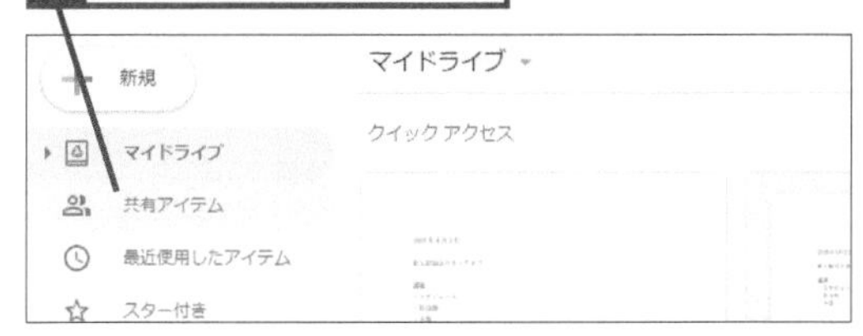

自分がオーナー以外の共有ファイルが表示される

Q190 お役立ち度 ★★★

共有相手の権限を変更するには

A 共有設定の画面で変更します

「編集者」に権限の変更を許可する、あるいは「閲覧者」および「閲覧者（コメント可）」にファイルのダウンロードや印刷、コピーを許可するには、共有設定の画面で変更します。 ➡ダウンロード……P.263

ワザ185を参考に共有を設定する画面を表示しておく

1 [他のユーザーとの共有設定]をクリック

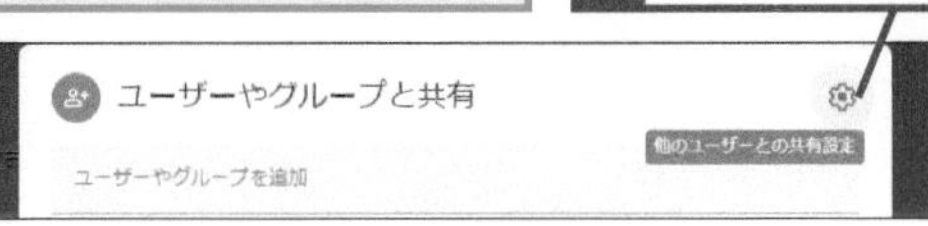

ダウンロードや印刷などの権限を細かく設定できる

← 他のユーザーとの共有設定
☑ 編集者は権限を変更して共有できます
☑ 閲覧者と閲覧者（コメント可）に、ダウンロード、印刷、コピーの項目を表示する

Q191 お役立ち度 ★★★

フォルダを新規作成するには

A [新規] メニューで [フォルダ] を選択します

Windowsのエクスプローラーと同様、Googleドライブでもフォルダを作成してファイルを整理することができます。ファイルが増えてきた場合には、フォルダを作成して適切な名前を設定し、ファイルを分かりやすく整理するようにしましょう。

1 [新規]をクリック

ドライブ　ドライブで検索
新規　マイドライブ
クイック アクセス
マイドライブ

2 [フォルダ]をクリック

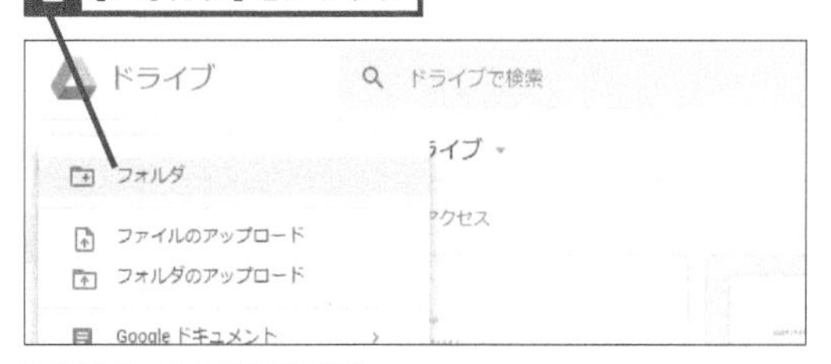

3 フォルダ名を入力

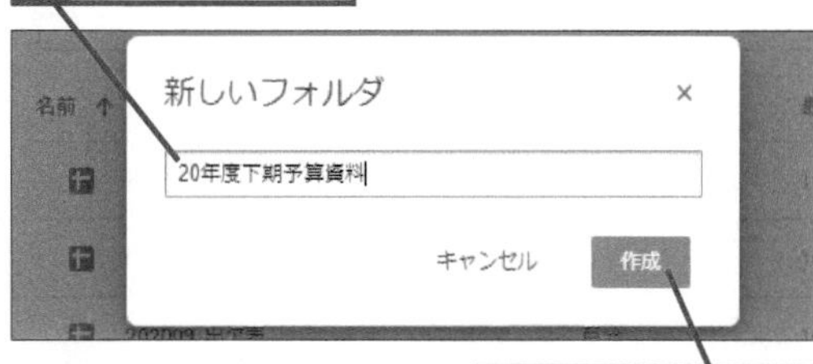

4 [作成]をクリック

新しいフォルダが作成された

名前 ↑	オーナー	最終更新
20年度下期予算資料	自分	20:31 自分
202007_出欠表	自分	16:55 自分
202008_出欠表	自分	16:55 自分
202009_出欠表	自分	16:54 自分
議事録	田村華子	20:23 田村華子
議事録_最新	自分	20:14 自分

Q192 お役立ち度 ★★★

フォルダにファイルを移動するには

A [指定の場所へ移動] を利用します

ファイルをフォルダに移動するには、以下のように操作を行います。フォルダを作成した後は、この方法でそのフォルダにファイルを移動しましょう。なおGoogleドライブ上で、ファイルをフォルダにドラッグ&ドロップして移動することも可能です。

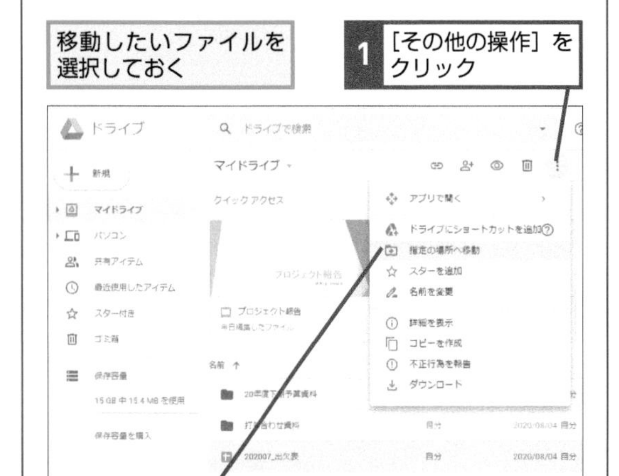

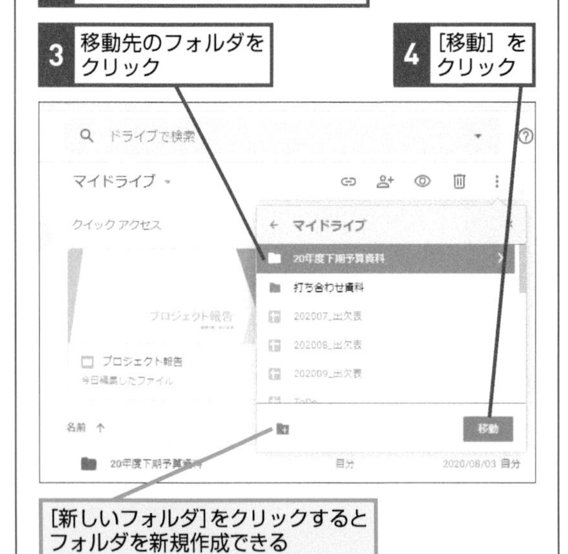

関連 Q193 フォルダ内のファイルをすべてダウンロードするには ……………… P.130

Q193 お役立ち度 ★★★

フォルダ内のファイルをすべてダウンロードするには

A フォルダごとダウンロードすることが可能です

フォルダを選択して [その他の操作] から [ダウンロード] をクリックすると、そのフォルダ内のファイルすべてをZip形式で圧縮してダウンロードできます。これにより、フォルダ内のすべてのファイルを一度にダウンロードすることができます。

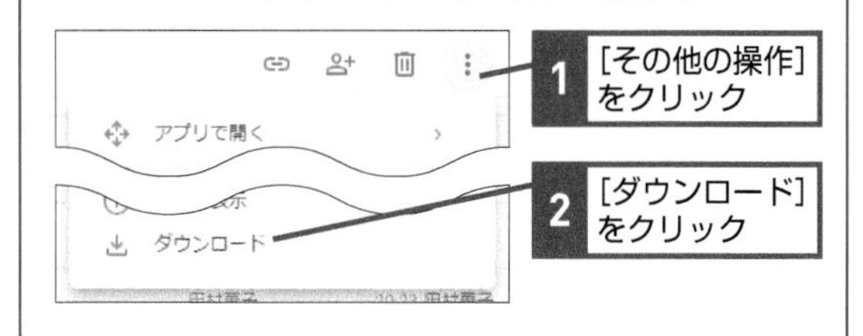

Q194 お役立ち度 ★★★

フォルダの色を変更するには

A [色を変更] で色を選択します

多くのフォルダを作成してファイルを管理していると、必要なフォルダがどこにあるのか、フォルダ名だけでは判断することが難しくなります。そこで、たとえば重要なフォルダは赤、作業中のファイルが入っているフォルダは緑など、色で区分けすると便利です。

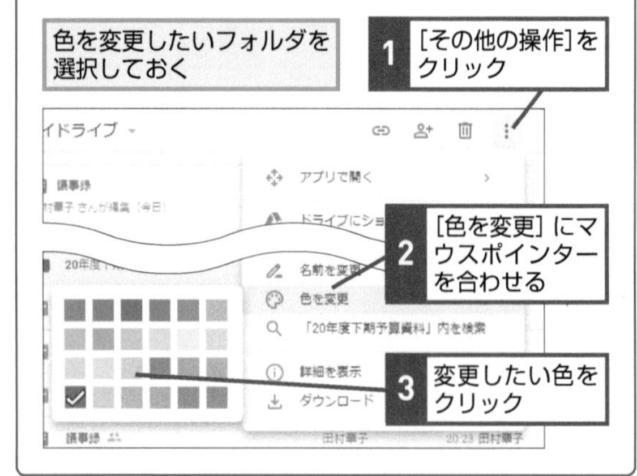

Q195 お役立ち度 ★★★

バックアップ用のアプリをインストールするには

A［バックアップと同期］をダウンロードします

［バックアップと同期］は、エクスプローラーからGoogleドライブ上のファイルにアクセスするための専用クライアントソフトです。これを利用すれば、Webブラウザを起動してGoogleドライブにアクセスしなくても、Googleドライブ上のファイルを開いたり、あるいはパソコンにあるファイルをGoogleドライブにアップロードしたりすることが可能になります。Googleドライブをさらに便利に活用できるようになるため、ぜひインストールしましょう。

注意 2021年10月からバックアップと同期は使用できなくなりました

以下のWebページから［バックアップと同期］をダウンロードして、インストールプログラムを起動しておく

▼［バックアップと同期］のダウンロードページ
https://www.google.com/drive/download/

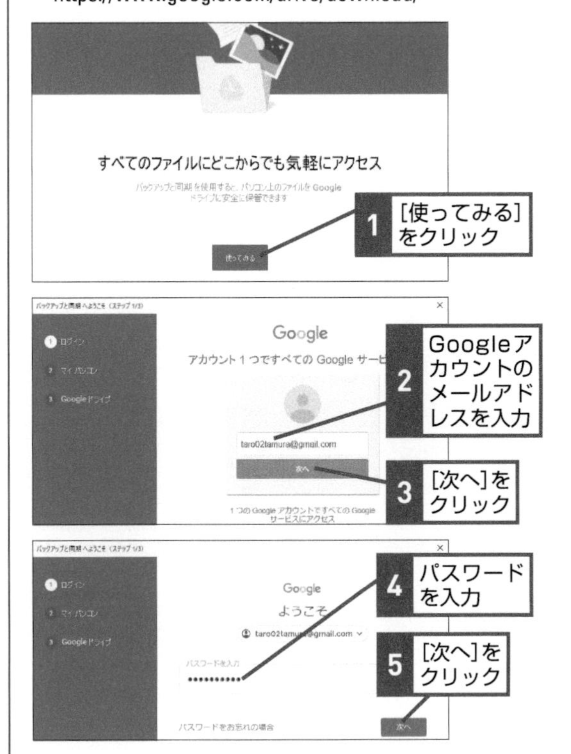

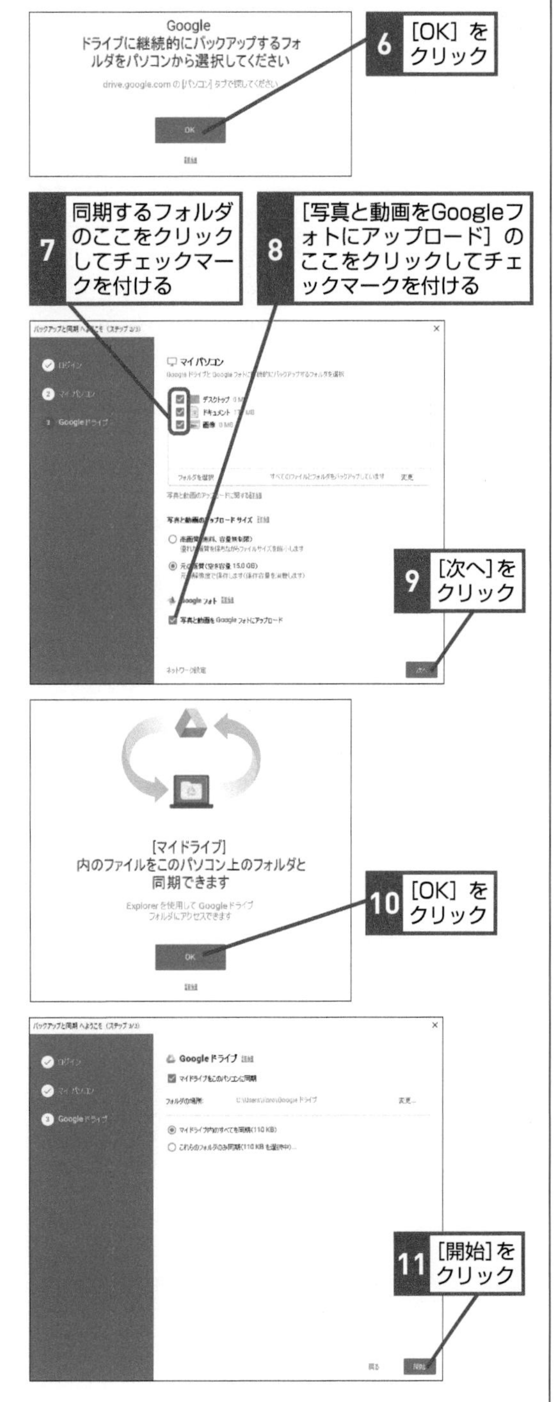

Q196 お役立ち度 ★★★

パソコンのフォルダを自動でバックアップするには

A バックアップ対象のフォルダを指定します

［バックアップと同期］には、指定したパソコン上のフォルダをGoogleドライブを使ってバックアップする機能があります。これを利用すれば、大切なファイルをパソコンとクラウドの両方に保存することができ、仮にパソコンが何らかの理由で故障したとしても、Googleドライブからすぐに必要なファイルを復旧することができます。大切なファイルを万が一のトラブルから守るために、積極的に活用したい機能です。

注意 2021年10月からバックアップと同期は使用できなくなりました

ワザ195を参考に、［バックアップと同期］アプリをインストールして起動しておく

1 ここをクリック

2 ここをクリック

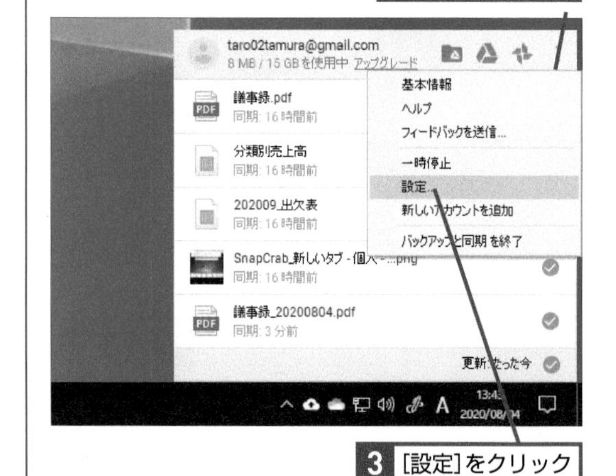

3 ［設定］をクリック

［設定］の画面が表示された

4 ［フォルダを選択］をクリック

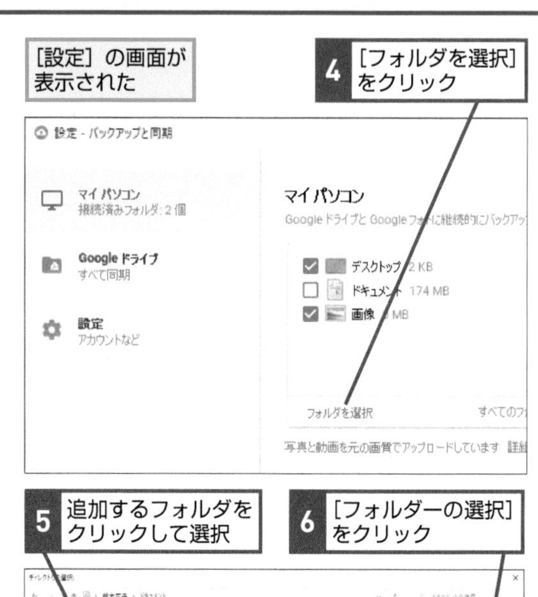

5 追加するフォルダをクリックして選択

6 ［フォルダーの選択］をクリック

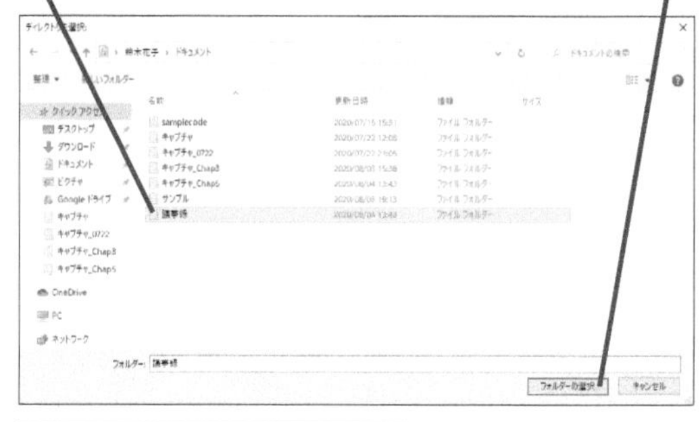

バックアップするフォルダが追加された

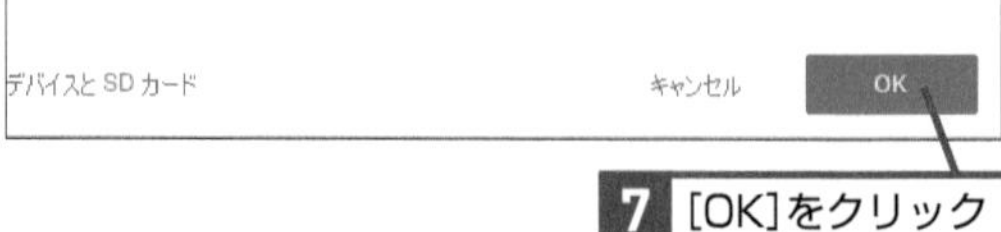

7 ［OK］をクリック

Q197 お役立ち度 ★★★

Googleドライブに同期したくないフォルダがあるときは

A Googleドライブ上のフォルダを同期対象から外せます

[バックアップと同期] を使うと、Googleドライブ上のファイルがすべてパソコン側にも保存されるようになり、いつでもファイルを開けるようになります。これは便利ですが、一方でGoogleドライブに多くのファイルを保存している場合、パソコンのストレージを消費することになってしまいます。ストレージの消費を抑えたいのであれば、パソコンで利用しないファイルが収められたフォルダを同期の対象から外しましょう。

注意 2021年10月からバックアップと同期は使用できなくなりました

ワザ196を参考に、[設定] の画面を表示しておく

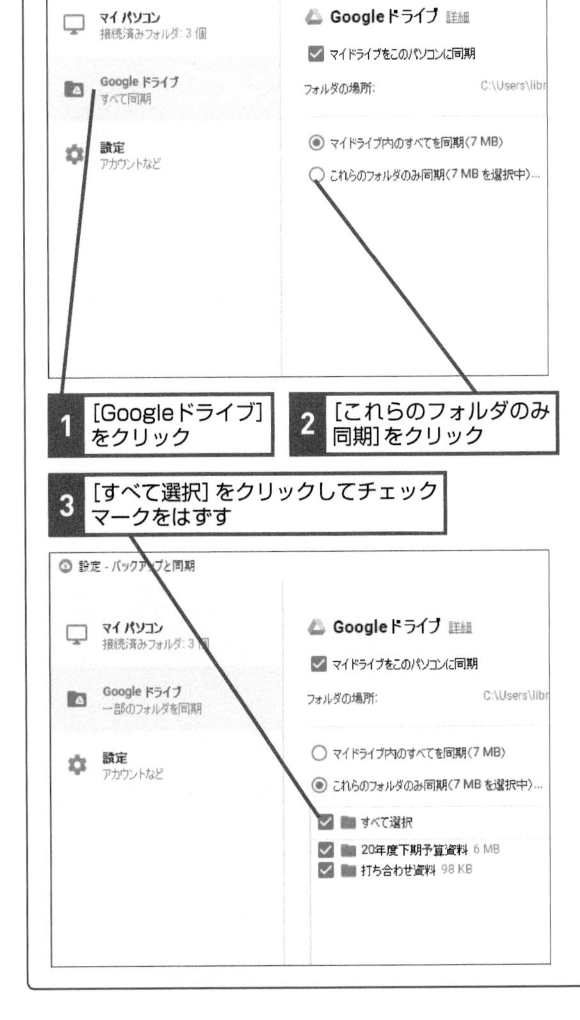

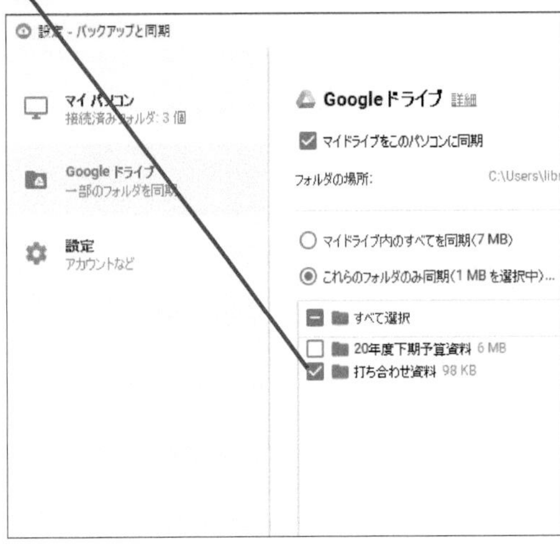

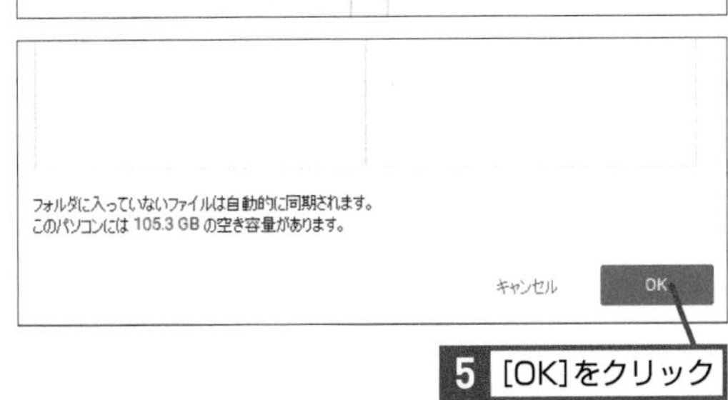

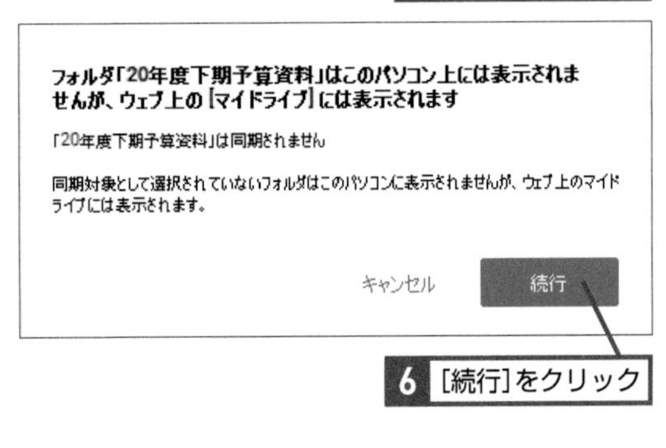

Q198 お役立ち度 ★★★

容量の大きいファイルだけを調べたい

A ［保存容量］をクリックします

［保存容量］をクリックすると、Googleドライブの使用容量が大きいファイルがリストアップされます。Googleドライブの空き容量が減ったため、削除すべきファイルを効率的に探したいといったとき、この機能が役立つでしょう。

1 ［保存容量］をクリック

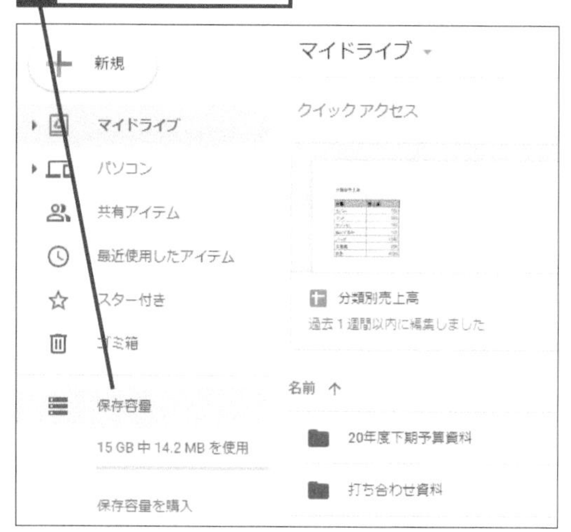

ドライブの内容が保存容量順に表示された

保存容量

名前	使用容量 ↓
マニュアル.pdf	6 MB
議事録_20200804.pdf	98 KB
議事録_20200803.pdf	98 KB
議事録_20200803.pdf	98 KB
議事録.pdf	98 KB
議事録.docx	12 KB
Google ドライブ.lnk	2 KB
202008_出欠表	0 バイト
202007_出欠表	0 バイト

Q199 お役立ち度 ★★★

ファイルの過去のバージョンを復元するには

A ファイルの履歴を参照します

Googleドライブにはバージョン管理の仕組みがあり、Officeファイルなどを上書き保存しても、それ以前の状態に戻すことができます。間違えて上書き保存してしまった場合に便利なのはもちろん、上書き保存する前の内容を確認したいといった場面で使えます。なおGoogleドキュメント／スプレッドシート／スライドでは、別の方法で過去バージョンを復元することができます。

復元したいファイルを選択しておく

1 ［その他の操作］をクリック

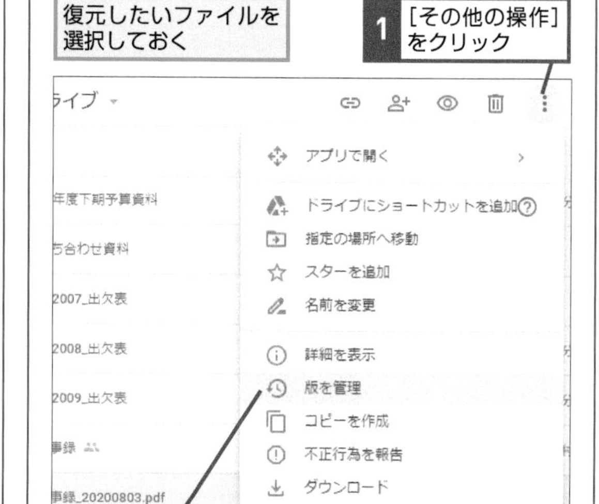

2 ［版を管理］をクリック

［版を管理］画面が表示された

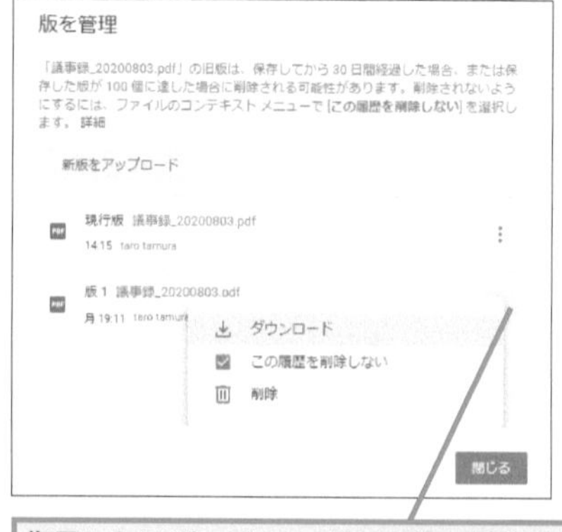

復元したいバージョンの［その他の操作］をクリックするとダウンロードできる

Q200 お役立ち度 ★★★

特定のファイルに素早くアクセスするには

A ショートカットを作成します

Windowsと同様、Googleドライブにもショートカットの仕組みが用意されています。これを利用すれば、本来のファイルとは別の場所にショートカットを作成し、そこから素早くファイルを開くことが可能になります。必要に応じて作成しましょう。

ショートカットを作成したいファイルを選択しておく

1 [その他の操作]をクリック

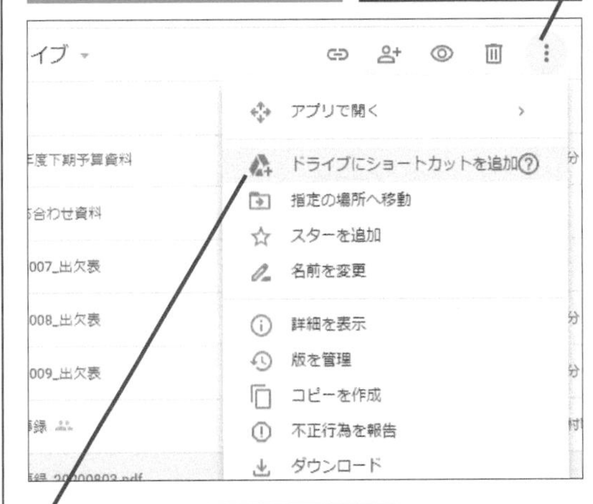

2 [ドライブにショートカットを追加]をクリック

3 [マイドライブ]をクリック

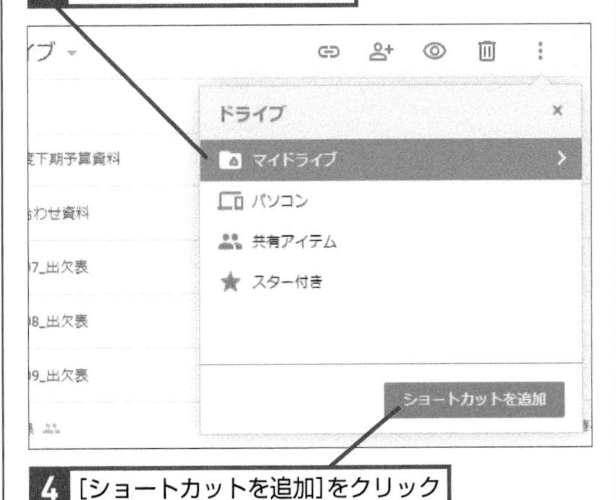

4 [ショートカットを追加]をクリック

Q201 お役立ち度 ★★★

ファイルをプレビューするには

A [プレビュー] をクリックします

ファイルを選択して [プレビュー] をクリックすると、ファイルの内容がWebブラウザ上に表示されます。なおOfficeアプリケーションのファイルの場合、ファイルをダブルクリックすることでもプレビューを表示できます。

プレビューしたいファイルを選択しておく

1 [プレビュー] をクリック

プレビューが表示された

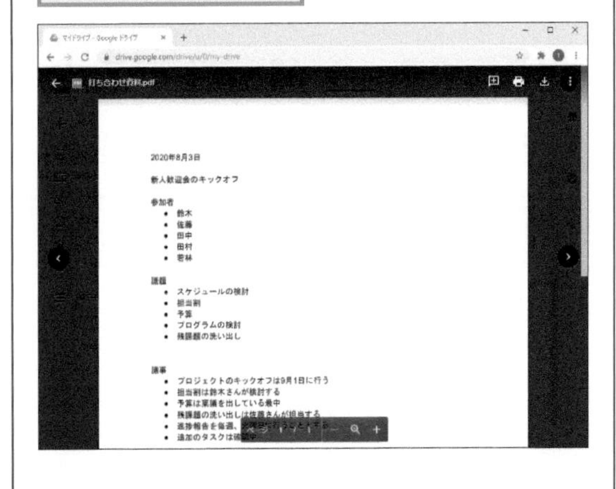

STEP UP! プレビュー中のファイルを編集するには

ファイルをプレビューすると、画面上に[Googleドキュメントで開く] や [Wordで開く] などといったボタンが表示されます。これをクリックすると、プレビュー中のファイルをそのアプリケーションで開き、ファイルを編集することができます。ファイルをパソコンに保存したい場合は [ダウンロード] をクリックします。

第6章 ドキュメントで文書を作成するワザ

多彩な機能で効率的に文書作成

文書を作成するためのWebアプリケーションとして提供されているのがドキュメントです。ワープロとして本格的に利用できる、多彩な機能を備えています。積極的に活用しましょう。

Q202 お役立ち度 ★★★

ドキュメントの新規ファイルを作成するには

A ドキュメントを起動して空白のファイルを作成します

Googleアプリの一覧で［ドキュメント］をクリックすると［新しいドキュメントを作成］画面が現れます。ここで［空白］をクリックすれば、何も書かれていない状態から文書を作成することができます。また、Googleドライブから文書を起動することも可能です。

Googleドライブの［新規］をクリックした後、表示されたメニューから［Google ドキュメント］を選び、さらに［空白のドキュメント］をクリックします。ドキュメントを起動した後は、左上にある「無題のドキュメント」と書かれた部分をクリックし、文書のタイトルを入力しておきましょう。

➡Googleドライブ……P.259

ワザ005を参考に［Googleアプリ］を表示しておく

1 ここをドラッグして下にスクロール

2 ［ドキュメント］をクリック

ドキュメントが起動した

3 ［空白］をクリック

空白のファイルが作成された

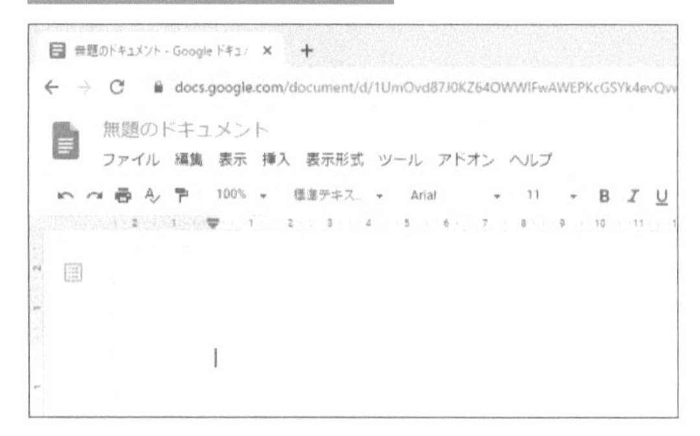

Q203 お役立ち度 ★★★

テンプレートを使ってファイルを作成するには

A テンプレートギャラリーから選択します

あらかじめ用意されている豊富なテンプレートを利用すれば、効率的に文書を作成することが可能です。テンプレートは「仕事」や「パーソナル」「カバーレター」「履歴書」「教育」の各カテゴリに複数登録されています。

ワザ202を参考にドキュメントを起動しておく

1 [テンプレートギャラリー]をクリック

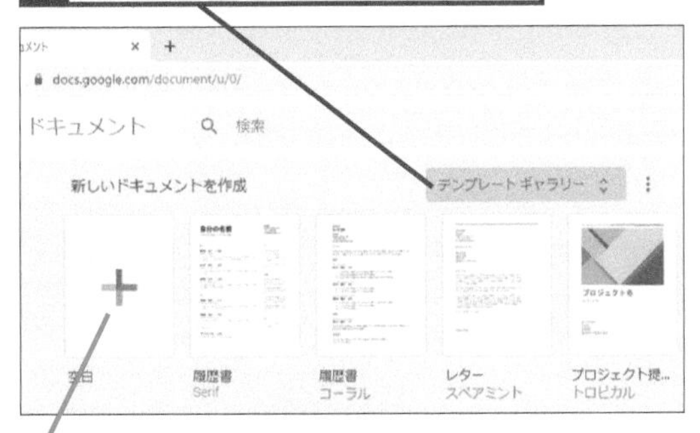

[空白] をクリックすると空白のドキュメントが作成される

テンプレートの一覧が表示された

クリックすると選択したテンプレートの新規ファイルが作成される

Q204 お役立ち度 ★★★

保存したドキュメントを開くには

A [ファイルを開く] 画面で選択します

ドキュメントを使って作成した文書は、自動的にGoogleドライブに保存されます。保存したファイルはドキュメントから開くことが可能なほか、Googleドライブで目的のファイルをダブルクリックすることでも開けます。 ➡Googleドライブ……P.259

ワザ203を参考に空白のファイルを表示しておく

1 [ファイル]をクリック

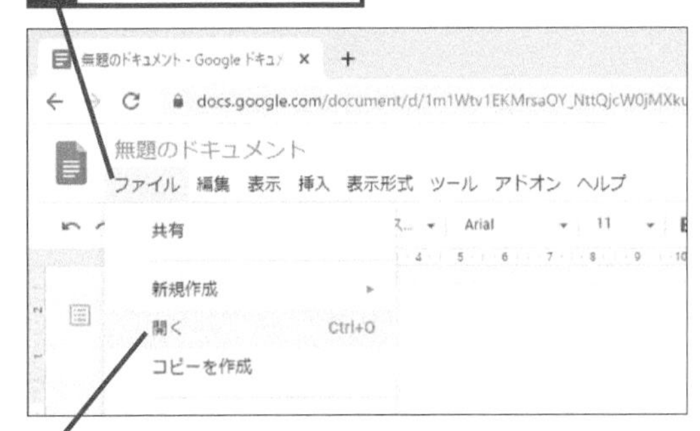

2 [開く]をクリック

[ファイルを開く]画面が表示された

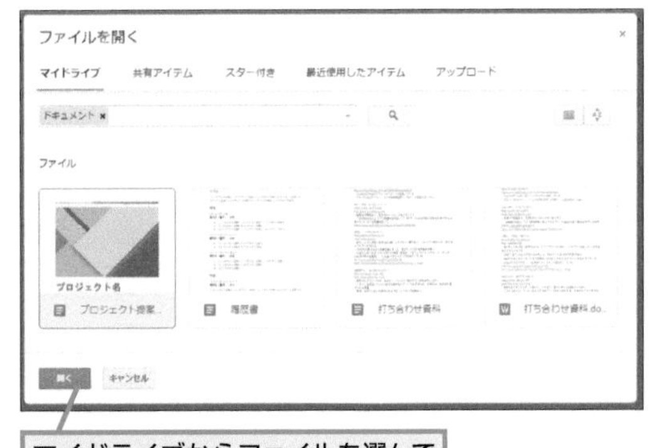

マイドライブからファイルを選んで[開く]をクリックする

関連 Q203 テンプレートを使ってファイルを作成するには …… P.137

関連 Q205 ドキュメントでWordのファイルを開くには …… P.138

Q205 お役立ち度 ★★★

ドキュメントでWordのファイルを開くには

A Wordファイルをアップロードします

ドキュメントでWord形式のファイルを開くことも可能です。Word形式のファイルを開くには、以下のように操作するか、GoogleドライブでWordファイルを右クリックし、[アプリで開く]から[Googleドキュメント]を選択します。

ワザ204を参考に[ファイルを開く]画面を表示しておく

1 [アップロード]をクリック

共有アイテム　スター付き　最近使用したアイテム　アップロード

[アップロード]画面が表示された

ここにファイルをドラッグ

または...

デバイスのファイルを選択

2 [デバイスのファイルを選択]をクリック

画面にファイルをドラッグしてもよい

Wordのファイルがアップロードされる

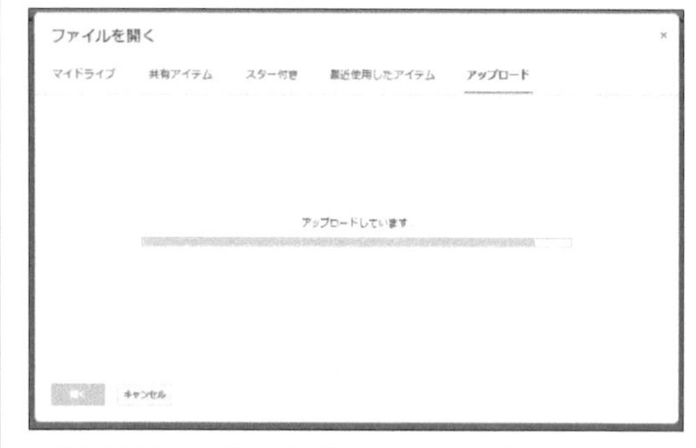

ドライブへのアップロードが終わるとドキュメントでファイルが開かれる

関連 Q204 保存したドキュメントを開くには……………………P.137

Q206 お役立ち度 ★★★

ドキュメントをWord形式に変換するには

A 作成した文書をWord形式でダウンロードできます

文書を作成した後、[ファイル] メニューにある [ダウンロード] から [Microsoft Word (.docx)] を選ぶと、Wordファイルとしてパソコンに文書をダウンロードすることができます。ほかのユーザーと、Wordファイルで文書を共有する必要がある際などに利用しましょう。

➡ダウンロード……P.263

ドキュメントにファイル名を付けておく

1 [ファイル]をクリック

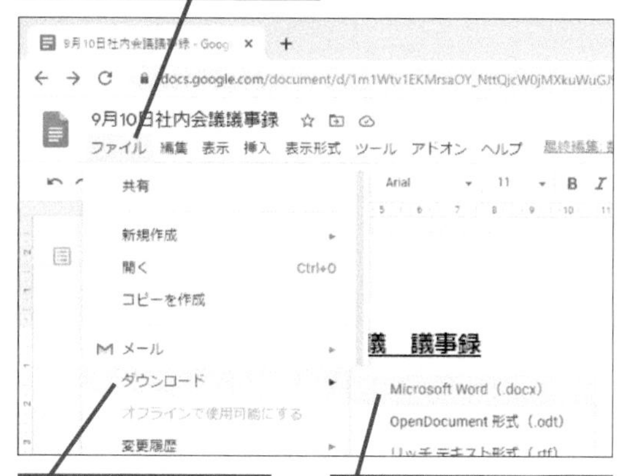

2 [ダウンロード]をクリック

3 [Microsoft Word (.docx)]をクリック

Word形式でダウンロードされた

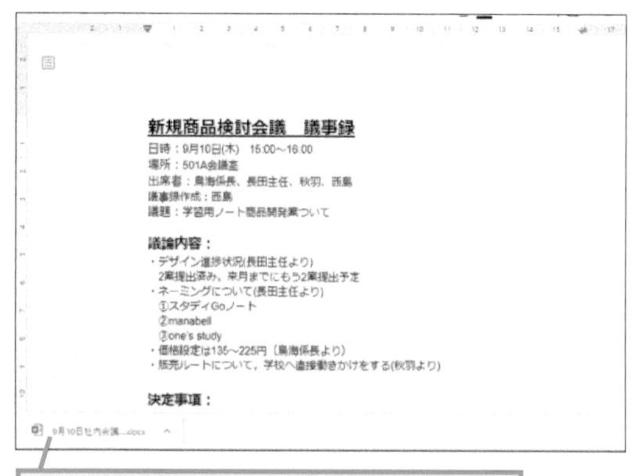

クリックするとWord形式に関連付けされたアプリで開かれる

Q207 お役立ち度 ★★★

Wordで設定した書式は引き継がれるの?

A 完全ではありませんが引き継がれます

ドキュメントはWordのファイルを開いたり、作成した文書をWord形式でダウンロードしたりすることが可能で、その際にはフォントの種類や文字の大きさ、インデントや箇条書きなど、設定した書式も引き継がれます。ただし、Wordで設定したフォントがドキュメントでは正しく再現されないケースもあるため、文書のレイアウトが完全に再現されるわけではありません。ドキュメントで文書を作成し、最終的にWordファイルとして提出するなどといった場合は、このことを頭に入れておきましょう。 ➡ダウンロード……P.263

●Wordの元ファイル

Web サイト　弊社のワークフロー

- ヒアリング

概算のお見積りを提示します。お話を進める場合、ヒアリングを実施します。

- ご契約

お見積り内容をご提示いたします。ご納得いただけましたら、ご契約となります。

- お打ち合わせ

Web（訪問でも問題ありません）にてお打ち合わせし、サイトの内容を決定します。

●ドキュメントで開いたWordのファイル

Webサイト　弊社のワークフロー

- ヒアリング

概算のお見積りを提示します。お話を進める場合、ヒアリングを実施します。

- ご契約

お見積り内容をご提示いたします。ご納得いただけましたら、ご契約となります。

- お打ち合わせ

Web（訪問でも問題ありません）にてお打ち合わせし、サイトの内容を決定します。

- デザイン制作

お客様よりいただいた原稿をもとに、デザインカンプを作成いたします。

- コーディング

決定したデザインに基づき、実際のWebサイトを制作していきます。

- テスト

出来上がったWebサイトをサーバにアップし、動作を確認していきます。

- 公開

Webサイトを公開いたします。

改行や段落の配置は同様だが、アプリによって使用できるフォントの種類が違うため完全には再現できない

関連 Q206 ドキュメントをWord形式に変換するには …… P.138

Q208 お役立ち度 ★★★

ドキュメントをPDF形式に変換するには

A 印刷時にPDF形式を選択します

ドキュメントで作成した文書はPDF形式で出力することが可能です。第三者に文書を提出する際、再編集する必要がないのであれば、オリジナルの内容を相手の環境でも正確に再現することができるPDF形式を利用するとよいでしょう。 ➡PDF……P.260

1 [ファイル]をクリック

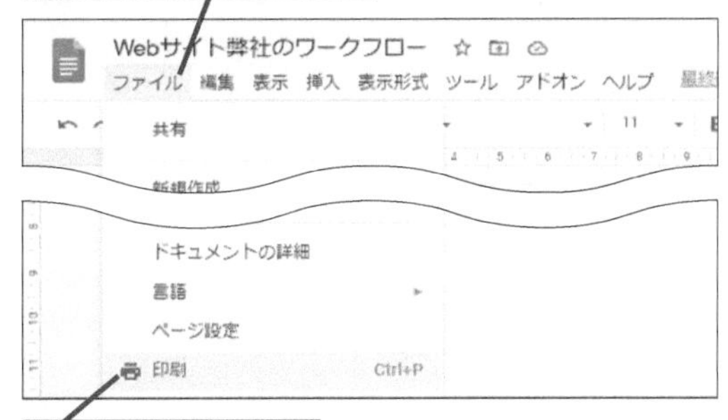

2 [印刷]をクリック

印刷画面が表示された

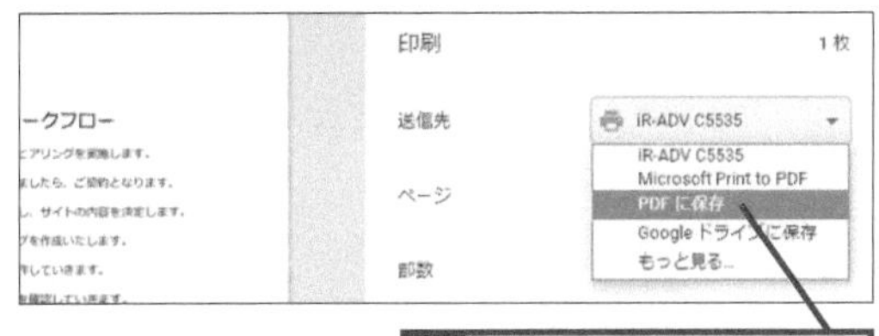

3 [PDFに保存]をクリック

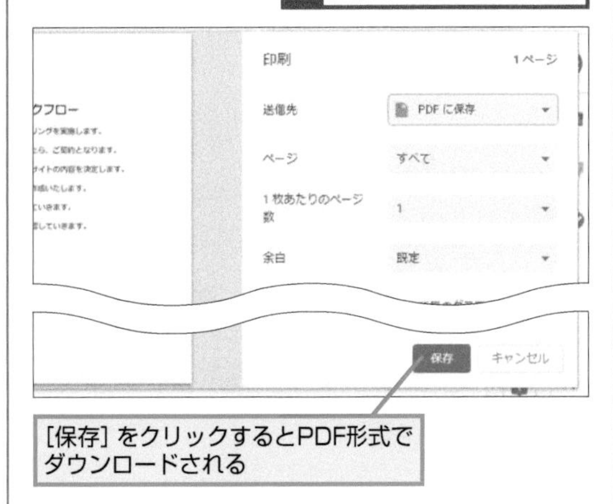

[保存] をクリックするとPDF形式でダウンロードされる

Q209 お役立ち度 ★★★

ドキュメントを印刷するには

A 登録したプリンターで出力できます

ドキュメントの印刷画面を開くと、［送信先］としてパソコンに登録されているプリンターを選ぶことができます。ここでいずれかのプリンターを選択して［印刷］をクリックすれば、作成した文書を印刷することが可能です。

ワザ208を参考に印刷画面を表示しておく

1 プリンターを選択

用紙のサイズや余白を設定できる

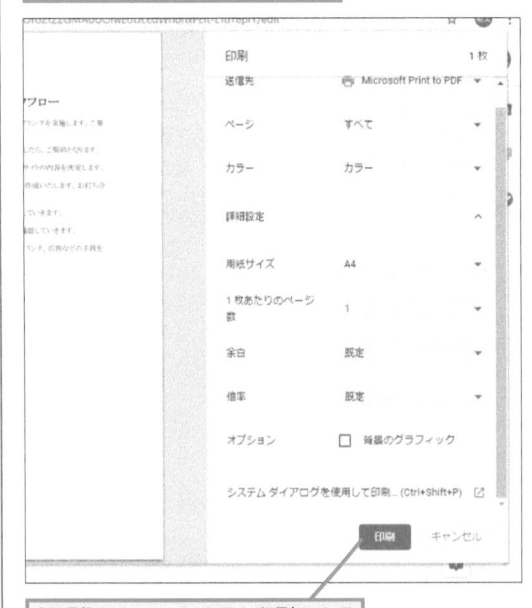

［印刷］をクリックすると印刷できる

関連 Q208 ドキュメントをPDF形式に変換するには P.139

Q210 お役立ち度 ★★★

ドキュメントの内容を翻訳するには

A ドキュメントの翻訳機能を使います

ドキュメントには翻訳機能が組み込まれており、作成した文書を簡単に翻訳することができます。対応する言語は、英語やイタリア語、スペイン語、フランス語など幅広く、海外との文書のやり取りに活用することができます。

1 ［ツール］をクリック

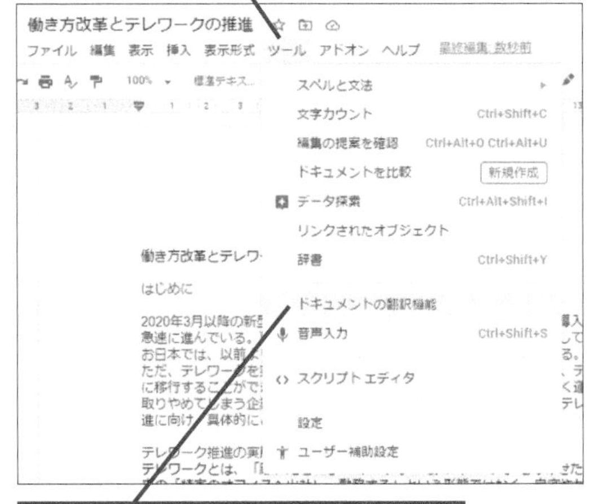

2 ［ドキュメントの翻訳機能］をクリック

3 ここをクリックして翻訳先の言語を設定

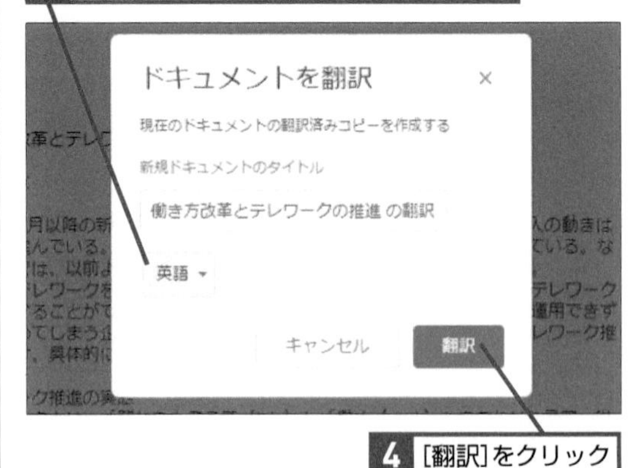

4 ［翻訳］をクリック

英訳された新しいドキュメントが作成される

ドキュメントの書式を設定するには

A フォントや文字の大きさなどを選べます

一般的なワープロソフトと同様、ドキュメントでもフォントの種類や文字の大きさ、色、太字や斜体、下線などを設定することができます。なお日本語のフォントとして利用できるのは、標準では「メイリオ」「MS Pゴシック」「MS P明朝」の3つだけですが、[その他のフォント]をクリックして表示される[フォント]画面で「M PLUS 1p」や「M PLUS Rounded 1c」「Sawarabi Mincho」などを追加することが可能です。書式を適切に設定し、読みやすい文書を作成しましょう。

●文字の種類を変更する

1 [フォント]をクリック

文字の種類を変更できる

●文字の大きさを変更する

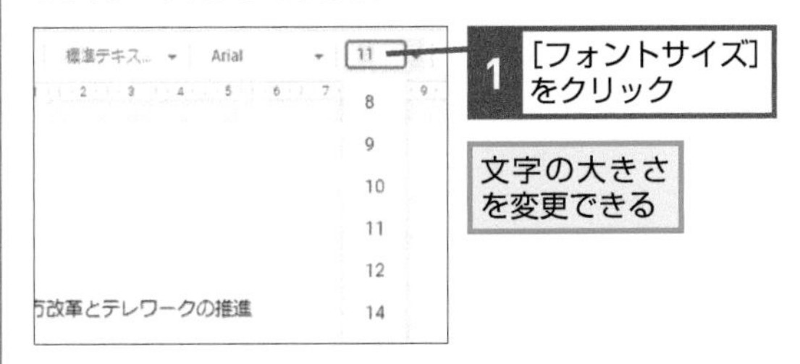

1 [フォントサイズ]をクリック

文字の大きさを変更できる

●文字の効果を設定する

1 [表示形式]をクリック

2 [テキスト]をクリック

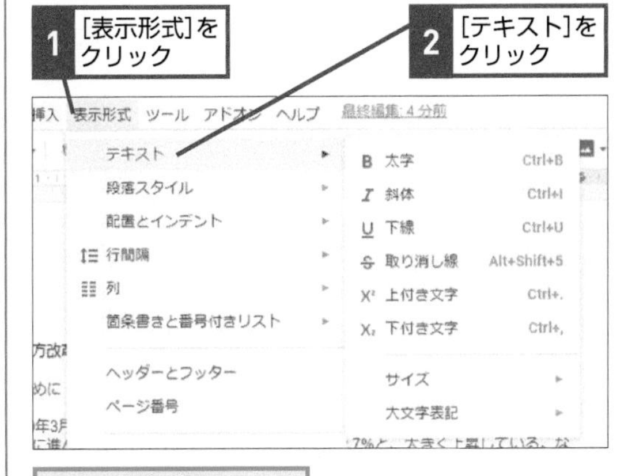

文字の効果を設定できる

関連 Q212 段落の書式を設定するには ……………… P.142

●文字の色を変更する

1 [テキストの色]をクリック

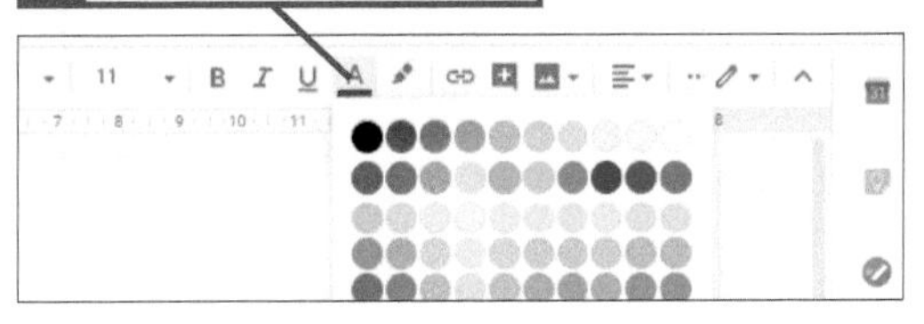

文字の色を変更できる

●ハイライトの色を設定する

1 [ハイライトの色]をクリック

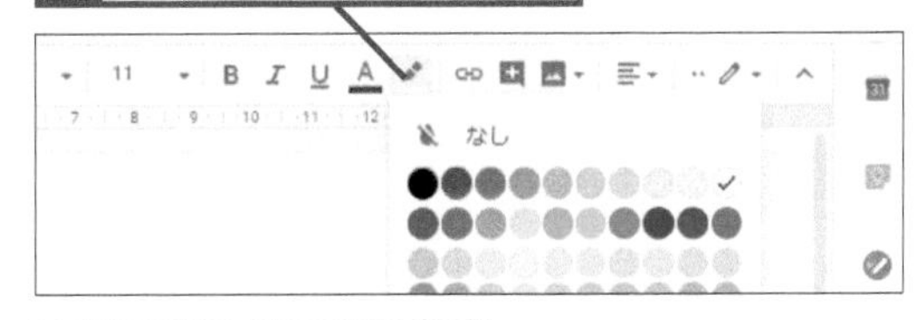

文字の上に色を付けられる

●書式を削除する

1 [表示形式]をクリック

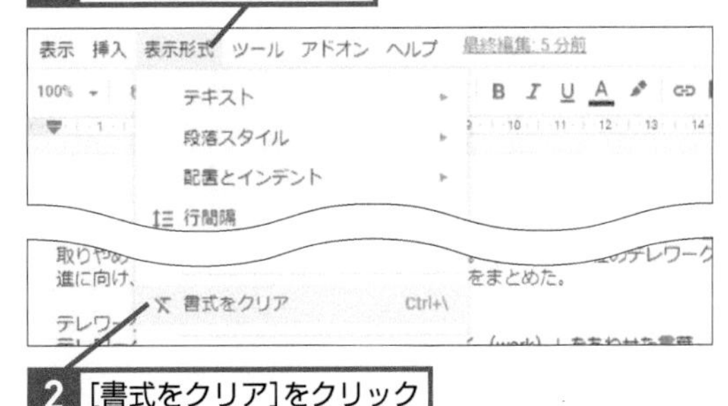

2 [書式をクリア]をクリック

選択した箇所の書式を削除できる

Q212 お役立ち度 ★★★

段落の書式を設定するには

A 文字の配置や行間隔を設定できます

ドキュメントでは文字の配置として［左揃え］や［中央揃え］［右揃え］［両端揃え］を指定できるほか、行間隔を調整することも可能です。タイトルを中央に配置したい、あるいは行間隔を調整して読みやすくしたいといった際に使いましょう。

●文字の配置を変更する

1 ［表示形式］をクリック

2 ［配置とインデント］をクリック

挿入 表示形式 ツール アドオン ヘルプ 最終編集: 6 分前

テキスト
段落スタイル
配置とインデント
行間隔
列
箇条書きと番号付きリスト
ヘッダーとフッター
ページ番号
表

左揃え Ctrl+Shift+L
中央揃え Ctrl+Shift+E
右揃え Ctrl+Shift+R
両端揃え Ctrl+Shift+J
インデント増 Ctrl+]
インデント減 Ctrl+[
インデント オプション

文字の配置を変更できる

●行間隔を変更する

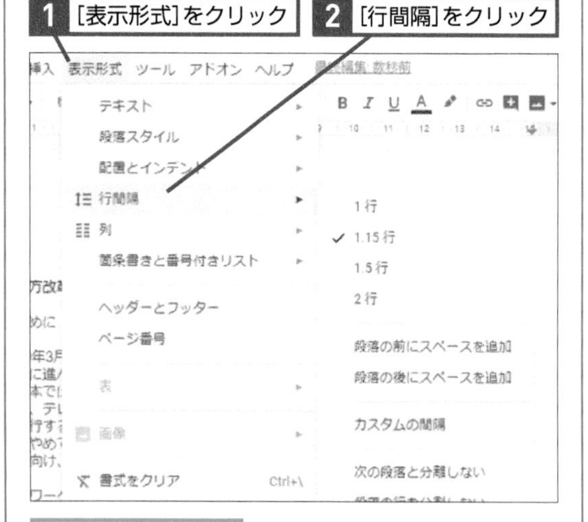

行間隔を設定できる

Q213 お役立ち度 ★★★

段落に枠線を付けるには

A ［段落スタイル］で枠線や網かけが可能です

段落に対して枠線を設定したり、網かけを適用したりして、一部の段落を目立たせることもできます。枠線では、線の幅や種類を指定することができるほか、枠線の色や背景色、線と文字の間隔（パディング）の調整も可能になっています。

枠線を付ける段落を選択しておく

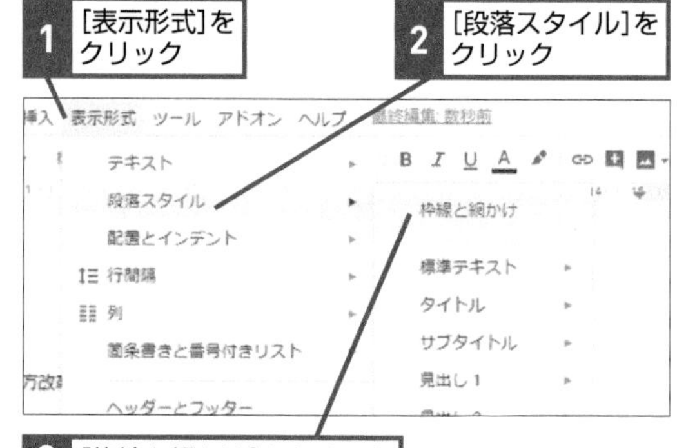

3 ［枠線と網かけ］をクリック

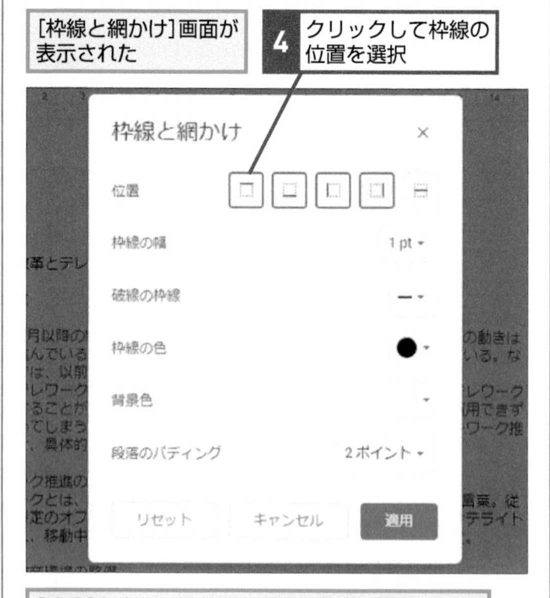

［適用］をクリックすると段落に枠線が設定される

Q214 お役立ち度 ★★★

改ページするには

A [区切り] から [改ページ] を選びます

多くのワープロソフトと同様、ドキュメントでも改ページの仕組みがあり、レイアウトの調整などに利用することが可能です。たとえば大きい見出しは必ずページの先頭に入れたいなどといった際に改ページを利用しましょう。

改ページしたい場所にマウスカーソルを移動しておく

1 [挿入]をクリック

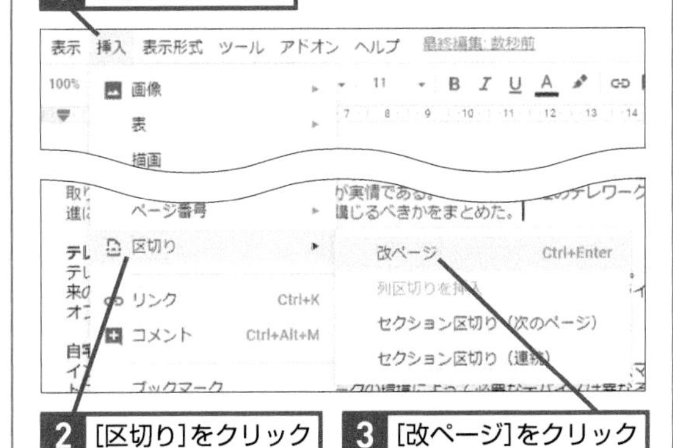

2 [区切り]をクリック

3 [改ページ]をクリック

働き方改革とテレワークの推進

はじめに

2020年3月以降の新型コロナウイルス感染拡大防止のため、テレワーク導入の動きは急速に進んでいる。東京都のテレワーク導入率は62.7%と、大きく上昇している。なお日本では、以前より働き方改革の一環としてテレワークを推奨している。
ただ、テレワークを実施するための環境が十分に整っていないことから、テレワークに移行することができない企業や、テレワーク勤務をはじめても、うまく運用できず取りやめてしまう企業も少なくないのが実情である。そこで、我が社のテレワーク推進に向け、具体的にどのような施策を講じるべきかをまとめた。

テレワーク推進の実態
テレワークとは、「離れたところで（tele）」「働く（work）」をあわせた言葉。従来の「特定のオフィスへ出社し、勤務する」という形態ではなく、自宅やサテライトオフィス、移動中など、場所や時間を問わずフレキシブルに働く形態のこと。

自宅の作業環境の整備
インターネット環境、デバイスは必須。デバイスとはパソコンやタブレット、スマートフォンなどの機器のことで、テレワークの環境によって必要なデバイスは異なる。そのほか、オンライン会議用にカメラとマイクが必要（カメラはパソコンに搭載されていることもある）。また、オンライン会議用のソフトは社内で統一した方がよい。

マウスカーソルの直後に改ページが挿入された

Q215 お役立ち度 ★★★

見出しを追加するには

A 段落スタイルで指定します

あらかじめ設定した書式で見出しを設定する機能として、ドキュメントに用意されているのが[段落スタイル]です。ユーザー自身で見出しの書式を設定し、その内容で既存の段落スタイルの書式を上書きすることも可能になっています。

見出しにしたい行を選択しておく

働き方改革とテレワークの推進

はじめに

2020年3月以降の新型コロナウイルス感染拡大防止のため、テレワーク導入の動き

1 [表示形式]をクリック

2 [段落スタイル]をクリック

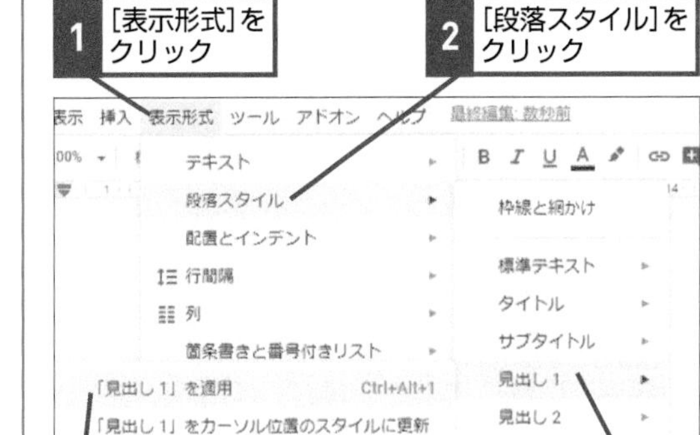

3 [見出し1]をクリック

4 [「見出し1」を適用]をクリック

[見出し1]の書式が適用された

働き方改革とテレワークの推進

はじめに

2020年3月以降の新型コロナウイルス感染拡大防止のため、テレワーク導入の動き急速に進んでいる。東京都のテレワーク導入率は62.7%と、大きく上昇している。

この段落には[タイトル]が適用されている

関連 Q216 目次を追加するには……P.144

Q216 お役立ち度 ★★★

目次を追加するには

A [挿入] から [目次] を選びます

長い文書を作成する際には、文書の冒頭に目次を用意しておくと親切です。目次を作成するには、あらかじめ [段落スタイル] の機能を利用して見出しを設定しておきます。これにより、見出しの内容を元にして自動的に目次が作成されます。

ワザ215を参考に見出しの設定をしておく

目次を追加したい場所にマウスカーソルを移動しておく

1 [挿入] をクリック

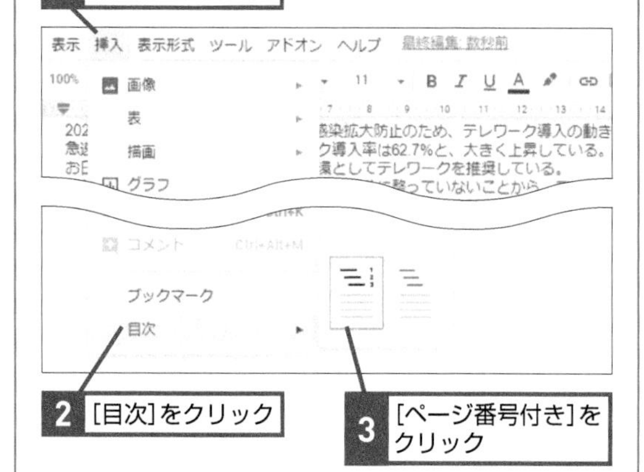

2 [目次] をクリック

3 [ページ番号付き] をクリック

目次が挿入された

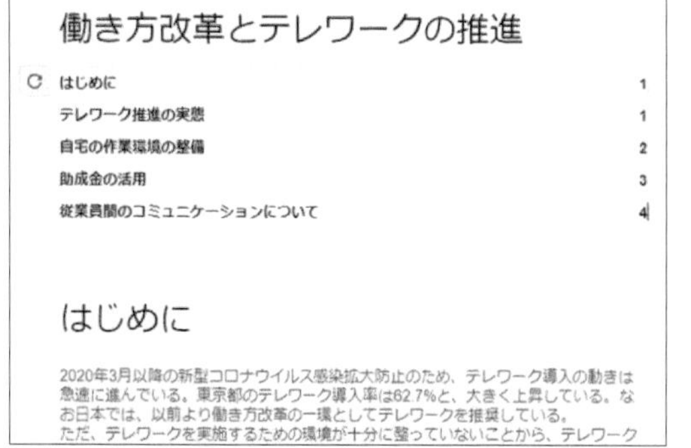

項目をクリックするとドキュメント内の見出しに移動する

関連 Q215 見出しを追加するには P.143

Q217 お役立ち度 ★★★

目次を編集するには

A 自動または手動で編集できます

目次を作成した後、[自動で更新] をクリックすると、そのときの文書の内容に合わせて自動的に目次の内容が更新されます。また目次の項目ごとに、テキストやリンク先を手動で編集することも可能です。必要に応じて目次を修正しましょう。

●自動で更新する

目次を選択しておく

1 [自動で更新] をクリック

見出しの変更内容に合わせて目次が更新される

●手動で変更する

変更したい項目を選択しておく

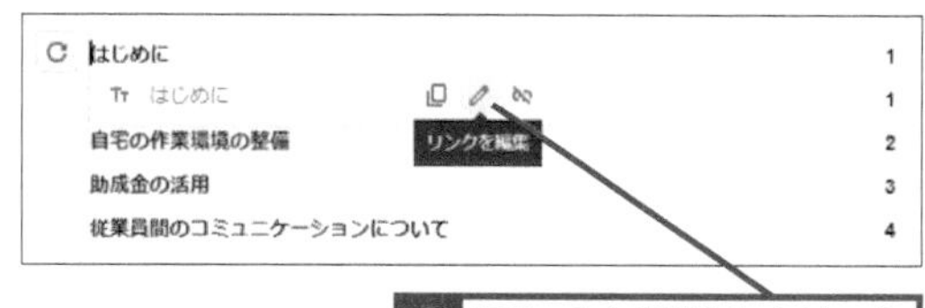

1 [リンクを編集] をクリック

表示するテキストやリンク先を編集できる

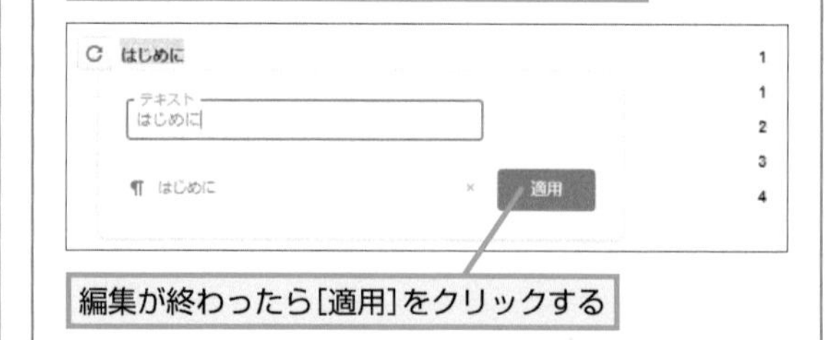

編集が終わったら [適用] をクリックする

関連 Q216 目次を追加するには P.144

Q218 お役立ち度 ★★★

ヘッダーやフッターを入れるには

A ヘッダーまたはフッターを挿入します

ページ上部（ヘッダー）、または下部（フッター）に各ページに共通する内容を記載することも可能です。たとえばヘッダーやフッターに文書のタイトルを入力していれば、どのページを読んでいるときでも文書のタイトルを確認することができて便利です。

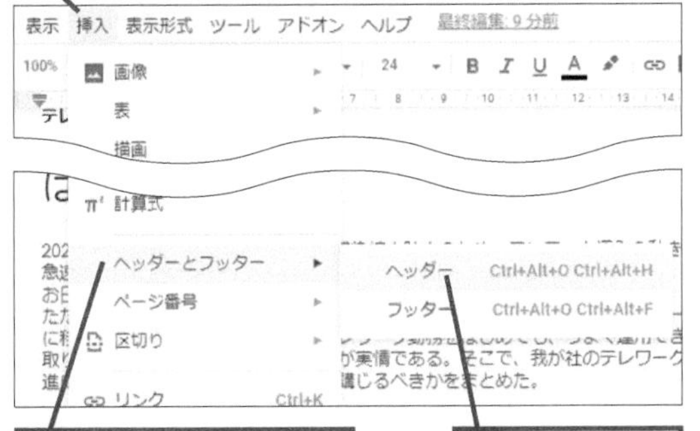

ヘッダーの編集画面が表示された

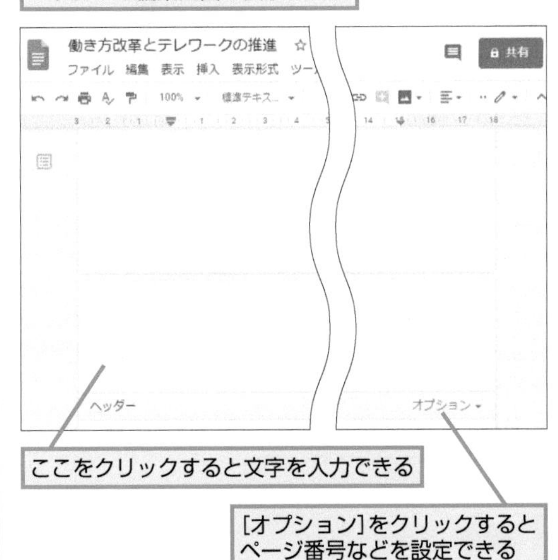

関連 Q219 ページ番号を入れるには P.145

Q219 お役立ち度 ★★★

ページ番号を入れるには

A [挿入] から [ページ番号] を選択します

ページ数が多数ある文書を印刷するときに欠かせないのがページ番号です。ドキュメントでは、ヘッダーとフッターのどちらに印刷するかや、最初のページに表示するかを指定することができるほか、開始番号を指定することも可能です。

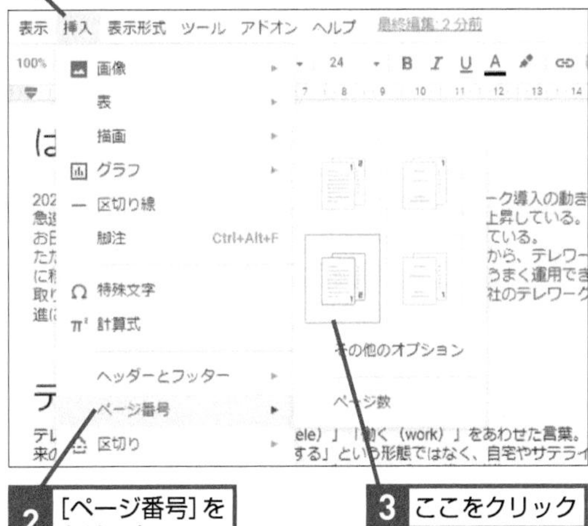

ページ番号がフッターとして挿入された

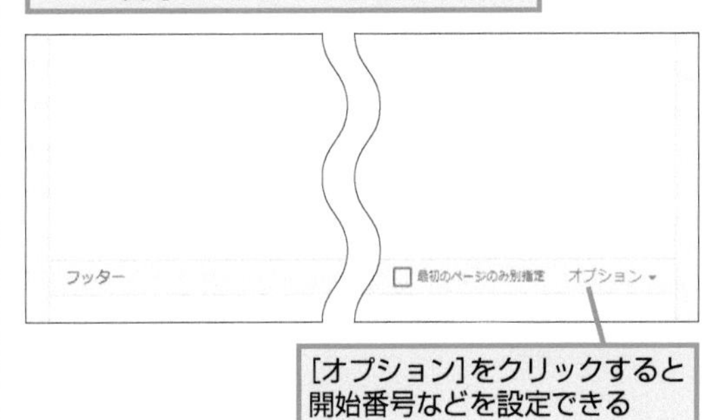

関連 Q214 改ページするには P.143

関連 Q218 ヘッダーやフッターを入れるには P.145

Q220 お役立ち度 ★★★

図形を描画するには

A ［挿入］から［描画］を選択します

ドキュメントには、文書内に図形を描画することも可能です。このため、文書では説明しづらい事柄を図解して説明するなどといったことが可能です。また図形としては、基本的な形に加え、矢印や吹き出し、計算式があらかじめ用意されています。

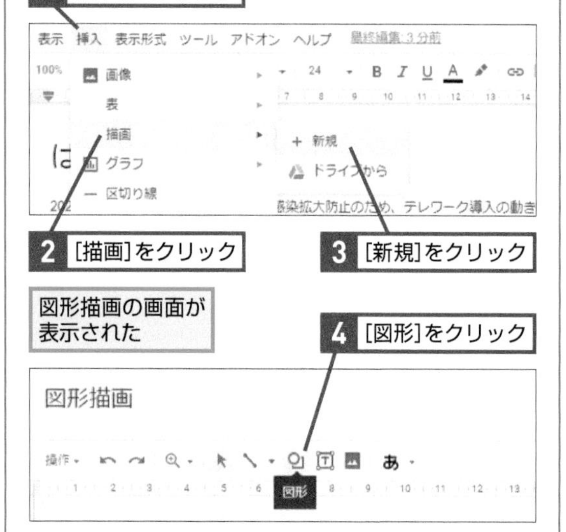

図形の一覧が表示された

図形を作成して[保存して終了]をクリックするとドキュメントに挿入される

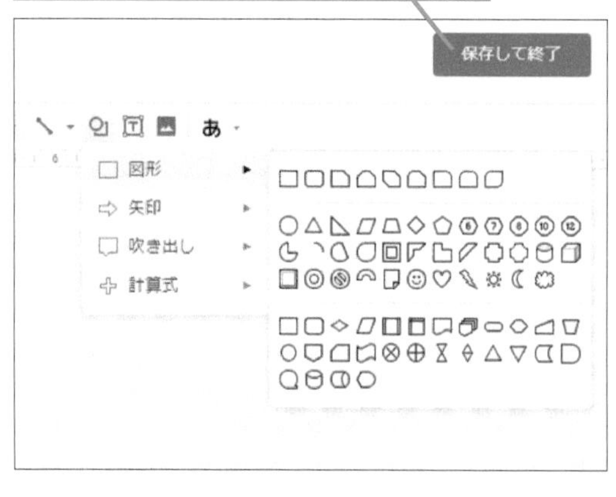

Q221 お役立ち度 ★★★

グラフを挿入するには

A スプレッドシートで作成したグラフを挿入できます

ワザ236で解説するように、スプレッドシートを利用すれば簡単にグラフを作成することができます。こうして作成したグラフをドキュメントに取り込み、文書の中に表示することが可能です。分かりやすい文書の作成に役立つでしょう。

スプレッドシートでグラフを作成しておく

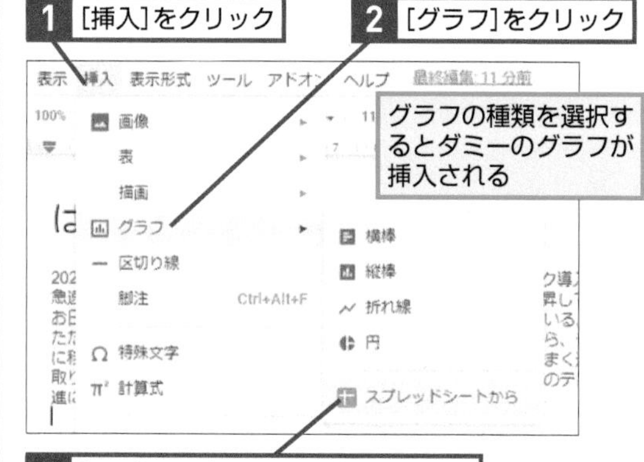

[グラフの挿入]画面が表示された

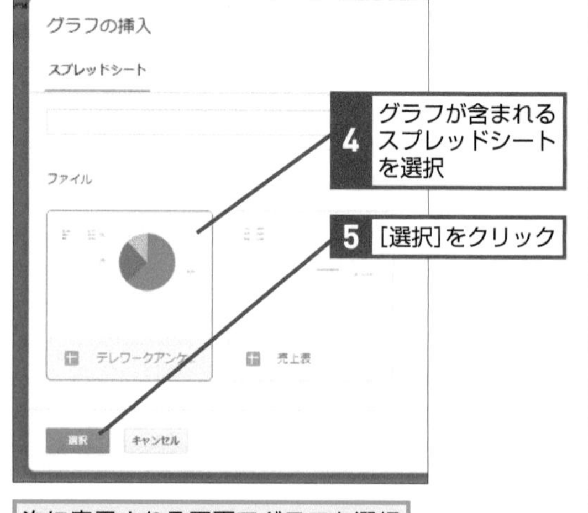

次に表示される画面でグラフを選択して［インポート］をクリックするとドキュメントに挿入される

Q222　お役立ち度 ★★★

画像を追加するには

A パソコンから画像をアップロードします

文書の中で画像を使いたいといった場合、ドキュメントであればパソコンに保存された画像をアップロードして利用することができます。またGoogleドライブやGoogleフォトに保存された画像も取り込めます。

1 [挿入]をクリック　2 [画像]をクリック

3 [パソコンからアップロード]をクリック

[開く]画面が表示された

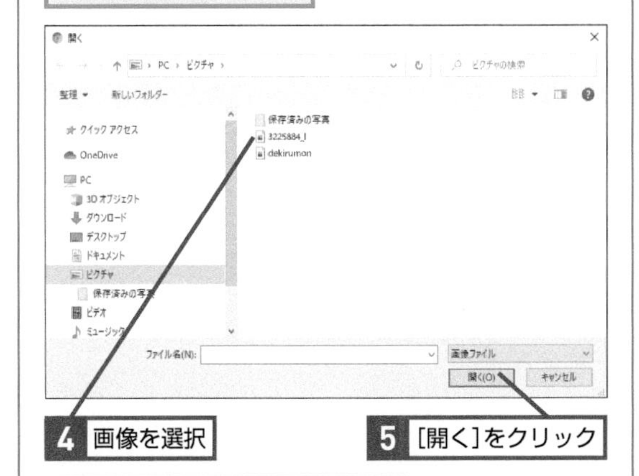

4 画像を選択　5 [開く]をクリック

ドキュメントに画像が挿入された

Q223　お役立ち度 ★★★

Web上の画像をリンクさせるには

A URLを指定して画像を取り込みます

インターネット上で公開されている画像のURLを指定すれば、ドキュメントに取り込むことも可能です。Google Chromeであれば、画像を右クリックして［画像アドレスをコピー］を選べば、URLを取得することができます。

➡Google Chrome……P.258

1 [挿入]をクリック　2 [画像]をクリック

3 [URL]をクリック

[画像の挿入]画面が表示された

4 画像のURLを入力

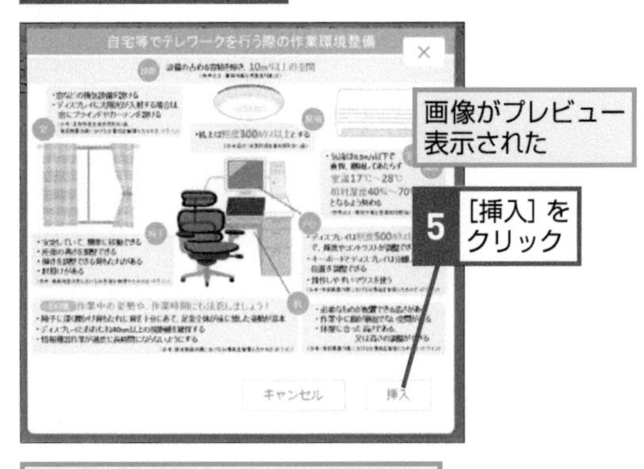

画像がプレビュー表示された

5 [挿入]をクリック

画像がドキュメントにリンクされる

Google Chrome / Google マップ / Gmail / Google カレンダー / Google ドライブ / ドキュメント / スプレッドシート / スライド / ハングアウトとMeet / アカウント・セキュリティ / 便利なアプリ / スマホ連携

Q224 お役立ち度 ★★★

調べ物をしながら書くには

A [データ探索] を使います

ドキュメントには[データ探索]と呼ばれる機能があり、これを利用すればGoogleドライブにあるドキュメントやインターネット上のコンテンツを見ながら文書を作成することが可能です。文書に書いた内容を確認したいなどといった際に役立ちます。

文書を書き進めておく

1 [ツール] をクリック

2 [データ探索] をクリック

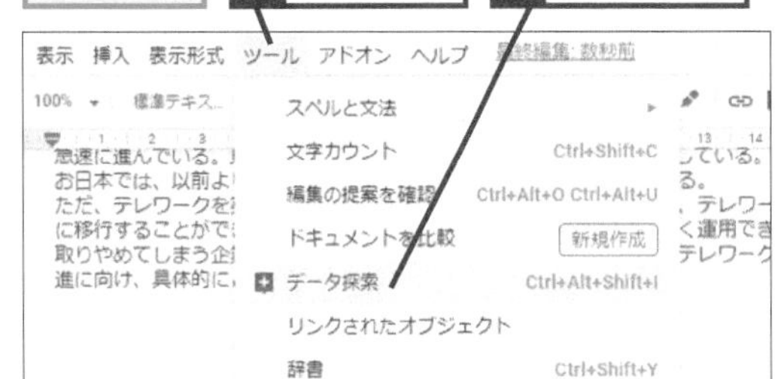

[データ探索] 画面が表示された

文書内の語句に関連するキーワードや画像からWebを検索できる

関連 Q225 Webサイトの文章を引用するには ………… P.148

Q225 お役立ち度 ★★★

Webサイトの文章を引用するには

A [脚注として引用] をクリックします

文書内で引用を行ったとき、いちいち脚注番号と脚注を入力するのは面倒です。しかしドキュメントであれば、[データ探索] でコンテンツを検索すれば、検索結果に [脚注として引用] ボタンが現れ、これをクリックするだけで脚注番号と脚注が自動で入力されます。

脚注を入れたい箇所にマウスカーソルを移動しておく

ワザ224を参考に [データ探索] を表示する

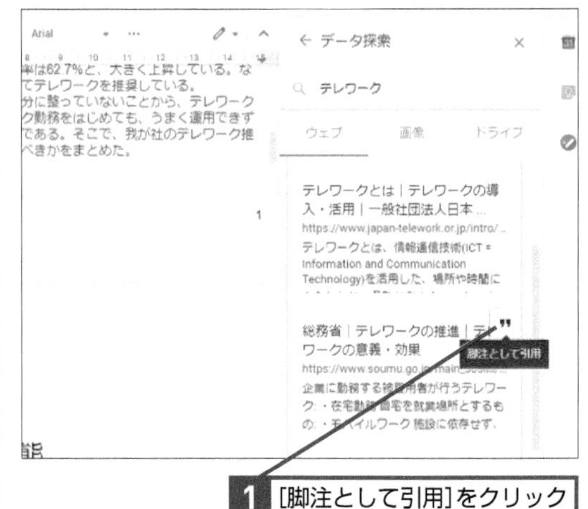

1 [脚注として引用] をクリック

マウスカーソルの位置に脚注番号が追加された

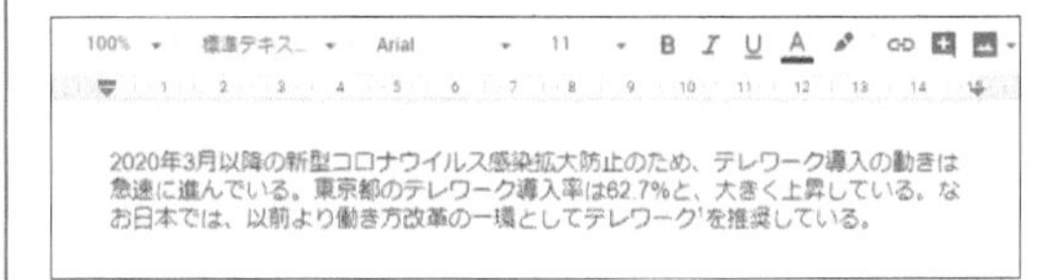

ドキュメントの末尾に脚注が追加された

関連 Q224 調べ物をしながら書くには ………… P.148

Q226 お役立ち度 ★★★

Google Keepのメモを参照するには

A 画面右にある［Keep］をクリックします

簡単なメモを素早く作成したいといったとき、便利なのがGoogleの「Keep」と呼ばれるサービスです。ドキュメントでは、このKeepで作成したメモを参照しながら文書を作成することが可能です。また、Googleカレンダーや To Doリストも同様に参照できます。

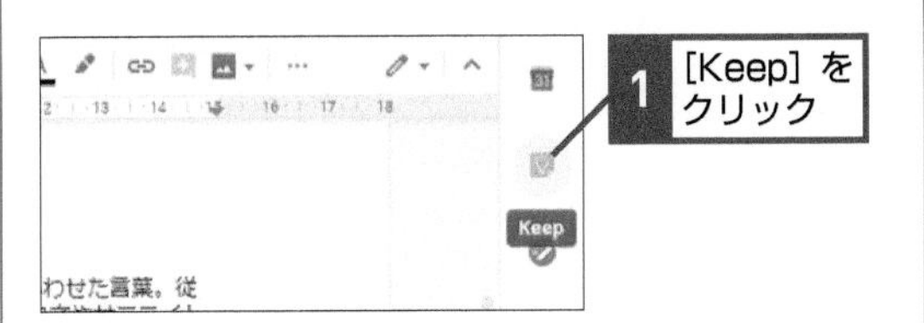

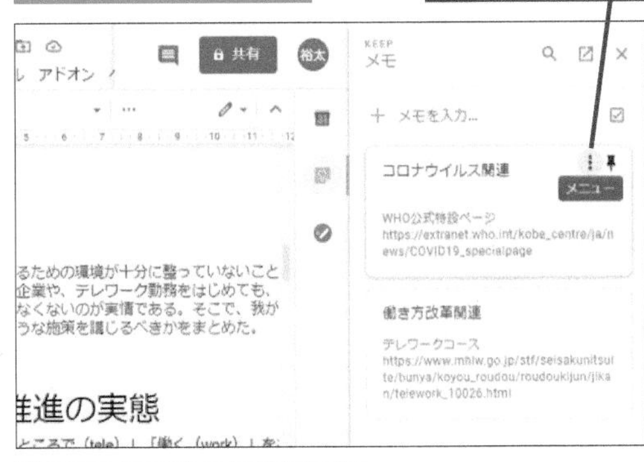

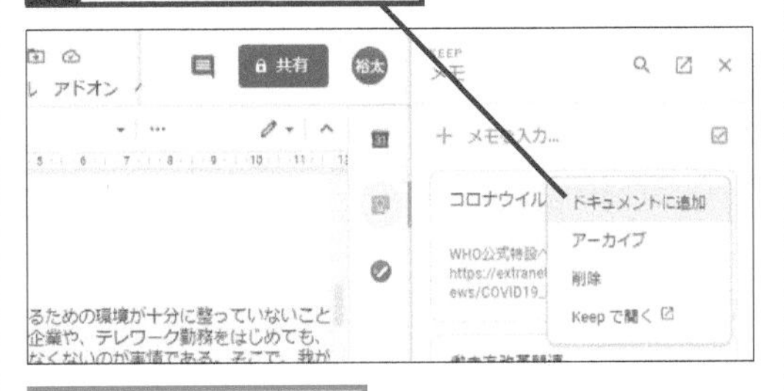

ドキュメントにメモの内容を追加できる

関連 Q348 Google Keepを使うには …… P.224

Q227 お役立ち度 ★★

効率よく校正するには

A スペルや文法を自動でチェックできます

［スペルと文法のチェック］の機能を利用すれば、文書のチェックを自動で行うことが可能です。なお、この機能を利用する際は、［ファイル］－［言語］で文書の言語として正しいものを選択しておく必要があります。もちろん日本語も選択可能です。

入力中の文字に赤い下線が付いた

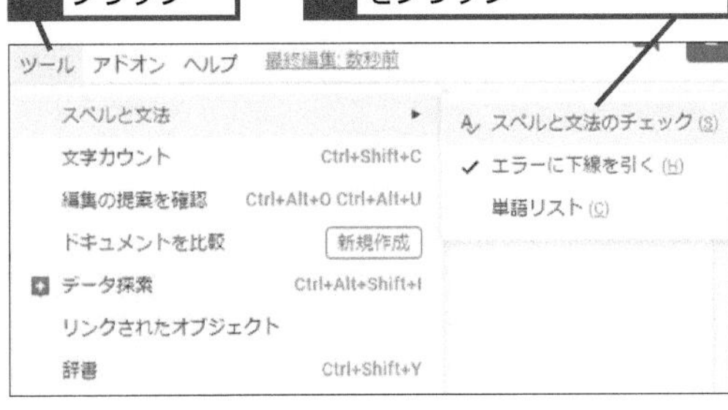

［スペルと文法］画面が表示された

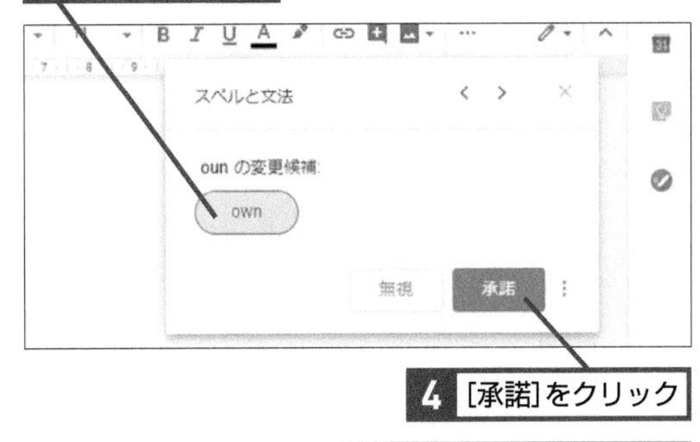

正しいスペルに変更される

関連 Q224 調べ物をしながら書くには …… P.148

第7章 スプレッドシートで表計算を行うワザ

表計算ソフトの基本操作を覚える

Googleのスプレッドシートには、表計算ソフトで求められる機能がひととおり網羅されているため、幅広い業務で活用することが可能です。業務効率化に向け、積極的に活用しましょう。

Q228 スプレッドシートの新規ファイルを作成するには

お役立ち度 ★★★

A 空白で作成できるほかテンプレートも利用可能です

スプレッドシートも、ドキュメントなどと同様に空白の状態で新規ファイルを作成できるほか、テンプレートを利用することも可能です。テンプレートは「仕事」や「プロジェクト管理」「パーソナル」「教育」の4つのカテゴリに分けられています。仕事のカテゴリには財務諸表や年間事業予算、従業員シフトスケジュール、顧客関係管理ツールがあります。またプロジェクト管理にある、「ガントチャート」や「プロジェクトのタイムライン」も便利です。

●空白のファイルを作成する

ワザ005を参考に[Googleアプリ]を表示しておく

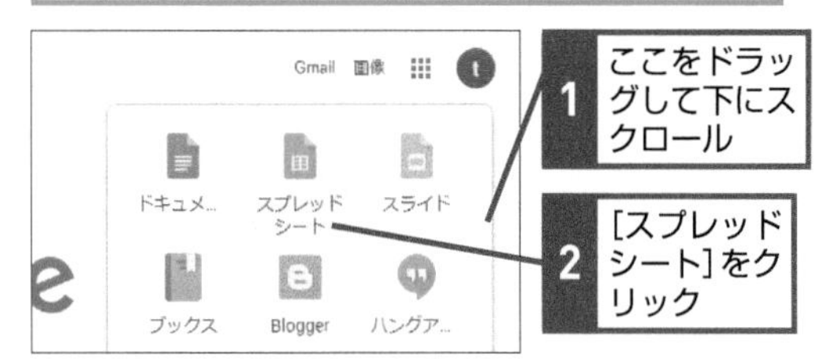

ドキュメントが起動した

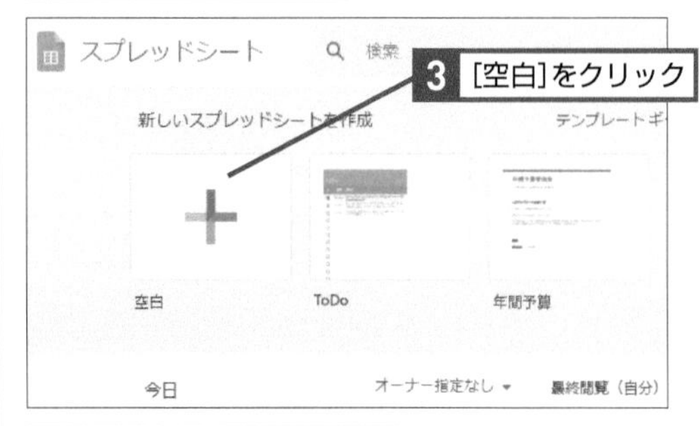

空白のファイルが作成される

●テンプレートを使用する

左の操作を参考にスプレッドシートを起動しておく

1 [テンプレートギャラリー]をクリック

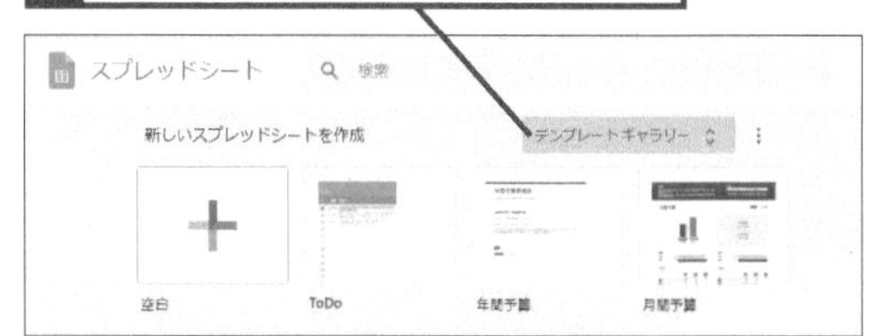

クリックすると選択したテンプレートの新規ファイルが作成される

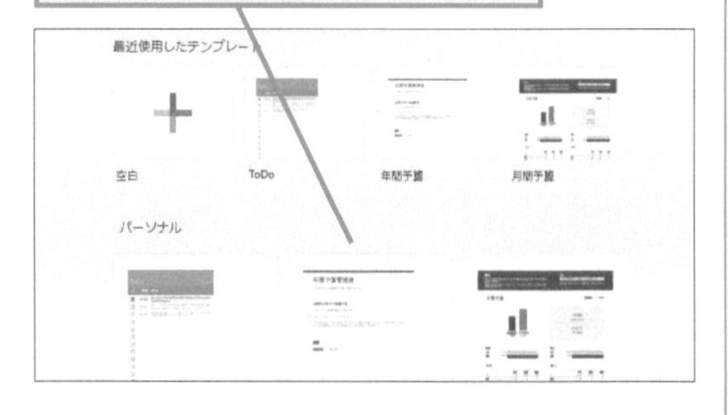

Q233　お役立ち度 ★★★

ファイルをPDFに変換するには

A PDF形式でファイルをダウンロードします

ファイルのダウンロード形式としてPDFを選択すれば、ファイルの内容をPDFとしてエクスポートすることが可能です。この際、エクスポートするシートを選択できるほか、用紙サイズやページの向き、スケール、余白などを指定することが可能です。

ファイル名を付けておく

1 [ファイル]をクリック

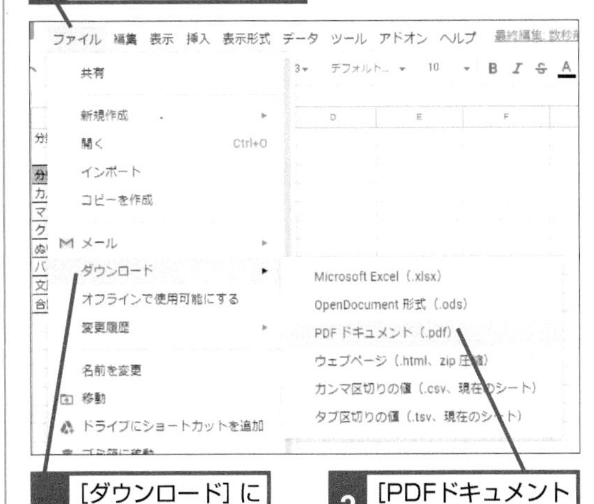

2 [ダウンロード] にマウスポインターを合わせる

3 [PDFドキュメント(.pdf)]をクリック

印刷設定の画面が表示された

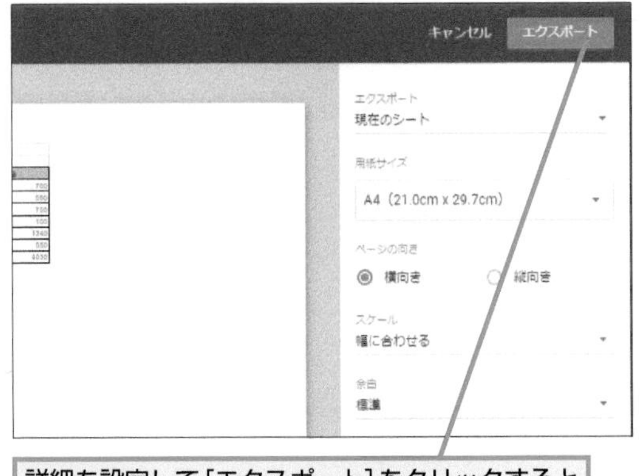

詳細を設定して[エクスポート]をクリックするとPDFファイルがダウンロードできる

Q234　お役立ち度 ★★

ファイルを印刷するには

A [ファイル] にある [印刷] をクリックします

スプレッドシートで作成したファイルも、プリンターを使って印刷することが可能です。印刷時には、PDFに変換する際と同様に用紙サイズやページの向きを選べるほか、ページの幅や高さ、あるいはページに合わせて拡大縮小することができます。

1 [ファイル]をクリック

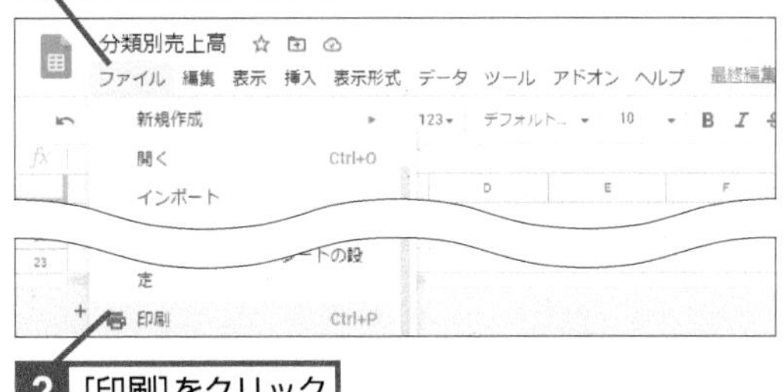

2 [印刷]をクリック

印刷設定の画面が表示された　各種の設定を行う

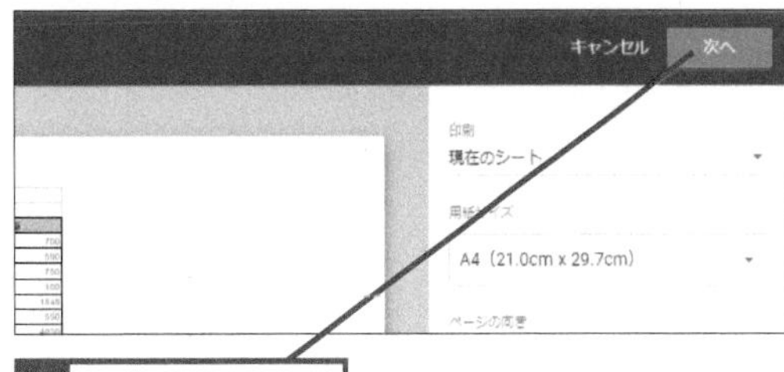

3 [次へ]をクリック

印刷の画面が表示された

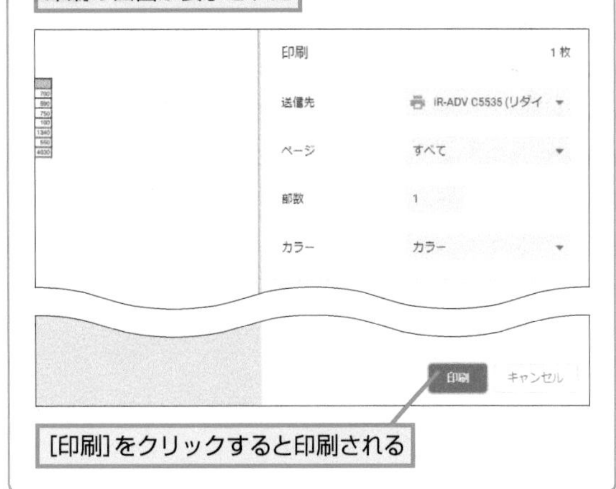

[印刷]をクリックすると印刷される

Q235 お役立ち度 ★★★

スプレッドシートで計算するには

A セルに数式を入力します

Excelと同様、スプレッドシートでもいずれかのセルに「=」（イコール）に続けて数式を入力すれば計算できます。もちろん「=B2*C2」などといったように、値ではなくセル参照を利用して計算を行えるほか、「=B2*C2」といった絶対参照での指定も可能です。

セルに掛け算の数式を入力する

1 数式を入力するセルをクリック

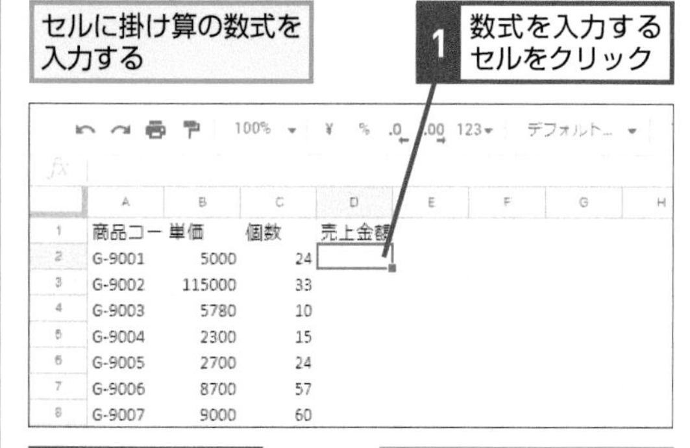

2 「=B2*C2」と入力

計算結果がプレビューされる

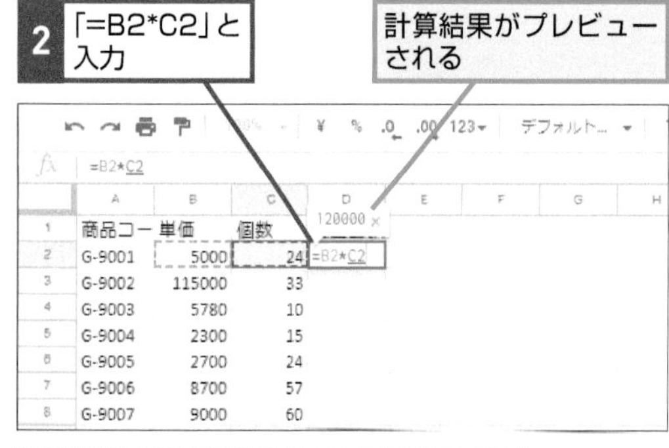

3 Enter キーを押す

計算が確定した

数式の内容はここに表示される

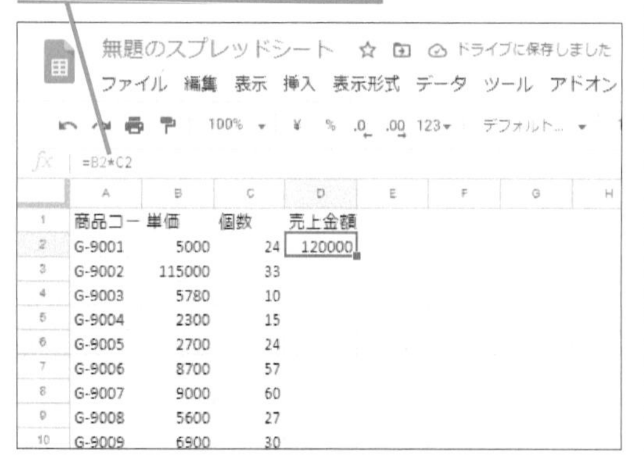

Q236 お役立ち度 ★★

グラフを作成するには

A ［挿入］で［グラフ］を選択します

表計算ソフトで欠かせない機能となったグラフの作成にも対応しています。スプレッドシートがサポートしているグラフの種類としては、「縦棒」と「横棒」「折れ線」「面」「円」といった基本的なグラフのほか、「レーダーチャート」なども作成可能です。

グラフ化したいセルを選択しておく

1 ［挿入］をクリック

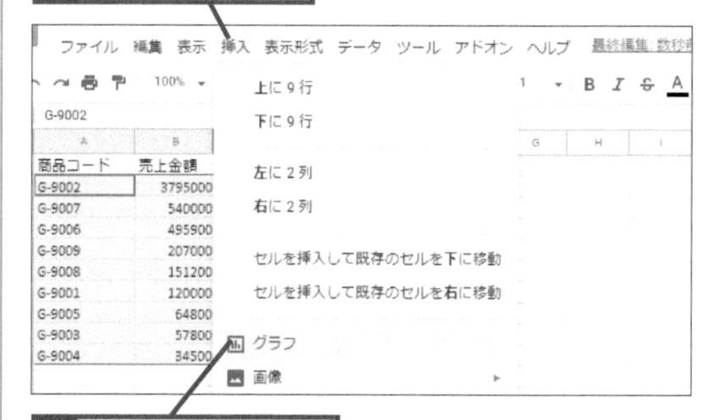

2 ［グラフ］をクリック

自動でグラフが選ばれて挿入される

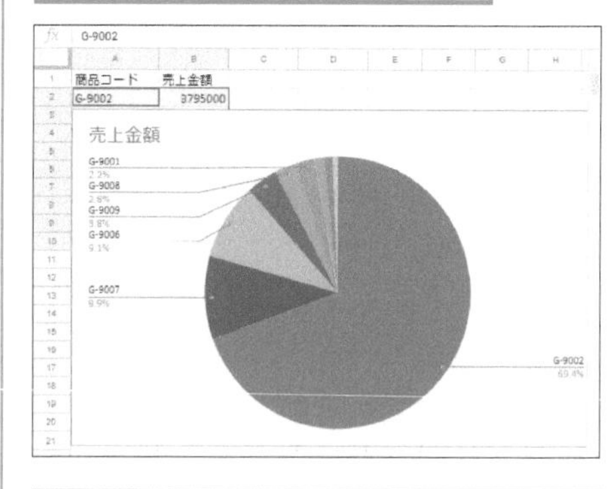

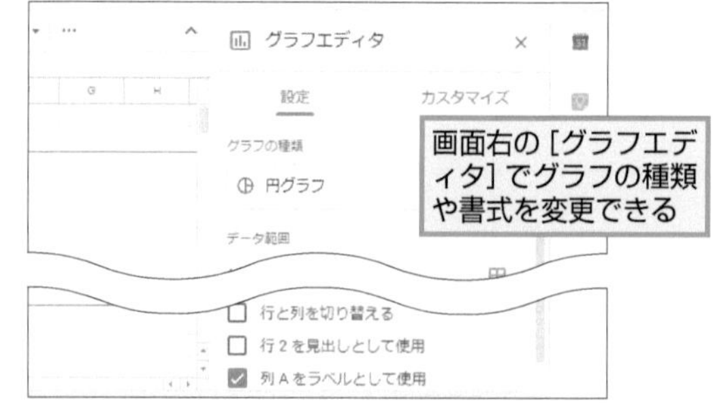

画面右の［グラフエディタ］でグラフの種類や書式を変更できる

Q237 お役立ち度 ★★★

条件付き書式を設定するには

A セルごとに条件と色を設定します

セルの値によってテキストや背景色を変更する、条件付き書式にも対応しています。以下の手順で解説しているように、値によって色分けする［カラースケール］のほか、条件を満たした場合にセルの表示方法を変更する［単一色］も選択できます。

条件付き書式を設定したいセルを選択しておく

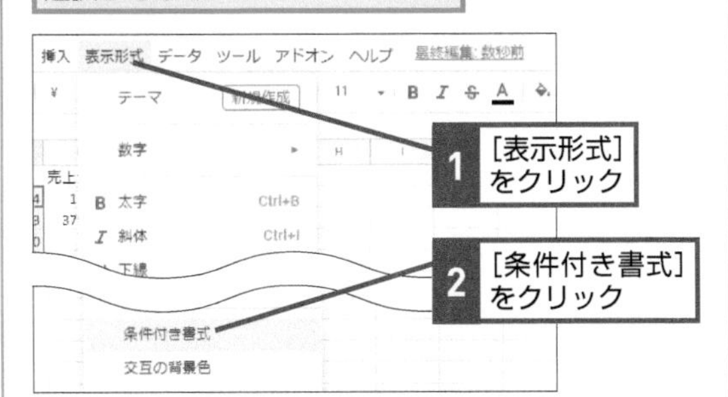

［条件付き書式設定ルール］画面が表示された

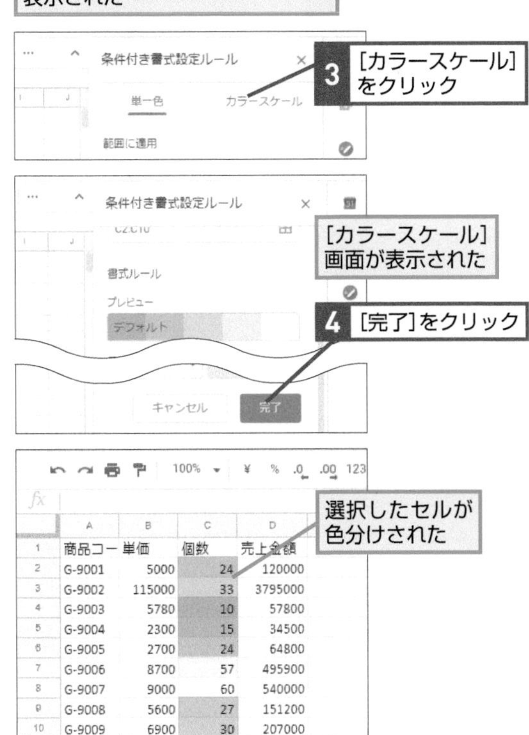

Q238 お役立ち度 ★★★

データを並べ替えるには

A 並べ替え条件を指定します

データの並べ替えもできます。複数行を選択した上でいずれか1行を基準に並べ替えられるほか、複数の行を基準に並べ替えることもできます。また、項目名が記載された行をヘッダー行として並べ替えの対象から除外することも可能です。

並び替えたいセルを選択しておく

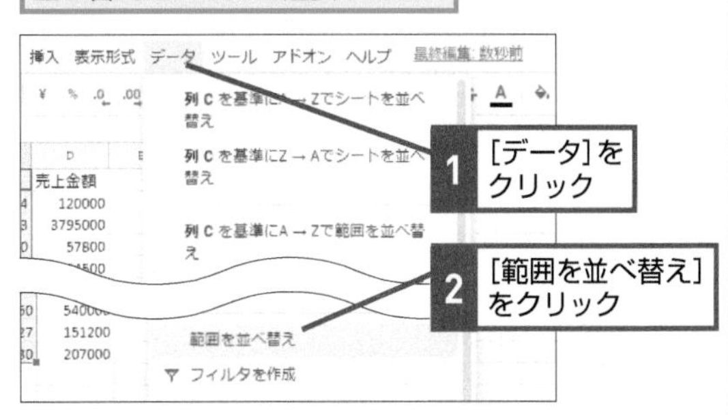

並べ替えを行う画面が表示された

3 ［データにヘッダー行が含まれている］をクリック

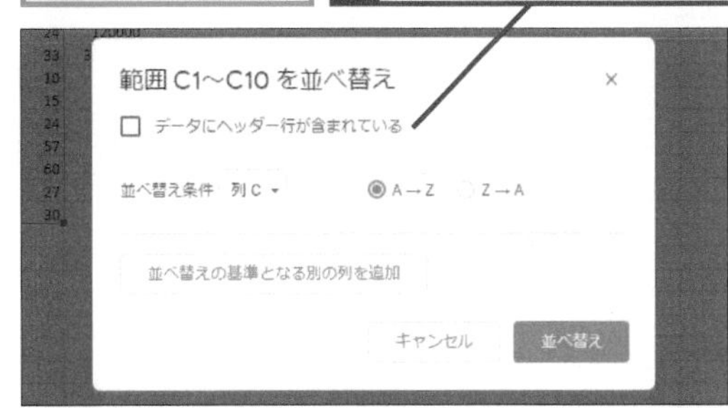

［並べ替え条件］にヘッダー行が反映された

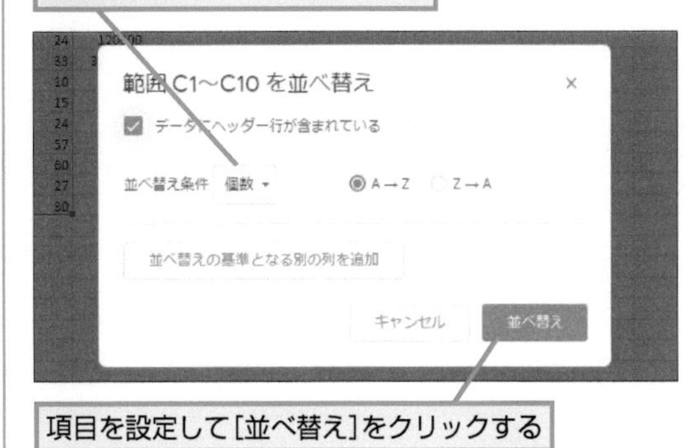

項目を設定して［並べ替え］をクリックする

Q239 お役立ち度 ★★★

フィルタを利用するには

A 範囲選択してからフィルタを設定します

わざわざ並べ替えのコマンドを使わず、シート上で即座にデータを並べ替えられるのがフィルタです。シートを参照する目的に応じてデータを並べ替えたいなどといったとき、この方法でフィルタを作成しておくと便利です。

➡フィルタ……P.264

データを選択しておく

1 [データ]をクリック

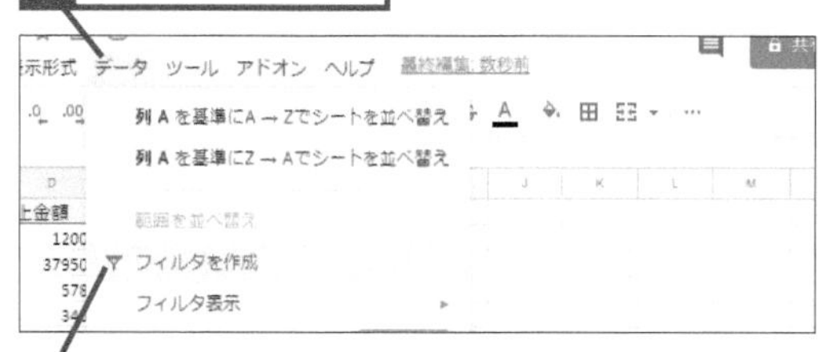

2 [フィルタを作成]をクリック

選択した範囲の先頭をヘッダー行としてフィルタが作成された

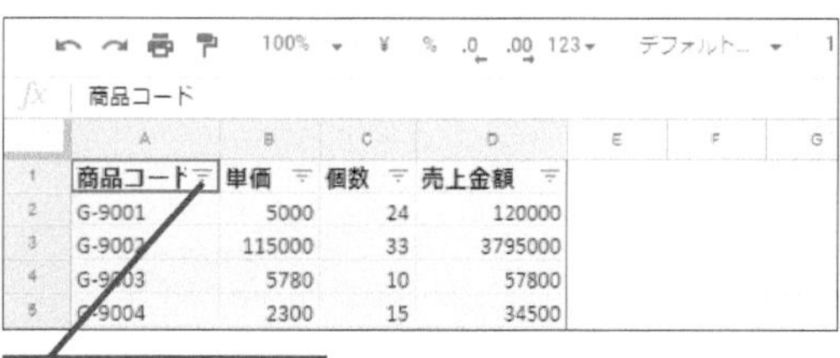

3 ここをクリック

フィルタの設定画面が表示された

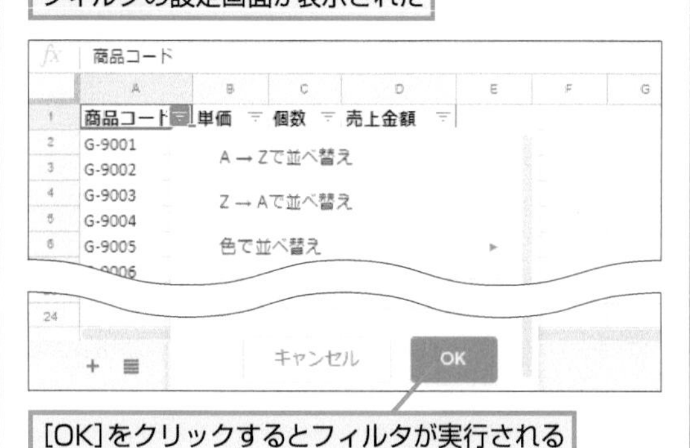

[OK]をクリックするとフィルタが実行される

Q240 お役立ち度 ★★★

プルダウンリストを作成するには

A [データの入力規則]を設定します

いくつかの決まったデータを入力する必要がある場面では、いちいちキーボードで打ち込むよりも、プルダウンリストで選べるようにしておくと効率的です。[データの入力規則]を使うと指定したセルをプルダウンリストにして入力時に選択できます。

セルを選択しておく

1 [データ]をクリック

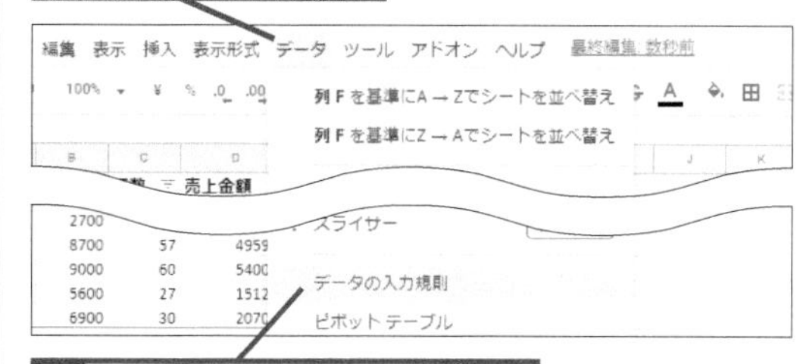

2 [データの入力規則]をクリック

[データの入力規則]画面が表示された

3 ここをクリックしてリストの範囲を指定

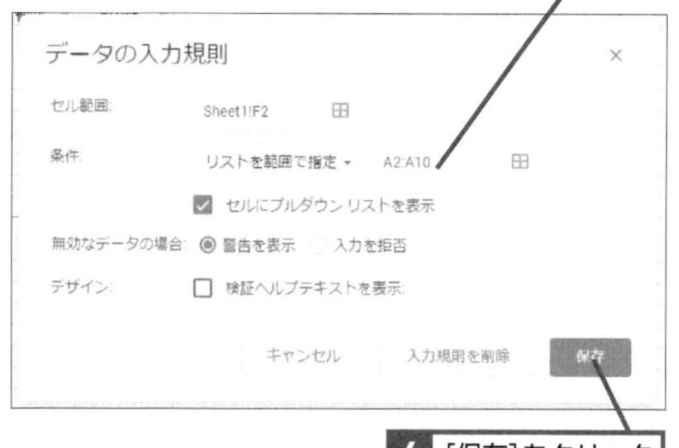

4 [保存]をクリック

指定したセルにプルダウンリストが設定された

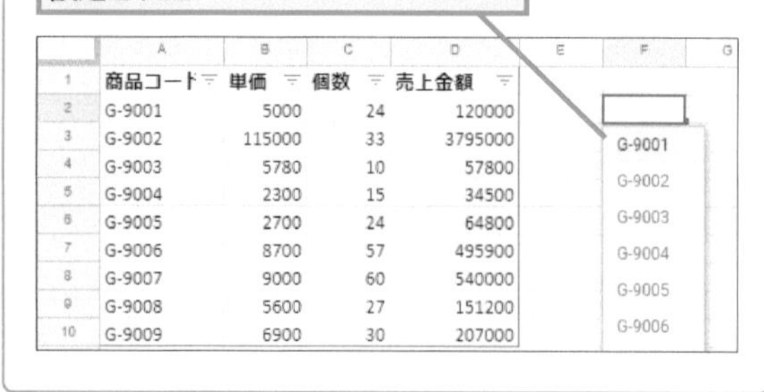

Q241

お役立ち度 ★★★

動画で見る

ピボットテーブルを設定するには

A [データ] から [ピボットテーブル] を選びます

スプレッドシートにまとめたデータをさまざまな形式で集計したいといったとき、便利なのが［ピボットテーブル］です。1行目に項目名、2行目以降は1行ごとにデータが入力されたデータベース形式の表を用意してピボットテーブルを作成すれば、さまざまな集計が可能になります。たとえば日次の売上を記載した表で「日付」と「担当者」「店舗名」「商品」「金額」といった項目のデータでピボットテーブルを利用すれば、担当者または店舗ごとの販売金額で集計する、あるいは担当者ごとに販売した商品の種類とその金額を確認するといったことが可能になります。

➡ピボットテーブル……P.264

セルを選択しておく

1 [データ]をクリック

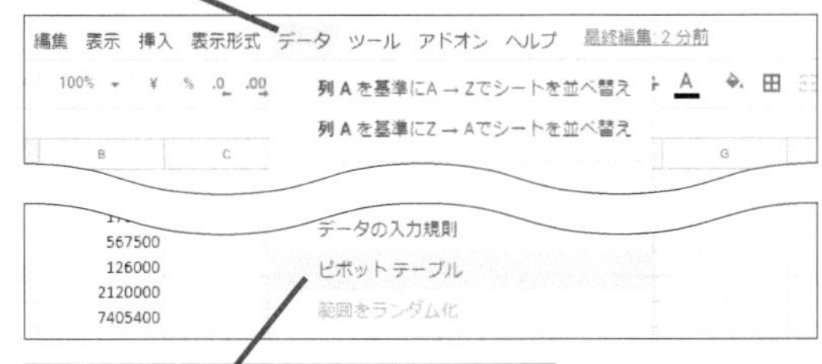

2 [ピボットテーブル]をクリック

[ピボットテーブルの作成]画面が表示された

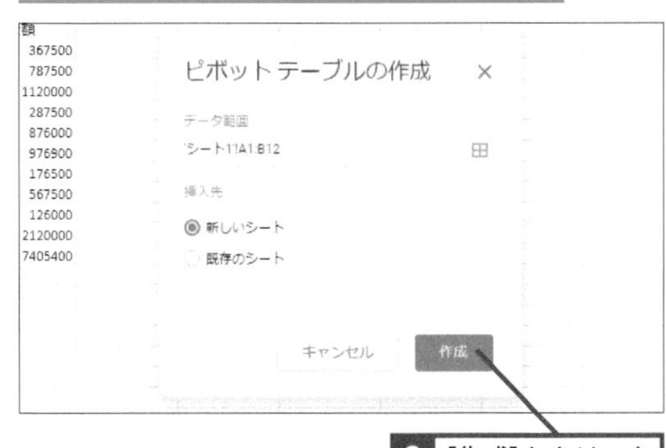

3 [作成]をクリック

新しいシートに空のピボットテーブルが表示された

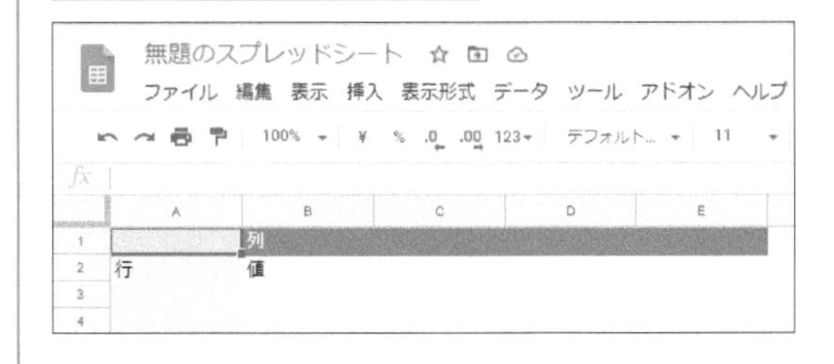

画面右側の[ピボットテーブルエディタ]に移動する

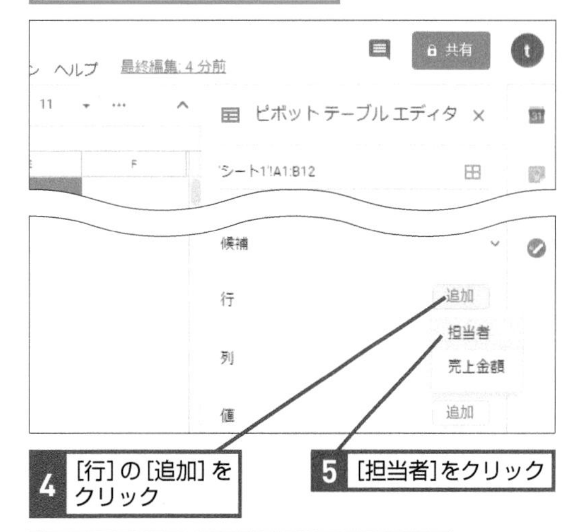

4 [行]の[追加]をクリック

5 [担当者]をクリック

行に担当者が追加された

同様の手順で[値]に売上金額を追加する

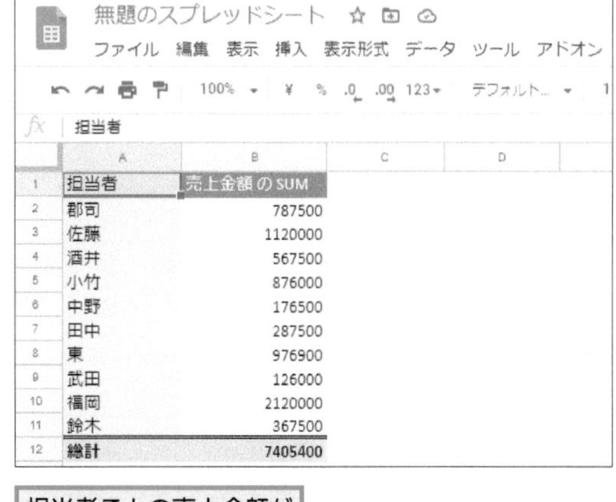

	A	B
1	担当者	売上金額 の SUM
2	郡司	787500
3	佐藤	1120000
4	酒井	567500
5	小竹	876000
6	中野	176500
7	田中	287500
8	東	976900
9	武田	126000
10	福岡	2120000
11	鈴木	367500
12	総計	7405400

担当者ごとの売上金額が一覧になった

Q242 お役立ち度 ★★

スライサーを利用するには

A [データ] にある [スライサー] を設定します

表やグラフ、ピボットテーブルで表示する対象を絞り込みたいとき、便利なのが [スライサー] の仕組みです。全国の支店を対象とした売上比較のグラフを作成した際、特定の支店だけのグラフを表示したいなどといったとき、スライサーを設定して支店を選択すれば、その支店だけを対象としたグラフを表示できます。またスライサーは条件でフィルタすることも可能で、たとえば特定のテキストが含まれる場合のみ、あるいは特定の日付より後のデータだけを対象にするといったことも可能です。

セルを選択しておく

1 [データ]をクリック

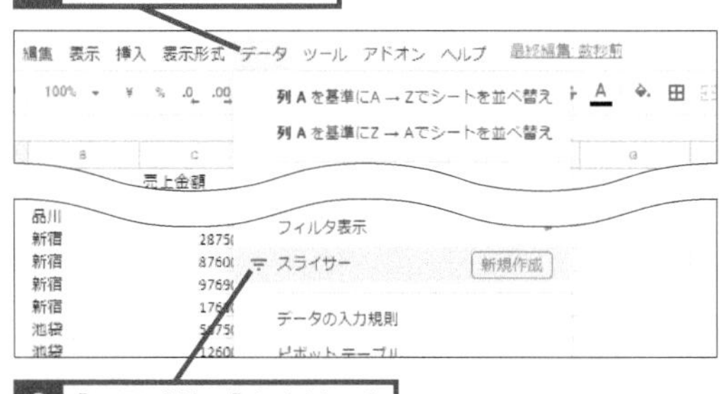

2 [スライサー]をクリック

スプレッドシートの中央にスライサーが挿入された

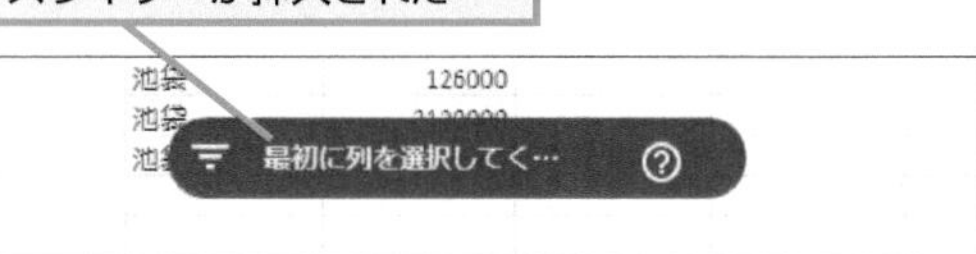

画面右側の[スライサー]に移動

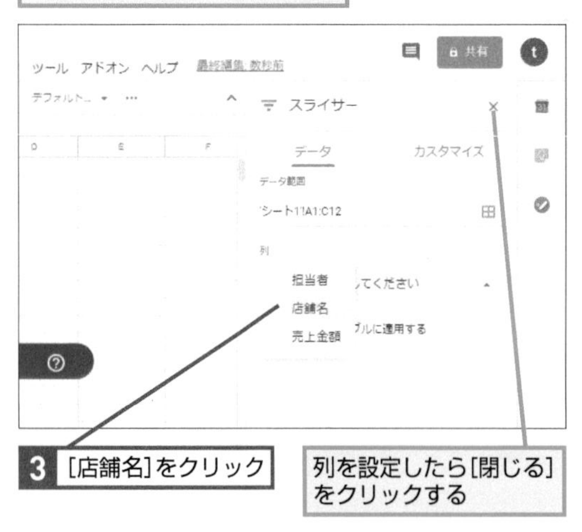

3 [店舗名]をクリック

列を設定したら[閉じる]をクリックする

4 スライサーをドラッグして移動

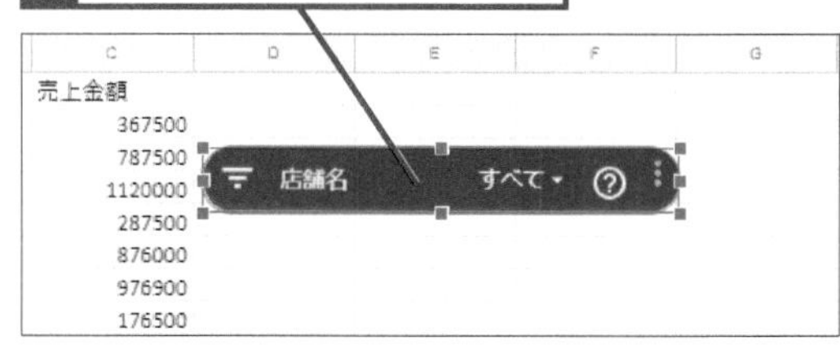

見やすい場所に移動する

5 [すべて]をクリック

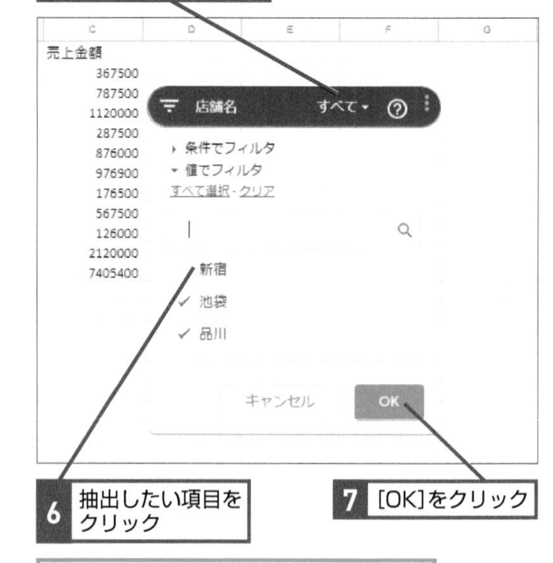

6 抽出したい項目をクリック

7 [OK]をクリック

選択した項目に応じてスプレッドシートの表示が変化する

スライサーを削除する場合はクリックして Delete キーを押す

関数を駆使して高度な処理を行う

スプレッドシートには数多くの関数が用意されており、これを利用することで幅広い処理を簡単に行えるようになります。ここでは、特に利用されることが多い関数について解説します。

Q243 お役立ち度 ★★★

関数を利用するには

A 直接セルに入力するか、メニューから選択します

スプレッドシートで関数を利用するには、セルに関数を直接入力する方法と、メニューから入力する方法の2種類があります。すでに関数名を覚えているのであれば、セルに直接入力する方法が効率的ですが、正しい関数名を覚えていないのであればメニューから選択しましょう。またヘルプ画面では関数を検索することも可能です。メニューに表示された関数名だけではどういった関数か分からないといったとき、ヘルプで関数を検索して詳細を確認するとよいでしょう。

●スプレッドシートで使えるおもな関数

関数名	説明
AVERAGE	平均値を返す
CONCAT	2 つの値を連結する
COUNTIF	条件に一致する要素を数える
EOMONTH	指定した月の最終日を返す
IF	論理式に応じて真偽値を返す
LEN	文字列の長さを返す
MAX	最大値を返す
MIN	最小値を返す
MOD	除算の余りを返す
REPLACE	文字列を置換する
ROUND	小数点以下に四捨五入する
SUBTOTAL	セルの垂直範囲の小計を返す
SUM	合計を返す
TODAY	現在の日付を返す
VLOOKUP	垂直方向の検索

●関数を一覧から挿入する

セルを選択しておく

1 [挿入]をクリック

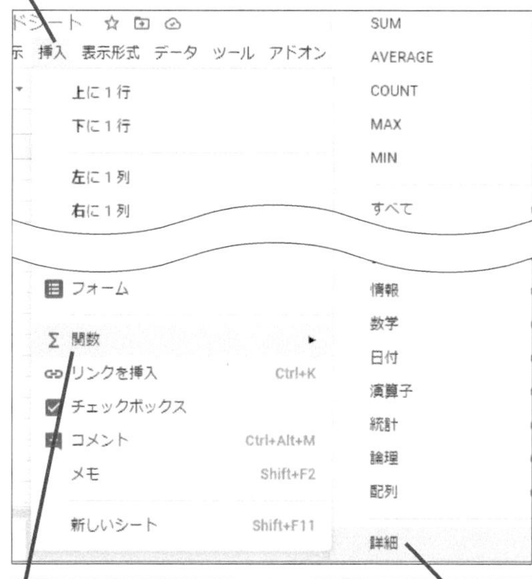

2 [関数]をクリック

3 [詳細]をクリック

新しいタブで関数のリストが表示された

キーワードなどで絞り込み検索ができる

Google スプレッドシートの関数リスト

Q244 お役立ち度 ★★★

指定した範囲から条件に合致するデータを抽出するには

A VLOOKUP関数を利用します

ビジネスの現場で頻繁に使われる関数の1つに、検索条件に合致したデータを取り出すために使われるVLOOKUP関数があります。関数の形式はExcelと同じで、第1引数に検索する値、第2引数に検索対象の範囲、第3引数に検索キーに合致した行の何番目の値を返すかを指定します。第4引数では検索対象が並べ替え済みであるかを指定しますが、通常はFALSEを指定します。たとえば商品コードで検索し、合致した商品コードに対応する商品名を得たいといったケースで利用します。

店舗コード、店舗名、都道府県、店舗面積が記入されたリストから店舗コードで店舗名を表示する

1 セルB1に店舗コードを入力

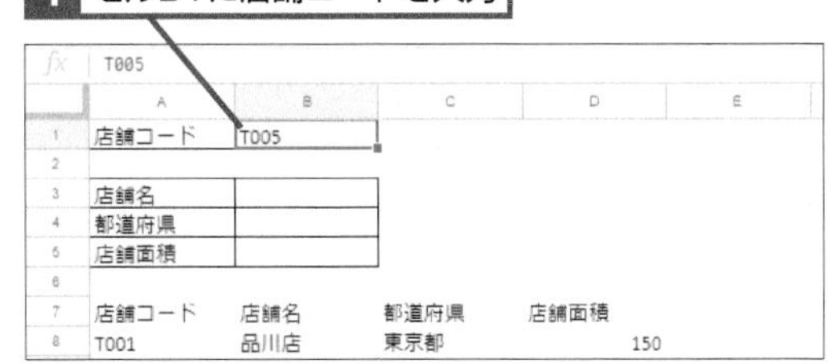

2 セルB3に「=VLOOKUP(」と入力

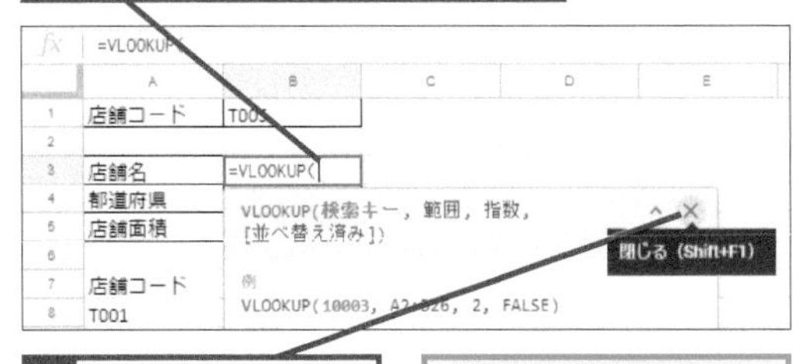

3 ［閉じる］をクリック

ヘルプが非表示になった

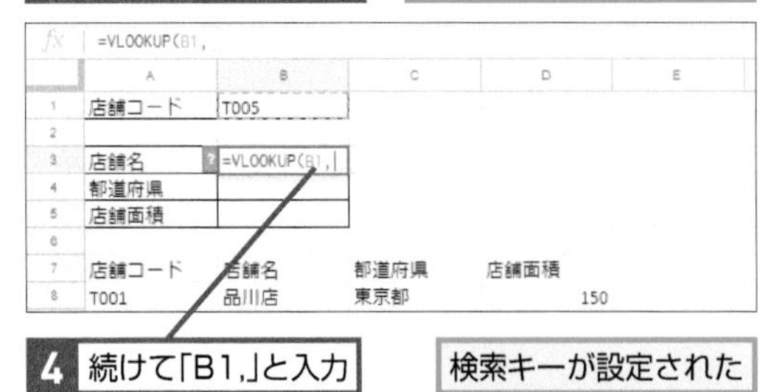

4 続けて「B1,」と入力

検索キーが設定された

5 続けて「A8:D17,」と入力

範囲が設定された

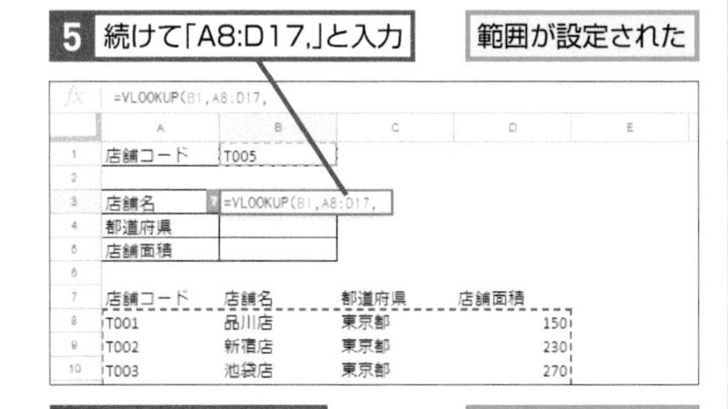

6 続けて「2,」と入力

指数が設定された

7 続けて「false)」と入力

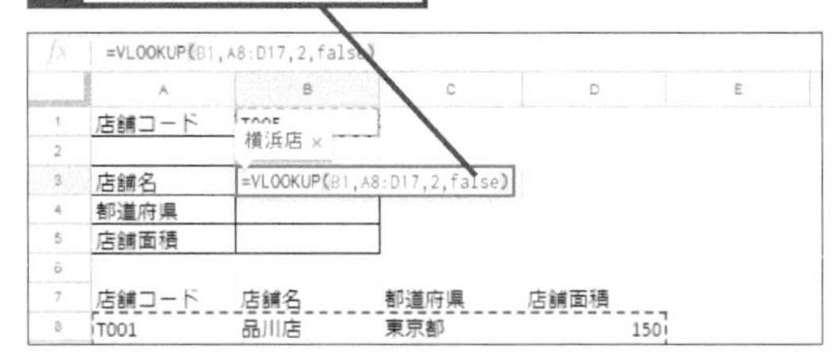

検索キーに完全一致する内容に絞られた

8 Enter キーを押す

店舗コードに合致する店舗名が表示された

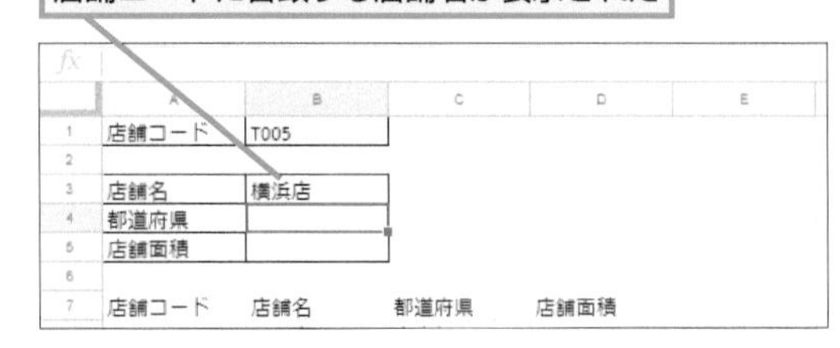

Q245　お役立ち度 ★★★

条件に応じてセルの値を変更するには

A IF関数を利用します

IF関数は、第1引数に論理式、第2引数と第3引数に論理式がTRUE、FALSEの場合に返す値を指定します。論理式には、A1の数値が160以上でTRUEとなる「A1>160」、AIの値が「東京」だった場合にTRUEとなる「A1="東京"」などといった内容を指定できます。

フェア展開について、店舗面積が160以上は「可」、160以下は「不可」と表示する

1 関数を入力するセルをクリック

2 「=IF(D8>160,"可","不可")」と入力

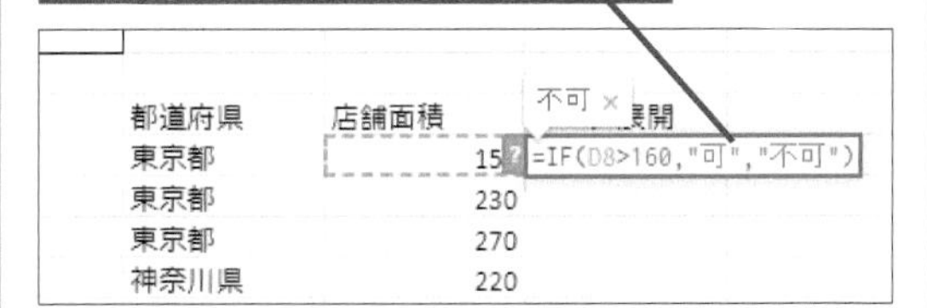

3 Enter キーを押す

店舗面積が150の品川店は「不可」と表示された

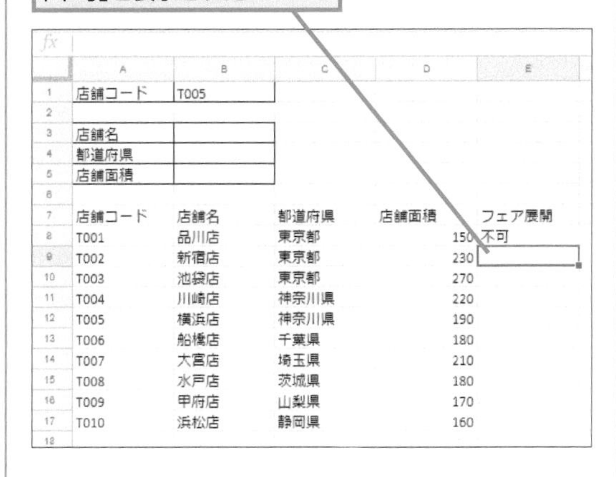

Q246　お役立ち度 ★★★

テキストの長さを調べるには

A LEN関数で文字数を確認できます

LEN関数は、指定したセルに含まれる文字、あるいは""（ダブルクオーテーション）で指定した文字の数を返す関数です。空白文字もカウントの対象となり、たとえば「ABC DEF」を指定した場合は「C」と「D」の間に空白があるため「7」が返ります。

●文字数を調べる

長さを調べたいテキストをセルに入力しておく

1 関数を入力するセルをクリック

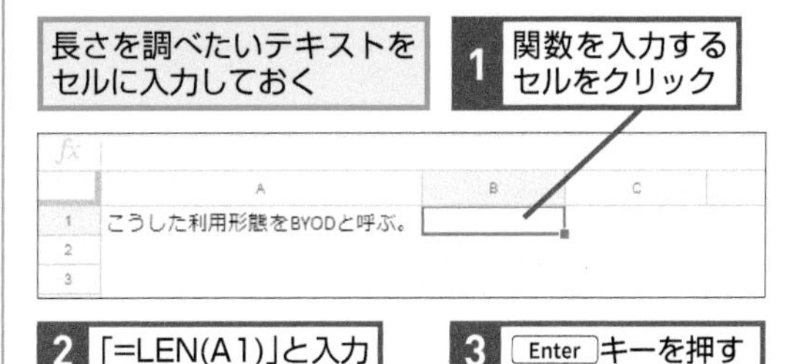

2 「=LEN(A1)」と入力

3 Enter キーを押す

=LEN(A1)

こうした利用形態をBYODと呼ぶ。 =LEN(A1)

文字数が表示された

こうした利用形態をBYODと呼ぶ。 17

●バイト数を調べる

1 「=LENB(A1)」と入力

2 Enter キーを押す

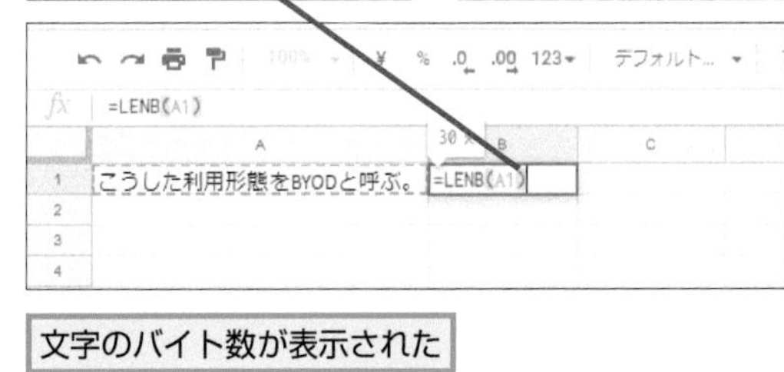

文字のバイト数が表示された

こうした利用形態をBYODと呼ぶ。 30

Q247 お役立ち度 ★★★

データの個数をカウントするには

A COUNTIF関数で個数を数えられます

COUNTIF関数は、第1引数で指定した検索範囲の中で、第2引数に指定した条件に合致したセルの数を返す関数です。受注データベースの中で、特定の製品の発注がいくつあるのかをカウントしたいなどといった際に利用できます。

特定の商品が期間中に何回発注されたか商品コードで確認したい

1 商品コードを入力

	A	B	C	D	E
1	商品コード	G-9000			
2	受注回数				
3					
4	日付	担当者	店舗名	商品コード	
5	2020/9/4	榎本	兵庫店	G-9000	
6	2020/9/12	稲垣	山梨店	G-9020	
7	2020/9/7	栗林	品川店	G-9000	
8	2020/9/7	鈴木	川崎店	B-9020	
9	2020/9/4	佐藤	兵庫店	G-9020	
10	2020/9/1	栗林	品川店	G-9000	

2 関数を入力するセルをクリック

3 「 =COUNTIF(D5:D25,B1) 」と入力

=COUNTIF(D5:D25,B1)

	A	B	C	D	E
1	商品コード	0			
2	受注回数	=COUNTIF(D5:D25,B1)			
3					
4	日付	担当者	店舗名	商品コード	
5	2020/9/4	榎本	兵庫店	G-9000	
6	2020/9/12	稲垣	山梨店	G-9020	
7	2020/9/7	栗林	品川店	G-9000	
8	2020/9/7	鈴木	川崎店	B-9020	
9	2020/9/4	佐藤	兵庫店	G-9020	
10	2020/9/1	栗林	品川店	G-9000	

4 Enter キーを押す

商品コード「G-9000」の受注回数が表示された

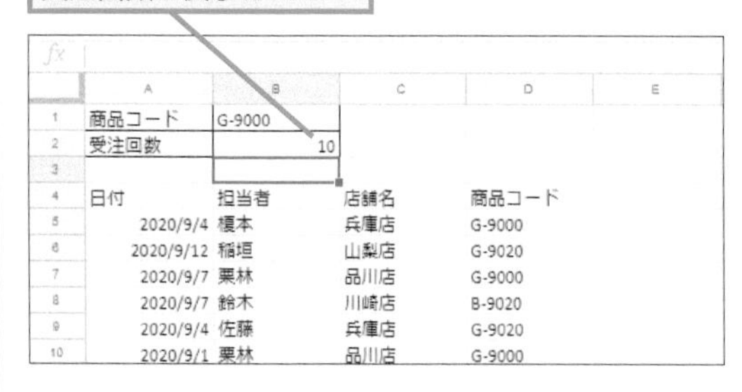

Q248 お役立ち度 ★★

最大値や最小値、平均を求めるには

A SUBTOTAL関数を使います

指定した集計関数を利用し、垂直範囲のセルの小計を返す関数がSUBTOTAL関数です。第1引数で集計関数の種類、第2引数で集計範囲を指定します。集計関数は数字で指定し、「1」（平均）、「4」（最大値）、「5」（最小値）、「9」（合計）などがあります。

売上金額の最大値などを求めたい

1 関数を入力するセルをクリック

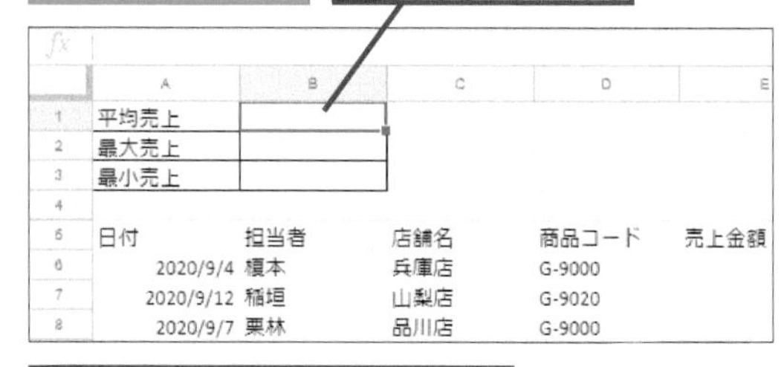

2 「=SUBTOTAL(1,E6:E25)」と入力

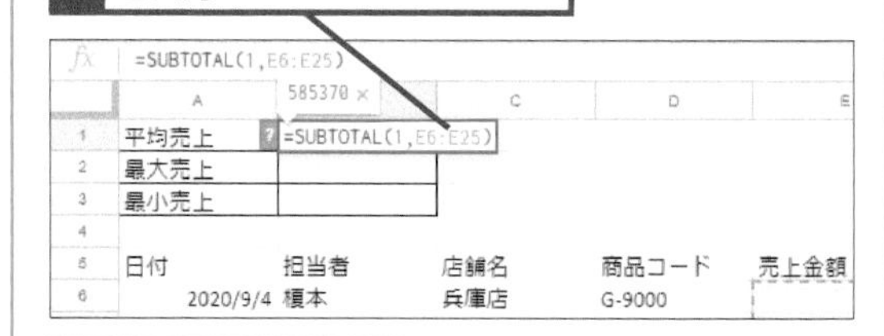

3 Enter キーを押す

売上金額の平均値が表示された

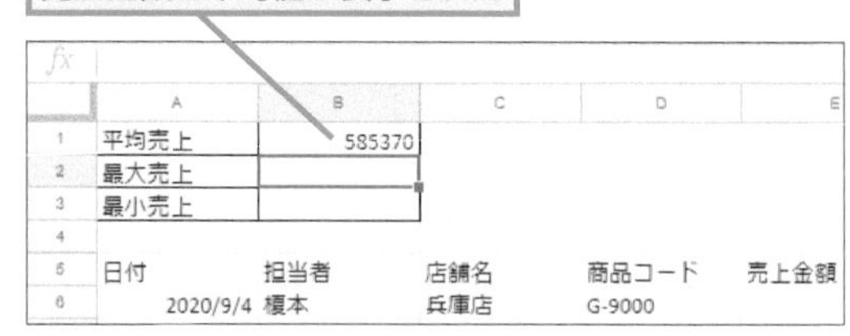

操作2の「1」を「4」にすると最大値、「5」にすると最小値が表示される

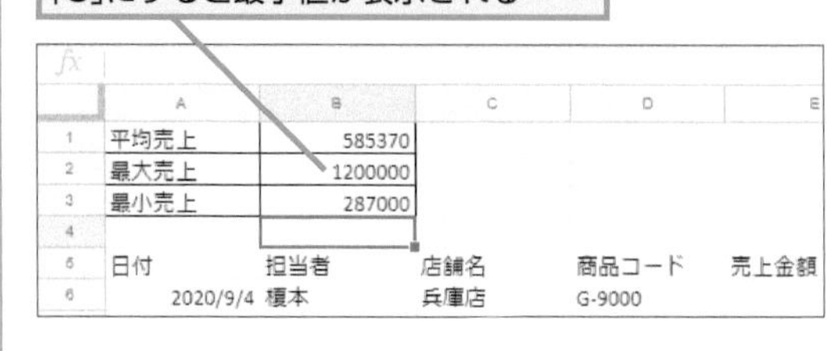

Q249 お役立ち度 ★★★

指定した小数点以下に四捨五入するには

A ROUND関数で四捨五入できます

ROUND関数は四捨五入するための関数で、第1引数に四捨五入する値、第2引数に丸めた後の小数点以下の桁数を指定します。なお四捨五入ではなく、切り上げたい場合はROUNDUP関数、切り下げであればROUNDDOWN関数を利用します。

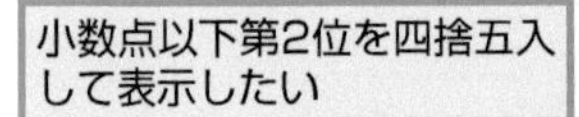

1 関数を入力するセルをクリック

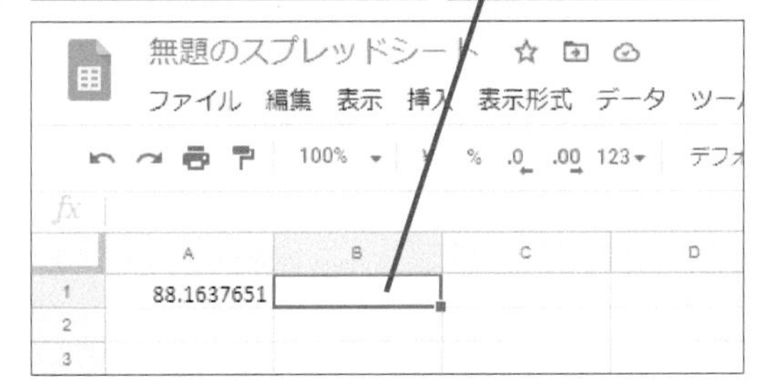

2 「=ROUND(A1,1)」と入力

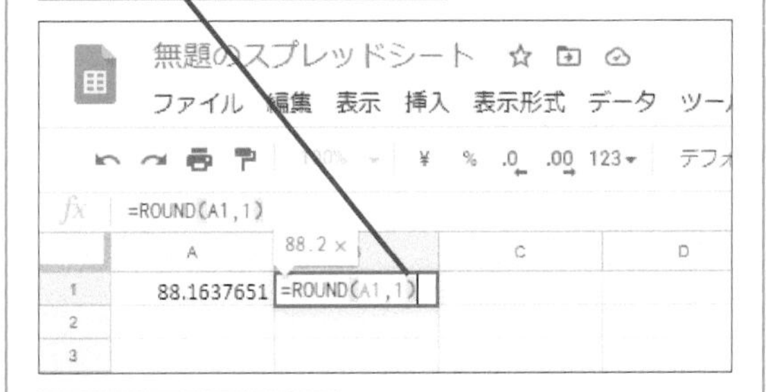

3 Enter キーを押す

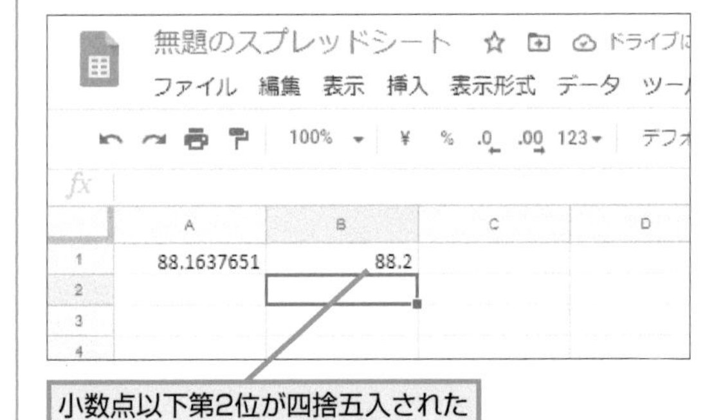

小数点以下第2位が四捨五入された

Q250 お役立ち度 ★★★

合計を計算するには

A SUM関数を利用します

一連の数値やセルの合計を返すのがSUM関数で、第1引数にセルの範囲を指定して利用するケースが一般的です。また「SUM(A1,A3,A5)」などのように、合計したい値の入ったセル、あるいは数値をカンマで区切って指定すれば、その合計値が得られます。

売上金額の合計を計算したい

1 関数を入力するセルをクリック

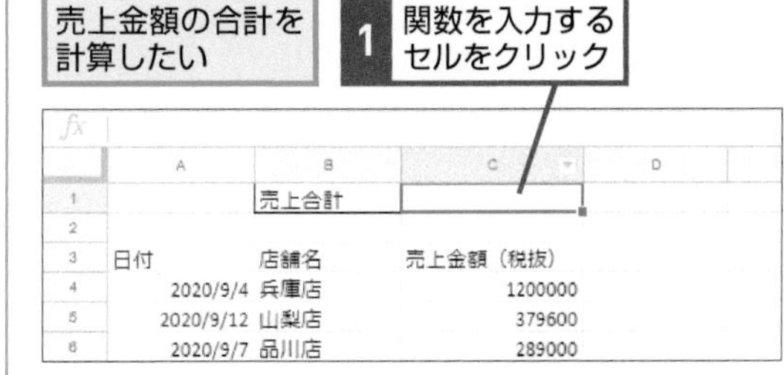

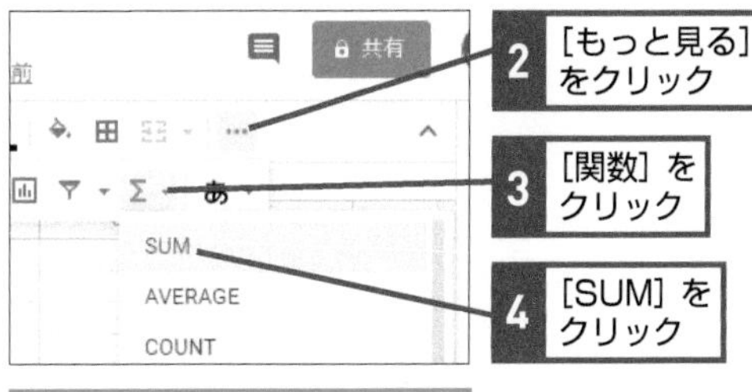

2 [もっと見る]をクリック

3 [関数]をクリック

4 [SUM]をクリック

セルにSUM関数が挿入された

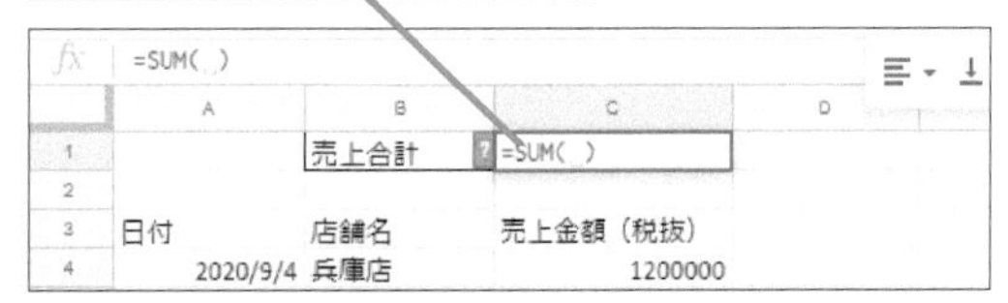

5 合計する範囲を入力

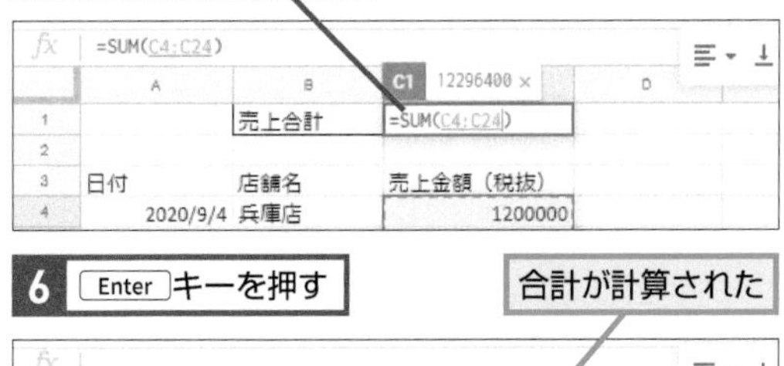

6 Enter キーを押す

合計が計算された

売上合計 12296400

日付 店舗名 売上金額（税抜）

2020/9/4 兵庫店 1200000

2020/9/12 山梨店 379600

Q251 お役立ち度 ★★

文字列を連結するには

A CONCAT関数を使います

CONCAT関数は、「concat("abc","def")」のように、指定された複数の文字列を連結し、1つの文字列として返す関数です。異なるセルに入力された都道府県と市区町村の連結、あるいは名前の姓と名を連結したい場合に使われます。

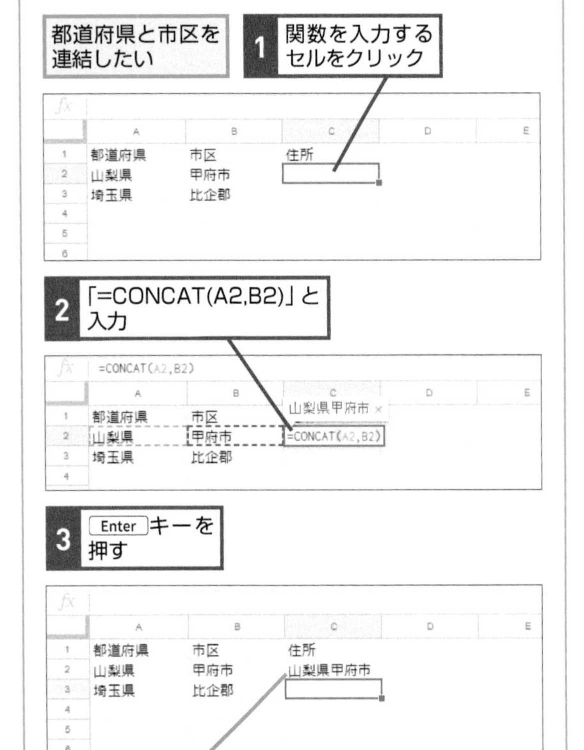

Q252 お役立ち度 ★★

今日の日付を自動で入力するには

A TODAY関数で日付の自動入力が可能です

TODAY関数は現在の日付のシリアル値（日付を数値に置き換えた値）を返し、標準ではセルに「2020/08/17」などと表示されます。似たものにNOW関数があり、こちらは「2020/08/17 19:51:25」のように、日付だけでなく時刻もセルに表示されます。

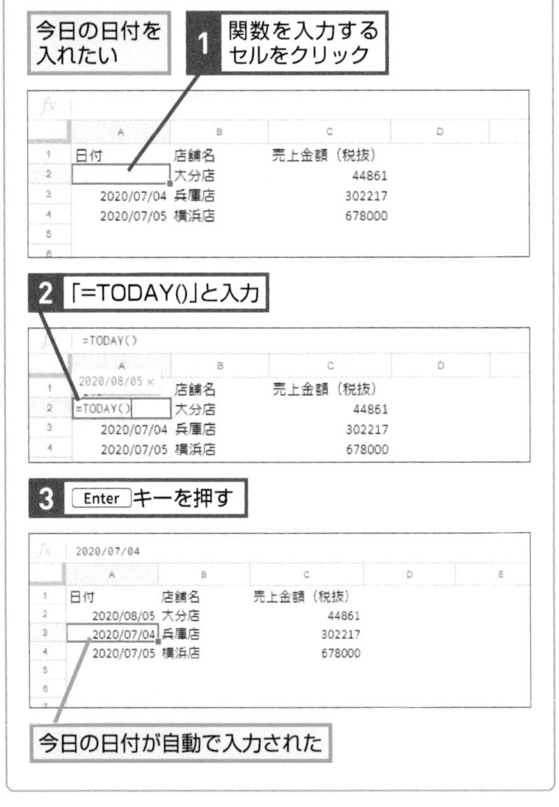

オートフィルで効率よく入力しよう

出勤表のような書類をスプレッドシートで作成するとき、日付を1つずつ入力するのは面倒です。そこで活用したいのがオートフィル機能です。連続するセルに「9/1」「9/2」などと入力し、それらのセルを範囲選択した上で右下の四角いアイコンにマウスカーソルを合わせて下にドラッグすると、ドラッグした範囲に「9/3」「9/4」「9/5」といった形で日付が自動的に入力されます。また通常の数値や「A001」「A002」といった連続するデータもオートフィルで入力できます。

Q253 お役立ち度 ★★★

今月の末日を調べるには

A EOMONTH関数で調べられます

EOMONTH関数を利用し、第1引数に起算日、第2引数に月数を指定すると、決算日に指定した月数を加えた月の末日が返されます。起算日の月の末日なら月数に「0」、翌月は「1」、前月は「-1」を指定します。

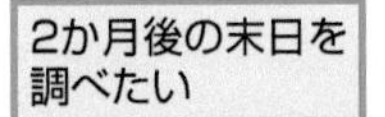

1 関数を入力するセルをクリック

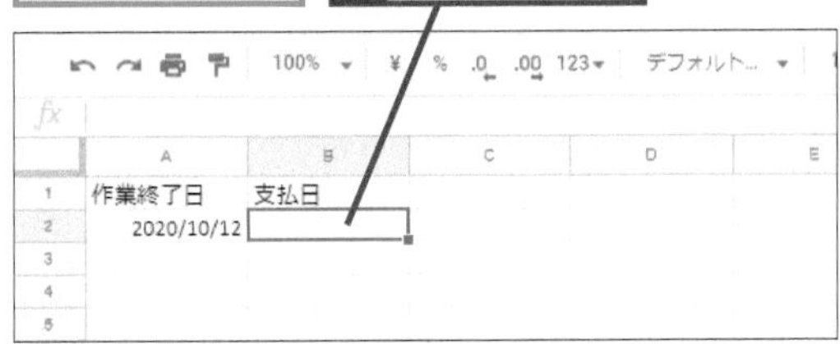

2 「=EOMONTH(A2,2)」と入力

3 Enter キーを押す

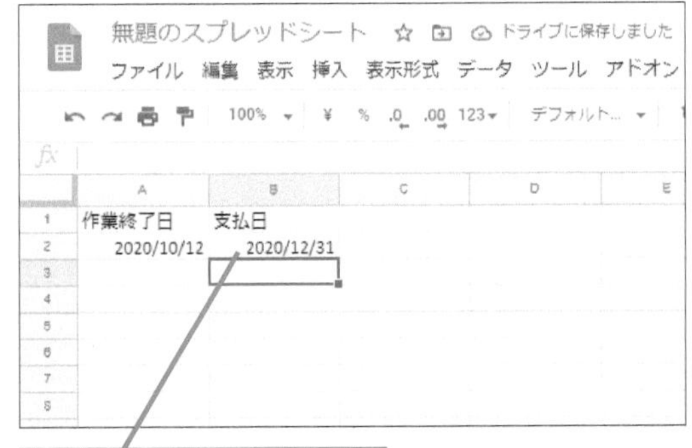

2か月後の末日が表示された

操作2で「2」を「1」とすると翌月末日、「-1」とすると前月末日を表示できる

Q254 お役立ち度 ★★★

特定の日の曜日を調べるには

A TEXT関数で表示形式を変更します

スプレッドシートでは、TEXT関数で表示形式を変更することが可能です。これを利用し、第1引数に日付、第2引数に曜日の表示形式を示す「"dddd"」または「"ddd"」を指定すると、第1引数で指定した日付の曜日が得られます。

特定の日の曜日を調べたい

1 関数を入力するセルをクリック

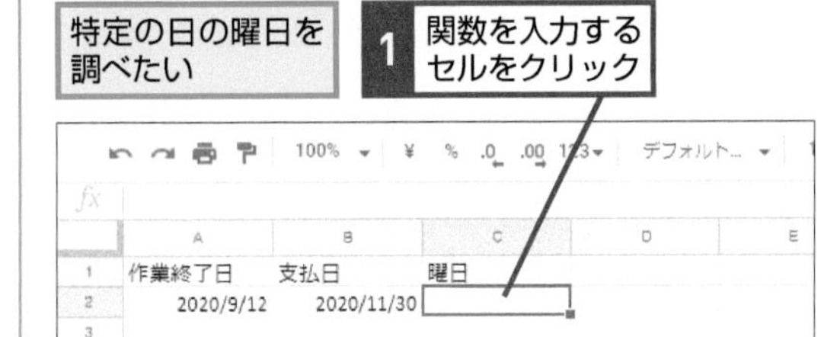

2 「=TEXT(B2,"dddd")」と入力

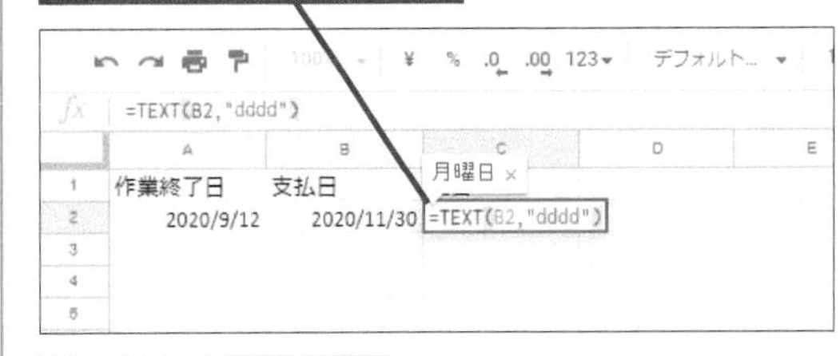

3 Enter キーを押す

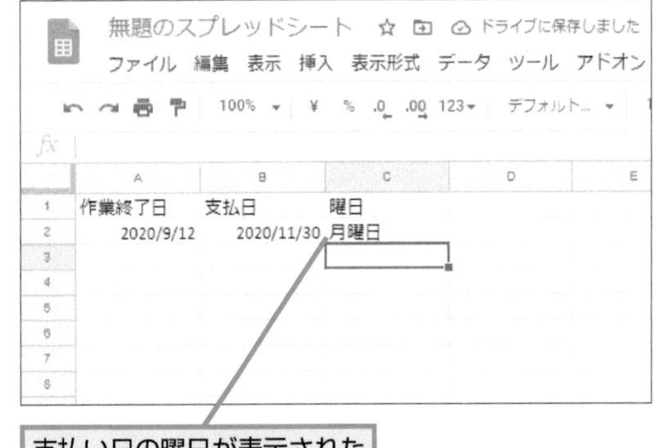

支払い日の曜日が表示された

操作2で「"dddd"」を「"ddd"」とすると「曜日」を除いた漢字一文字の表示にできる

第8章 スライドとその他の便利ワザ

プレゼン資料を効率良く作成

プレゼン資料などの作成に最適なアプリケーションがスライドで、テキストや図形を自由に配置できるほか、プレゼンを実施するための機能も備えています。その具体的な使い方を解説します。

Q255 お役立ち度 ★★★

スライドでPowerPointのファイルを開くには

A PowerPointファイルをインポートします

スライドでは、プレゼン資料を作成するアプリケーションとして広く使われている、PowerPointのファイルを表示したり編集したりすることが可能です。また、昨今ではプレゼン以外の資料でも、PowerPointで作成されることが少なくありません。こうしたファイルを受け取ったとき、スライドにインポートして内容を確認することが可能です。ただファイルの内容によっては正しく再現されないことがあります。

ワザ228を参考に［スライド］を起動して空白のページを表示しておく

1 ［ファイル］をクリック

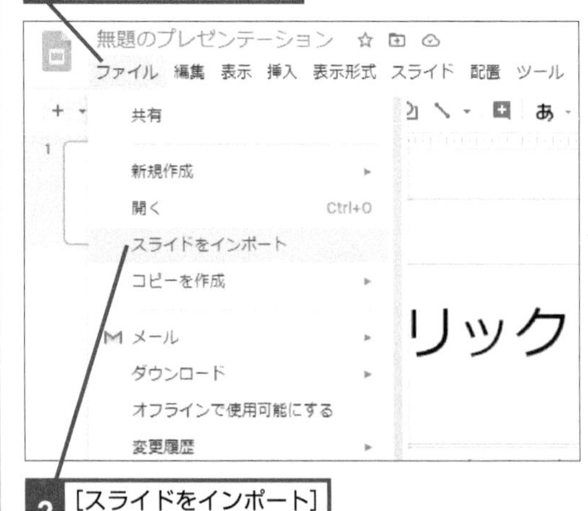

2 ［スライドをインポート］をクリック

3 ［アップロード］をクリック

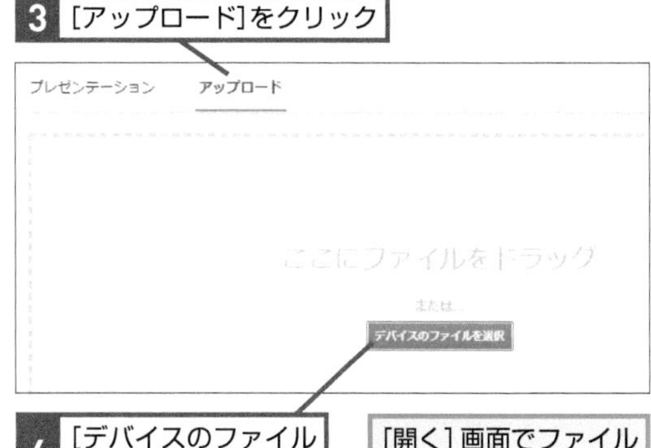

4 ［デバイスのファイルを選択］をクリック

［開く］画面でファイルを選ぶ

ファイルの内容が一覧表示された

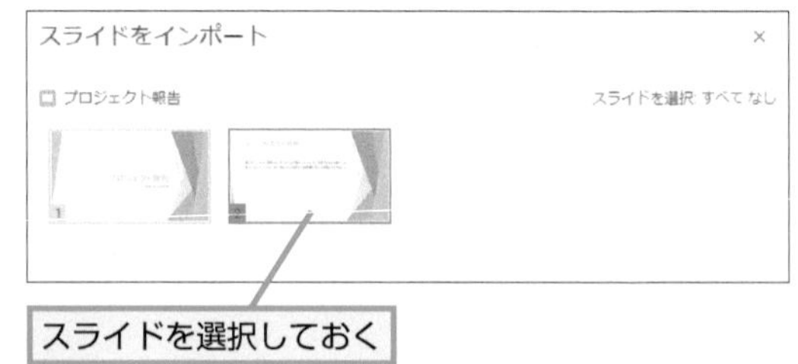

スライドを選択しておく

5 ［スライドをインポート］をクリック

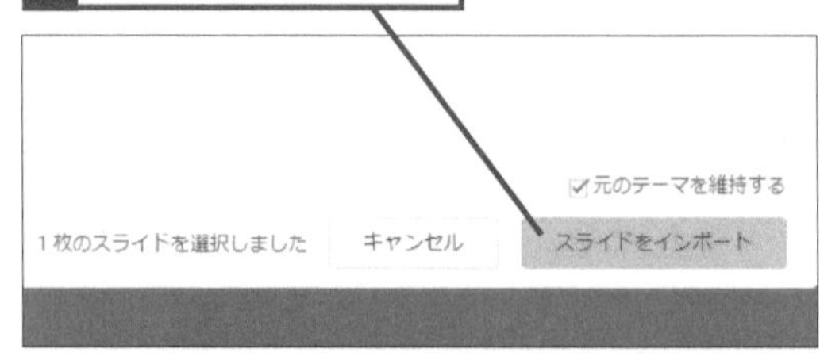

Q256 お役立ち度 ★★★

他のファイル形式で保存するには

A ダウンロード時にファイル形式を指定します

スライドで作成した資料をダウンロードする際、PowerPointのファイル形式やPDF形式を選択することが可能です。編集可能な状態でファイルをほかの人に送信する必要がある場合はPowerPoint形式、編集の必要がなければPDF形式を選択するとよいでしょう。

●PowerPoint形式で保存する

1 [ファイル]をクリック

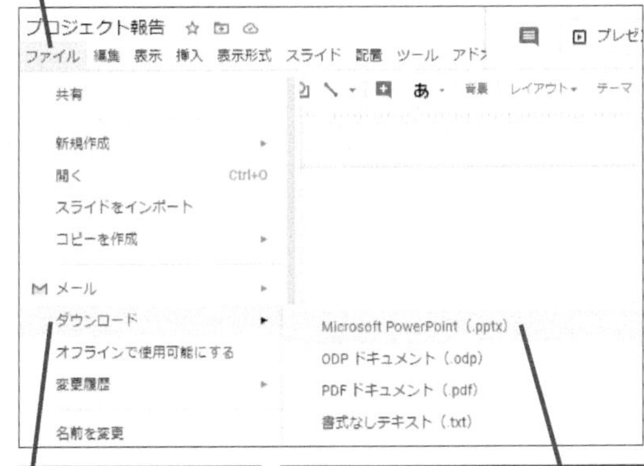

2 [ダウンロード]にマウスポインターを合わせる

3 [Microsoft PowerPoint(.pptx)]をクリック

●PDF形式で保存する

1 [ファイル]をクリック

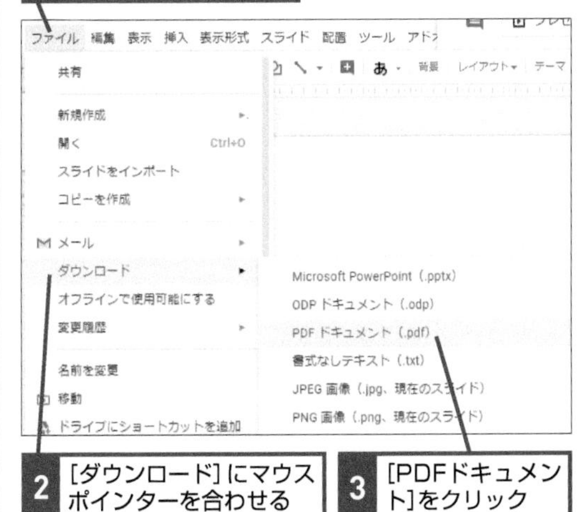

2 [ダウンロード]にマウスポインターを合わせる

3 [PDFドキュメント]をクリック

Q257 お役立ち度 ★★★

スライドを印刷するには

A Webブラウザから印刷可能です

ドキュメントやスプレッドシートと同様に、スライドにも印刷機能が用意されています。印刷ダイアログでは印刷対象のページやカラーかモノクロかの指定が可能なほか、[詳細設定] では用紙1枚あたりのページ数や印刷倍率も指定できます。

1 [ファイル]をクリック

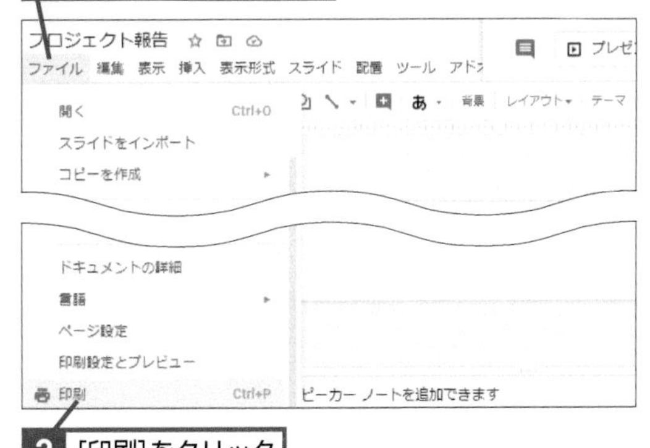

2 [印刷]をクリック

[印刷]画面が表示された

3 [詳細設定]をクリック

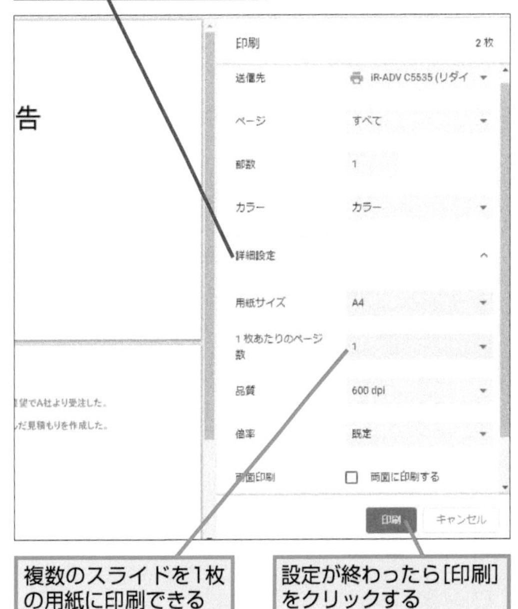

複数のスライドを1枚の用紙に印刷できる

設定が終わったら[印刷]をクリックする

Q258 お役立ち度 ★★★

スライドの見た目を素早く変えるには

A ［テーマ］の機能を利用します

資料の見た目を素早く変更できる機能として、スライドに用意されているのが［テーマ］です。「ストリームライン」「フォーカス」「モメンタム」などさまざまなテーマが用意されており、いずれかをクリックするだけで資料に反映できます。 ➡テーマ……P.263

1 ［スライド］をクリック

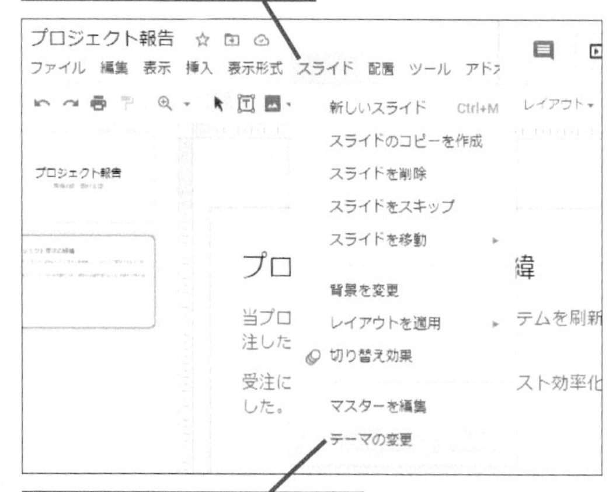

2 ［テーマの変更］をクリック

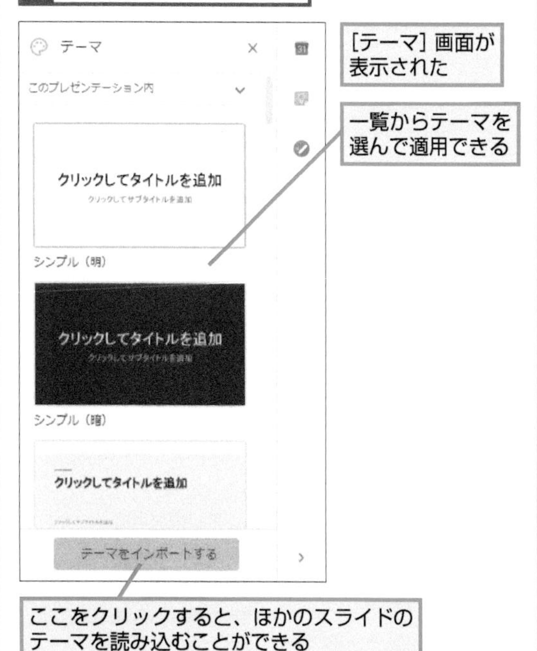

Q259 お役立ち度 ★★★

背景を変更するには

A 色の変更や画像の適用が可能です

以下の方法で［背景］画面を表示すると、スライドの背景の色を自由に設定したり、指定した画像を背景に利用したりできます。なお画像はパソコンからアップロードできるほか、Googleドライブに保存した画像も使えます。 ➡Googleドライブ……P.259

1 ［スライド］をクリック

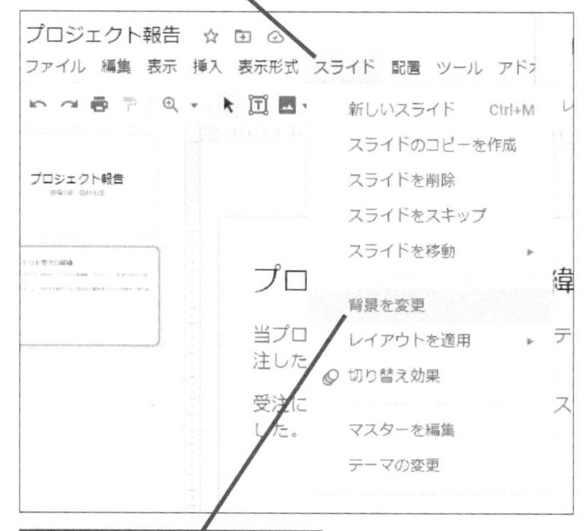

2 ［背景を変更］をクリック

［背景］画面が表示された

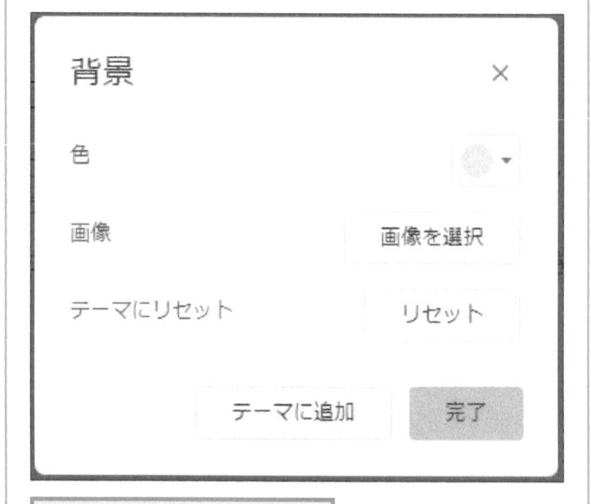

背景の色を変更したり画像を適用したりできる

Q260 お役立ち度 ★★★

オブジェクトを追加するには

A 図形を選択して挿入します

スライドでは、図形のオブジェクトとして基本図形や矢印、吹き出し、計算式などが用意されています。その中からいずれかを選び、スライド上でマウスをドラッグすると、選択した図形を描画することができます。また、テキストボックスも同様にスライドに追加できます。

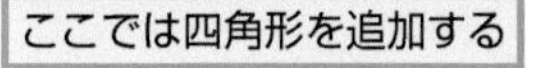

1 [挿入]をクリック

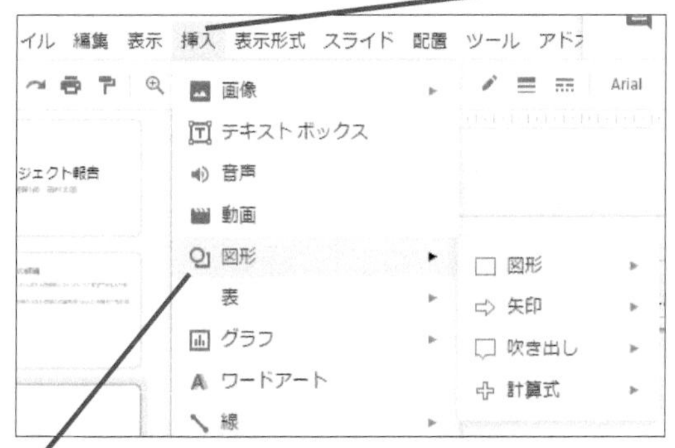

2 [図形]にマウスポインターを合わせる

4 [長方形]をクリック

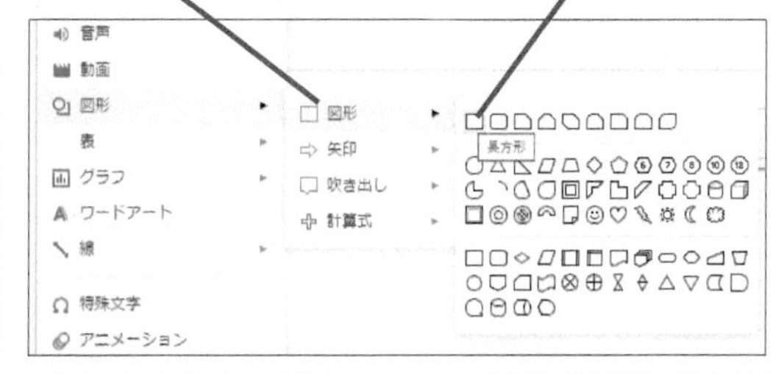

マウスカーソルの形が変わった

画面をドラッグして四角形を描画できる

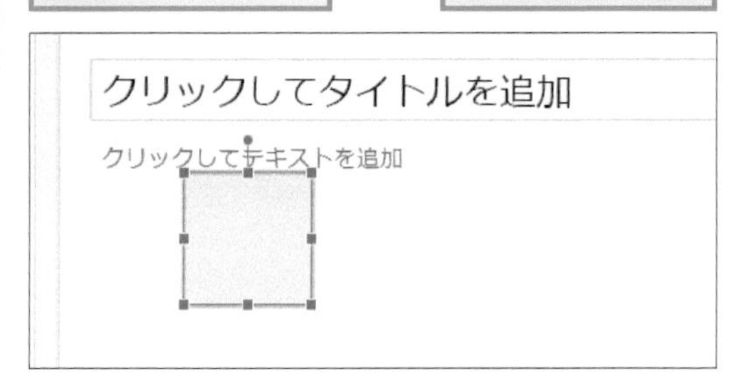

Q261 お役立ち度 ★★★

オブジェクトの書式を変更するには

A ツールバーで素早く変更可能です

オブジェクトを選択すると、書式を変更するための項目がツールバーに現れ、素早く書式を設定できます。また［書式設定オプション］を利用すれば、選択したオブジェクトのサイズや回転角度、位置などを数値で指定することが可能です。

●色や枠線を変更する

オブジェクトを選択しておく

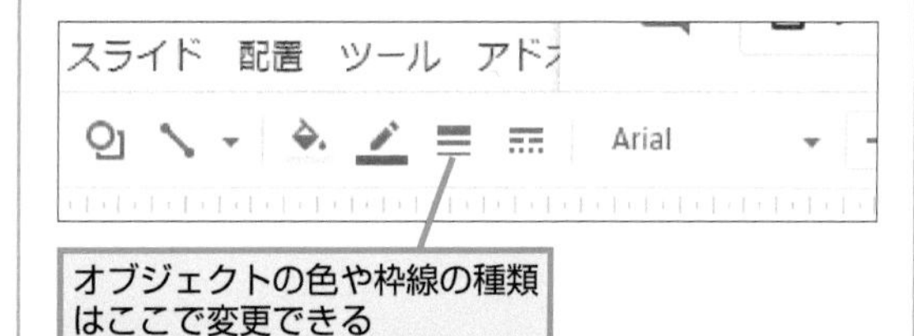

オブジェクトの色や枠線の種類はここで変更できる

●サイズや角度を変更する

1 [もっと見る]をクリック

2 [書式設定オプション]をクリック

[書式設定オプション] 画面が表示された

オブジェクトのサイズや角度などを詳しく設定できる

Q262 お役立ち度 ★★★

スライドを追加するには

A [新しいスライド] をクリックします

スライドの追加は、[スライド] メニューから [新しいスライド] を選択するか、画面左にあるスライド一覧を右クリックし、メニューから [新しいスライド] を選択します。また Ctrl + M キーでもスライドを追加することができます。

1 [スライド]をクリック

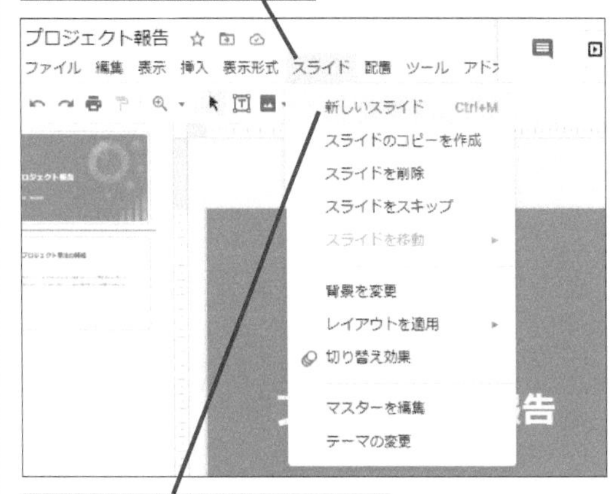

2 [新しいスライド]をクリック

新しいスライドが追加された

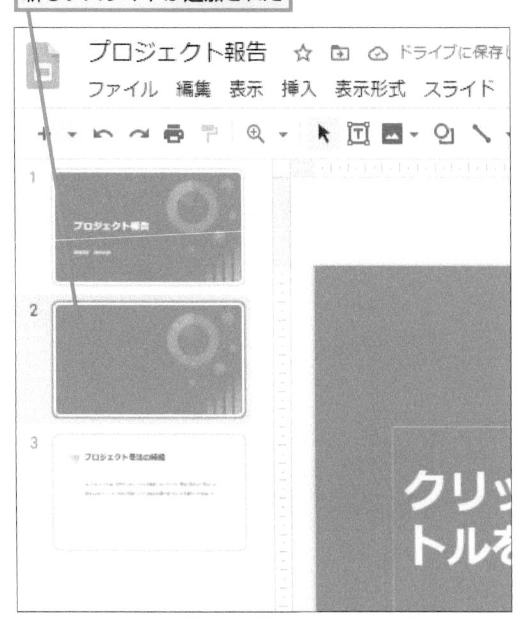

Q263 お役立ち度 ★★★

スライドのサイズを変更するには

A [ページ設定] で変更します

用紙サイズは縦横比で設定できます。初期設定は「ワイドスクリーン（16:9）」に設定されていますが、このほかに「標準（4:3）」と「ワイドスクリーン（16:10）」も選択可能です。また用紙サイズをセンチやインチ、ポイント、ピクセルで設定できる「カスタム」もあります。

1 [ファイル]をクリック

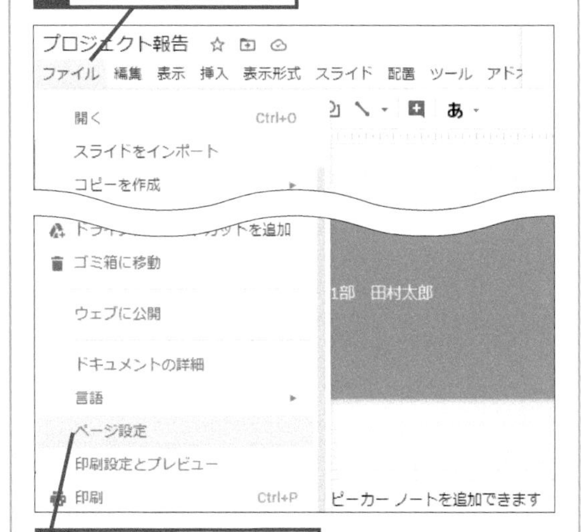

2 [ページ設定]をクリック

[ページ設定]画面が表示された

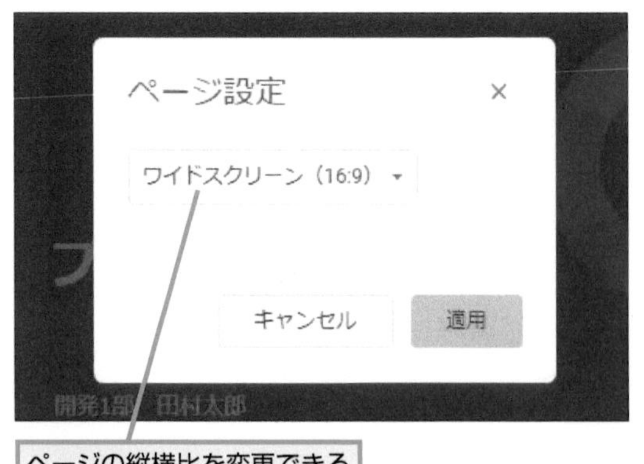

ページの縦横比を変更できる

ページの縦横比で[カスタム]を選ぶと、数値でサイズを指定できる

Q264 お役立ち度 ★★★

切り替え効果を追加するには

A [モーション画面] で追加します

切り替え効果は、スライドを切り替える際にアニメーション効果を設定できる機能です。具体的な効果としては、ディゾルブやフェード、左右からのスライドなどがあり、さらにアニメーションの速度を指定することも可能です。

➡切り替え効果……P.262

1 [スライド]をクリック

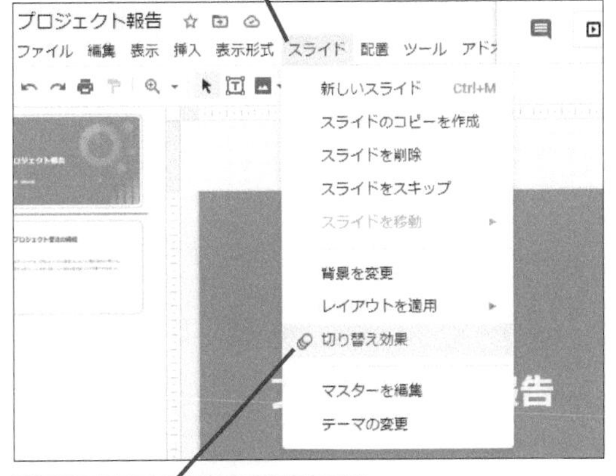

2 [切り替え効果]をクリック

[モーション]画面が表示された

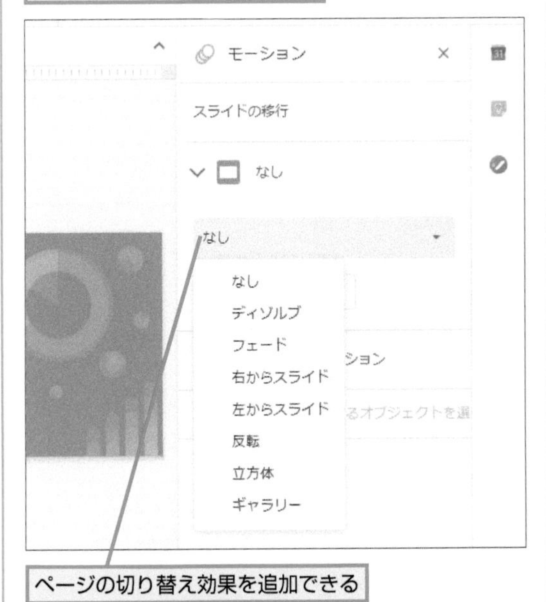

ページの切り替え効果を追加できる

Q265 お役立ち度 ★★★

アニメーションを追加するには

A オブジェクトにアニメーションを割り当てます

オブジェクトに対してアニメーションを割り当てることも可能で、出現や消失、フェードイン、フェードアウトなどの種類が用意されているほか、アニメーションを実行するタイミングも指定可能です。

オブジェクトを選択しておく

1 [挿入]をクリック

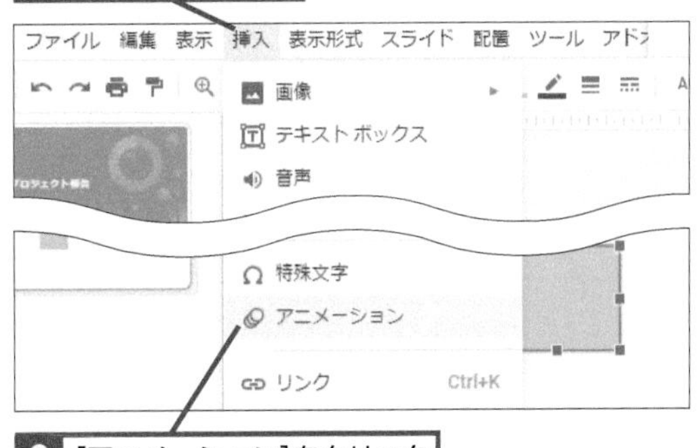

2 [アニメーション]をクリック

[モーション]画面が表示された

アニメーションを追加できる

Q266 お役立ち度 ★★★

プレゼンテーションを行うには

A [プレゼンテーションを開始] を選択します

[表示] メニューにある [プレゼンテーションを開始] をクリックするか、Ctrl+F5キーを押すと、作成したスライドが全画面表示になり、プレゼンテーションを行える状態になります。この状態でスペースキーを押すと次のスライドが表示されるほか、カーソルキーの左右でスライドを移動することも可能です。

1 [表示]をクリック

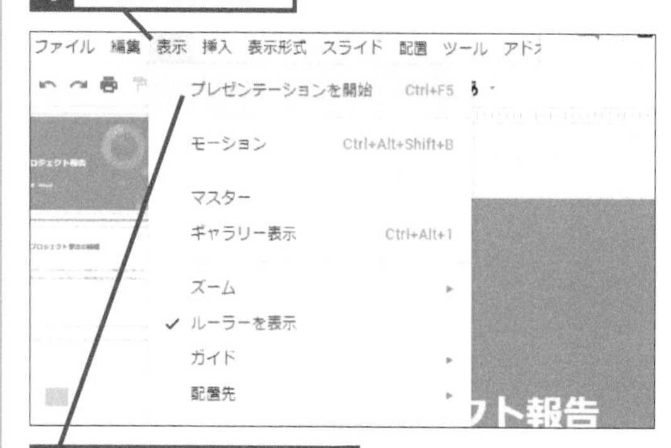

2 [プレゼンテーションを開始]をクリック

プレゼンテーションが始まった

Escキーを押すと全画面表示が終了する

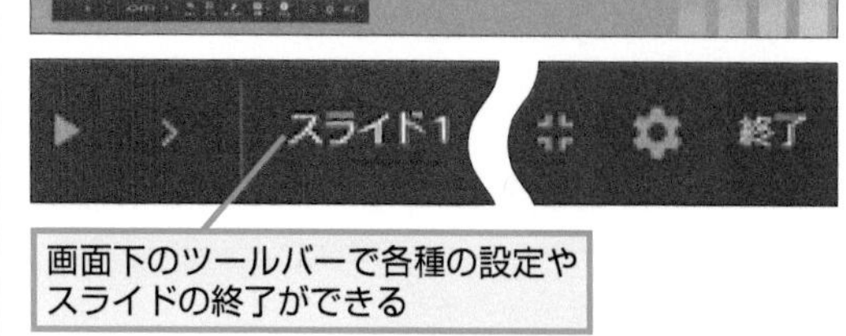

画面下のツールバーで各種の設定やスライドの終了ができる

Q267 お役立ち度 ★★★

発表者用の画面を表示するには

A [プレゼンター表示] 画面が使えます

発表者用の画面である [プレゼンター表示] を利用すると、前後のスライドや各スライドに記述したスピーカーノートを参照できます。また [ユーザーツール] で質問の受け付けを有効にすると、画面に表示されたURLで参加者からの質問を受け付けられます。

1 ここをクリック

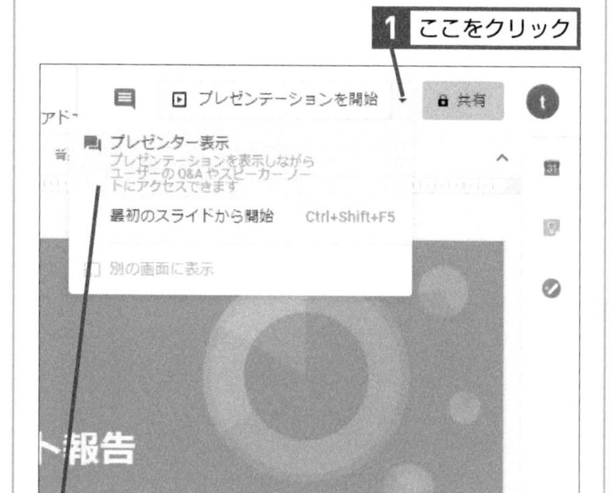

2 [プレゼンター表示]をクリック

プレゼンテーションの画面とは別に発表者用の画面が表示された

タイマーを利用したり、次のスライドの情報を確認したりすることが可能

共同編集などでチームの生産性を上げる

ドキュメントやスプレッドシート、スライドでは、効率的に作業を進めるための機能がいくつも搭載されています。スピーディに作業を進めるために、これらのワザを使いこなしましょう。

Q268 お役立ち度 ★★★

他の人とファイルを同時に編集するには

A あらかじめファイルを共有します

ドキュメントやスプレッドシート、スライドに共通する特長として、複数のユーザーで同時に編集できることが挙げられます。たとえばプロジェクトに関する資料を作成する際、各パートをそれぞれ異なる担当者が作成するといったとき、この仕組みを使えばほかの人の作業内容をチェックしつつ作業を進められるほか、それぞれが異なるファイルで文書を作成して最後に統合するなどといった手間がありません。積極的に使いたいワザの1つです。

●他のユーザーとファイルを共有する

ここではドキュメントを同時に編集する

編集するファイルを開いておく

1 [ファイル]をクリック

2 [共有]をクリック

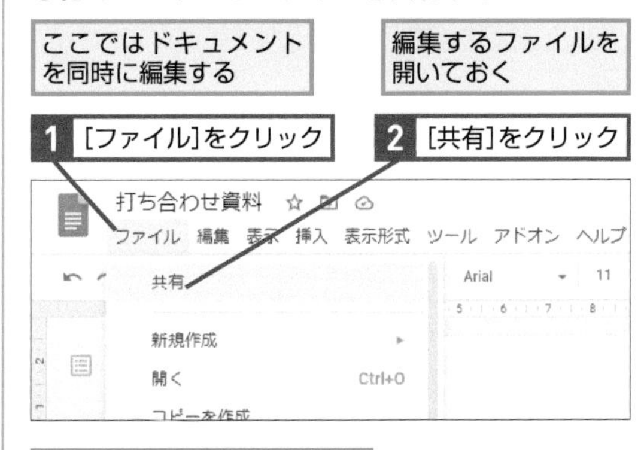

[ユーザーやグループと共有]画面が表示された

ワザ185を参考にユーザーを追加

3 [送信]をクリック

共有先にメールが送信される

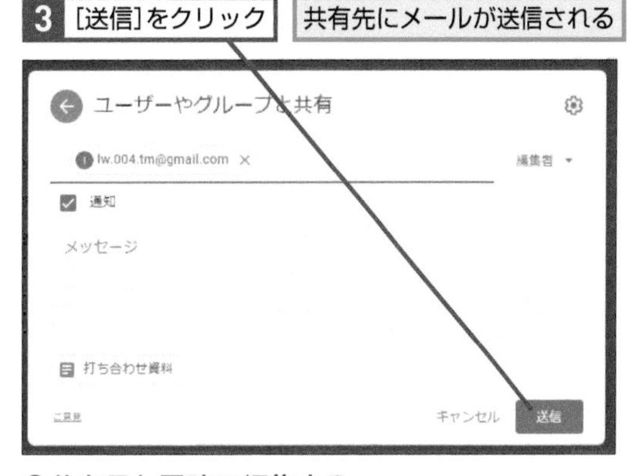

●共有元と同時に編集する

共有元からメールが届いた

1 [ドキュメントで開く]をクリック

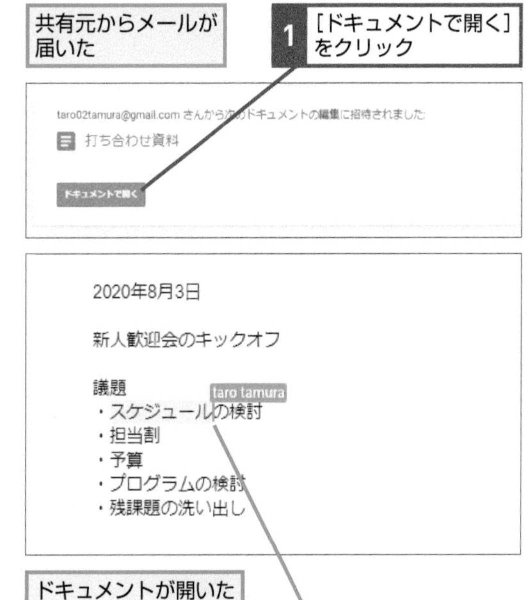

ドキュメントが開いた

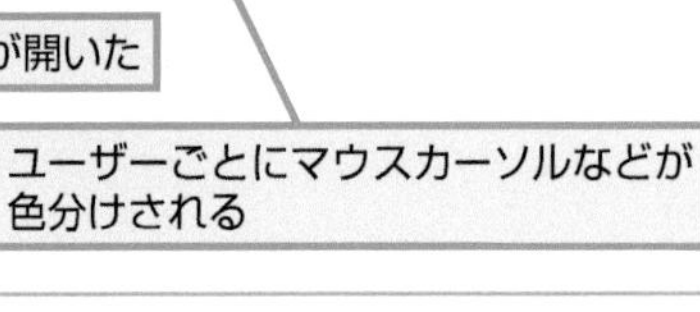

ユーザーごとにマウスカーソルなどが色分けされる

Q269 お役立ち度 ★★★

文書にコメントを入力するには

A コメントを挿入します

作成した文書に対して、コメントを挿入することも可能です。たとえば作成した文書を回覧する際、このコメントを利用して修正指示を行ったり、作成者に対して質問を行うなどといったことが可能になります。挿入されたコメントに対して返信することも可能で、文書に記述されている内容に対して、コメントでコミュニケーションすることも可能です。このワザも共同で作業する際に有効です。

●コメントを挿入する

コメントを挿入したい部分を選択しておく

議事
- プロジェクトのキックオフは9月1日に行う
- 担当割は鈴木さんが検討する
- 予算は稟議を出している最中

1 [挿入]をクリック

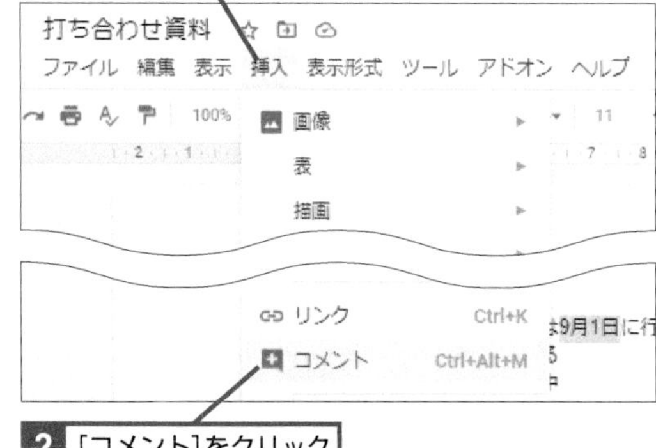

2 [コメント]をクリック

コメント用の画面が表示された

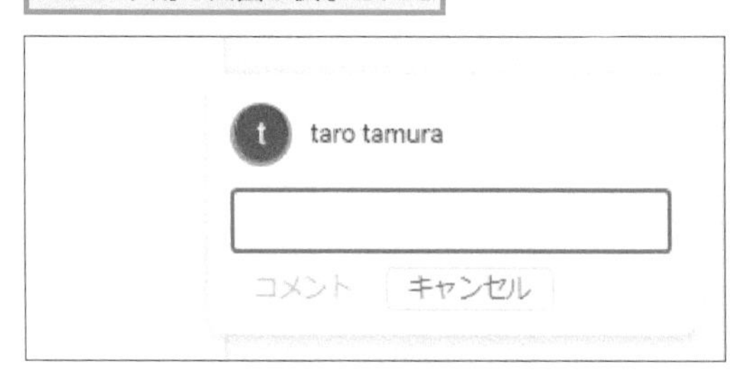

3 コメントを入力

4 [コメント]をクリック

コメントが挿入された

コメントを挿入した部分がハイライトされた

他のユーザーにも同様に表示される

議事
- プロジェクトのキックオフは9月1日に行う
- 担当割は鈴木さんが検討する
- 予算は稟議を出している最中

●コメントに返信する

1 [コメント]をクリック

2 返信を入力

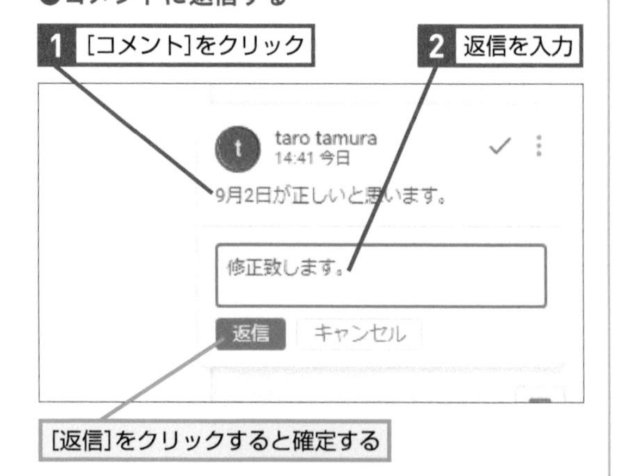

[返信]をクリックすると確定する

Q270 お役立ち度 ★★★

コメントの付いたファイルをコピーするには

A コピーの作成時にコメントもコピーします

ドキュメントやスプレッドシート、スライドで作成したファイルはコピーすることが可能なほか、オリジナルファイルに挿入されたコメントごとコピーすることもできます。オリジナルは残しつつ、コメントで指示された修正を行いたいなどといった場面で便利です。

コメント付きのファイルを開いておく

1 ［ファイル］をクリック

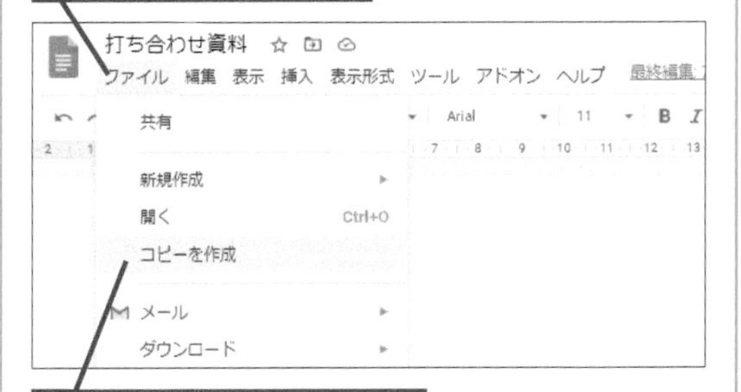

2 ［コピーを作成］をクリック

［ドキュメントをコピー］画面が表示された

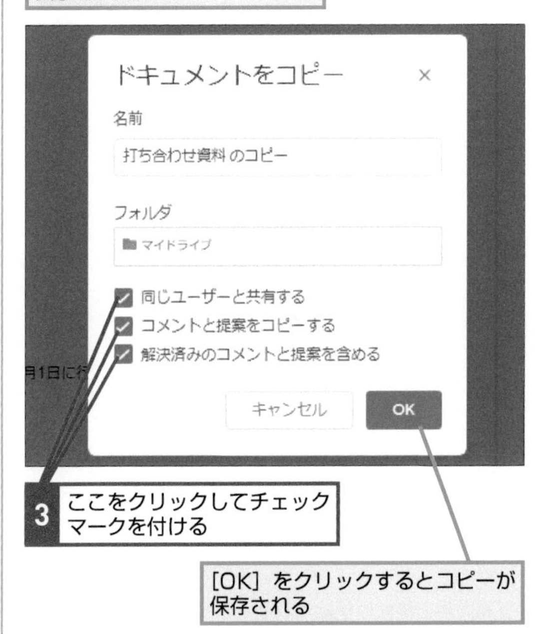

3 ここをクリックしてチェックマークを付ける

［OK］をクリックするとコピーが保存される

Q271 お役立ち度 ★★★

ステータスを確認するには

A ドキュメントのステータスを表示します

［ドキュメントのステータスを確認］をクリックすると、そのドキュメントの保存状態などを確認することが可能です。またワザ276で解説するオフラインでの編集の際、ステータスを確認することでオフラインでの編集可否を確認することができます。

1 ［ドキュメントのステータスを確認］をクリック

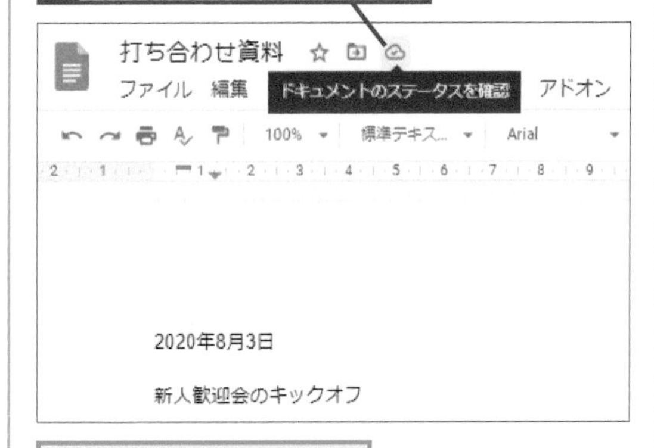

ドキュメントのステータスが表示された

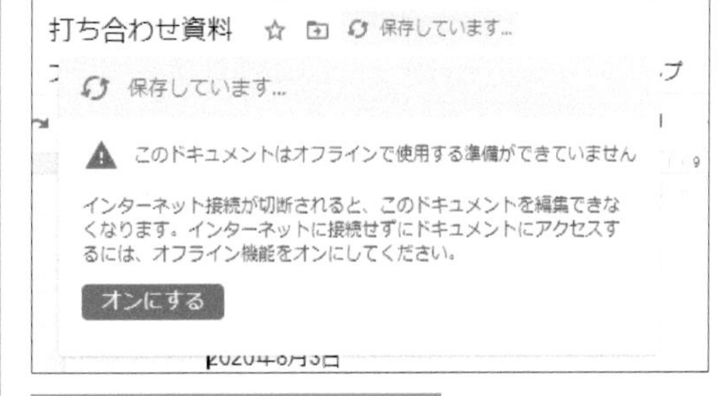

保存が終了すると以下のように表示される

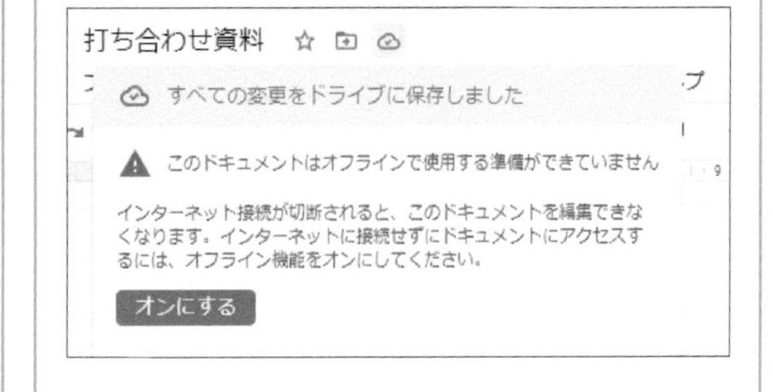

Q272 お役立ち度 ★★★

文書の修正や変更を提案するには

A 提案モードを利用します

ドキュメントやスプレッドシート、スライドで使える［提案モード］もユニークな機能です。これは文書をレビューする際、修正を「提案」として記録する仕組みであり、どこが修正されているのかがひと目で分かるほか、修正を受け入れるかどうかも選択できます。文書の回覧に役立つワザです。

共有ファイルの権限が［閲覧者（コメント可）］になっている

文中の「1日」を「2日」に変更する提案をしたい

1 「1日」を削除して「2日」と入力

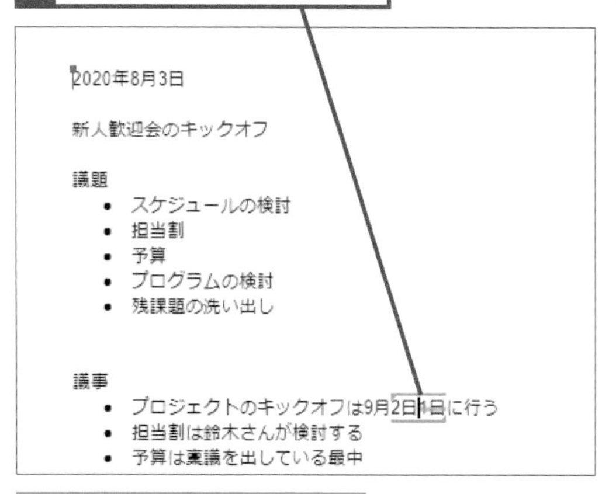

提案モードで文書が変更された

提案内容が別画面に表示された

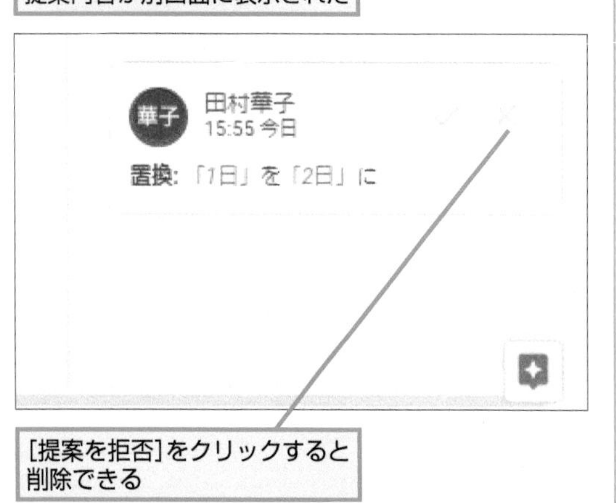

［提案を拒否］をクリックすると削除できる

Q273 お役立ち度 ★★★

提案された変更を承認するには

A ［提案を承認］をクリックします

提案モードで修正すると、別画面に提案内容が表示されます。それぞれの提案には［提案を承認］と［提案を拒否］のボタンがあり、承認すれば提案内容が文書に反映されます。この仕組みを利用し、1つずつ提案内容を確認しながら文書に反映しましょう。

共有先の閲覧者から変更の提案があった

別画面の提案内容を確認しておく

1 ［提案を承認］をクリック

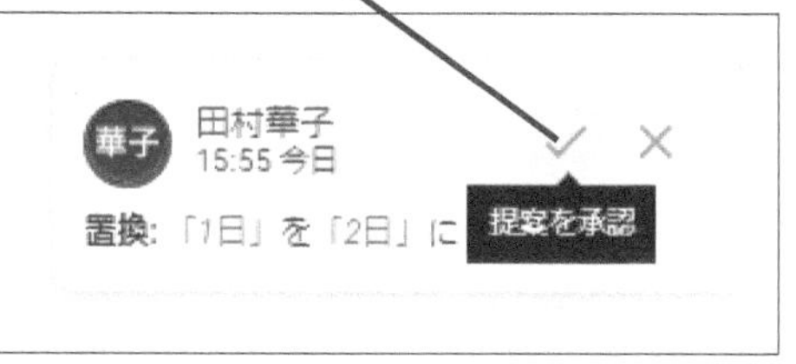

提案を承認した

該当箇所が提案どおりに変更された

2020年8月3日

新人歓迎会のキックオフ

議題
- スケジュールの検討
- 担当割
- 予算
- プログラムの検討
- 残課題の洗い出し

議事
- プロジェクトのキックオフは9月2日に行う
- 担当割は鈴木さんが検討する
- 予算は稟議を出している最中

提案内容の画面は削除される

Q274 お役立ち度 ★★★

ファイルを前のバージョンに戻すには

A 変更履歴を利用します

ドキュメントやスプレッドシート、スライドでファイルを編集すると、以前の内容が変更履歴として保存されます。編集したファイルを元に戻したい、あるいは間違えて内容を書き換えてしまった場合は、この仕組みを使えば以前の内容に素早く戻せます。

1 [ファイル]をクリック

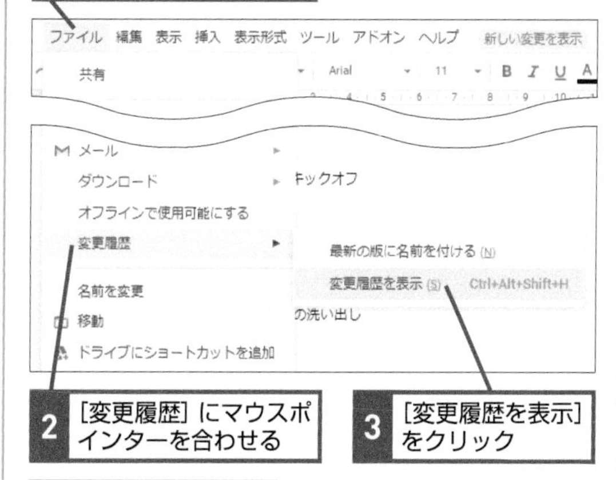

2 [変更履歴] にマウスポインターを合わせる

3 [変更履歴を表示]をクリック

変更履歴が表示された

4 復元したいバージョンをクリック

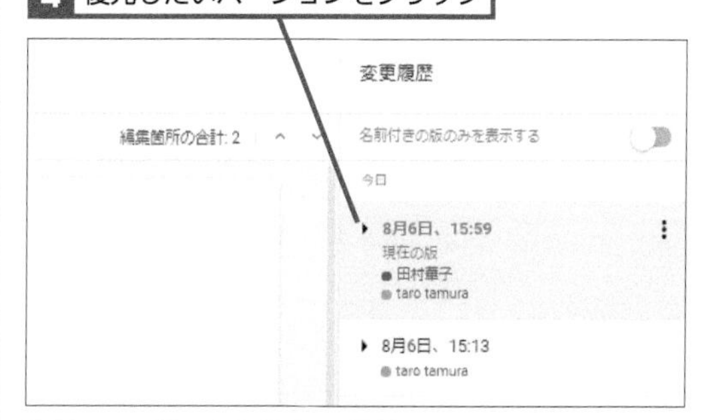

古いバージョンが表示された

[この版を復元]をクリックするとファイルの内容が変更される

Q275 お役立ち度 ★★★

最新バージョンを分かりやすく保存するには

A 最新の版に名前を付けることができます

それぞれのバージョンの変更内容を分かりやすくするために、変更履歴には最新版に名前を付ける機能が用意されています。これを利用し、編集内容が分かるような名前を付けておけば、変更履歴で目的のバージョンを探しやすくなるでしょう。

1 [ファイル]をクリック

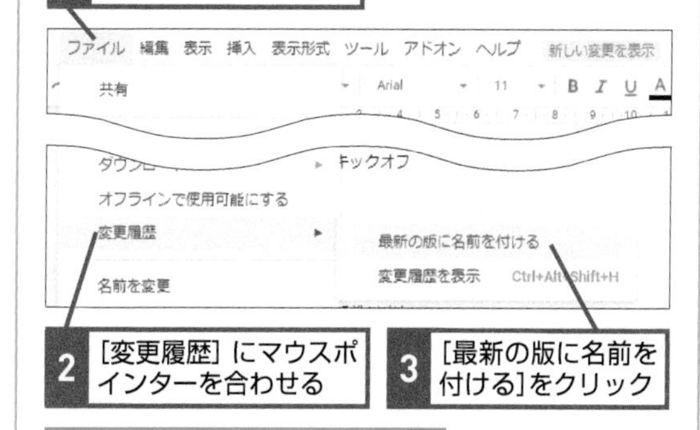

2 [変更履歴] にマウスポインターを合わせる

3 [最新の版に名前を付ける]をクリック

[最新の版に名前を付ける]画面が表示された

4 名前を入力

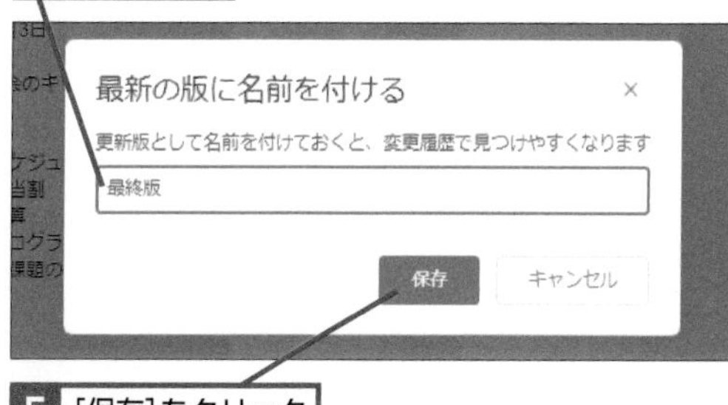

5 [保存]をクリック

版の名前が表示された

Q276 お役立ち度 ★★★

オフラインで編集するには

A オフラインモードを有効にします

Google Chromeの機能拡張である「Googleオフラインドキュメント」を使うと、ドキュメントやスプレッドシート、スライドで作成したファイルをインターネットに接続されていない環境でも編集することができます。これを利用してオフラインモードを有効にしておけば、インターネットに接続されていなくてもGoogle Chromeを使って文書を編集できます。なおオフライン時に編集した内容はパソコンに一時的に保存され、インターネットに接続するとGoogleドライブに保存されます。

➡Googleドライブ……P.259

●オフラインモードを設定する

ワザ040を参考にChromeの拡張機能に「Googleオフラインドキュメント」を追加しておく

▼Googleオフラインドキュメント
https://chrome.google.com/webstore/detail/google-docs-offline/ghbmnnjooekpmoecnnnilnnbdlolhkhi

Google オフライン ドキュメント
提供元: google.com
★★★★★ 3,319 | 仕事効率化 | ユーザー数: 10,000,000+ 人
By Google

Googleドライブの［設定］-［設定］をクリックしておく

アップロードしたファイルを Google ドキュメント エディタ形式に変換します
言語設定を変更
オフラインでも、このデバイスで Google ドキュメント、スプレッドシート、スライドのファイルの作成や最近使用したファイルの閲覧と編集が可能です
公共のパソコンや共有パソコンでの使用はおすすめしません。詳細
標準

1 ここをクリック

オフラインモードが有効になった

●オフラインでファイルを編集する

オフラインでファイルを開くと下記のように表示される

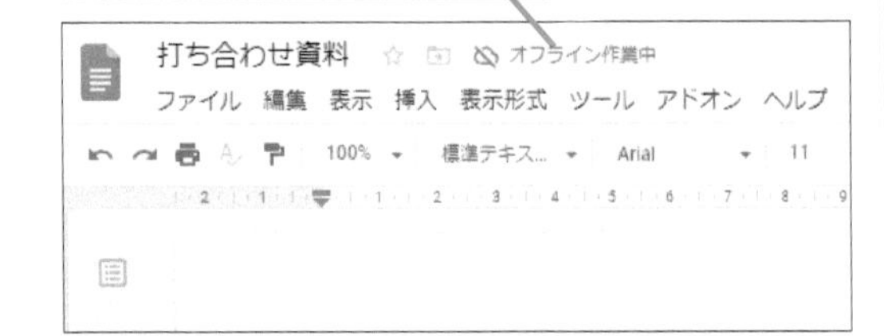

ファイルに変更を加えると下記のように表示が変化する

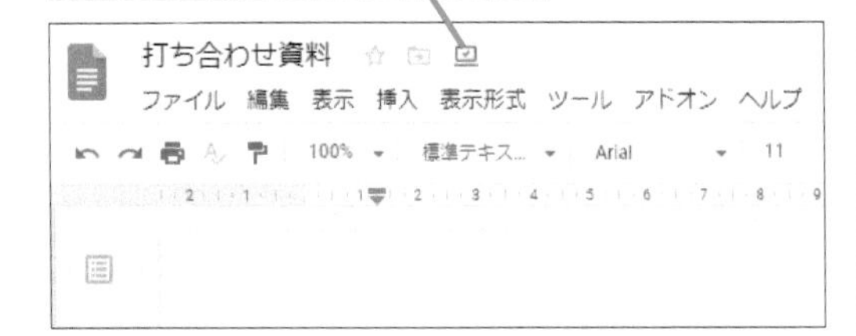

1 ここをクリック

変更内容がパソコンに一時保存されている

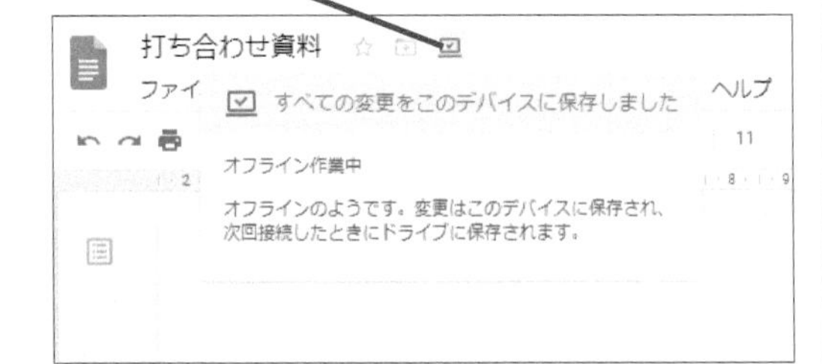

インターネットに再接続すると自動的にドライブに保存される

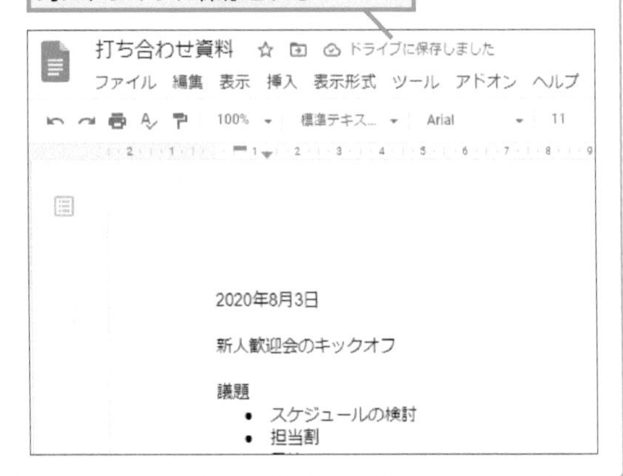

Q277　お役立ち度 ★★★

動画で見る

Officeファイルをダイレクトに編集するには

A プレビューからGoogleの各アプリで開くことができます

ドキュメントおよびスプレッドシート、スライドは、それぞれWordやExcel、PowerPointのファイルをインポートして編集することが可能ですが、Googleドライブに保存されているそれらのファイルを素早く編集したいのであれば、ファイルのプレビュー画面からGoogleの各アプリで開くワザを覚えておきましょう。事前にGoogleドライブにアップロードしておく必要はありますが、ファイルをインポートして編集するよりも手間を省いてGoogleアプリで編集することが可能です。

➡Googleドライブ……P.259

●Officeファイルをプレビューする

Googleドライブにファイルをアップしておく

1 ファイルをダブルクリック

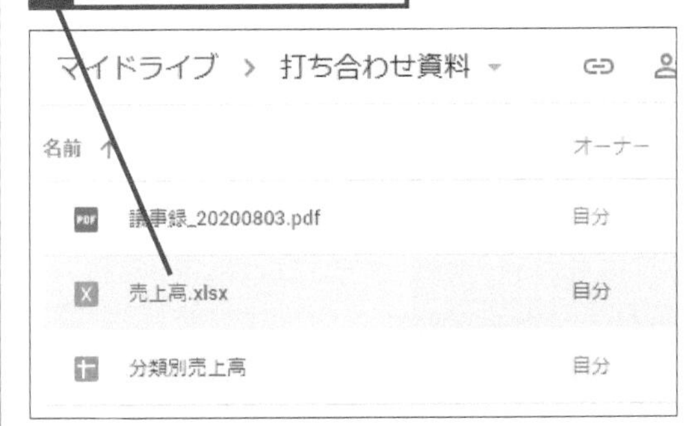

ファイルがプレビューされた

ファイルの閲覧や共有ができる

売上高.xlsx

	A	B	C	D
1	部門	小分類	当期売上	前期売上
2	ファブリック	カバー	700	600
3	ファブリック	マット	590	560
4	ファブリック	クッション	750	780
5	キャラクター	ぬいぐるみ	100	110
6	キャラクター	バッグ	1340	1240
7	キャラクター	文房具	550	540
8			4030	3830
9				

●Googleアプリで開く

1 [Googleスプレッドシートで開く]をクリック

スプレッドシートでファイルが表示された

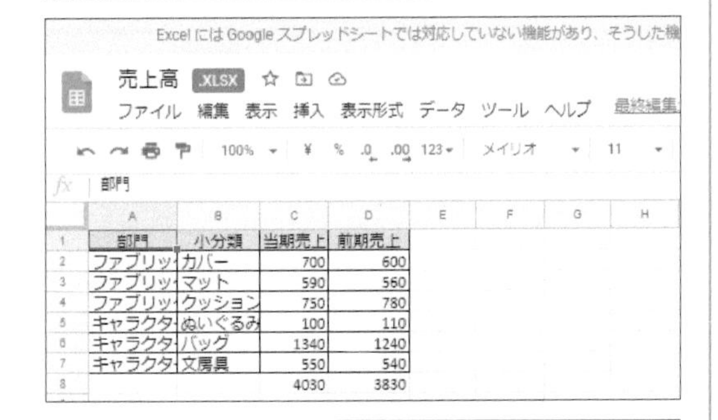

2 [詳細を表示]をクリック

集された箇所に変更を加えても反映されません　詳細を表示

共有

互換性についての注意が表示された

この Excel スプレッドシートの一部の機能は、Google スプレッドシートでは対応していません

編集を続行すると、ファイル内の次の機能が削除されるか、別の機能に置き換えられます。完全な Office 機能が備わった元のファイルには、[ファイル] > [変更履歴] からいつでもアクセスできます

SmartArt は削除されます

ヘルプ　OK

第9章 GoogleハングアウトとMeetの便利ワザ

ハングアウトでコミュニケーションする

テレワークにおいて、特に問題となりやすいのがコミュニケーション不足でしょう。それを解決するためのツールとして活用したいGoogleのサービスが「ハングアウト」です。

注意 2022年3月以降、ハングアウトに代わって「Google Chat」が使用されるようになりました

Q278 お役立ち度 ★★★

ハングアウトを使うには

A ［Googleアプリ］から［ハングアウト］を選択します

ハングアウトは、複数人でのオンライン会議や1対1での通話、テキストでのメッセージのやり取りが可能なコミュニケーションツールです。テレワーク中であっても、ハングアウトを使えば気軽に会議や打ち合わせが行えます。

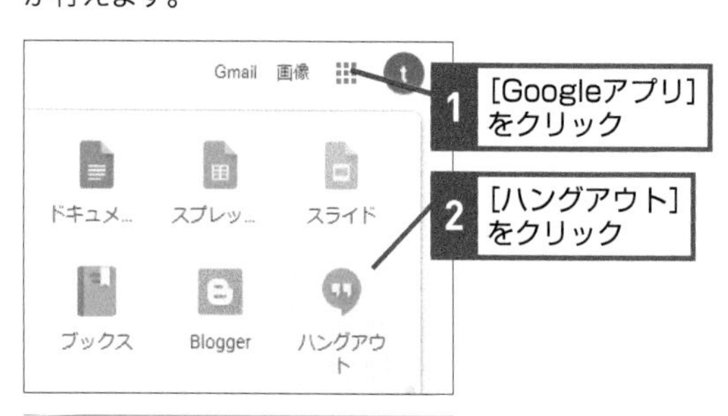

Googleハングアウトが起動した

Q279 お役立ち度 ★★★

ハングアウトの使い分けを教えて

A 3つの機能を選んで使います

ハングアウトには、ビデオ通話に使用する「ビデオハングアウト」、音声でコミュニケーションする「通話」、そしてテキストでチャットできる「メッセージ」の3つの機能があります。まず、このいずれかのアイコンをクリックしましょう。

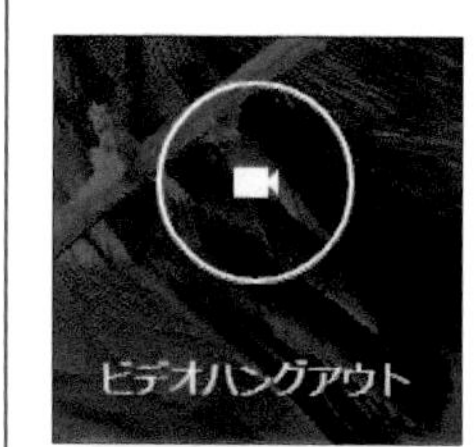

◆ビデオハングアウト
ビデオ通話に使用する。ビデオは表示せずに音声のみでやり取りもできる

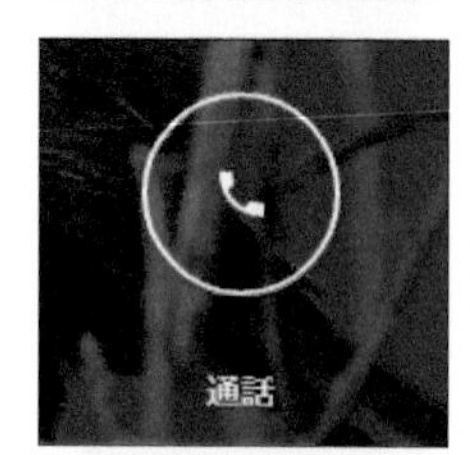

◆通話
インターネットを使って電話のように通話ができる。固定電話や携帯電話とも通話ができる

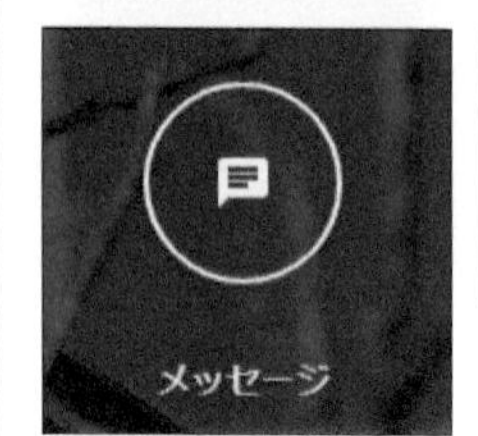

◆メッセージ
短いメッセージを送受信できる。メッセージは専用の小さいウィンドウに表示される

Q280 お役立ち度 ★★★

ハングアウトに他のユーザーを招待するには

A メッセージを送って承諾してもらいます

ハングアウトでコミュニケーションするには、まず相手のユーザーを招待し、それに承諾してもらう必要があります。相手の名前やメールアドレス、電話番号を入力すると候補が表示されるので、間違えないように相手を選び、メッセージを送信しましょう。相手が招待メッセージにある［承諾］をクリックすれば、その後は通話の機能を使ってインターネットを介して音声で会話したり、テキストメッセージをやり取りできるようになります。

●招待メッセージを送信する

ワザ278を参考にGoogleハングアウトを起動しておく

1 ［新しい会話］をクリック

2 連絡先のメールアドレスを入力

ユーザーが一覧に表示された

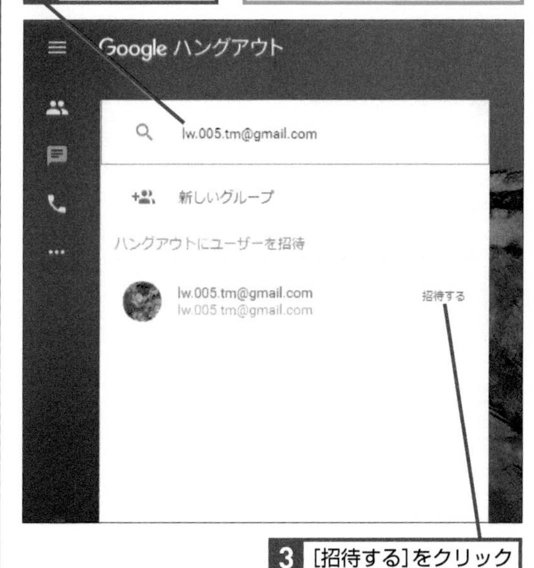

3 ［招待する］をクリック

初めて会話する場合は相手の承諾が必要になる

4 メッセージを入力

5 ［送信］をクリック

招待メッセージが送信された

●招待メッセージを承諾する

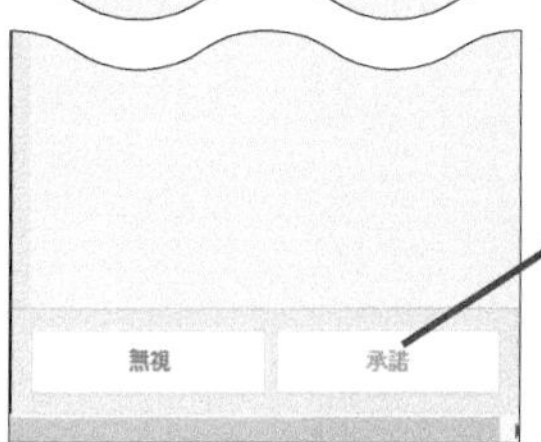

Googleハングアウトを起動しておく

1 ［承諾］をクリック

Googleハングアウトが開始する

Q281 お役立ち度 ★★★

メッセージを送信するには

A 相手とのチャットボックスを表示しておきます

ハングアウトでは、相手のユーザーごとにチャットボックスがあり、「メッセージを送信」と書かれた領域をクリックしてメッセージを入力します。入力が終わったら［Enter］キーを押せば相手にメッセージを送れます。

Q282 お役立ち度 ★★★

会話をアーカイブするには

A オプションの［会話をアーカイブ］をクリックします

ハングアウトのメッセージには、過去の会話をアーカイブしておく機能があります。チャットボックスの中に表示しておく必要がなければ、アーカイブすれば非表示にすることができます。なおアーカイブしても、会話は削除されません。

➡アーカイブ……P.260

1 ここをクリック

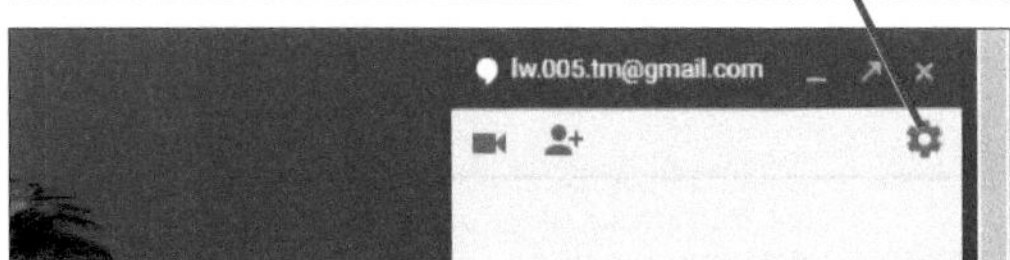

［オプション］画面が表示された

2 ［会話をアーカイブ］をクリック

会話がアーカイブされ、非表示になった

通知や履歴の設定を変更した場合は［OK］をクリックする

Q283 お役立ち度 ★★★

アーカイブした会話を確認するには

A [アーカイブ済みハングアウト] を表示します

[設定]にある[アーカイブ済みハングアウト]をクリックすると、アーカイブした会話が現れます。ここでいずれかの会話を選択すると、その会話を表示するウィンドウが現れます。アーカイブした過去の会話をもう1度確認したいといった場合、この方法でアーカイブを確認しましょう。このように、アーカイブした会話はいつでも参照することが可能なため、やり取りがなくなった場合はアーカイブして整理しておくとよいでしょう。 ➡アーカイブ……P.260

●アーカイブした会話を確認する

1 [メニュー]をクリック

メニュー画面が表示された

2 [設定]をクリック

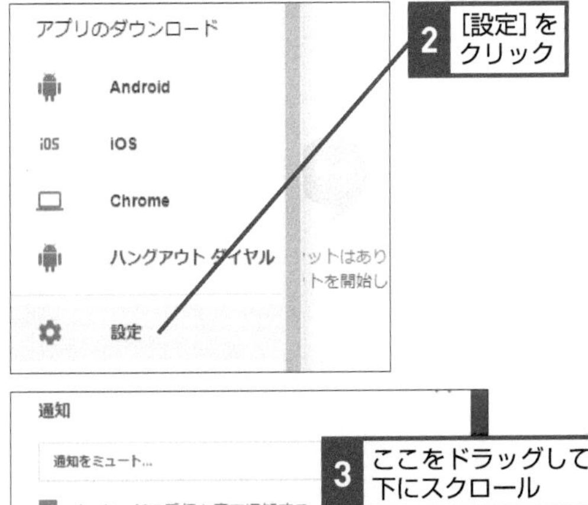

3 ここをドラッグして下にスクロール

4 [アーカイブ済みハングアウト]をクリック

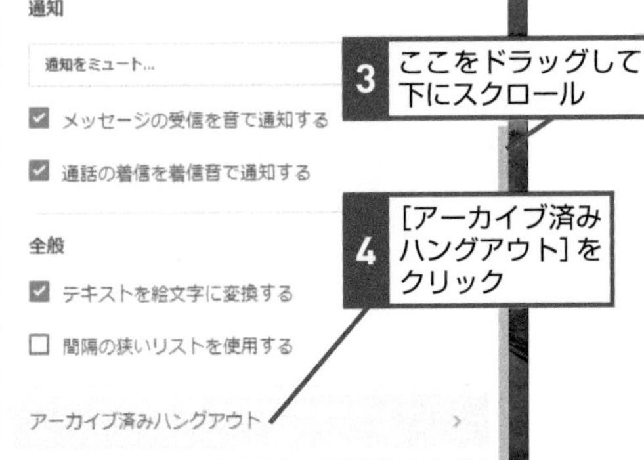

アーカイブ済みのハングアウトが一覧表示された

5 確認したい会話をクリック

●会話のアーカイブを解除する

アーカイブした会話を表示しておく

1 ここをクリック

[オプション]画面が表示された

2 [会話のアーカイブを解除]をクリック

会話のアーカイブが解除される

Google Chrome
Googleマップ
Gmail
Googleカレンダー
Googleドライブ
ドキュメント
スプレッドシート
スライド
ハングアウトとMeet
アカウント・セキュリティ
便利なアプリ
スマホ連携

Q284 お役立ち度 ★★★

会話を削除するには

A オプションで［会話を削除］をクリックします

会話を残しておきたくない場合は削除することが可能です。削除するには［オプション］画面を表示した上で、［会話を削除］をクリックします。ただし、会話を削除しても、相手は会話を引き続き参照することが可能です。

ワザ283を参考に削除したい会話の［オプション］画面を表示しておく

1 ［会話を削除］をクリック

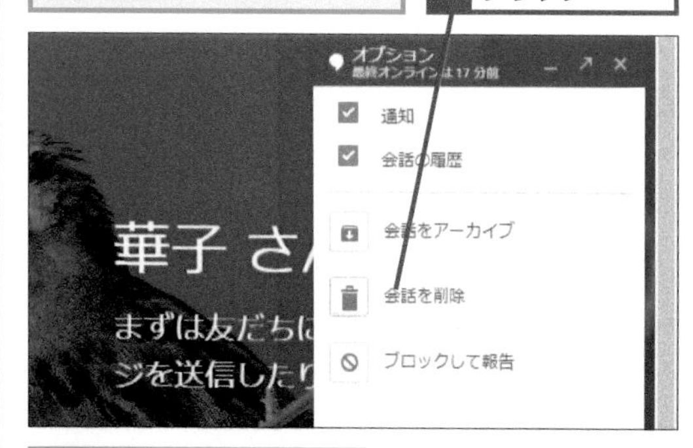

削除についての注意が表示された

2 ［削除］をクリック

Q285 お役立ち度 ★★★

複数のユーザーでチャットするには

A まずグループを作成します

ハングアウトのチャットは、1対1だけでなく、複数のユーザーで行うことも可能で、そのためにはまずグループを作成する必要があります。なおグループに参加できる最大ユーザー数は150人です。部署やプロジェクトチームでグループを作成しておくとよいでしょう。

ワザ280を参考に［新しい会話］をクリックしておく

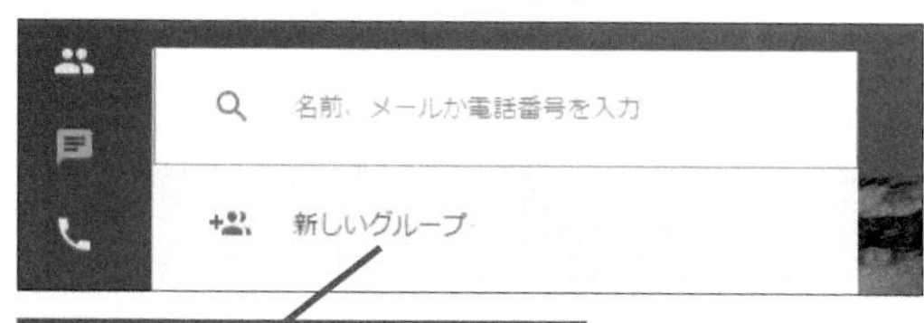

1 ［新しいグループ］をクリック

新しいユーザーを追加する場合はここにアドレスを入力する

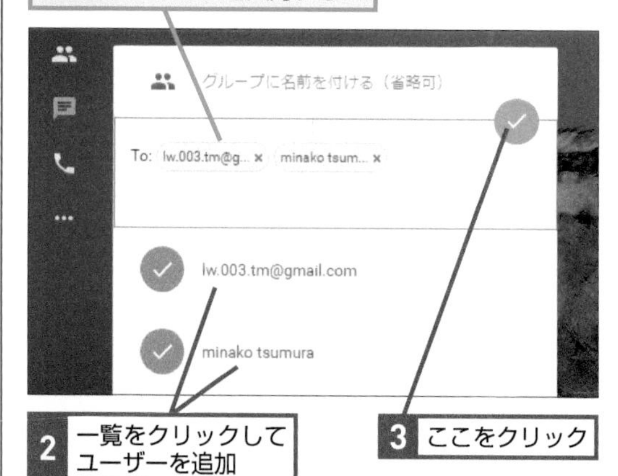

2 一覧をクリックしてユーザーを追加

3 ここをクリック

グループ用のメッセージ画面が表示された

Q286 お役立ち度 ★★★

写真を送るには

A チャットボックスから写真を送れます

ハングアウトの会話中に、写真などの画像ファイルを送ることもできます。パソコンから画像ファイルをアップロードして送信できるほか、Googleフォトにアップロードされている写真の中から送信するファイルを選ぶことも可能です。 ➡Googleフォト……P.260

会話を開始しておく

1 [写真を添付]をクリック

写真を選択する画面が表示された

2 写真をドライブから選択するかパソコンからアップロードする

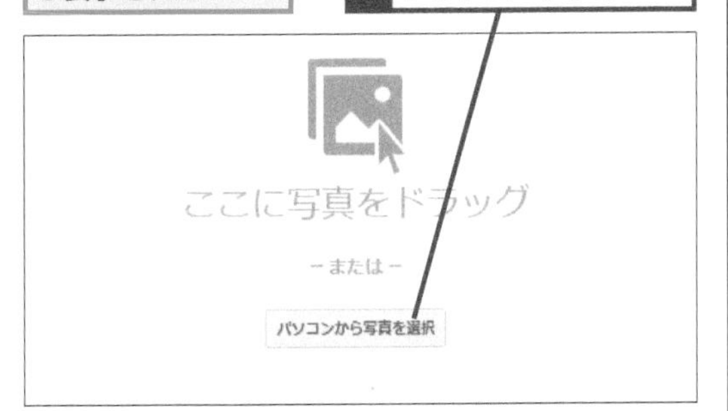

メッセージ画面にプレビューが表示された

3 [添付ファイルを送信]をクリック

写真が送信される

Q287 お役立ち度 ★★★

ビデオハングアウトを始めるには

A 他のユーザーを招待するか、招待されたビデオハングアウトに参加します

映像や音声でコミュニケーションするための機能がビデオハングアウトです。利用するには、他のユーザーを招待して参加してもらうか、相手からの招待を受けて参加します。なおマイクとカメラの使用について許可が求められたら［許可］をクリックしましょう。

●他のユーザーを招待する

会話を開始しておく

1 ここをクリック

相手にハングアウトのリクエストが送られる

●ビデオハングアウトに参加する

他のユーザーから招待を受けた

1 ここをクリック

パソコンのマイクとカメラの使用許可を求める画面が表示された

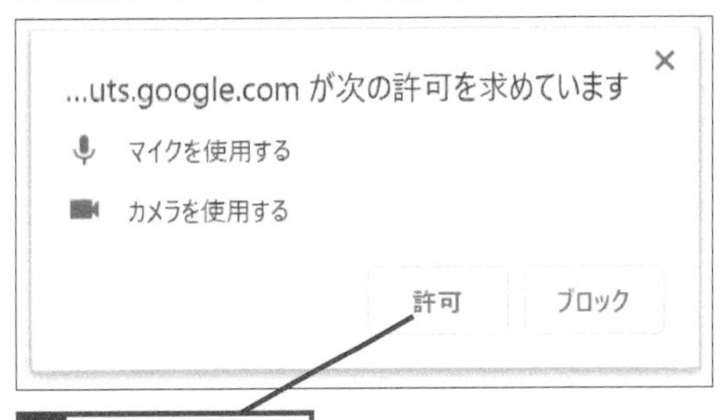

2 [許可]をクリック

ビデオハングアウトが開始される

Q288　お役立ち度 ★★★

自分の画面を相手にも見てもらうには

A ［画面を共有］を利用します

作成した資料を見ながら打ち合わせを行いたいといったとき、便利なのが画面共有の機能です。これを利用すれば、自分のパソコンの全画面、あるいは特定のウィンドウの内容を相手にも表示することが可能で、全員で同じ資料を見ながらオンライン会議ができます。

ワザ287を参考にビデオハングアウトを開始しておく

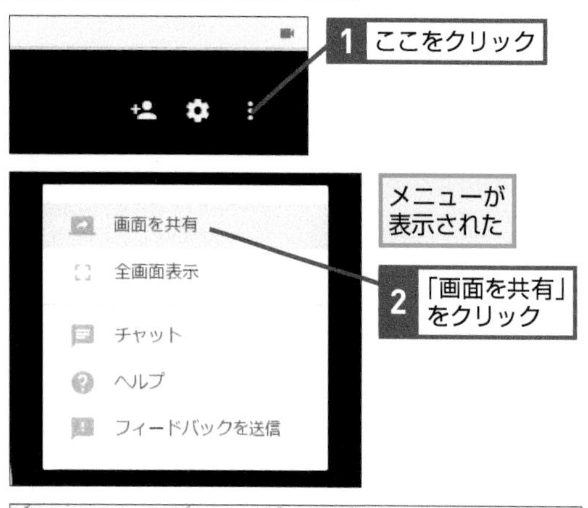

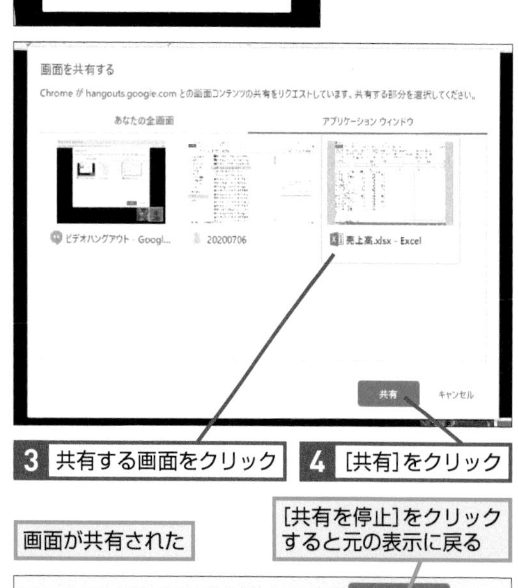

Q289　お役立ち度 ★★★

マイクやカメラを一時的に停止するには

A マイクをミュート、あるいはビデオを停止します

オンライン会議において、自分、あるいは他の参加者のマイクが拾うノイズが気になるケースがります。これを防ぐために有効なのがマイクのミュートです。発言していないときはマイクをミュートしておくとノイズを抑えられます。またビデオも一時停止できます。

ワザ287を参考にビデオハングアウトを開始しておく

●マイクをミュートする

1 ここをクリック

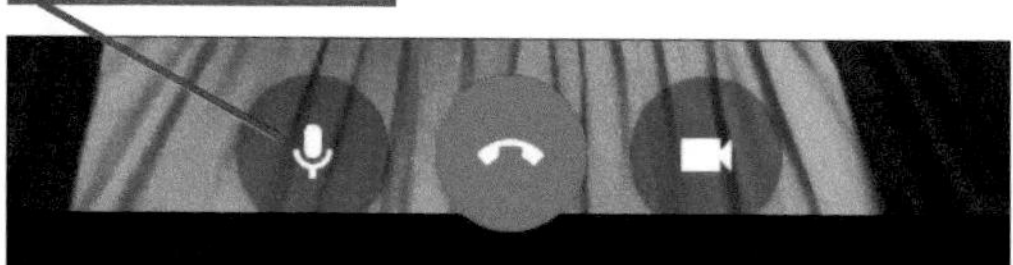

マイクがミュートされた

ここをクリックするとミュートを解除できる

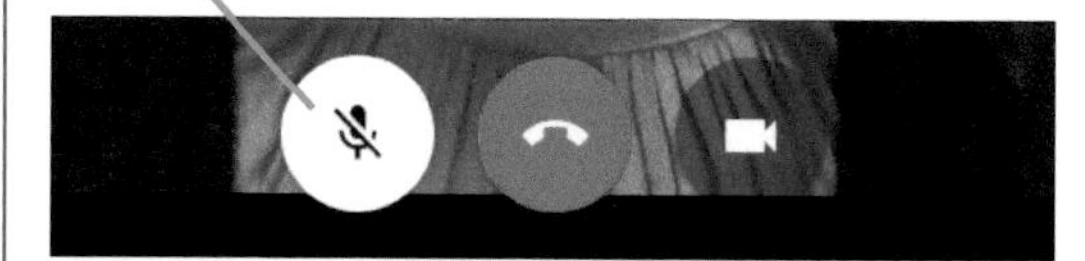

●ビデオを停止する

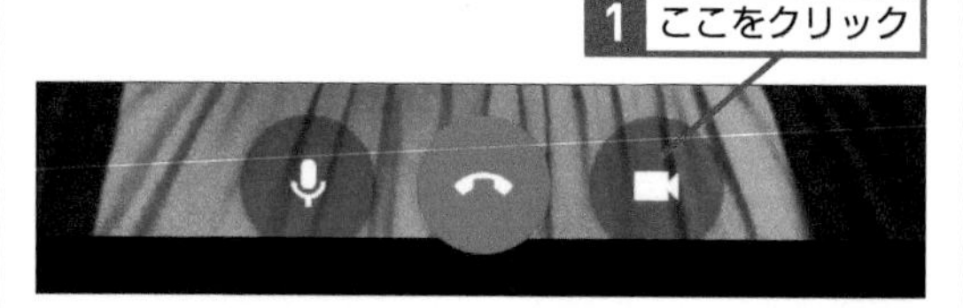

ビデオが停止した

ここをクリックするとビデオを再開できる

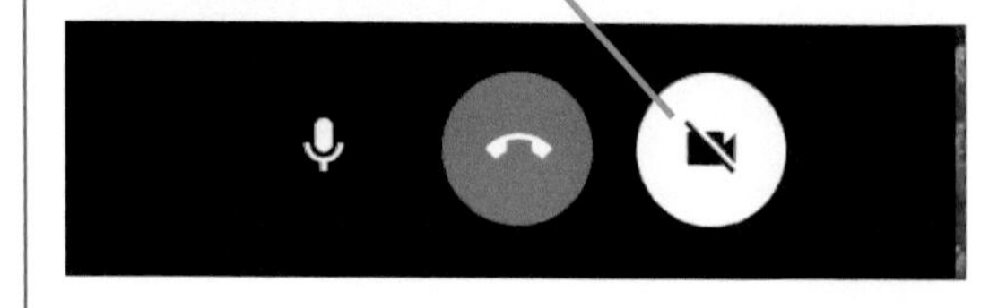

Q290 お役立ち度 ★★★

通話中にメッセージを送信するには

A 通話中もチャットできます

ビデオハングアウトでオンライン会議を行っているときでも、テキストメッセージを送受信することが可能です。たとえば会議資料を共有したいとき、その共有URLをチャットで送信するなどといった使い方をすると便利です。

ワザ287を参考にビデオハングアウトを開始しておく

1 ここをクリック

メッセージを入力する画面が表示された

2 メッセージを入力

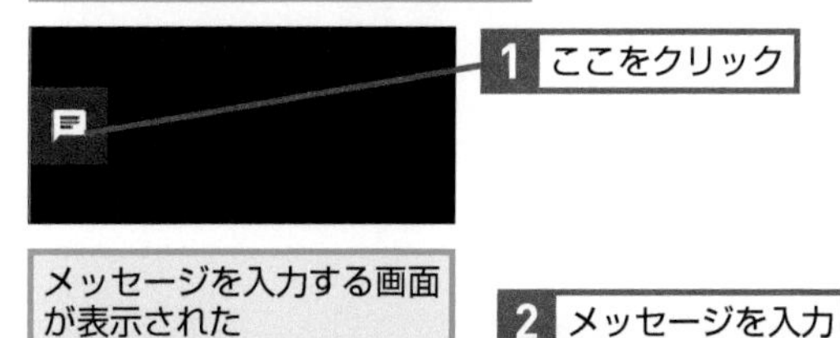

3 ここをクリック

参加者全員にメッセージが送信された

数秒で非表示になる

4 ［メッセージを表示］をクリック

メッセージの履歴が表示された

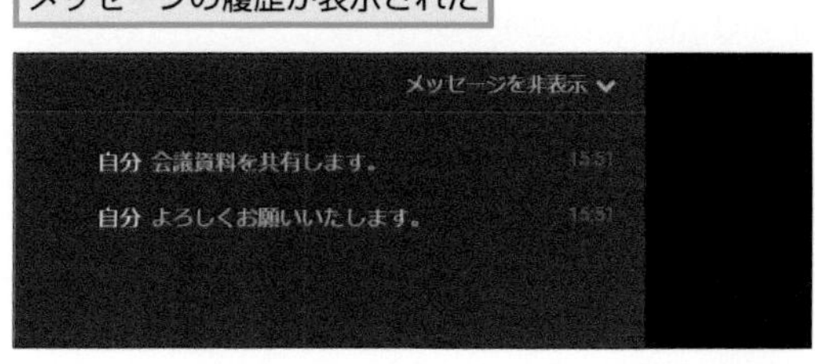

Q291 お役立ち度 ★★★

通話に他のユーザーを招待するには

A 参加してほしいユーザーにリクエストを送信します

オンライン会議を行っているとき、参加していない人の意見を聞きたいケースがあります。その際、［他のユーザーを招待］で名前やメールアドレスを入力すれば、実施中のオンライン会議への参加を依頼できます。

ワザ287を参考にビデオハングアウトを開始しておく

1 ここをクリック

［他のユーザーを招待］画面が表示された

2 メールアドレスを入力

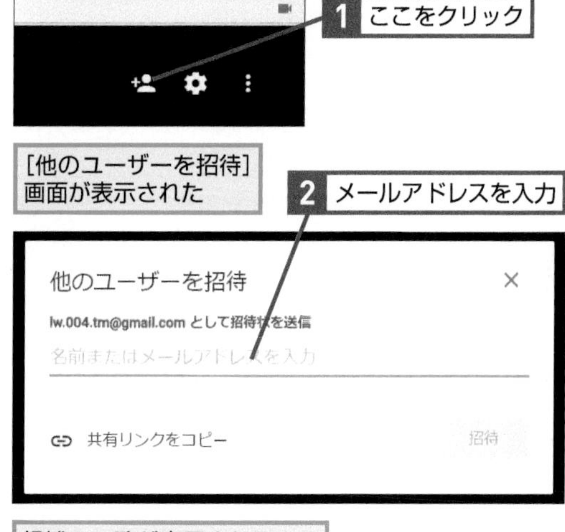

候補の一覧が表示されるのでクリックして選択する

招待するユーザーが確定された

ここをクリックして他のユーザーも追加できる

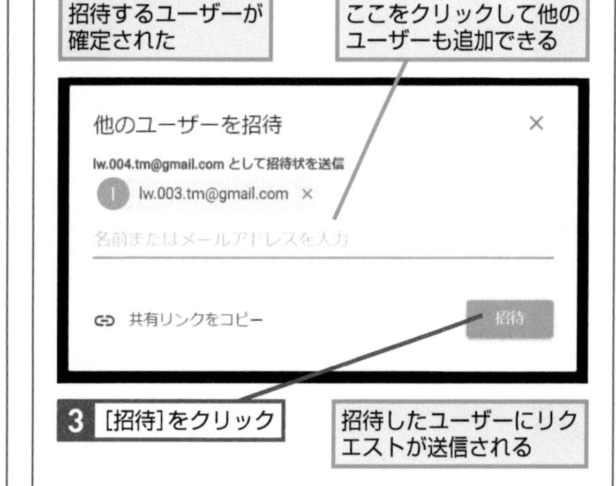

3 ［招待］をクリック

招待したユーザーにリクエストが送信される

Q292 お役立ち度 ★★★

マイクやスピーカーを変更するには

A 設定画面で選択します

オンライン会議で利用するビデオカメラやマイク、スピーカーは設定画面で変更できます。複数のマイクとスピーカーがパソコンに接続されている場合、利用したいデバイスになっているかを事前に確認しておきましょう。

➡デバイス……P.264

ワザ287を参考にビデオハングアウトを開始しておく

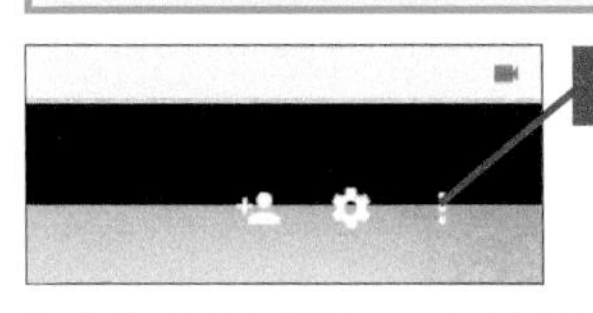

1 ここをクリック

設定画面が表示された

カメラ、マイク、スピーカーを設定できる

［帯域幅］タブをクリックするとカメラの画質を設定できる

Q293 お役立ち度 ★★★

通話から退出するには

A 通話終了ボタンをクリックします

参加しているオンライン会議からは、いつでも退出することができます。ただし途中で退出する場合は、一言断りを入れるか、チャットで退出する旨を伝えましょう。全員が退出すればオンライン会議は終了します。

ワザ287を参考にビデオハングアウトを開始しておく

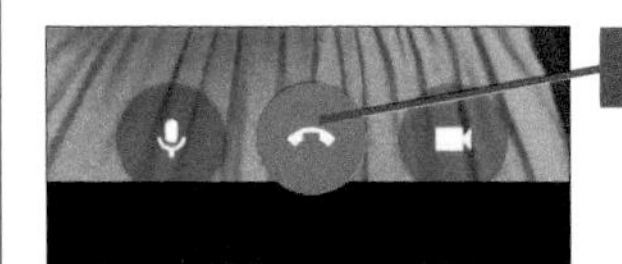

1 ここをクリック

通話から退出した

STEP UP!

オンライン会議の環境整備と帯域幅のポイント

オンライン会議を行う際、必要になるのはマイクとスピーカー、そしてカメラです。最近のノートパソコンは、これらすべてを内蔵しているものが多く、そのままオンライン会議に参加できます。一方、デスクトップパソコンはマイクとスピーカー、カメラをそれぞれ用意しなければなりません。手軽に済ませるのであれば、Webカメラとヘッドセットの組み合わがおすすめです。

なお、もしネットワークの品質が悪く、音声や映像が途切れる場合はワザ292を参考に設定画面を開き、［帯域幅］をクリックして［動画（発信時）］と［動画（受信時）］の画質を調整しましょう。720pの高画質であれば送信側は3.2Mbpsの帯域幅が必要で、受信側の帯域幅は参加者2人の場合で2.6Mbps、5人なら3.2Mbpsが必要です。360pの標準画質なら、送信側は1Mbps、受信側は参加者2人で1Mbps、5人で1.5Mbpsが必要になります。参加者が多い場合は標準画質に設定するとよいでしょう。

無料サービスになったMeetを使いこなそう

Meetは「G Suite」のユーザー向けに提供されていましたが、現在は無料で提供されています。ただし2020年10月以降はオンライン会議の時間制限があります。

Q294 お役立ち度 ★★★

Meetを起動するには

A [Googleアプリ] から [Meet] を選択します

Meetはオンライン会議に特化したサービスで、ハングアウトと同様にテレワーク時の会議や打ち合わせに活用できます。またGmaiを使っていないユーザーとも簡単にオンライン会議を行うことが可能なため、社外のユーザーとコミュニケーションしたいなどといった場面でも便利です。さらに、会議や打ち合わせを即座に始められるだけでなく、Googleカレンダーと連携し、あらかじめ会議の予定を作成しておくこともできます。なお、2020年10月1日以降は会議時間が1時間までに制限されます。

●ホーム画面を表示する

●会議の準備をする

1 [新しい会議を作成] をクリック

Google では、安全性の高いビジネス会議サービス「Google Meet」を刷新して、どなたでも無料でご利用いただけるようにしました。

新しい会議を作成

会議コードまたはリンクを入力

メニューが表示された

2 [即席の会議を開始] をクリック

会議の共有リンクを作成

即席の会議を開始

Google カレンダーでスケジュールを設定

会議の準備画面が表示された

マイクやカメラをOFFにできる

Q295 お役立ち度 ★★★

会議をすぐに始めるには

A [今すぐ参加] をクリックします

Meetですぐに会議を始めるには、会議の準備を完了させた上で［今すぐ参加］をクリックします。その後、他の参加者のメールアドレスを入力し、会議に招待しましょう。なおユーザーの追加画面にある［参加に必要な情報をコピー］をクリックすると、開催する会議に参加するための情報がクリップボードにコピーされます。この内容をメールなどで送信する方法でも、他のユーザーに参加してもらうことが可能です。

ワザ294を参考に会議の準備をしておく

1 ［今すぐ参加］をクリック

会議の準備完了
meet.google.com/
今すぐ参加
画面を共有する

Meetの画面が表示された

マイクやカメラの使用許可をしておく

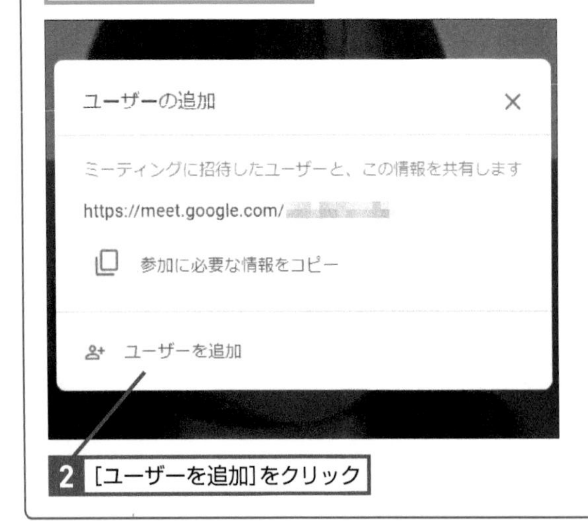

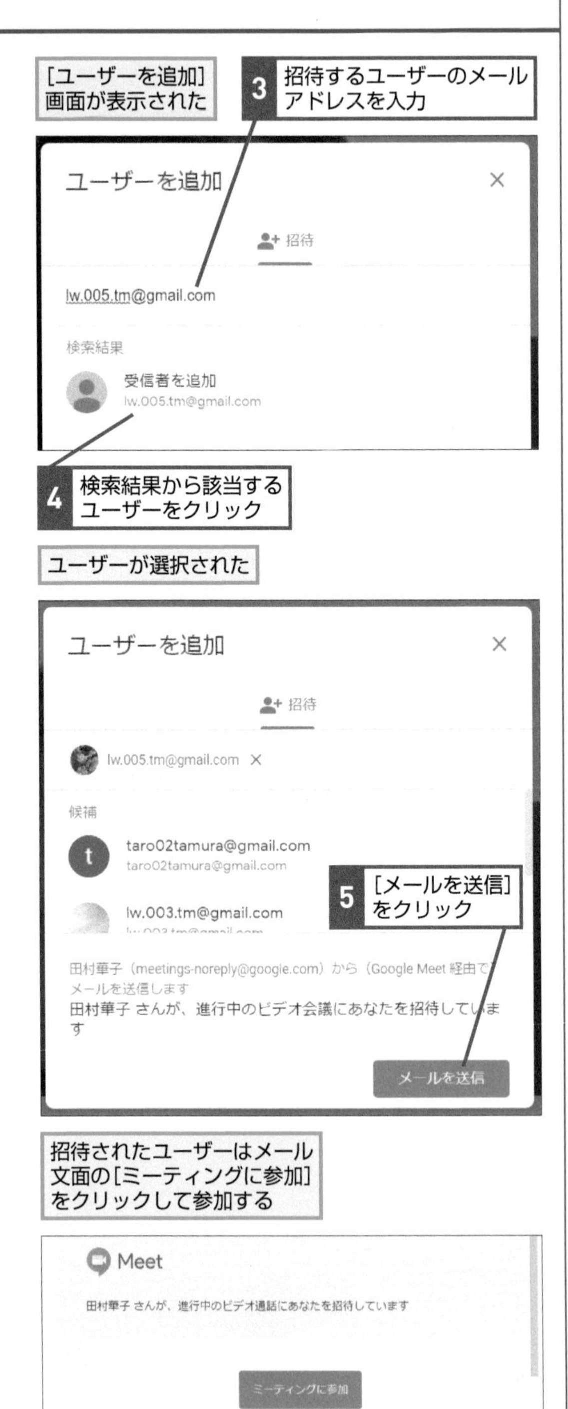

Q296 お役立ち度 ★★★

カレンダーで会議を予約するには

A カレンダーでスケジュールを設定します

Meetのホーム画面のメニューには、[Googleカレンダーでスケジュールを設定]という項目があり、これを利用すれば会議を予約し、その内容をGoogleカレンダーに登録することが可能です。

➡Googleカレンダー……P.259

ワザ294を参考にMeetのホーム画面でメニューを表示しておく

会議の共有リンクを作成

即席の会議を開始

Google カレンダーでスケジュールを設定

1 [Googleカレンダーでスケジュールを設定]をクリック

スケジュールの詳細画面が表示された

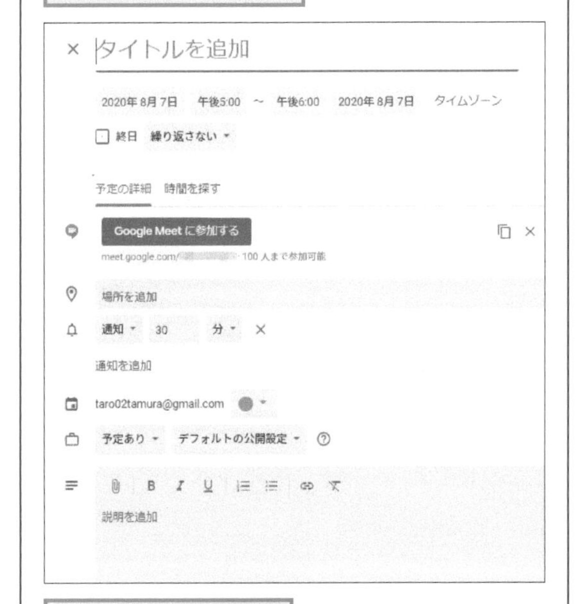

ワザ153を参考に会議のスケジュールを作成する

Q297 お役立ち度 ★★★

カレンダーからMeetに参加するには

A 予定の詳細画面から参加します

ワザ296の内容でカレンダーにMeetのオンライン会議を設定すると、その予定の詳細画面が表示されます。その中にある[Google Meetに参加する]をクリックすると準備画面に移動し、素早くオンライン会議に参加することができます。

➡Googleカレンダー……P.259

会議の予定に移動しておく

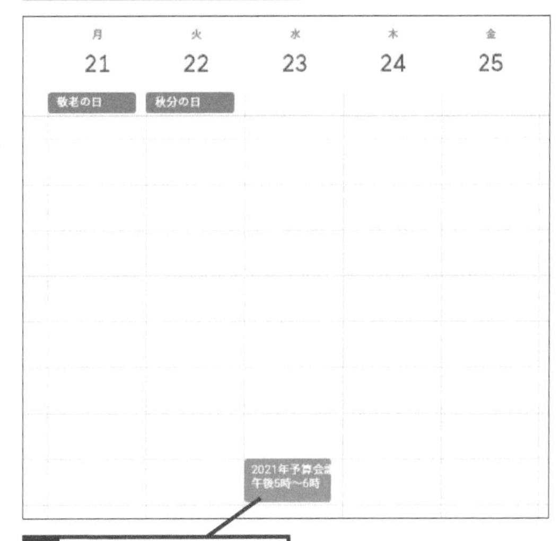

1 会議の予定をクリック

予定の詳細画面が表示された

2 [Google Meetに参加する]をクリック

会議の準備画面が表示されるので、設定を確認して参加する

Q298 お役立ち度 ★★★

Gmailを使っていない人を招待するには

動画で見る

A 会議の共有リンクを作成します

Meetの大きな特長として、Gmail以外のメールを使っている人でもオンライン会議に招待できることが挙げられます。Meetの画面上で会議の共有リンクを作成し、その内容をメール等で参加者に伝えておきましょう。ただしオンライン会議に参加するにはGoogleアカウントが必要です。 ➡Googleアカウント……P.259

ワザ294を参考にMeetのホーム画面でメニューを表示しておく

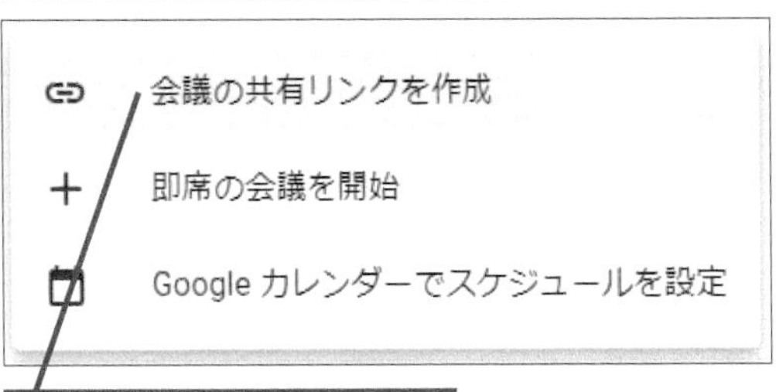

1 [会議の共有リンクを作成]をクリック

会議のリンクが作成された

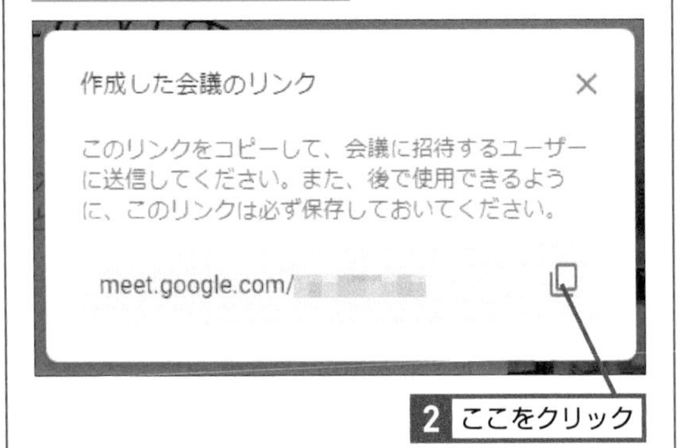

2 ここをクリック

コピーしたリンクをメールなどで相手に送っておく

招待されたユーザーはリンクをクリックするとWebブラウザーが起動し、会議の準備画面が表示される

Q299 お役立ち度 ★★★

他の参加者に画面を見てもらうには

A 画面を共有します

Meetでは、全画面や特定のウィンドウ、あるいは起動しているGoogle Chromeの特定のタブの内容を共有することが可能です。いずれかを選択して共有すれば、その表示内容を他の参加者に見てもらうことができます。 ➡Google Chrome……P.258

Meetで会議に参加しておく

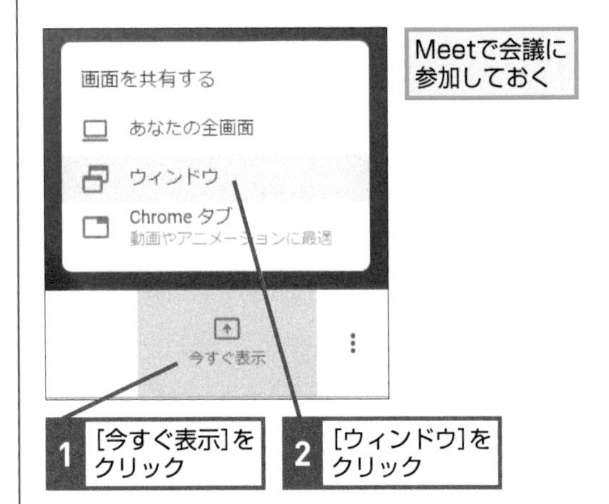

1 [今すぐ表示]をクリック

2 [ウィンドウ]をクリック

[アプリケーションウィンドウの共有]画面が表示された

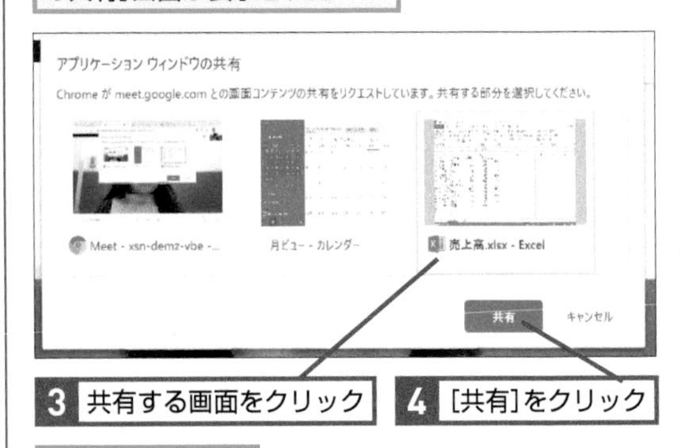

3 共有する画面をクリック

4 [共有]をクリック

画面が共有された

共有を終了するときは[固定表示を停止]をクリックする

Q300　お役立ち度 ★★★

レイアウトを変更するには

A ［その他のオプション］から変更します

Meetでは、画面の表示方法として、話している参加者を中央に表示し、それ以外の参加者が右端に並ぶ「サイドバー」、話している参加者だけが表示される「スポットライト」、そして全員が均等に表示される「タイル表示」が選択できます。状況に合わせて選びましょう。

Meetで会議に参加しておく

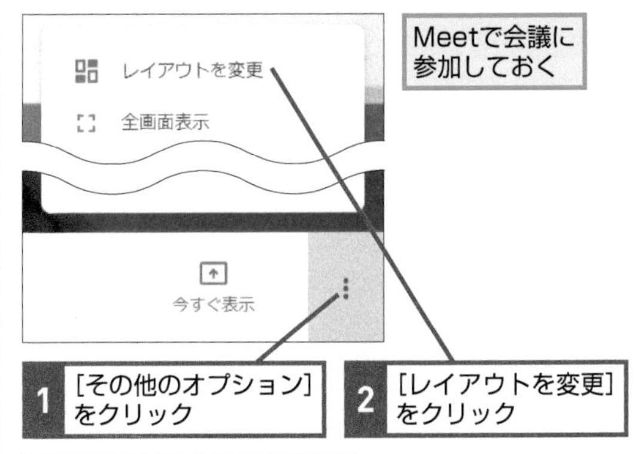

1 ［その他のオプション］をクリック

2 ［レイアウトを変更］をクリック

［レイアウトを変更］画面が表示された

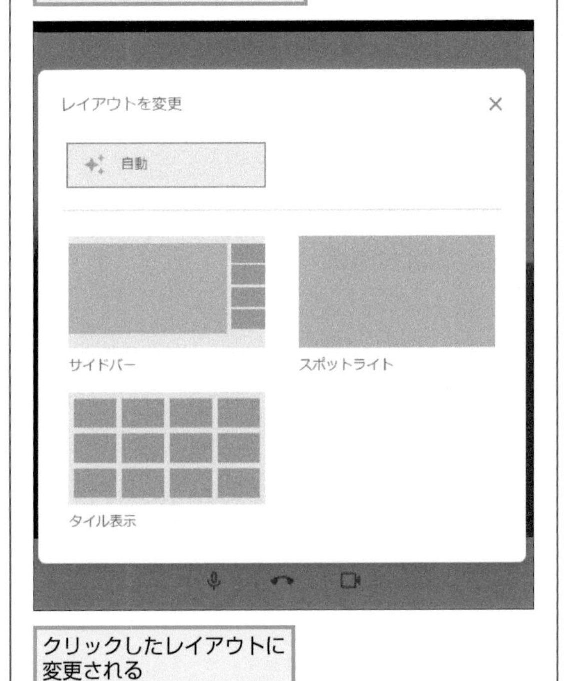

クリックしたレイアウトに変更される

Q301　お役立ち度 ★★★

マイクやカメラをオフにするには

A カメラやマイクをオフにするボタンをクリックします

Meetでは、カメラやマイクをオフにすることができます。マイクをオフにすれば余計なノイズが入らなくなるので、話さない場面では極力マイクをオフにするようにしましょう。また必要に応じてカメラのオン／オフも切り替えるとよいでしょう。

Meetで会議に参加しておく

●マイクをオフにする

1 ［マイクをオフにする］をクリック

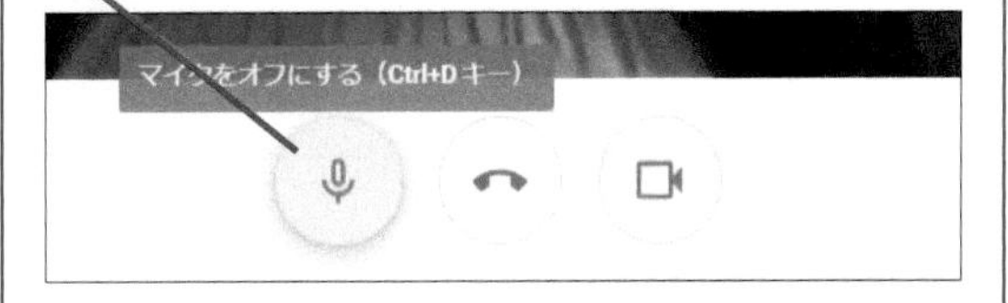

マイクがオフになった

ここをクリックするとオンにできる

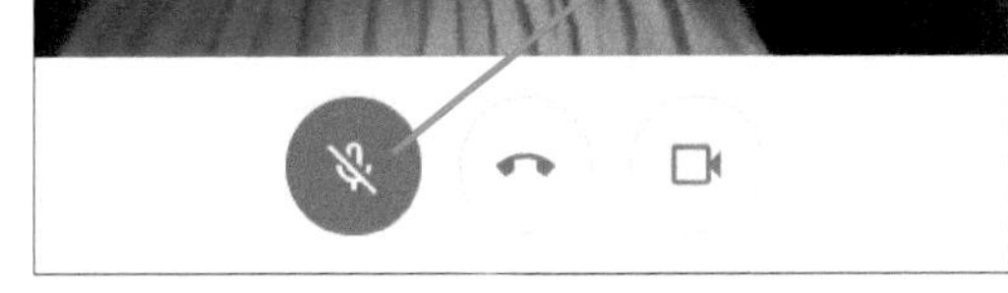

●カメラをオフにする

1 ［カメラをオフにする］をクリック

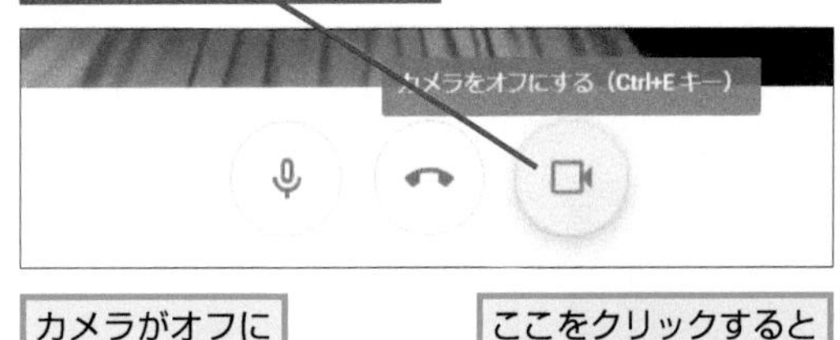

カメラがオフになった

ここをクリックするとオンにできる

Q302 お役立ち度 ★★★

通話中にメッセージを送信するには

A [ミーティングの詳細]画面でチャットできます

Meetでは[ミーティングの詳細]画面で、参加者同士でチャットすることが可能です。ファイル共有用リンクを参加者全員に送信する、あるいは発表者への質問をチャットで行うなど、工夫して使いましょう。

Meetで会議に参加しておく

1 [全員とチャット]をクリック

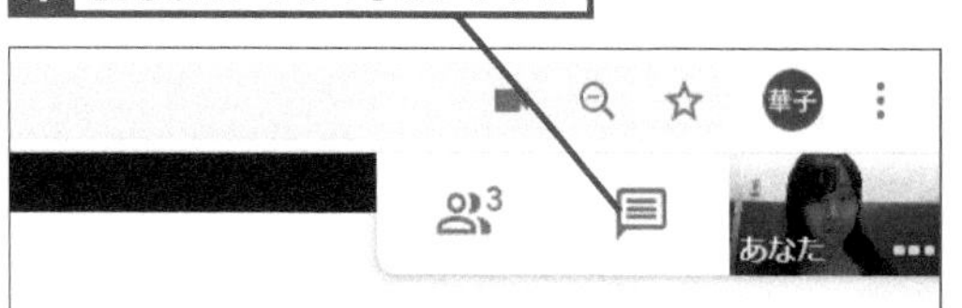

[ミーティングの詳細]画面が表示された

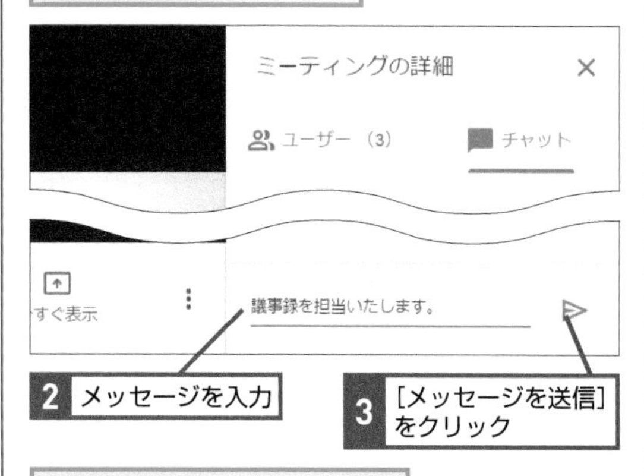

2 メッセージを入力

3 [メッセージを送信]をクリック

参加者にメッセージが送信された

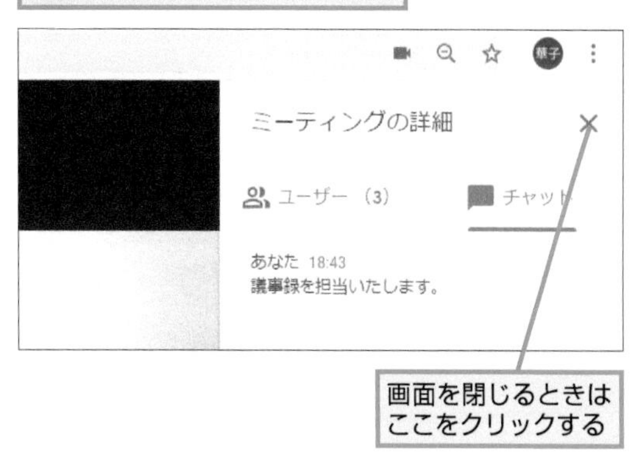

画面を閉じるときはここをクリックする

Q303 お役立ち度 ★★★

通話中に参加者を確認するには

A [ミーティングの詳細]画面で確認できます

オンライン会議中に[全員を表示]をクリックすると、[ミーティングの詳細]画面が現れて参加者の一覧が表示されます。また、この画面で[ユーザーを追加]をクリックすれば、別のユーザーを実施中のオンライン会議に招待できます。

Meetで会議に参加しておく

1 [全員を表示]をクリック

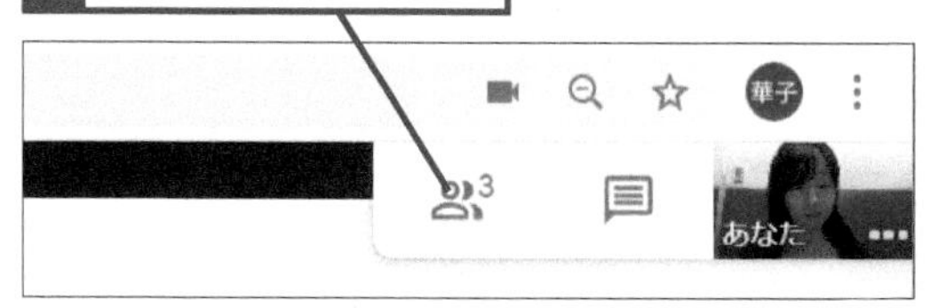

参加者が全員表示された

[ユーザーを追加]をクリックすると他のユーザーを追加できる

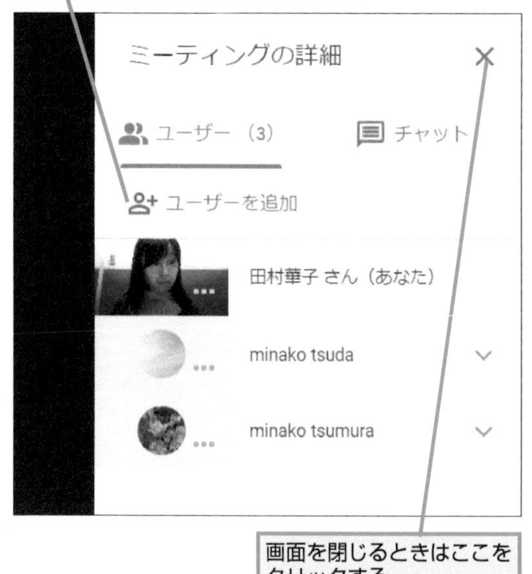

画面を閉じるときはここをクリックする

関連 Q302 通話中にメッセージを送信するには ……………… P.194

Q304 お役立ち度 ★★★

マイクやスピーカーを変更するには

A［設定］から変更できます

複数のマイクやスピーカーをパソコンに接続している場合、［設定］でMeetで使うデバイスを選択することが可能です。なおスピーカーの選択欄の右にある［テスト］をクリックすると、テスト音を再生することができます。

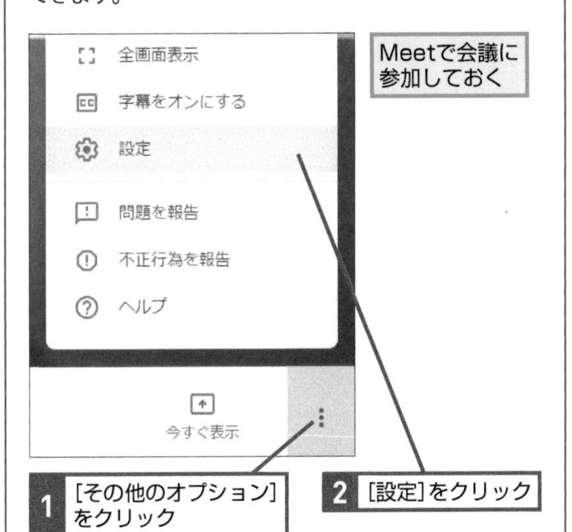

設定画面が表示された

マイクとスピーカーを設定できる

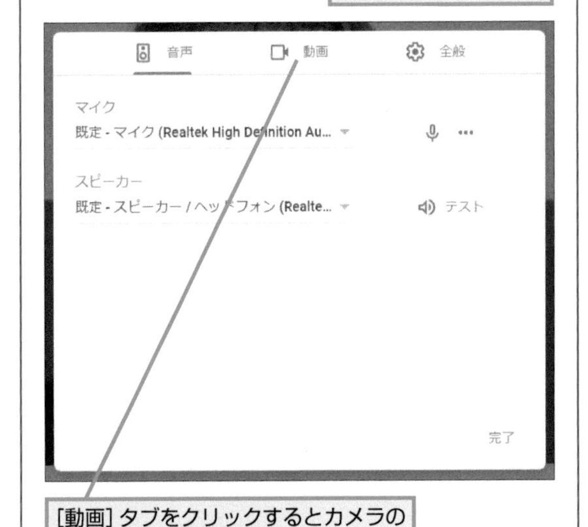

［動画］タブをクリックするとカメラの種類と画質を設定できる

Q305 お役立ち度 ★★★

会議から退出するには

A［通話から退出］をクリックします

別件が入って会議を中座しなければならない、あるいは自分の発表が終わり会議から退出するなどといったときは［通話から退出］をクリックしてウィンドウを閉じましょう。また会議が終了したときも同様に［通話から退出］をクリックします。

Meetで会議に参加しておく

1 ［通話から退出］をクリック

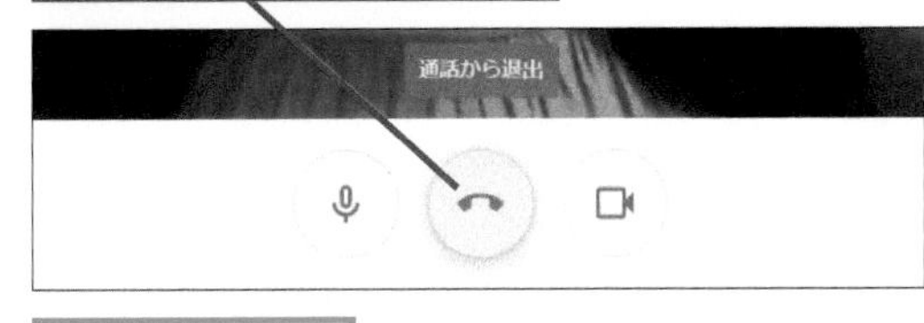

会議から退出した

Q306 お役立ち度 ★★★

Gmailの画面からMeetを起動するには

A Gmailにある［会議を開始］をクリックします

Gmailには［Meet］という項目があり、［会議を開始］をクリックするとMeetが起動し、［会議の準備完了］画面が表示されてすぐに会議を開始できます。他の人が開催するオンライン会議に参加するには［会議に参加］をクリックして会議コードを入力します。

Gmailの画面を表示しておく

1 ［会議を開始］をクリック

会議の準備画面が表示される

第10章 Googleアカウントを安全に使うワザ

Googleアカウントをしっかり管理

Googleが提供する数多くのサービスを利用する際、欠かせないのがGoogleアカウントです。Googleアカウントに関連するさまざまな情報を把握し、適切に管理するワザを解説します。

Q307 お役立ち度 ★★★

アカウントの情報を確認するには

A Googleアカウントの管理画面にアクセスします

Googleアカウントには、名前や生年月日、性別、各種連絡先など、さまざまな個人情報が紐付けられています。これを確認したり、変更したりする際にアクセスするのがGoogleアカウントのホーム画面です。ここで［個人情報］をクリックすると、そのアカウントに紐付けられている個人情報を確認することができます。意図しない情報が紐付けられていないかなど、しっかり内容を確認しましょう。また、それぞれの項目をクリックすれば、内容を編集することが可能です。

1 ［Googleアカウント］をクリック

2 ［Googleアカウントを管理］をクリック

Googleアカウントの［ホーム］が表示された

3 ［個人情報］をクリック

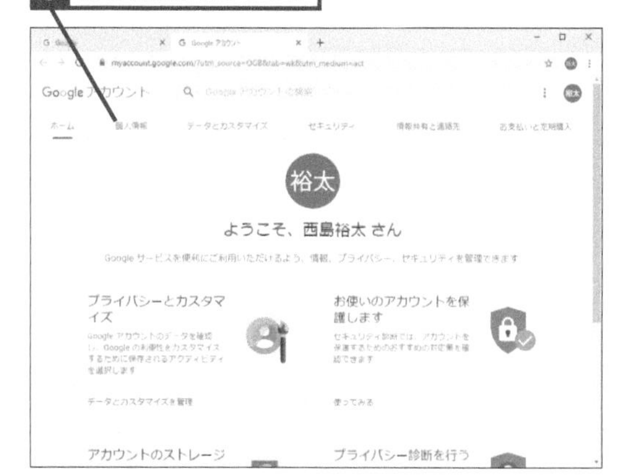

個人情報が表示された

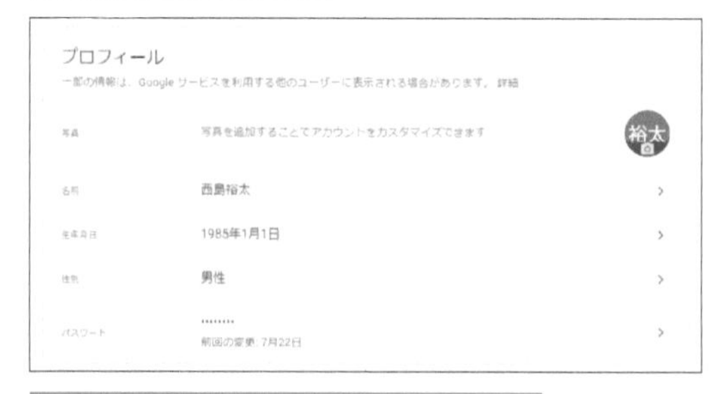

各項目をクリックすると内容の確認や変更ができる

Q308 お役立ち度 ★★★

公開されている情報を確認したい

A ユーザー情報を確認します

Googleアカウントのホーム画面からアクセスできる［ユーザー情報］のページでは、一般に公開されている情報と、自分だけが参照できる情報を確認することができます。意図しない情報が一般公開されていないか、念のため確認しておきましょう。

ワザ307を参考に個人情報を表示しておく

他のユーザーに表示する情報の選択
Google サービスを通じてどの個人情報を公開するかを選択します
［ユーザー情報］に移動

1 ［ユーザー情報に移動］をクリック

ユーザー情報が表示された

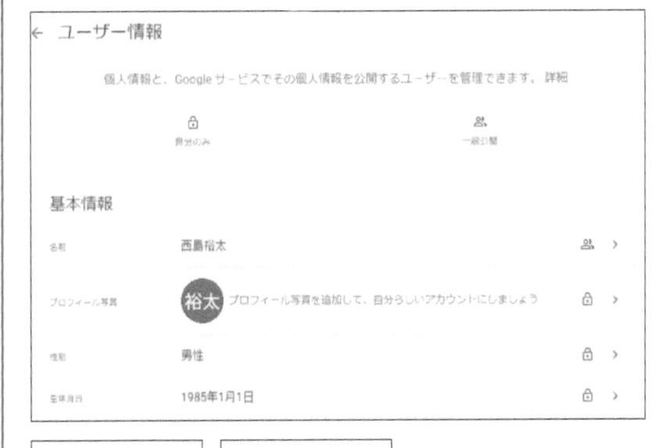

自分のみ　一般公開

公開・非公開はアイコンによって区別されている

各項目をクリックすると内容の確認や変更ができる

Q309 お役立ち度 ★★★

保存されているデータを確認するには

A ［Googleダッシュボード］を使います

［Googleダッシュボード］では、Googleアカウントに保存されているさまざまなデータを確認できます。それぞれのサービスにどの程度のデータが保存されているのかを確認したいときに便利です。

➡Googleダッシュボード……P.259

ワザ307を参考にGoogleアカウントの［ホーム］を表示しておく

1 ［データとカスタマイズ］をクリック

Google アカウント　ホーム　個人情報　データとカスタマイズ　セキュリティ

［データとカスタマイズ］が表示された

2 ［Googleダッシュボードに移動］をクリック

［Googleダッシュボード］が表示された

各項目をクリックすると内容の確認や変更ができる

Q310　お役立ち度 ★★★

Googleドライブの使用量を確認するには

A Googleアカウントの［ホーム］から確認できます

Googleアカウントを作成すると15GBの容量がユーザーに割り当てられますが、注意したいのはGmailやGoogleドライブ、Googleフォトで共有であること。容量が不足し、Gmailでメールを受信できない、Googleドライブにファイルを保存できないなどといった事態になる前に、不要なメールやファイルを削除しましょう。　➡Googleドライブ……P.259

ワザ307を参考にGoogleアカウントの［ホーム］を表示しておく

アカウントのストレージ
アカウントの保存容量は Gmail やフォトなどの Google サービスで共有されます
0% 使用 - 15 GB 中 0 GB
保存容量を管理

1 ［保存容量を確認］をクリック

Google OneのWebページが表示された

無料の保存容量は全体で 15 GB です
保存容量を追加
0 GB/15 GB 使用中
Google ドライブ
Gmail
Google フォト

各サービスで利用している容量が分かる

Q311　お役立ち度 ★★

Googleドライブの容量を増やすには

A 有料プランへの移行を検討しましょう

有料プランに移行すれば、GmailやGoogleドライブ、Googleフォトなどで共用する容量を追加することができます。有料プランには「ベーシック」と「スタンダード」、「プレミアム」があり、それぞれ容量と月額利用料が異なります。　➡Googleドライブ……P.259

ワザ310を参考にGoogle OneのWebページを表示しておく

1 ［保存容量を追加］をクリック

有料プランの一覧が表示された

●Googleドライブの有料プラン

プラン名	容量	月額
ベーシック	100GB	250円
スタンダード	200GB	380円
プレミアム	2TB	1300円

関連 Q198 容量の大きいファイルだけを調べたい ………… P.134
関連 Q310 Googleドライブの使用量を確認するには …… P.198

アカウントの履歴を削除するには

A ［マイ アクティビティ］で確認と削除が可能です

［マイ アクティビティ］にアクセスすると、過去に検索したキーワードや閲覧したWebサイトなどを確認したり、履歴を削除したりすることができます。さらに履歴はキーワード検索が可能なほか、日付やサービスの種類でフィルタリングする機能も用意されているため、特定のアクティビティを探して削除するといったこともできます。特定の履歴を残したくないなどといった場合は、このページで削除しましょう。

●履歴を確認する

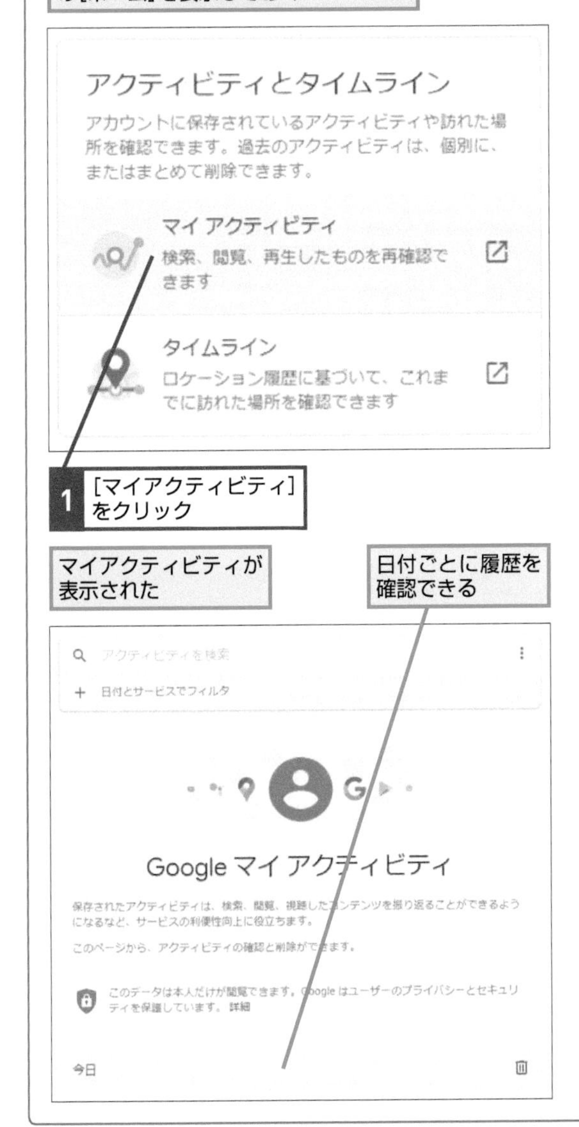

●履歴を削除する

Q313 お役立ち度 ★★★

アカウントにアクセスできるアプリの権限を削除するには

A [アカウントにアクセスできるアプリ]ページで可能です

Googleアカウントは、Google ChromeなどGoogleが提供するアプリで利用できるのはもちろん、サードパーティアプリと呼ばれる、Google以外のアプリやサービスでも一部利用できます。以下の手順で操作するとこうしたGoogleアカウントを利用しているアプリやサービスを確認することが可能なほか、自分のGoogleアカウントへのアクセス権を削除することもできます。見覚えのないアプリやサービスが利用されている場合は、アカウントが不正に利用されている可能性もあります。アクセス権を削除し、パスワードを変更するなどといった対策を講じましょう。

●アプリを確認する

ワザ307を参考にGoogleアカウントの[ホーム]を表示しておく

1 [セキュリティ]をクリック

[セキュリティ]が表示された

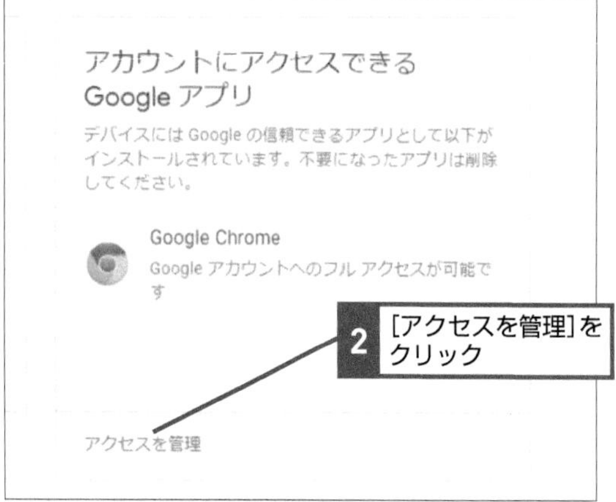

2 [アクセスを管理]をクリック

アカウントにアクセスできるアプリの一覧が表示された

●アプリを削除する

1 削除するアプリをクリック

2 [アクセス権を削除]をクリック

アクセス権が削除される

2段階認証を設定するには

A [2段階認証プロセス] をオンにします

Googleアカウントの2段階認証は、メールアドレスとパスワードに加えて、スマートフォンに送信された確認コードを入力することでログインする方法です。仮にパスワードが漏えいしても、スマートフォンに送られた確認コードが分からなければログインできないため、セキュリティを強化することが可能になります。Googleの各種サービスを積極的に利用すると、さまざまなデータが蓄積されることになります。それらのデータを守るためにも、2段階認証を利用しましょう。

ワザ313を参考にGoogleアカウントの[セキュリティ]を表示しておく

1 [2段階認証プロセス]をクリック

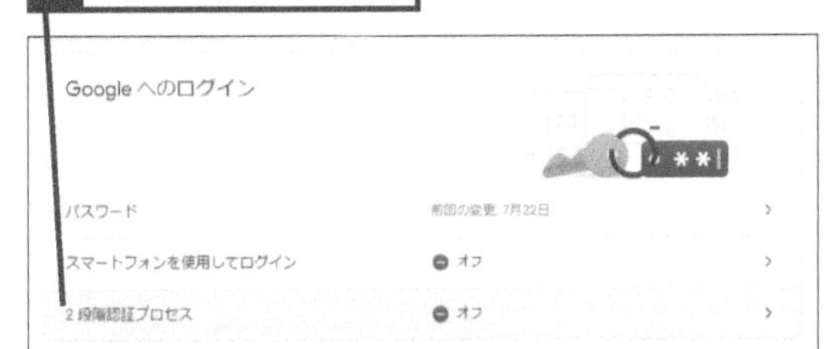

2段階認証の説明が表示された

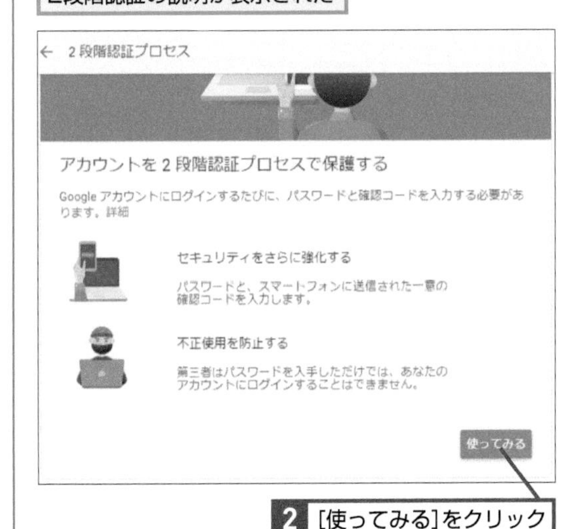

2 [使ってみる]をクリック

アカウントにログインする画面が表示されるのでログインして[次へ]をクリックしておく

3 SMSが受信できる電話番号を入力

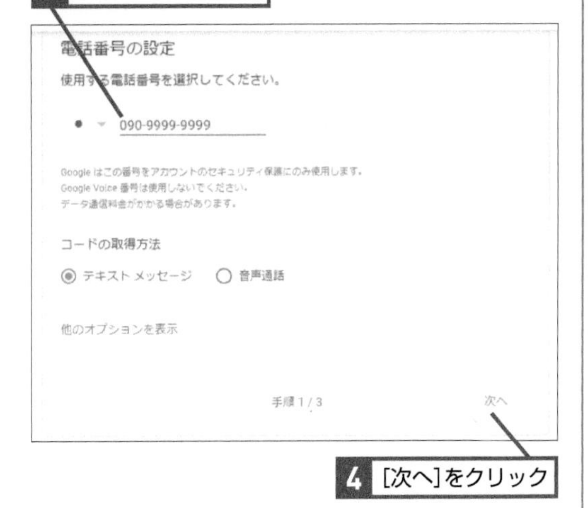

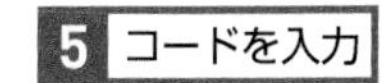

入力した電話番号にSMSでコードが送信された

5 コードを入力

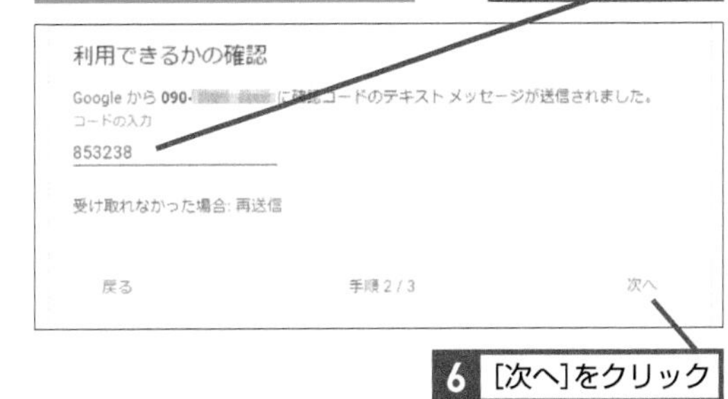

6 [次へ]をクリック

電話番号が確認された

7 [有効にする]をクリック

確認が完了しました。2 段階認証プロセスを有効にしますか?

2 段階認証プロセスの仕組みは以上です。お使いの Google アカウント nsj.yuta@gmail.com で 2 段階認証プロセスを有効にしますか?

手順 3 / 3 有効にする

2段階認証が有効になる

Q315 お役立ち度 ★★★

アクティビティを管理するには

A [アクティビティ管理] ページにアクセスします

Googleでは、サービス内容のカスタマイズなどを目的として、ユーザーのさまざまなアクティビティ（履歴）を保存しています。どのような履歴が確認されているかは[アクティビティ管理]のページで確認できるほか、ユーザー自身で削除することも可能です。まずは保存されているアクティビティを確認し、必要に応じて削除しましょう。なおアクティビティの種類ごとに記録を一時停止することが可能なほか、3カ月、あるいは18カ月以上経過したアクティビティを自動的に削除する自動削除のオプションも用意されています。

ワザ309を参考にGoogleアカウントの[データとカスタマイズ]を表示しておく

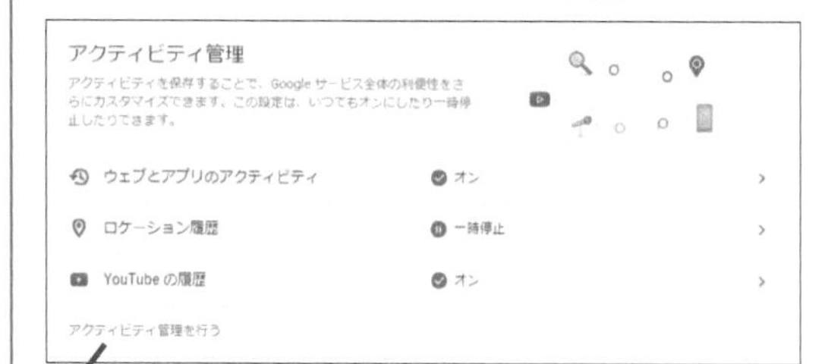

1 [アクティビティ管理を行う]をクリック

アクティビティ管理の画面が表示された

ここではウェブとアプリの設定を確認する

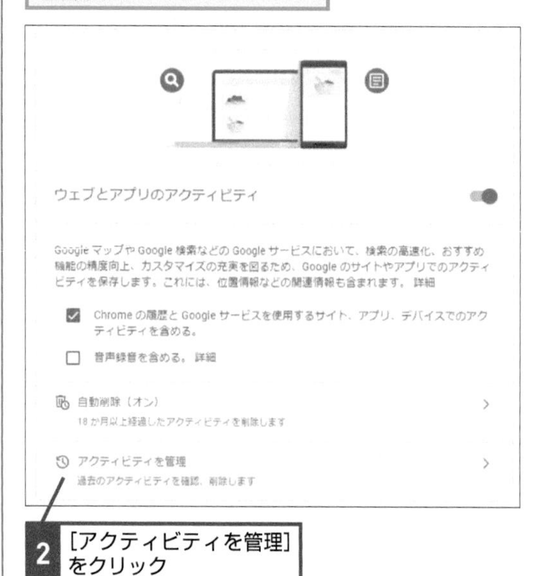

2 [アクティビティを管理]をクリック

ウェブとアプリのアクティビティ管理画面が表示された

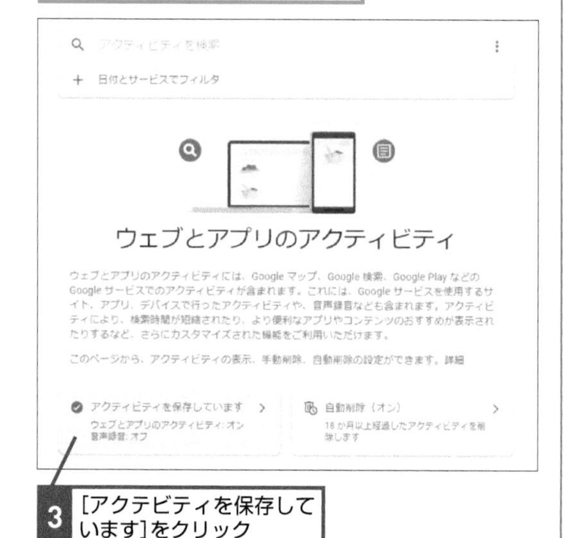

3 [アクテビティを保存しています]をクリック

アクティビティの管理画面が表示された

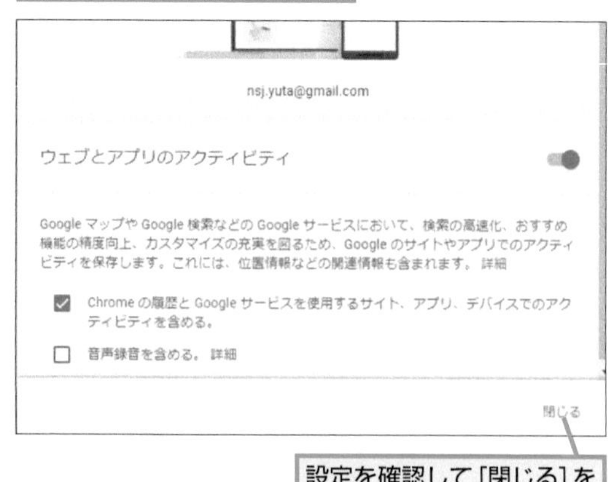

設定を確認して[閉じる]をクリックする

Q316 お役立ち度 ★★★

Googleに保存されたデータをダウンロードするには

A さまざまなサービスのデータをダウンロード可能です

［Googleデータ エクスポート］のページでは、ログインしているアカウントに関連付けられた、さまざまなサービスのデータをダウンロードすることが可能です。それぞれのサービスにあるファイル形式を記載したボタンをクリックし、画面の指示に従って操作すればファイルとしてデータをダウンロードすることが可能です。Googleのサービスから別のサービスに移行するなどといった場合に利用できるでしょう。

ワザ309を参考にGoogleアカウントの［データとカスタマイズ］を表示しておく

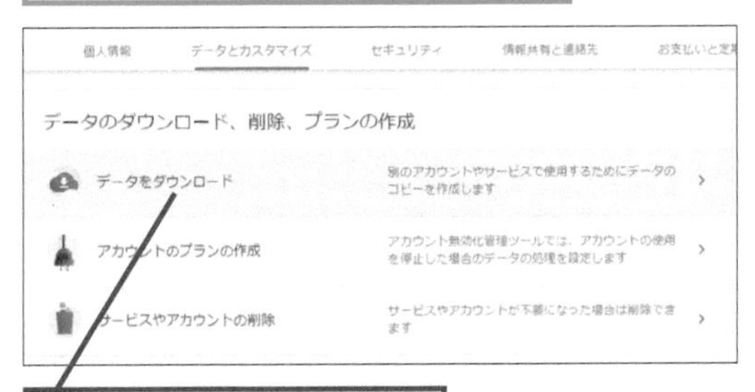

1 ［データをダウンロード］をクリック

［Google データ エクスポート］画面が表示された

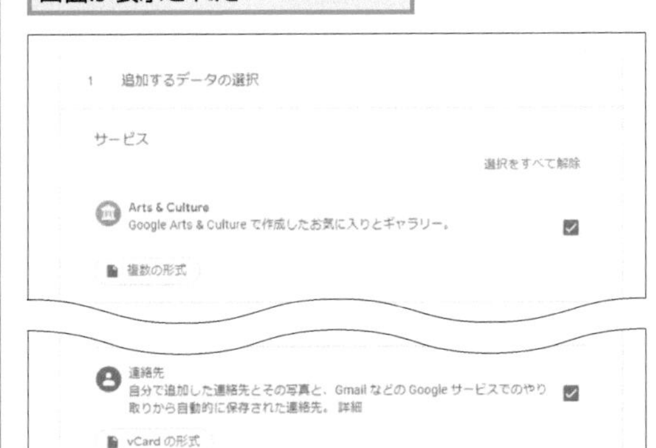

ダウンロードする内容やファイル形式を設定する

2 ［次のステップ］をクリック

ダウンロードする頻度やファイル形式を設定する

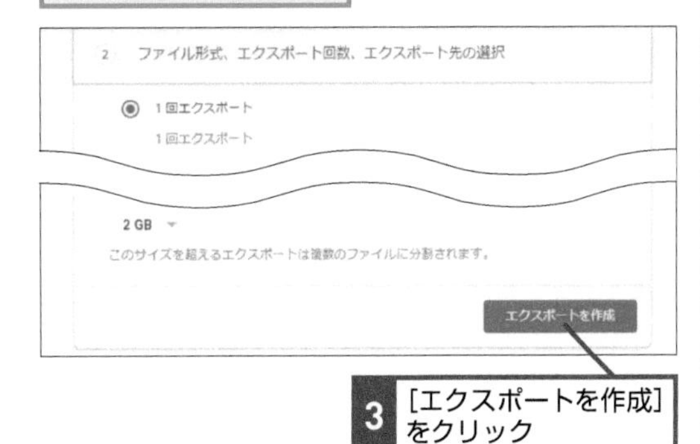

3 ［エクスポートを作成］をクリック

データのエクスポートが開始された

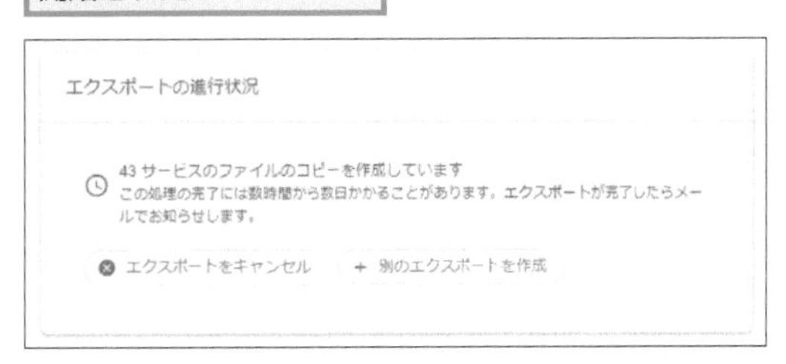

エクスポートが完了するとメールが届く

4 ［ファイルをダウンロード］をクリック

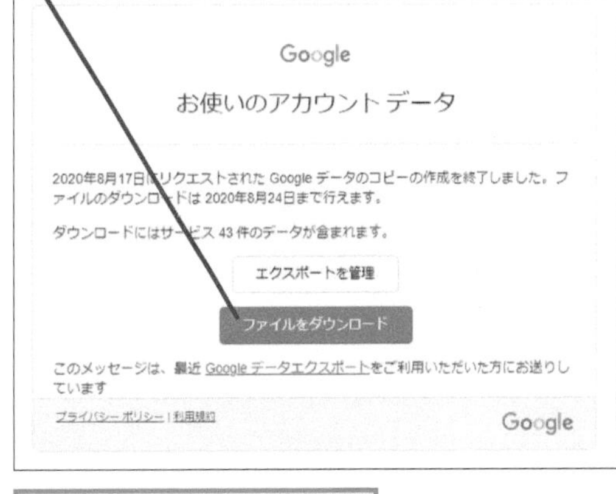

ファイルがダウンロードされる

パスワードや連絡先を管理する

ここでは、さまざまなサービスのIDとパスワードを一元管理できる「パスワードマネージャー」と、ほかのユーザーのメールアドレスなどを保存できる「連絡先」を使いこなすワザを解説します。

Q317 お役立ち度 ★★★

パスワードマネージャーを使うには

A ［パスワードマネージャー］のページにアクセスします

インターネット上にはユーザー認証が必要となるサービスが数多くありますが、それらのIDとパスワードをすべて記憶しておくのは困難です。しかし、簡単なパスワードを設定したり、同じパスワードを複数のサービスで使い回したりすると、第三者にアカウントが乗っ取られてしまうリスクが高まります。そこで活用したいのがパスワードマネージャーです。Google ChromeやAndroidを使ってユーザー登録を行う、あるいはサービスにログインすると、入力したIDとパスワードを保存し、以降は自動的に入力してくれます。この仕組みにより、複数のサービスのIDとパスワードの一元管理が可能になります。

ワザ313を参考にGoogleアカウントの［セキュリティ］を表示しておく

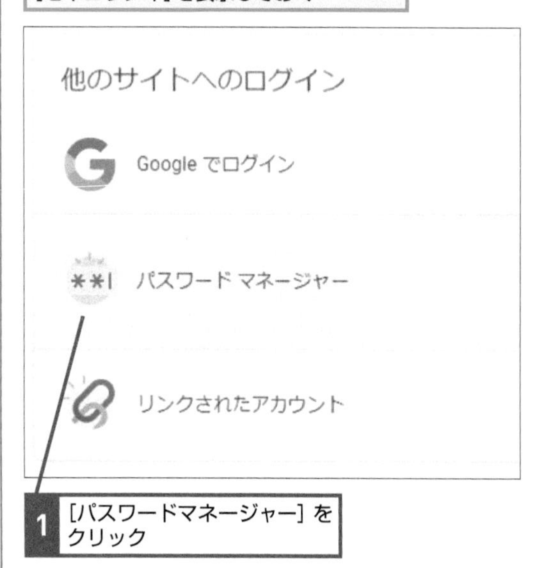

1 ［パスワードマネージャー］をクリック

パスワードマネージャーの紹介画面が表示された

2 ［使ってみる］をクリック

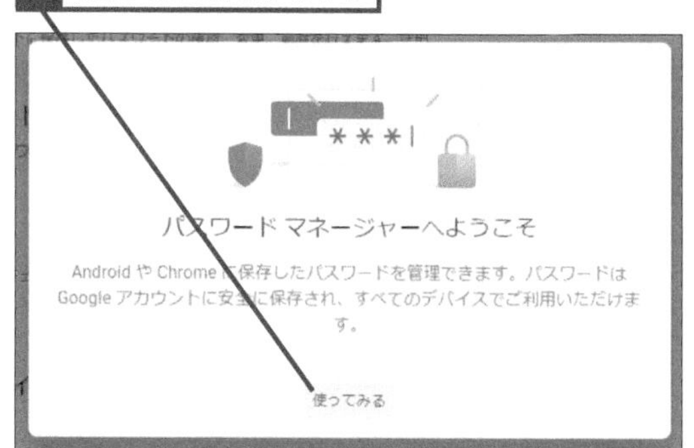

パスワードマネージャーの画面が表示された

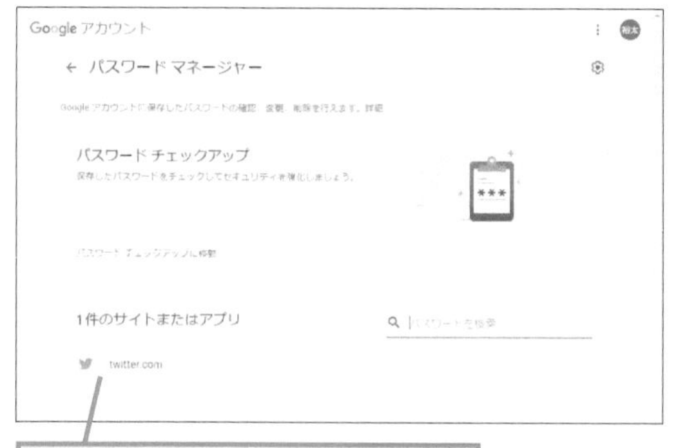

パスワードを保存したWebサイトが多い場合はここに一覧が表示される

パスワードを保存したWebサイトがない場合は使用できない

関連 Q313 アカウントにアクセスできるアプリの権限を削除するには ………… P.200

Q318 お役立ち度 ★★★

パスワードの安全性をチェックするには

A パスワードチェックアップを使います

パスワードマネージャーには、パスワードの安全性を確認できる「パスワードチェックアップ」と呼ばれる機能があります。これを利用すれば、過去にパスワードが漏えいしていないかを確かめられるほか、複数のサービスでパスワードを使い回している、あるいは単純なパスワードが設定されているといった場合に警告が表示されるため、パスワードの安全性を素早くチェックすることが可能です。

●パスワードチェックアップを表示する

ワザ317を参考にパスワードマネージャーの画面を表示しておく

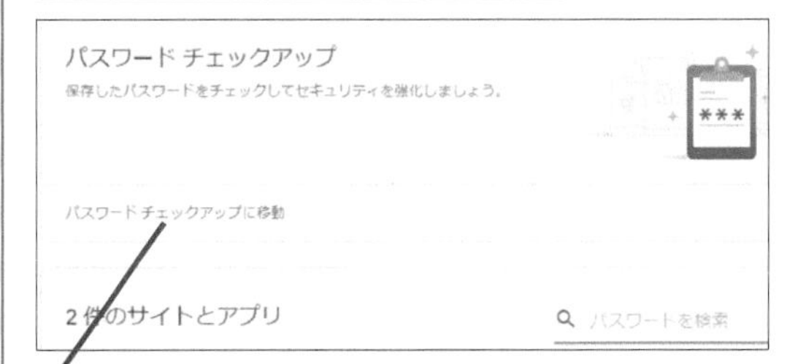

1 [パスワードチェックアップに移動]をクリック

パスワードチェックアップの紹介画面が表示された

2 [パスワードチェックアップに移動]をクリック

アカウントにログインする画面が表示されるのでログインして[次へ]をクリックしておく

パスワードチェックアップの画面が表示された

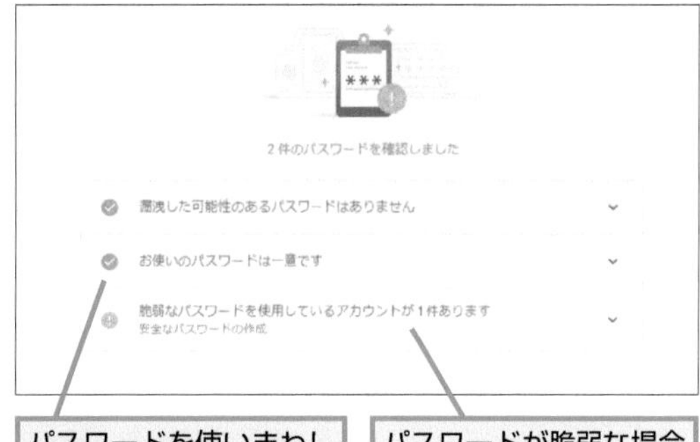

パスワードを使いまわしている場合はここに表示される

パスワードが脆弱な場合はここに表示される

●パスワードを変更する

1 <！>をクリック

対象となるサービスが表示された

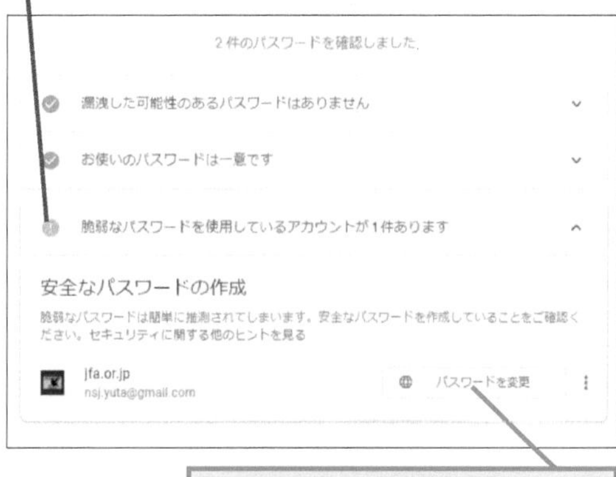

ここをクリックするとWebサイトやサービスのトップ画面が表示される

パスワードを変更する場合はリンク先の仕様に合わせて変更する

関連 Q317 パスワードマネージャーを使うには ……………… P.204

Q319　お役立ち度 ★★★

パスワードを確認するには

A パスワードマネージャーのページで確認可能です

パスワードマネージャーのページでは、保存されているIDとパスワードを表示することが可能です。自動入力の機能が使えない場合は、この方法でパスワードを確認しましょう。

ワザ317を参考にパスワードマネージャーの画面を表示しておく

ここではgoogle.com関連のサービスで使っているパスワードを表示する

1 [パスワードを検索]をクリック

2 [Google]と入力

1件のパスワード　Google　google.com

検索結果が表示された

3 ここをクリック

1件のパスワード　Google　google.com

アカウントにログインする画面が表示されるのでログインして[次へ]をクリックしておく

1件のパスワード　Google　google.com

google.com関連のログイン名とパスワードの一覧が表示された

Q320　お役立ち度 ★★★

パスワードを削除するには

A パスワードマネージャーのページで削除できます

あるサービスのIDとパスワードをパスワードマネージャーで保存していて、そのサービスを退会したといったときは、混乱を避けるためにもパスワードマネージャーでもパスワードを削除しておきましょう。

ワザ319を参考に対象となるサービスを表示しておく

ここをクリックするとChromeに保存されたパスワードを確認できる

1 [削除]をクリック

パスワードを削除する確認画面が表示された

パスワードを削除

Google アカウントから jfa.or.jp のパスワードを削除してもよろしいですか？削除すると、Google でログインすることができなくなります。

キャンセル　削除

2 [削除]をクリック

パスワードが削除された

関連 Q317 パスワードマネージャーを使うには ……… P.204
関連 Q319 パスワードを確認するには ……… P.206

Q321 お役立ち度 ★★★

自動ログインをオフにするには

A [パスワードのオプション] で設定します

パスワードマネージャーの画面にある［パスワードのオプション］では、自動ログインを無効化することが可能です。必要なときだけログインしたいなどといった場合は、自動ログインをオフにしておきましょう。

ワザ317を参考にパスワードマネージャーの画面を表示しておく

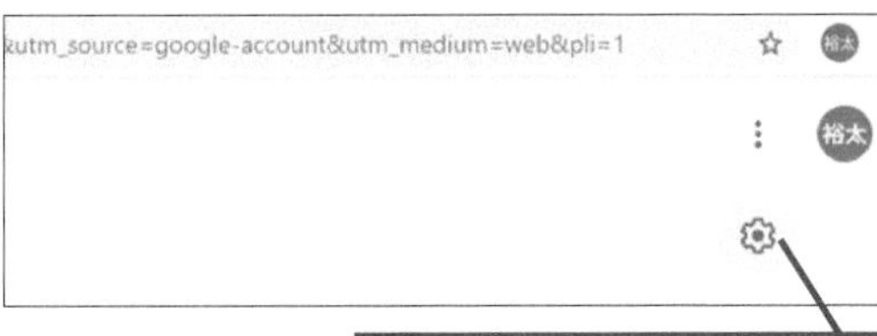

1 [パスワードのオプション] をクリック

設定画面が表示された

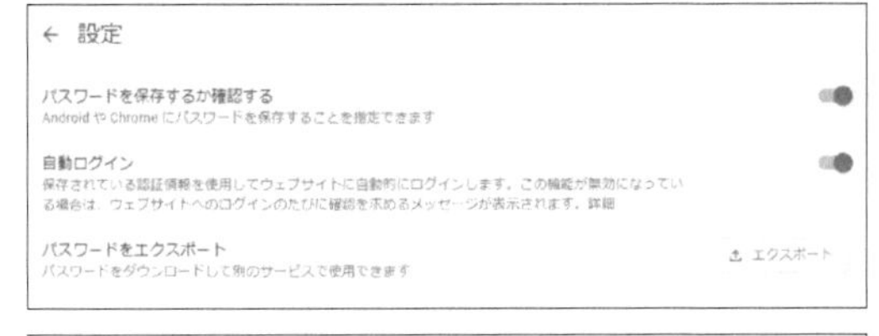

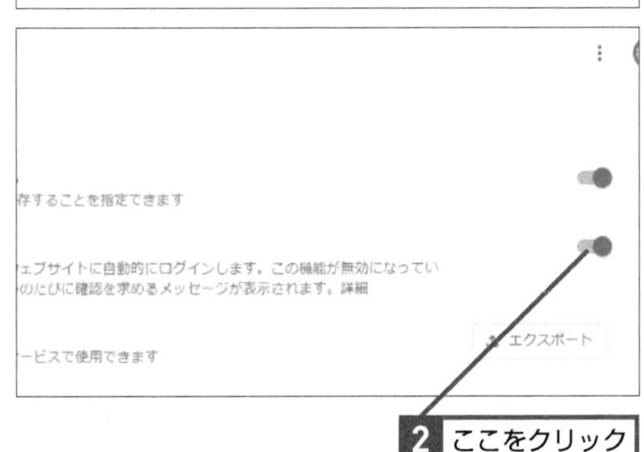

2 ここをクリック

自動ログインがオフになった

関連 Q317 パスワードマネージャーを使うには P.204

関連 Q322 パスワードをファイルに保存するには P.207

Q322 お役立ち度 ★★★

パスワードをファイルに保存するには

A パスワードをエクスポートします

パスワードマネージャーでは、保存しているIDとパスワードをCSV形式のファイルでエクスポートすることが可能です。ただし、そのファイルが第三者に盗み見られると、保存したすべてのパスワードが漏えいすることになるため注意が必要です。

ワザ321を参考に設定画面を表示しておく

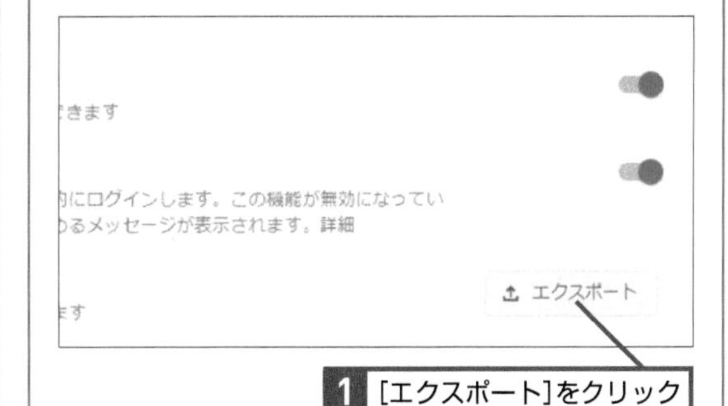

1 [エクスポート] をクリック

パスワードをエクスポートする確認画面が表示された

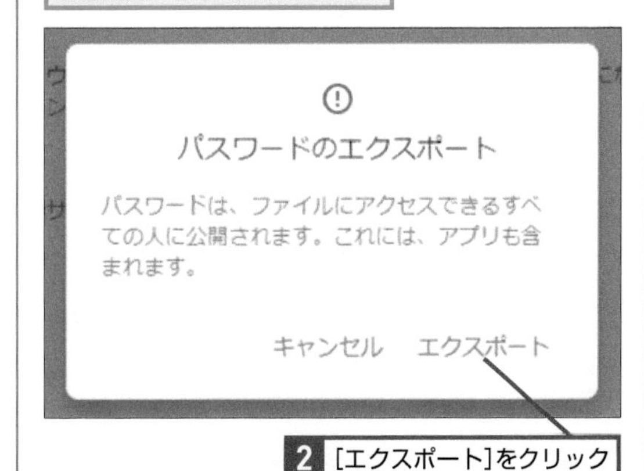

2 [エクスポート] をクリック

パスワードがCSV形式でダウンロードされた

プライバシーポリシー ・ 利用規約 ・ ヘルプ

Google Passwords.csv

Q323 お役立ち度 ★★★

パスワードの保存をやめるには

A パスワードマネージャーの設定画面でオフにできます

設定画面で［パスワードを保存するか確認する］をオフにすると、パスワードの自動保存が無効になります。パスワードマネージャーを使わないのであれば、自動保存を無効にしておきましょう。

ワザ321を参考に設定画面を表示しておく

1 ここをクリック

パスワードの保存が停止された

関連 Q321 自動ログインをオフにするには……………………… P.207

STEP UP! パスワードマネージャーを安全に利用するには

パスワードマネージャーを安全に利用するために、まず意識したいのはGoogleアカウントのパスワードの安全性です。もしGoogleアカウントが不正に利用されると、パスワードマネージャーに保存しているすべてのパスワードが盗み見られる可能性があります。そのためGoogleアカウントのパスワードは複雑なものを設定することはもちろん、ほかのサービスと同じパスワードを使い回さないようにしましょう。またワザ314で解説した2段階認証の利用も検討すべきです。

Q324 お役立ち度 ★★★

連絡先を使うには

A ［情報共有と連絡先］のページにアクセスします

取引先などの住所やメールアドレス、電話番号を管理するための仕組みとして、Googleに用意されているのが連絡先です。ここで登録した内容は、Gmailなどのサービスで利用されます。

ワザ307を参考にGoogleアカウントの［ホーム］を表示しておく

1 ［情報共有と連絡先］をクリック

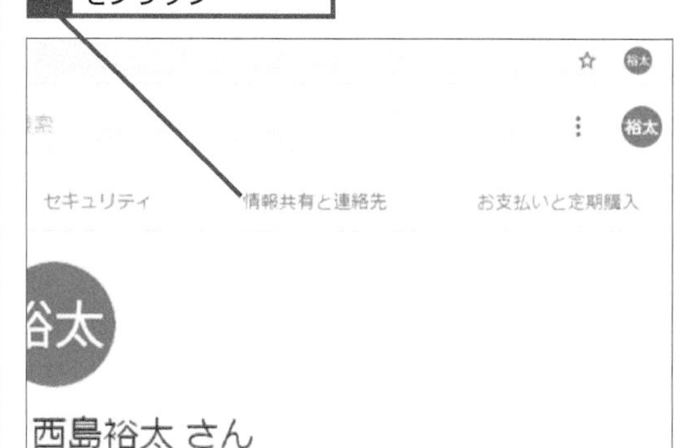

情報共有と連絡先の画面が表示された

関連 Q307 アカウントの情報を確認するには………………… P.196

Q325 お役立ち度 ★★★

連絡先を追加するには

A 連絡先の画面で追加します

よくメールを送信する相手などは、連絡先に登録しておくと便利です。連絡先には氏名や会社、役職、メールアドレス、電話番号などを入力することができます。さらに［新しい連絡先の作成］画面で［もっと見る］をクリックすれば、住所や誕生日、Webサイトなども登録することが可能です。メモ欄も用意されているので、過去のコミュニケーションなどを連絡先に記録しておくと便利です。 ➡連絡先……P.264

ワザ324を参考に情報共有と連絡先の画面を表示しておく

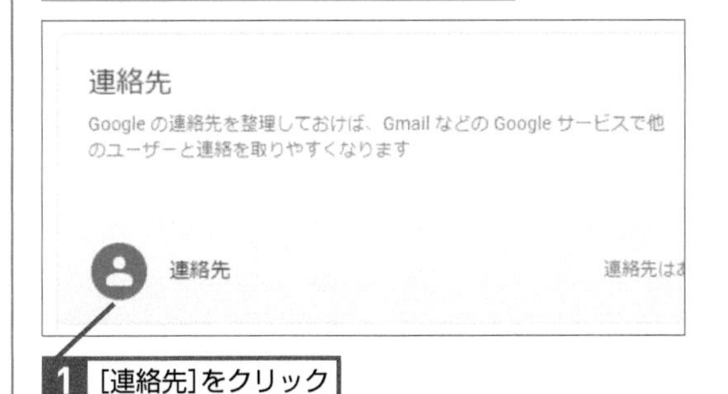

1 ［連絡先］をクリック

連絡先の画面が表示された

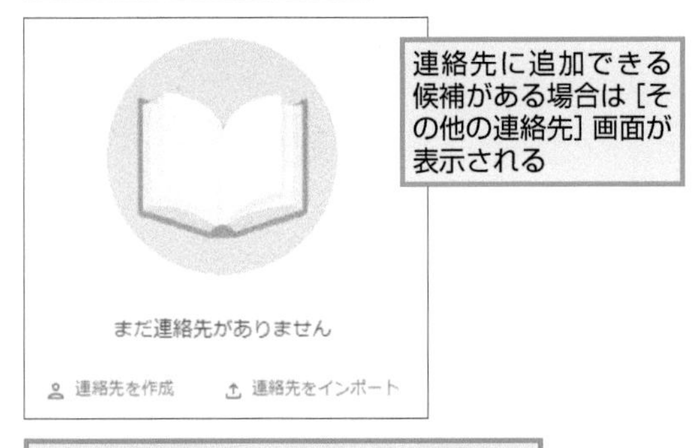

連絡先に追加できる候補がある場合は［その他の連絡先］画面が表示される

［その他の連絡先］に追加したい連絡先がない場合は［メインメニュー］をクリックして［連絡先］をクリックすると上記の画面が表示される

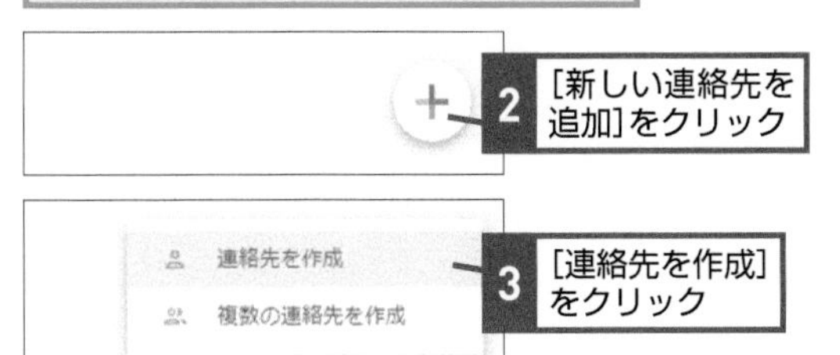

2 ［新しい連絡先を追加］をクリック

3 ［連絡先を作成］をクリック

［新しい連絡先の作成］画面が表示された

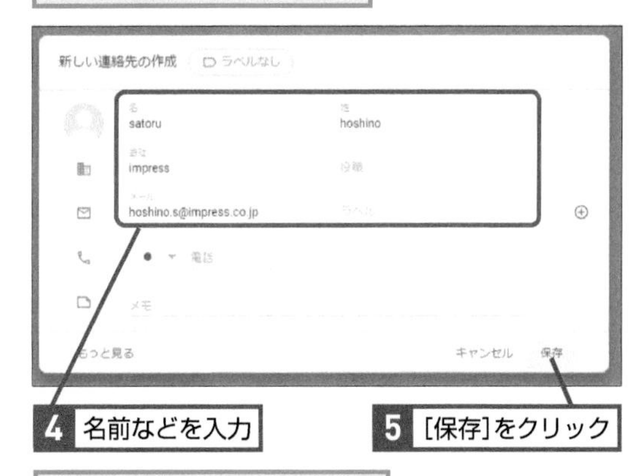

4 名前などを入力

5 ［保存］をクリック

連絡先の詳細画面が表示された

6 ［閉じる］をクリック

新しい連絡先が追加された

関連 Q324 連絡先を使うには …………… P.208

Q326 お役立ち度 ★★★

複数の連絡先をまとめて追加するには

A [複数の連絡先を作成] をクリックします

複数の連絡先を登録する場合は、「Yamada Taro<taro@example.co.jp>,Yamada Hanako<hanako@example.com>」のように、名前に続けて「<」「>」を前後に付けたメールアドレスを入力するか、名前、またはメールアドレスだけを「,」で区切って入力します。

ワザ325を参考に［新しい連絡先を追加］をクリックしておく

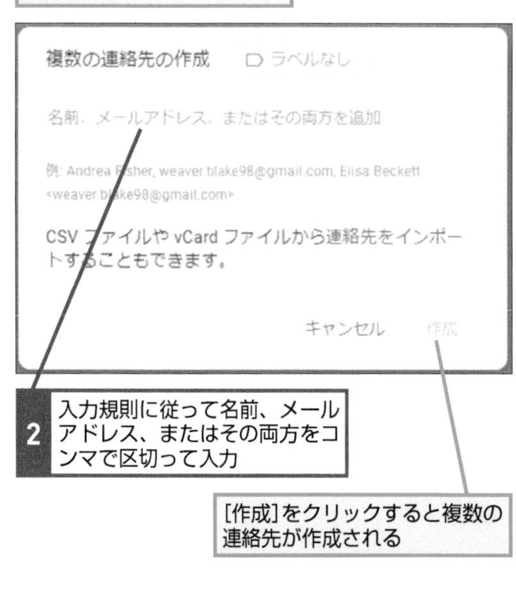

関連 Q325 連絡先を追加するには ………… P.209

Q327 お役立ち度 ★★★

連絡先を編集するには

A [連絡先を編集] をクリックします

［連絡先を編集］画面では、すでに登録されている内容を修正したり、項目に新たな情報を追加したりすることができます。連絡先に登録している人の電話番号やメールアドレスが変わった場合は、速やかに内容を修正しましょう。

ワザ325を参考に連絡先を表示しておく

1 編集したい連絡先をクリック

連絡先情報が表示された

2 [連絡先を編集] をクリック

[連絡先を編集]画面が表示された

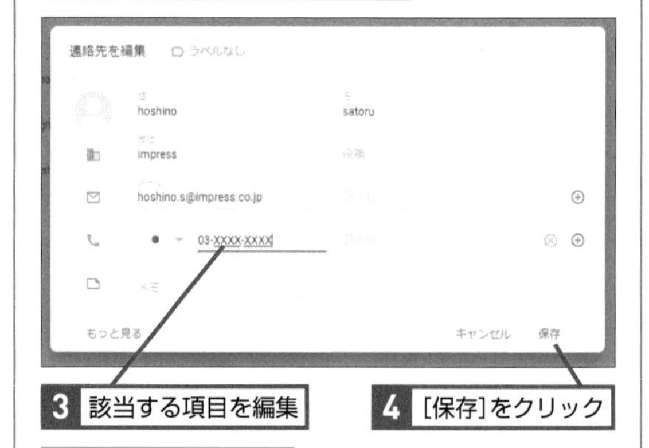

3 該当する項目を編集

4 [保存]をクリック

編集内容が保存された

関連 Q325 連絡先を追加するには ………… P.209
関連 Q326 複数の連絡先をまとめて追加するには ………… P.210

Q328 お役立ち度 ★★★

頻繁にやり取りしている人を連絡先に追加するには

A ［よく使う連絡先］から追加します

連絡先の画面には［よく使う連絡先］という項目があり、これをクリックすると過去にやり取りした人の一覧が表示されます。その一覧の中から選択した人を簡単に連絡先に追加することが可能で、登録の手間を省けます。

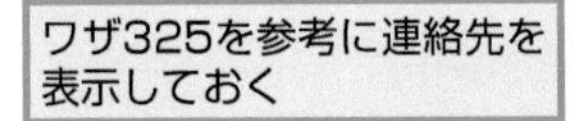

1 ［メインメニュー］をクリック

2 ［よく使う連絡先］をクリック

過去にやり取りしたユーザーが表示された

3 追加するユーザーをクリック

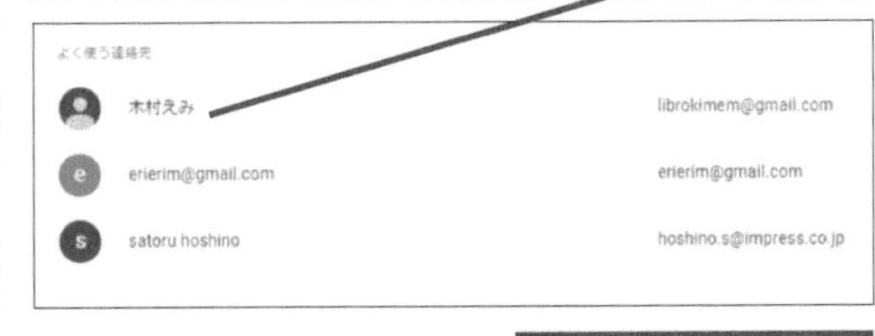

ユーザーの情報が表示された

4 ［連絡先に追加］をクリック

連絡先に追加される

Q329 お役立ち度 ★★★

連絡先を分類するには

A ［ラベル］を利用します

連絡先には、登録した連絡先を分類するための仕組みとして［ラベル］が用意されています。取引先ごと、あるいは顧客の種類ごとにラベルを作成し、連絡先を整理するなどといった用途に使えます。

ワザ328を参考にメインメニューを表示しておく

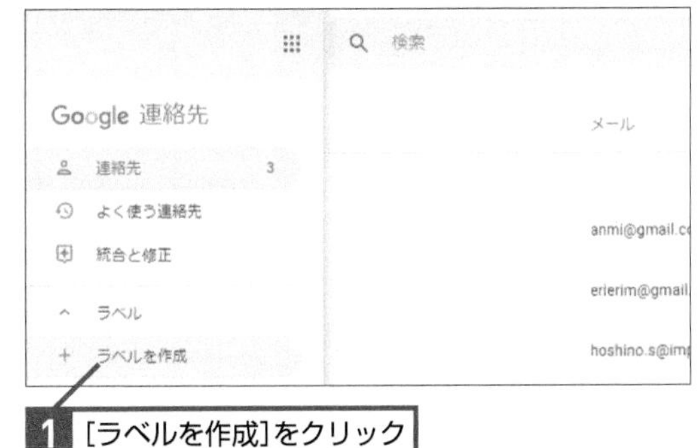

1 ［ラベルを作成］をクリック

ラベルを作成する画面が表示された

2 ラベル名を入力

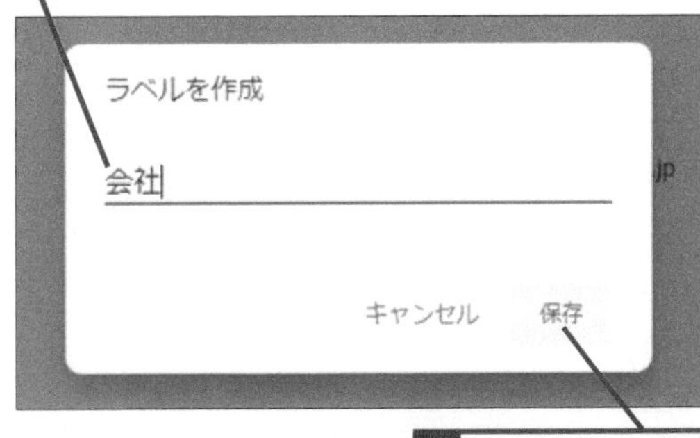

3 ［保存］をクリック

新しいラベルが作成された

関連 Q328 頻繁にやり取りしている人を連絡先に追加するには……P.211
関連 Q330 連絡先にラベルを割り当てるには……P.212

Q330 お役立ち度 ★★★

連絡先にラベルを割り当てるには

A 割り当てるラベルを指定します

登録した連絡先を表示した状態で、[その他の操作]をクリックすると、ラベルを追加することができます。また、ラベルは連絡先を登録する際に割り当てることも可能です。

➡ラベル……P.264

ワザ329を参考にラベルを作成しておく

ワザ328を参考にユーザーの情報を表示しておく

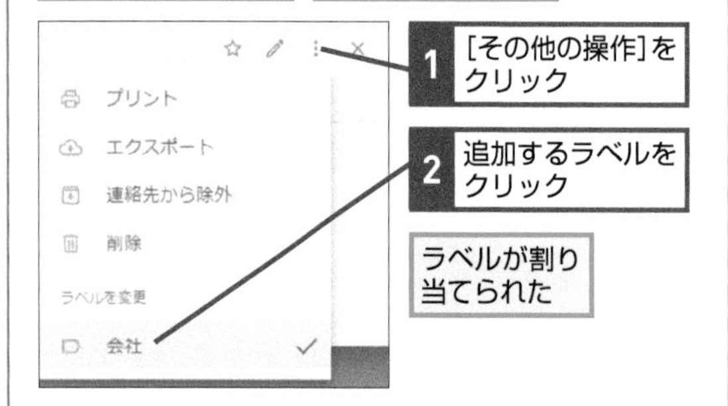

Q331 お役立ち度 ★★

ユーザーを連絡先から除外するには

A [その他の操作]から除外します

連絡先を表示し、[その他の操作]にある[連絡先から除外]をクリックすると除外することが可能です。なお除外すると連絡先の一覧には表示されなくなりますが、データそのものは削除されません。

ワザ330を参考に[その他の操作]を表示しておく

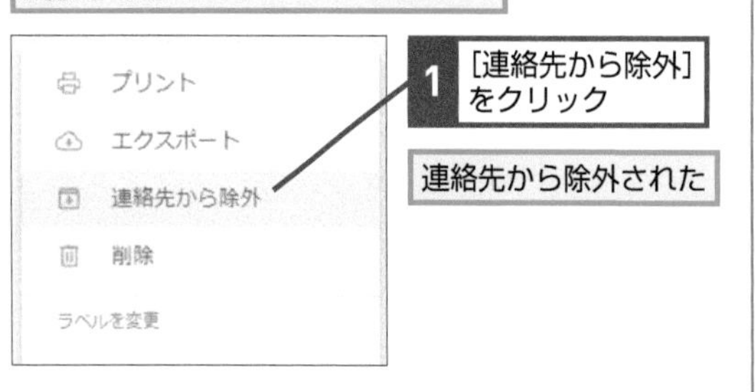

Q332 お役立ち度 ★★★

連絡先を削除するには

A [その他の操作]から削除します

連絡先を削除すると、一覧に表示されないだけでなく、データそのものも削除されます。ただし、削除したデータはゴミ箱に保存されているため、間違えて削除した場合は復元して元に戻しましょう。

●連絡先から削除する

ワザ330を参考に[その他の操作]を表示しておく

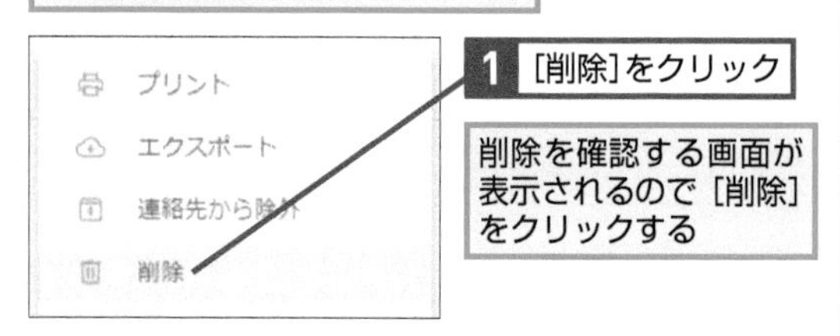

●削除したユーザーを復元する

ワザ328を参考にメインメニューを表示しておく

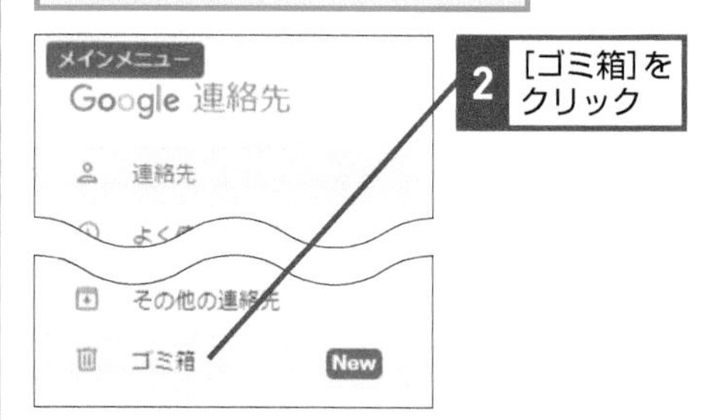

ゴミ箱の中が表示された

3 復元するユーザーをクリック

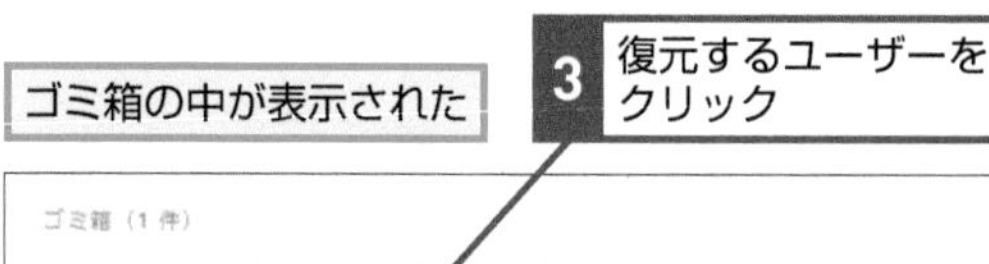

4 [復元]をクリック

復元された

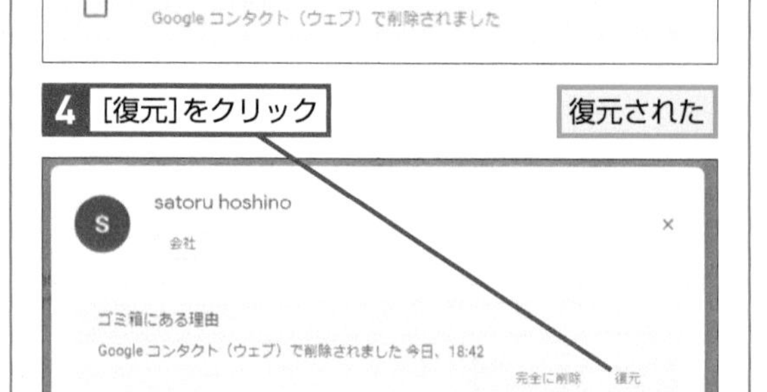

Q333 お役立ち度 ★★★

連絡先をインポートするには

A CSV形式などを取り込めます

連絡先はvCard形式またはCSV形式で記述された連絡先をインポートできます。なお1度に読み込める連絡先の数は3,000件までです。それ以上の連絡先が記録されている場合は、ファイルを分割してインポートしましょう。

➡インポート……P.261

ワザ328を参考にメインメニューを表示しておく

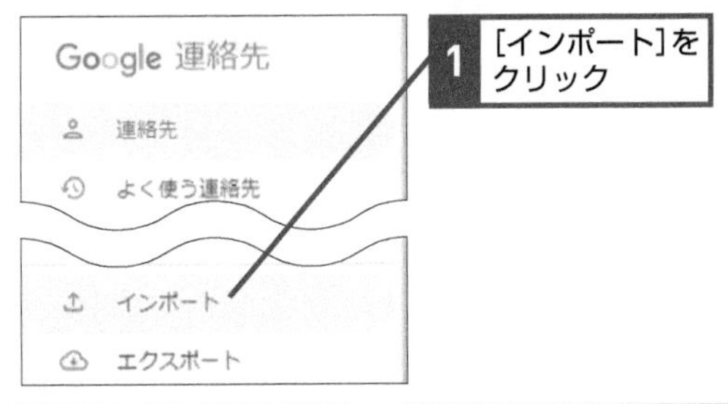

1 [インポート]をクリック

[連絡先のインポート]画面が表示された

2 [ファイルを選択]をクリック

インポートするファイルを選択する

3 [インポート]をクリック

連絡先がインポートされる

Q334 お役立ち度 ★★

連絡先をエクスポートするには

A CSVやvCard形式でエクスポートできます

連絡先では、GoogleまたはOutlookのCSV形式、またはvCard形式で保存されている連絡先をエクスポートすることができます。Googleアカウントを移行するなどといった際に利用しましょう。

ワザ328を参考にメインメニューを表示しておく

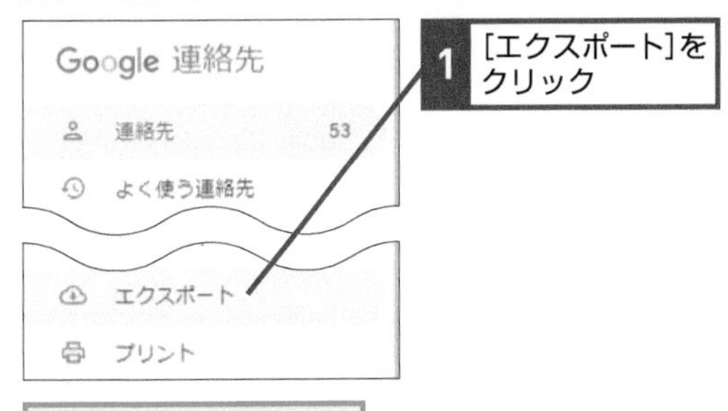

1 [エクスポート]をクリック

[連絡先のエクスポート]画面が表示された

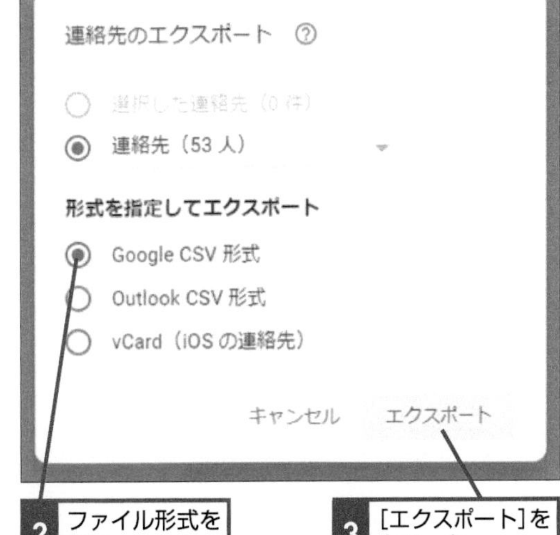

2 ファイル形式を選択

3 [エクスポート]をクリック

連絡先がダウンロードされる

関連 Q328 頻繁にやり取りしている人を連絡先に追加するには……P.211

Q335 お役立ち度 ★★☆

Googleアカウントを削除するには

A ［サービスやアカウントの削除］ページで削除できます

Googleアカウントを利用しなくなった場合は削除することが可能です。ただしアカウントを削除した場合、Googleドライブに保存したファイルはGmailで送受信したメール、Googleフォトにアップロードした写真、Googleカレンダーに登録した予定など、すべてのデータが削除されます。アカウントを削除しなければならない理由がなければ、そのままアカウントを維持することも検討しましょう。どうしてもアカウントを削除しなければならないのであれば、その前に必要なデータをすべてダウンロードしておきます。データのダウンロードは、ワザ316で解説した［データとカスタマイズ］にある［データのダウンロード］で行えます。

ワザ309を参考にGoogleアカウントの［データとカスタマイズ］を表示しておく

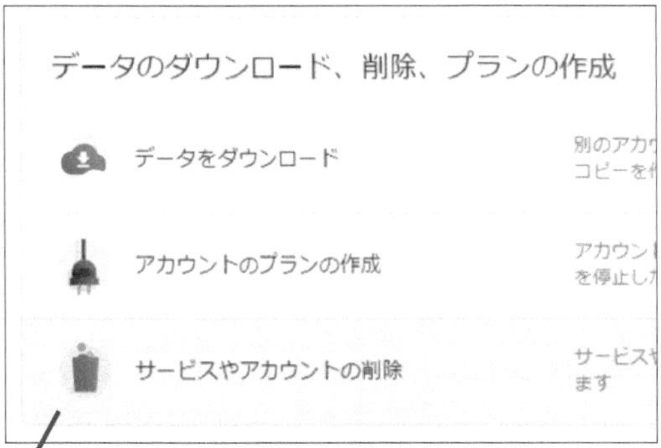

データのダウンロード、削除、プランの作成
データをダウンロード
アカウントのプランの作成
サービスやアカウントの削除

1 ［サービスやアカウントの削除］をクリック

［サービスやアカウントの削除］画面が表示された

Google アカウントの削除
Google アカウントとすべてのサービスやデータ（メール、写真など）を完全に削除できます
アカウントを削除

2 ［アカウントを削除］をクリック

［Googleアカウントの削除］画面が表示された

削除される内容などを確認する

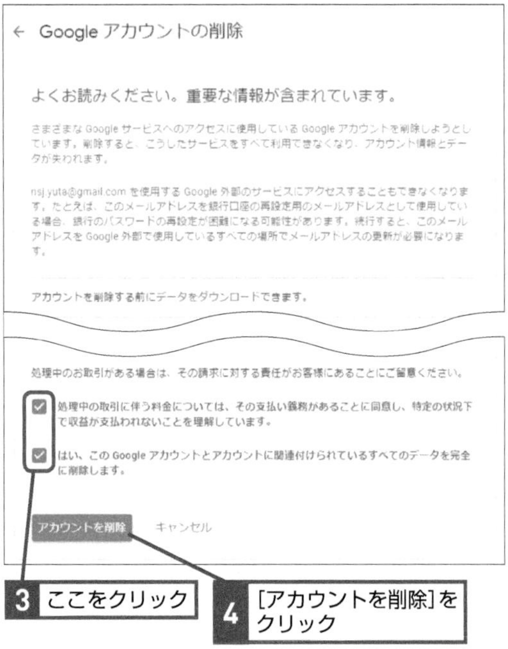

← Google アカウントの削除
よくお読みください。重要な情報が含まれています。
アカウントを削除する前にデータをダウンロードできます。
処理中のお取引がある場合は、その請求に対する責任がお客様にあることにご留意ください。
アカウントを削除　キャンセル

3 ここをクリック

4 ［アカウントを削除］をクリック

Googleアカウントが削除される

Q336 お役立ち度 ★★★

パスワードを忘れてしまったときは

A ［アカウント復元］のページで必要な情報を入力します

パスワードを忘れてしまった場合は、［アカウント復元］のページにアクセスし、画面の指示に従って必要な情報を入力します。なお連絡先情報として、そのGoogleアカウント以外のメールアドレスを登録しておくと、パスワードを忘れてしまった場合に、そのメールアドレスで確認コードを取得し、パスワードを再設定することが可能になります。パスワードを忘れてしまった場合に備え、必ず受信できる別のメールアドレスを登録しておきましょう。 ➡Googleアカウント……P.259

以下のページを表示しておく

▼アカウント復元のページ
https://accounts.google.com/signin/recovery

1 メールアドレスを入力

Google
アカウント復元
Google アカウントを復元する
メールアドレスまたは電話番号
nsj.yuta@gmail.com
メールアドレスを忘れた場合
次へ

2 ［次へ］をクリック

パスワード入力画面が表示された

3 ［別の方法を試す］をクリック

確認コードを受け取るアドレスを入力する画面が表示された

4 再設定用のメールアドレスを入力

5 ［配信］をクリック

別のアカウントでメールを受信し、［アカウント復元］の画面で確認コードを入力するとパスワードを再設定できる

アカウント作成時に復元用のメールアドレスを登録していない場合は［別の方法を試す］をクリックして新規にメールアドレスを登録する

リクエストの審査には時間がかかります
後ほど連絡先として使用できるメールアドレスを入力してください
メールアドレスを入力
別の方法を試す
次へ

Q337 お役立ち度 ★★★

スマートフォンを探すには

A Androidデバイスの大まかな位置を知ることができます

Googleアカウントが設定されたAndroidスマートフォンやタブレット端末などを利用している場合、そのデバイスの大まかな位置を知ることができます。紛失してしまった場合は、まずこの仕組みを使ってどこにあるのかを確認しましょう。ただし、この仕組みを使うにはスマートフォンやタブレット端末の電源がオンになっていて、Googleアカウントにログインしている必要があります。また、デバイスがモバイル回線やWi-Fiに接続されている必要があるほか、位置情報と設定内にある「デバイスを探す」がオンになっていなければなりません。なお、この仕組みを使って端末をロックしたり、データを削除したりすることも可能です。

ワザ313を参考にGoogleアカウントの[セキュリティ]を表示しておく

1 [紛失したデバイスを探す]をクリック

[スマートフォンを探す]画面が表示された

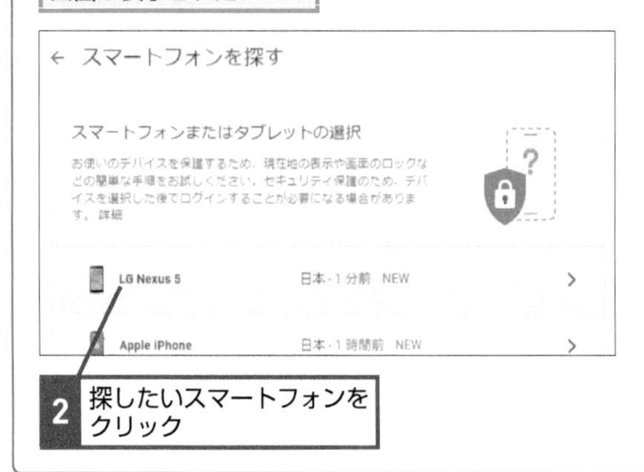

2 探したいスマートフォンをクリック

[スマートフォンを探す]画面が表示された

3 [デバイスを探す]をクリック

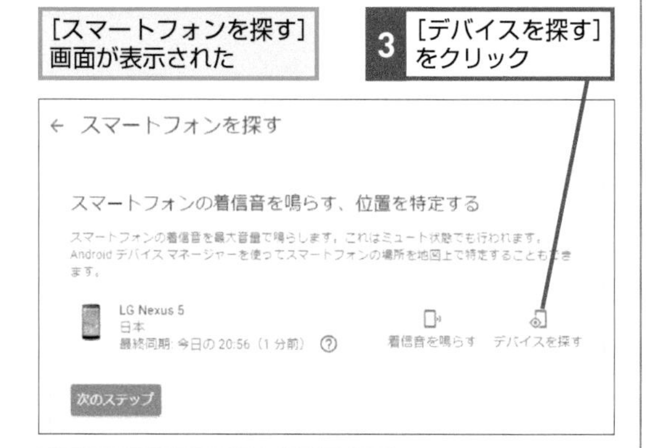

アカウントにログインする画面が表示されるのでログインして[次へ]をクリックしておく

Googleがデバイス情報にアクセスすることを説明する画面が表示されるので[承諾]をクリックしておく

スマートフォンの大まかな位置が表示された

Q338

お役立ち度 ★★★

何かあったときのために備えるには

A アカウント無効化管理ツールを設定します

Googleアカウントが一定期間利用されなかった場合、特定の連絡先に通知を行ったり、Googleアカウントを削除したりする仕組みとして［アカウント無効化管理ツール］が用意されています。自分に何かがあってGoogleアカウントにログインできなくなったとき、他の人に指定したデータをダウンロードしてもらいたい、あるいはアカウントを削除したいのであれば、［アカウント無効化管理ツール］を使い、必要な設定を行っておくとよいでしょう。

➡ログイン……P.264

ワザ309を参考にGoogleアカウントの［データとカスタマイズ］を表示しておく

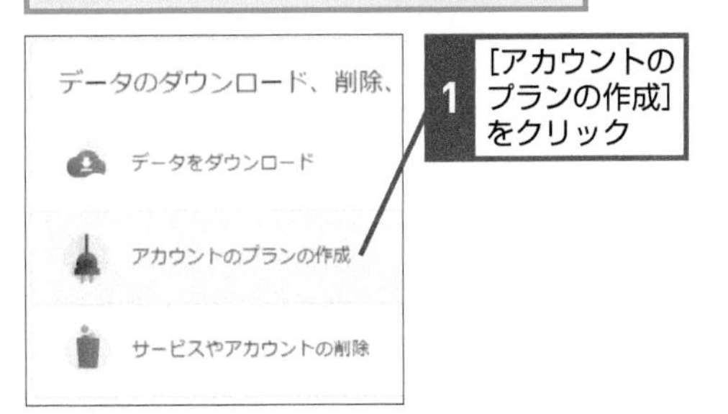

1 ［アカウントのプランの作成］をクリック

［アカウント無効化ツール］画面が表示された

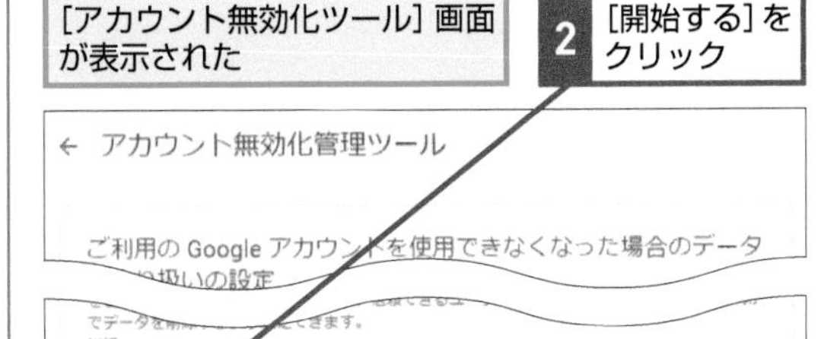

2 ［開始する］をクリック

Google アカウントが長期間使用されていないと判断するまでの期間の指定

設定したプランは、ご自身の Google アカウントを一定期間使用しなかった場合にのみ実行されます。詳細

プランが実行されるまでの期間を指定してください。

次へ

通知する相手と公開するデータの選択

自分の Google アカウントが長期間使用されなかった場合に Google から通知を送信するユーザーを 10 人まで選択できます。選択したユーザーに自分のデータの一部へのアクセスを許可することもできます。

3 画面に従って期間や通知する相手などを設定

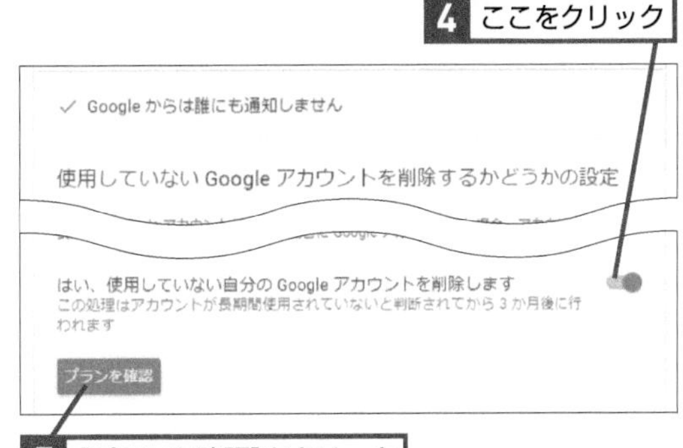

4 ここをクリック

5 ［プランを確認］をクリック

［プランの確認］画面が表示された

プランの確認

お客様の Google アカウントがどのように処理されるかをご確認ください。

✓ アカウントが使われなくなってから 3 か月経つと、そのアカウントは使用されていないものと見なされます

✓ Google からは誰にも通知しません

✓ 長期間使用されていないと判断してから 3 か月後にアカウントを削除します

☑ アカウント無効化管理ツールが有効になっているというメール通知を受け取る。

プランを確認

6 ［プランを確認］をクリック

アカウントの無効化が設定された

プランの管理

ご利用の Google アカウントを使用できなくなった場合のデータの取り扱いを設定しました。この設定の確認、編集、無効化はここからいつでも行えます。

☑ アカウント無効化管理ツールが有効になっているというメール通知を受け取る。

プランを無効にする

［プランを無効にする］をクリックするとプランを無効にできる

第11章 さまざまなGoogleアプリを使いこなすワザ

Google翻訳を使いこなそう

Google翻訳は手軽に使える高精度な翻訳サービスとして、多くの人々に利用されています。入力したテキストやファイルなどを気軽に翻訳するワザを紹介します。

Q339　お役立ち度 ★★★

動画で見る

Google翻訳を利用するには

A ［Googleアプリ］の［翻訳］をクリックします

Google翻訳はGoogleアプリから起動できます。Google翻訳のページは、左に元の文を入力するエリアがあり、それを翻訳した結果が右側に表示されるインターフェイスになっています。いずれのエリアにも、上部に［英語］［日本語］［韓国語］といった言語の選択肢が並んでおり、さらにイタリア語やフランス語、ドイツ語など、数多くの言語をリストから選択できます。また元の文で［言語を検出する］を選んでおくと、入力された文から自動的に言語が推察されます。Google翻訳の特長は精度の高さで、以前の機械翻訳のように、翻訳しても意味がよく分からない、といったことはほとんどありません。もし海外のWebサイトを見ていてオリジナルの言語では意味が今ひとつ分からないといった場合には、Google翻訳を使ってみましょう。

➡Google翻訳……P.260

1 ［Googleアプリ］をクリック

2 ［翻訳］をクリック

Google翻訳が起動した

3 翻訳したい言葉を入力

4 ［英語］をクリック

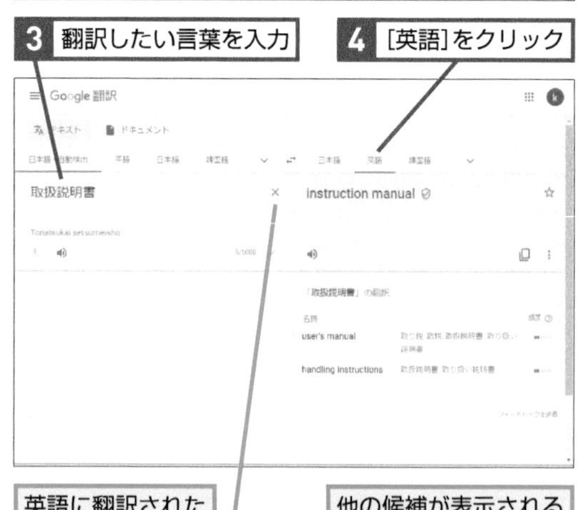

英語に翻訳された

他の候補が表示される場合もある

［テキストを消去］をクリックすると入力したテキストを消去できる

Q340　お役立ち度 ★★★

フレーズ集を作成するには

A 翻訳結果に［スター］を付けます

Google翻訳では、翻訳結果に［スター］を付けることで、その内容を保存することができます。この仕組みを利用し、よく調べる文章や覚えておきたい言い回しを保存しておけば、オリジナルのフレーズ集を作成できます。

➡スター……P.263

ワザ339を参考に翻訳しておく

1 ［翻訳にスターを付ける］をクリック

スターが付いた

テキストを消去しておく

2 ［保存済み］をクリック

保存した翻訳が表示された

ここをクリックすると削除できる

Q341　お役立ち度 ★★

翻訳履歴を参照するには

A ［履歴］をクリックします

Google翻訳には、ユーザーが翻訳した内容の履歴が保存されており、後から見返すことができます。なお、翻訳履歴はGoogleアカウントでログインしていなくても利用可能でしたが、今後はGoogleアカウントでログインしている場合のみ利用できるようになります。

1 ［履歴］をクリック

履歴が表示された

各項目をクリックするとテキストを入力する欄に再表示される

［履歴を削除］をクリックするとすべて削除される

Q342 お役立ち度 ★★

読み方が分からない文字を翻訳するには

A 手書きで調べることができます

Google翻訳には手書き機能もあり、これを利用すれば入力の仕方が分からない文字を翻訳するといったことが可能です。印刷された外国語の文章を翻訳したいなどといった場面で便利です。

1 [手書きをオンにします]をクリック

手書き入力用画面が表示された

2 分からない文字をマウスを使って描写

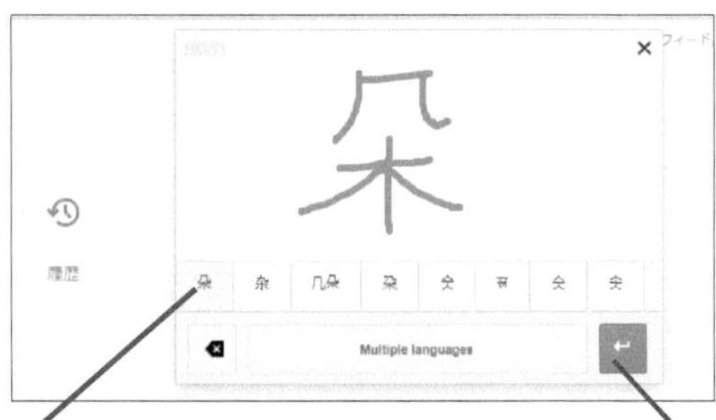

3 該当する文字をクリック

4 ここをクリック

中国語から日本語に翻訳された

Q343 お役立ち度 ★★★

Wordファイルを翻訳するには

A 翻訳したいファイルをアップロードします

Google翻訳はWordやPowerPoint、Excelなどのファイルを始め、PDFやテキストファイルなども翻訳することができます。ファイルごとアップロードして翻訳できるので、作成した資料を海外のユーザーに送るといった場面で便利です。

1 [ドキュメント]をクリック

2 [パソコンを参照]をクリック

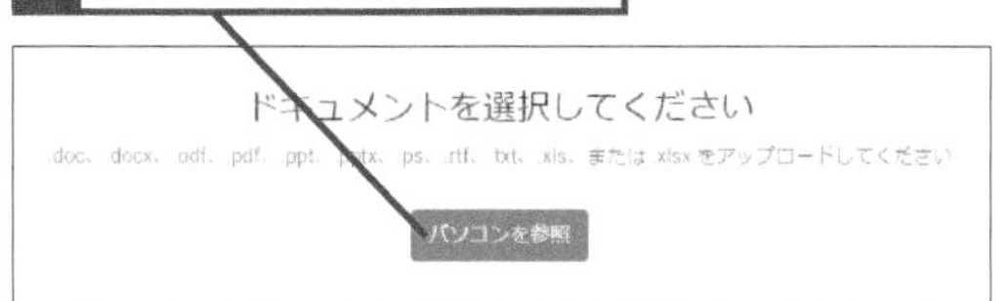

翻訳したい書類をアップロードする

3 [翻訳]をクリック

文書が翻訳され、Webページとして表示された

Googleフォトで写真管理を効率化する

スマートフォンが普及したことで、どこでも気軽に写真を撮影できるようになりましたが、その写真をどうやって管理するかは悩みどころです。そこで使いたいのがGoogleフォトです。

Q344 お役立ち度 ★★★

Googleフォトを使うには

A [Googleアプリ] から [フォト] をクリックします

Googleフォトは写真をクラウド上に保存しておくことができるサービスです。最大のメリットは、アップロードサイズを [高画質] にすれば、容量無制限でファイルをアップロードできる点で、これにより容量を気にせずに撮影した写真をアップロードできます。

●Googleフォトを表示する

Googleフォトが表示された

●写真をアップロードする

1 [アップロード]をクリック

写真を検索
アップロード
写真をアップロード

2 [パソコン]をクリック

アップロードしたい写真を選んで[開く]をクリックしておく

写真のサイズを確認する画面が表示された

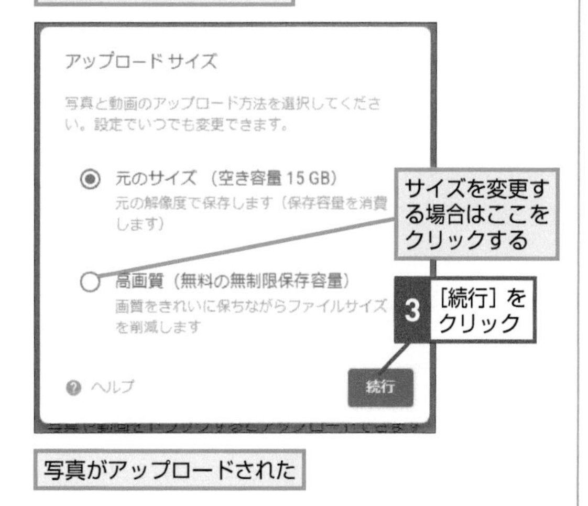

写真がアップロードされた

Q345 お役立ち度 ★★★

アルバムを作成するには

A 写真を自動でまとめて管理できます

Googleフォトには、複数の写真をまとめて管理することができる［アルバム］の仕組みが用意されています。これを利用すれば、たとえば仕事で現地調査を行い、そこで撮影した写真を1つにまとめて管理するといったことが可能になります。また作成したアルバムの一覧を表示する画面もあるため、過去に撮影した写真を探しやすくなることもメリットです。なおアルバムに登録できる写真の数は最大20,000枚です。

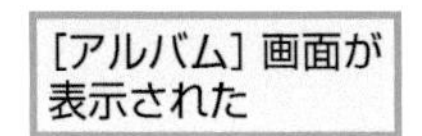

2 [アルバムを作成]をクリック

アルバム名を入力する画面が表示された

3 アルバム名を入力

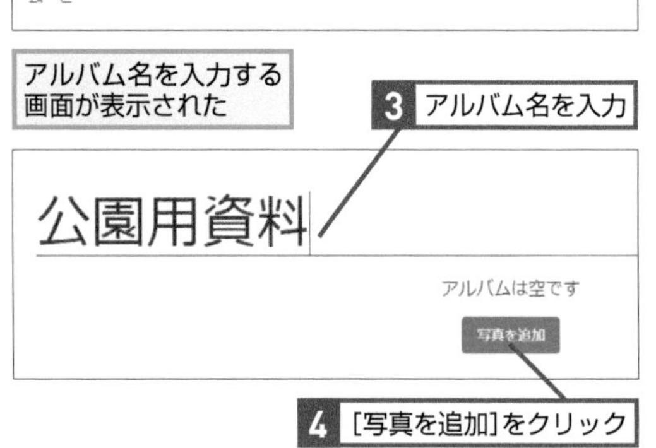

4 [写真を追加]をクリック

写真を選択する画面が表示された

5 クリックして写真を選択

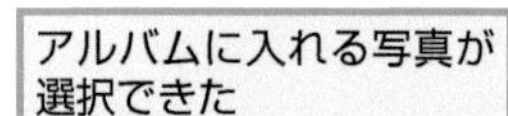

6 [完了]をクリック

アルバムが作成される

Q346 お役立ち度 ★★☆

アルバムを他の人に見てもらうには

A アルバムを共有します

作成したアルバムは、他のユーザーと簡単に共有できます。撮影した仕事の資料用の写真を他のユーザーに見てもらいたいといったとき、この仕組みを使えば簡単です。なお、共有先のメールアドレスはGoogleアカウントに紐付けられている必要があります。

ワザ345を参考にアルバムを表示しておく

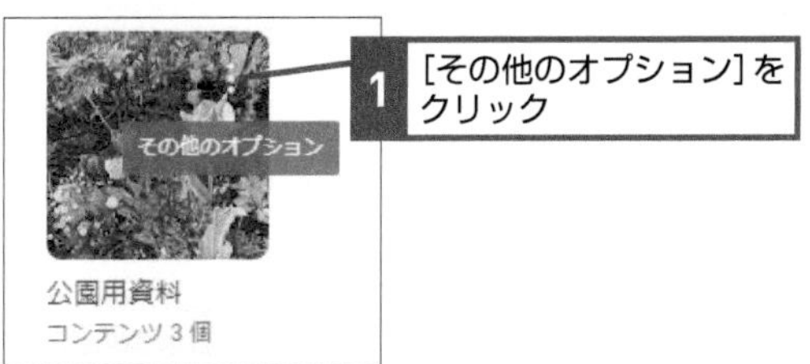

1 [その他のオプション]をクリック

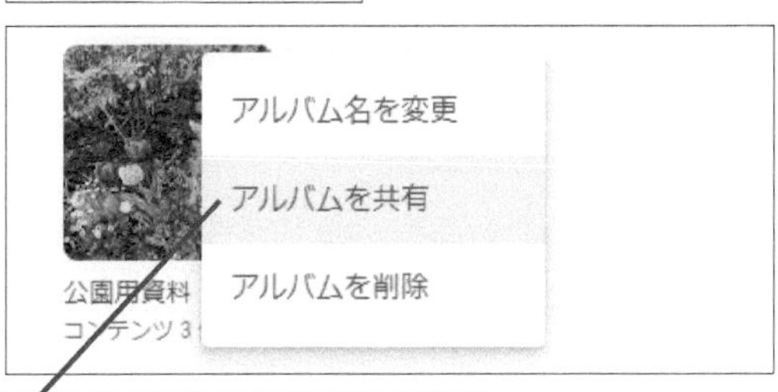

2 [アルバムを共有]をクリック

[アルバムに招待する]画面が表示された

3 招待するユーザーのメールアドレスを入力

4 [送信]をクリック

Q347 お役立ち度 ★★★

フォト内の画像を検索するには

A キーワード検索で写真を探せます

「自動車」「ビル」「大阪」など、被写体を表すキーワード、あるいは撮影した場所などで写真を検索することも可能です。過去に撮影したはずの写真が見当たらない場合は、キーワード検索を試してみましょう。

ワザ344を参考に[フォト]を表示しておく

1 [写真を検索]をクリック

検索画面が表示された

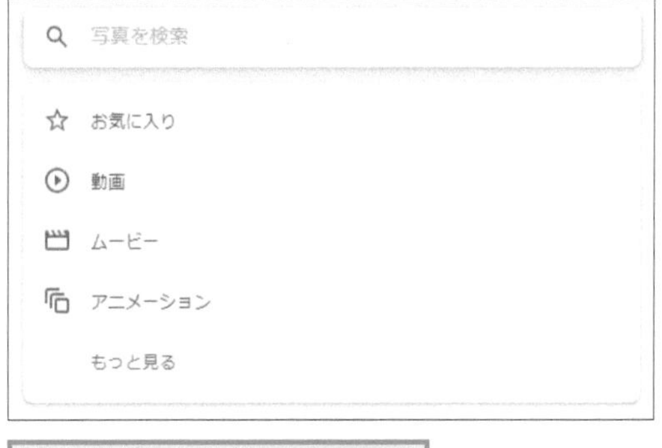

アップロードされた写真の種類によって、撮影場所や被写体の種類、人物の顔などで検索できる

メモを素早く作成できるGoogle Keep

Google Keepは付箋を使うようにメモを作成することができるサービスです。作成したメモはクラウド上に保存されるため、さまざまな環境で参照できるメリットがあります。

Q348 お役立ち度 ★★★

Google Keepを使うには

A ［Googleアプリ］で［Keep］をクリックします

Google Keepの特長は、素早くメモを作成することができること。たとえば電話で聞いた取引先の連絡先を書き留めたい、あるいは仕事に役立つWebサイトのURLを保存しておきたいといったとき、Google Keepを使えば素早くメモを作れます。また以降で紹介するように、Google Keepはシンプルでありながら豊富な機能があり、さまざまな場面で活用できます。ぜひ使ってみましょう。

➡Google Keep……P.259

●Google Keepを起動する

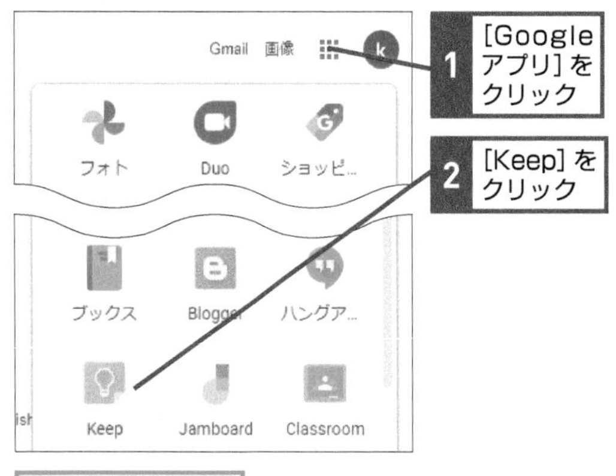

1 ［Googleアプリ］をクリック

2 ［Keep］をクリック

Keepが表示された

●メモを作成する

1 ［メモを入力］をクリック

ダークテーマがご利用いただけます
目に優しくなりました。[設定] でオンとオフを切り替えられます。
OK　オンにする

2 タイトルとメモを入力

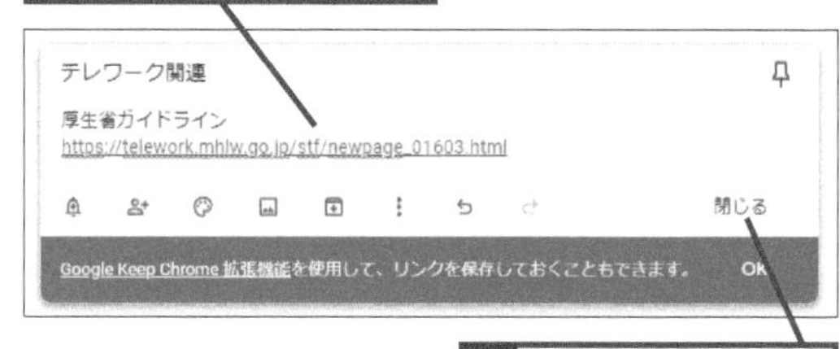

3 ［閉じる］をクリック

メモが保存された

Q349 お役立ち度 ★★★

メモを共有するには

A［共同編集者］を指定します

Google Keepで作成したメモは、他のユーザーと簡単に共有することができます。また共有したユーザーも編集できるため、複数人でメモの内容を更新するといった使い方も可能です。

1 共有したいメモにマウスポインターを合わせる

メモの詳細が表示された

2［共同編集者］をクリック

［共同編集者］画面が表示された

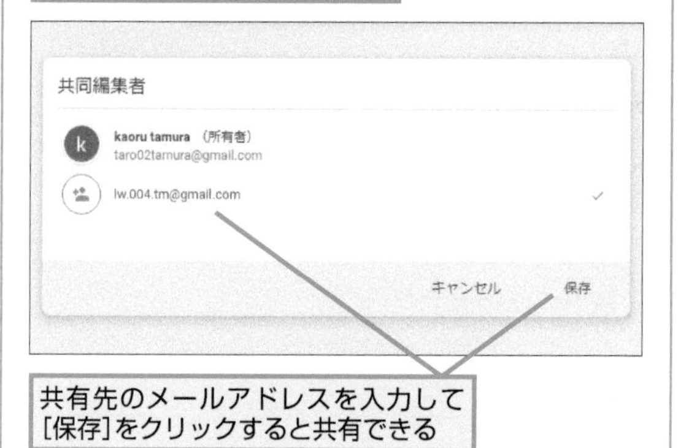

共有先のメールアドレスを入力して［保存］をクリックすると共有できる

Q350 お役立ち度 ★★

メモに画像を貼り付けるには

A［画像付きの新しいメモ］を作成します

画像をメモとして記録できることもGoogle Keepが便利なポイントです。なお以下で解説した方法のほか、クリップボードにコピーした画像をペーストして、画像メモを作成することもできます。

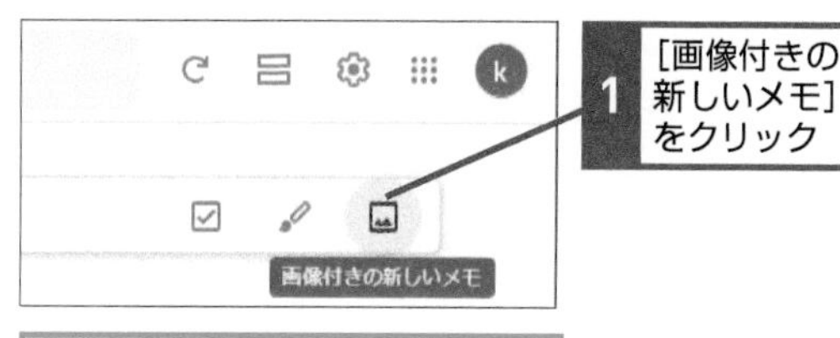

1［画像付きの新しいメモ］をクリック

画像を選ぶ画面が表示されるのでパソコンから画像を選んでおく

2 タイトルとメモを入力

3［閉じる］をクリック

画像付きのメモが保存された

Q351 お役立ち度 ★★★

チェックリストを作成するには

A [新しいリスト] を作成します

やるべきこと、買うべきものなどをリストアップしたメモを作成することも可能です。このリストにはチェックボックスがあり、チェックを入れることで作業が完了したものや進捗を把握できます。

1 [新しいリスト]をクリック

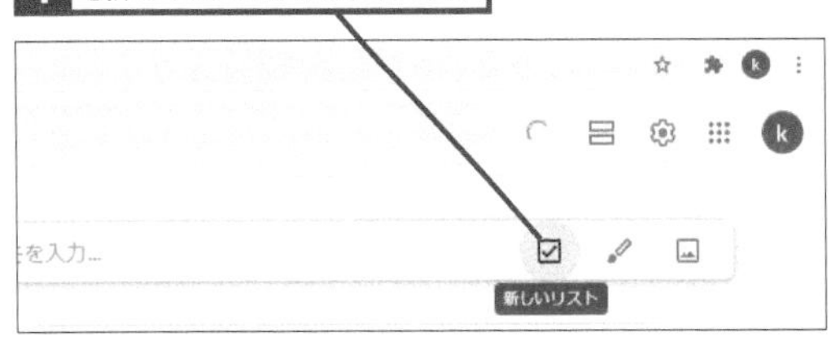

2 項目を入力

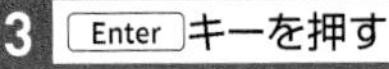

チェック項目が1つできた

ほかのチェック項目とタイトルを入力する

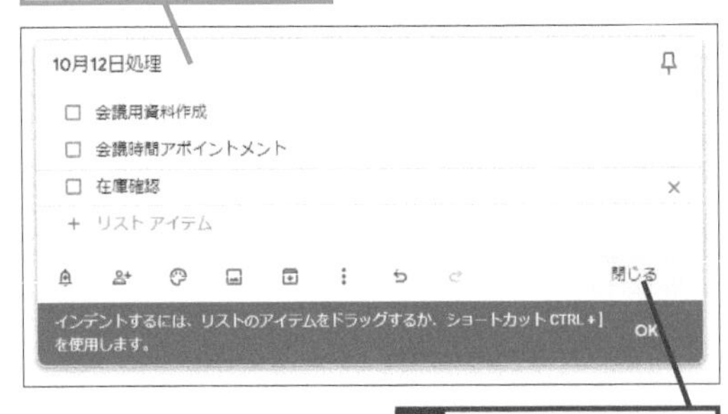

4 [閉じる]をクリック

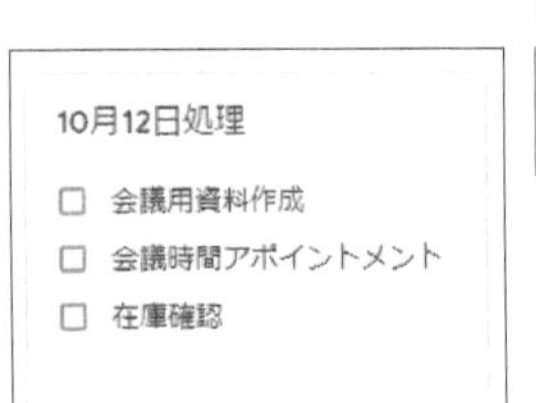

チェックリストが保存された

Q352 お役立ち度 ★★

リマインダーを設定するには

A 日付と時間を設定します

作成したメモに対して、リマインダーを設定することも可能です。たとえば作業すべき事柄をメモとして記録しておき、その作業の締め切りをリマインダーとして設定しておく、などといった使い方ができます。

ワザ349を参考にメモの詳細を表示しておく

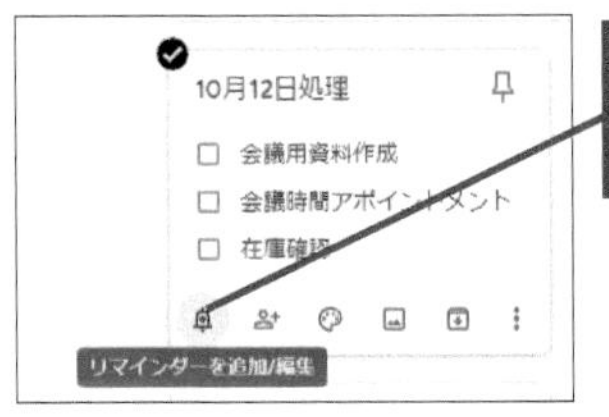

1 [リマインダーを追加/編集] をクリック

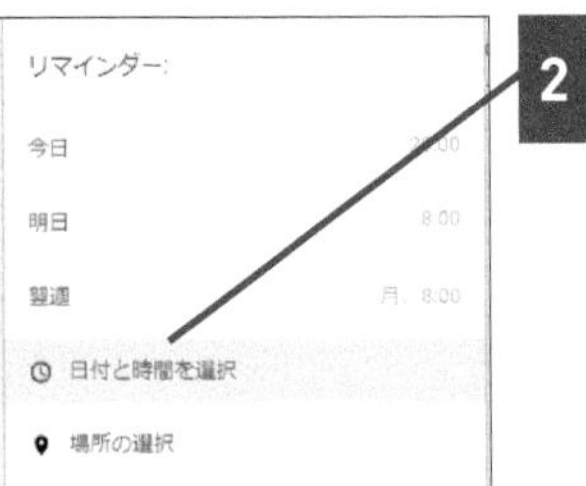

2 [日付と時刻を選択]をクリック

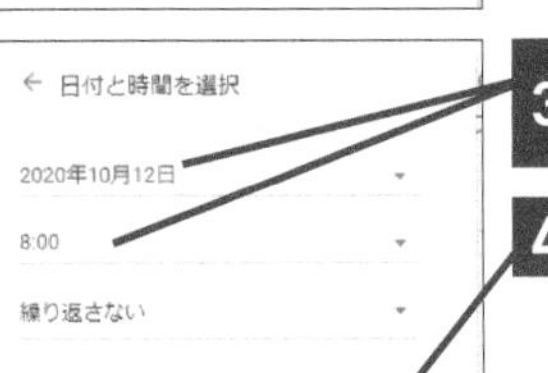

3 日付と時刻などを設定

4 [保存]をクリック

メモの詳細画面に戻る

リマインダーが設定された

メインメニューの [リマインダー] をクリックすると一覧で表示される

Q353

お役立ち度 ★★★

メモを整理するには

A ラベルやメモの色で分類できます

Google Keepで作成したメモには、内容に応じてラベルを設定することが可能なほか、メモの背景色を設定することも可能です。この仕組みを利用し、仕事のメモを業務内容ごとにラベルを使って分類したり、あるいはメモの中でも特に重要なメモは背景を赤にしたりすることが可能です。なお画面左にはラベルの一覧があり、いずれかをクリックすると、そのラベルが割り当てられたメモだけが表示されます。

➡ラベル……P.264

●ラベルを追加する

ワザ349を参考にメモの詳細を表示しておく

1 [その他のアクション]をクリック

2 [ラベルを追加]をクリック

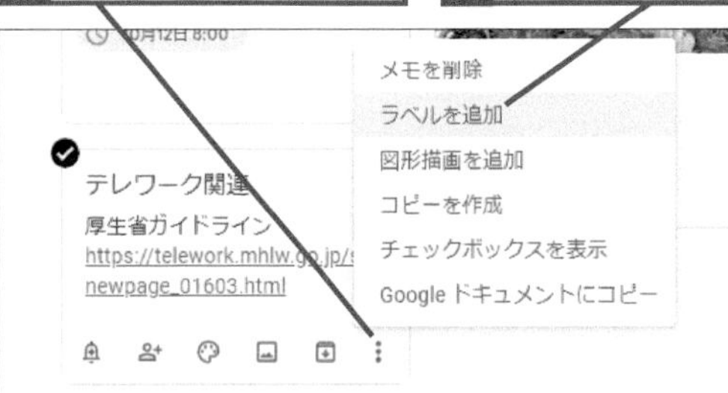

ラベルの作成画面が表示された

3 ラベル名を入力

4 ここをクリック

5 何もないところをクリック

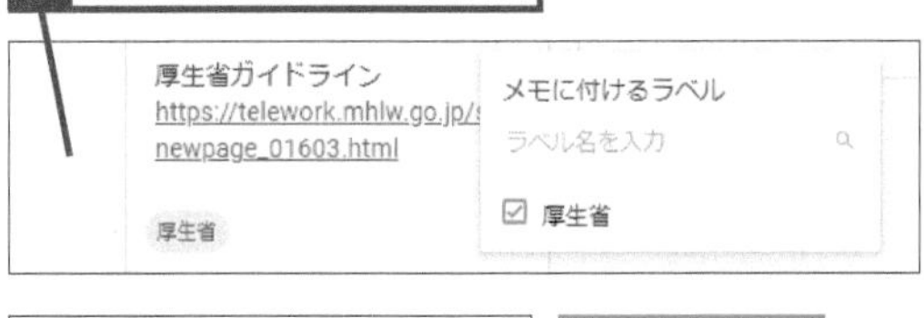

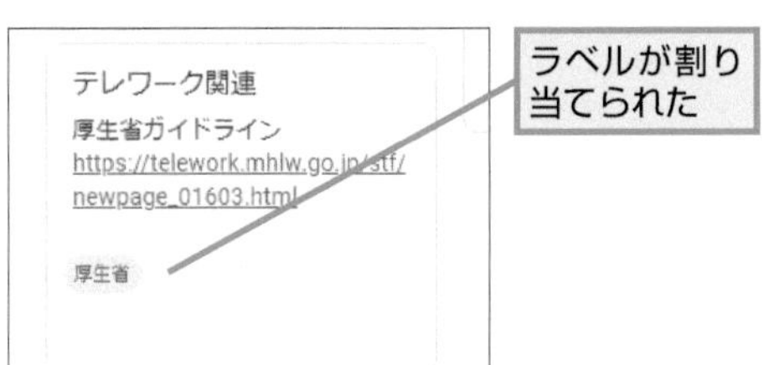

ラベルが割り当てられた

●メモの色を変更する

ワザ349を参考にメモの詳細を表示しておく

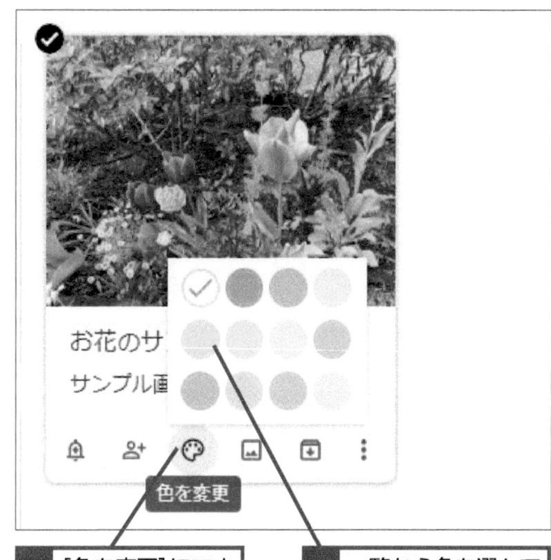

1 [色を変更]にマウスポインターを合わせる

2 一覧から色を選んでクリック

メモの色が変更された

Q354 お役立ち度 ★★★

メモを検索するには

A キーワードやラベル、色でメモを検索できます

Google Keepでは、キーワードを入力してメモを検索できるほか、メモの種類やラベル、色で検索することも可能です。この検索により、多くのメモを作成しても目的のメモをピンポイントで探し出せます。

ワザ353を参考にメモにラベルや色を設定しておく

1 ［検索］をクリック

メモの種類やラベル、色の一覧が表示された

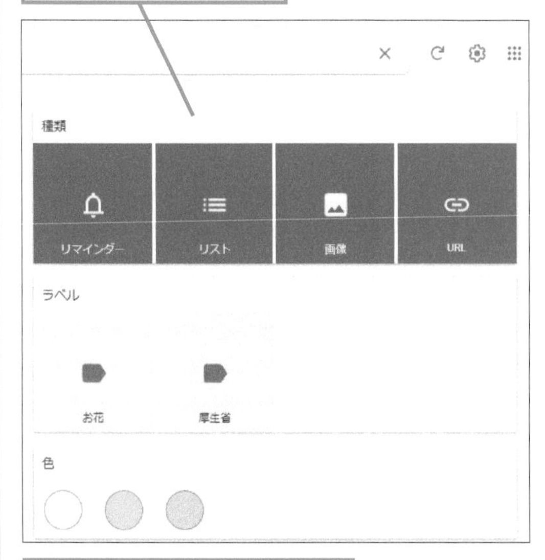

メモに含まれるキーワードの他に種類や色で検索ができる

Q355 お役立ち度 ★★

メモをアーカイブするには

A 不要になったメモはアーカイブしましょう

メモをアーカイブすれば、一覧にそのメモが表示されなくなります。不要になったメモはアーカイブしておくとよいでしょう。なおアーカイブしたメモも検索対象となるほか、アーカイブを解除することも可能です。

●アーカイブに追加する

ワザ349を参考にメモの詳細を表示しておく

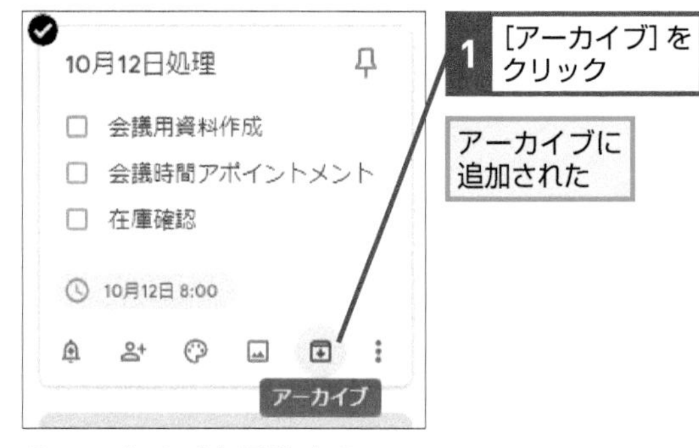

1 ［アーカイブ］をクリック

アーカイブに追加された

●アーカイブを解除する

ワザ349を参考にメモの詳細を表示しておく

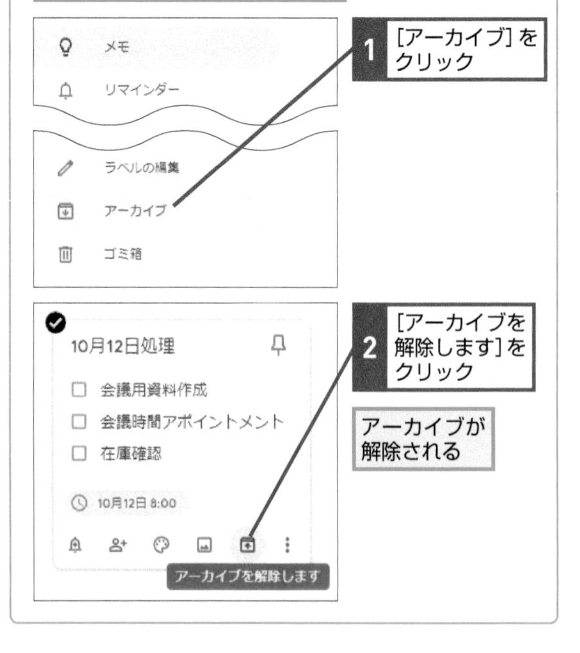

1 ［アーカイブ］をクリック

2 ［アーカイブを解除します］をクリック

アーカイブが解除される

やるべきことをスマートに管理するToDoリスト

やるべきことを管理するためのサービスが「ToDoリスト」です。シンプルなサービスで気軽に利用でき、豊富な機能を使ってタスクを管理することができます。

Q356 お役立ち度 ★★★

ToDoリストを使うには

A GmailやGoogleカレンダーで利用できます

GmailやGoogleカレンダーにアクセスし、画面右にあるToDoリストのアイコンをクリックすると利用することができます。このような形のため、メールやカレンダーを見つつToDoリストをチェックできます。

ワザ111を参考にGmailを表示しておく

1 [ToDoリスト]をクリック

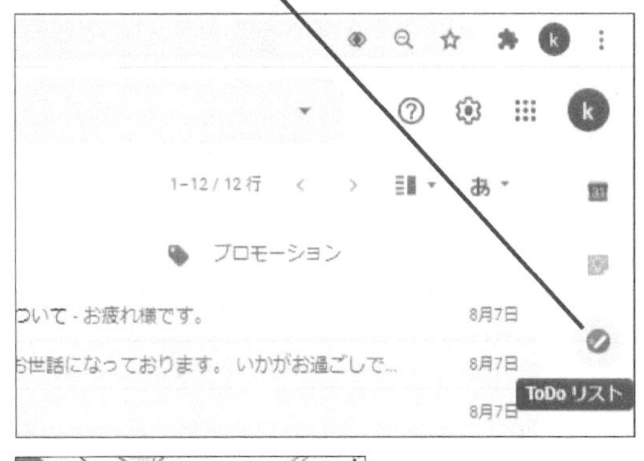

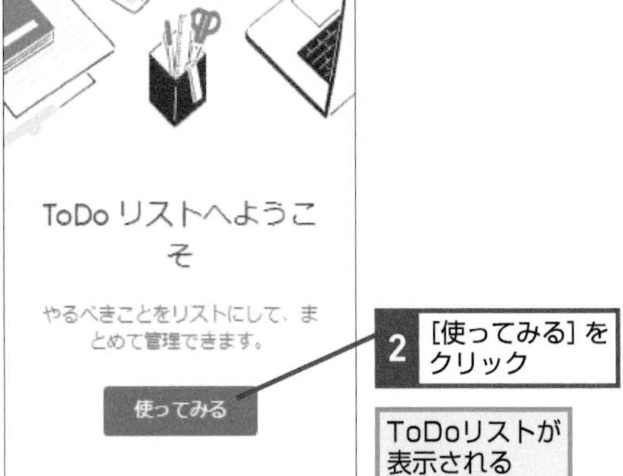

2 [使ってみる] をクリック

ToDoリストが表示される

Q357 お役立ち度 ★★★

タスクを追加するには

A [タスクを追加] をクリックして入力します

ToDoリストの利点として、素早くタスクを登録できることが挙げられます。タスクが発生したらすぐに登録しましょう。なおタスクの右にある［詳細を編集］をクリックすれば、締め切りを追加することができます。

ワザ356を参考にToDoリストを表示しておく

1 [タスクを追加] をクリック

2 タスクを入力

3 何もないところをクリック

タスクが追加された

Q358 お役立ち度 ★★★

サブタスクを追加するには

A 詳細画面で追加できます

ToDoリストの詳細画面には［サブタスクを追加］というボタンがあり、これをクリックすればサブタスクを追加できます。1つのタスクが複数の作業で構成されている場合、サブタスクを使うことですべて管理できます。

➡サブタスク……P.262

1 ［詳細を編集］をクリック

タスクの詳細画面が表示された

2 ［サブタスクを追加］をクリック

サブタスクの入力欄が表示された

3 サブタスクを入力

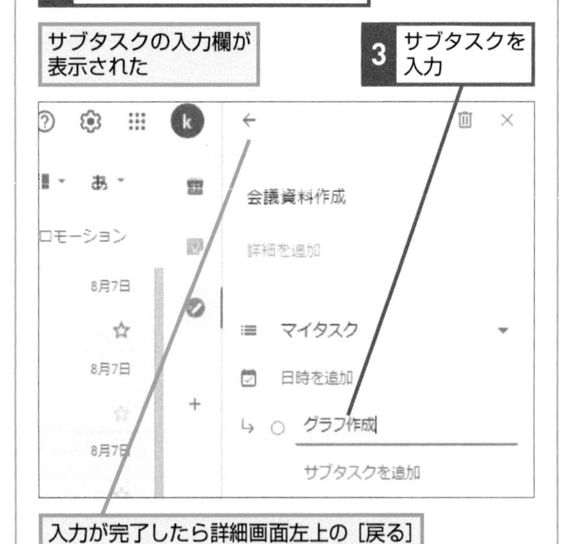

入力が完了したら詳細画面左上の［戻る］をクリックしてToDoリストに戻る

Q359 お役立ち度 ★★★

タスクの並び順を変更するには

A ドラッグで順番を変えられます

タスクをドラッグすることで表示位置を変えられます。すぐに取り掛かるべきタスクを最上位に移動するなど、自分にとって分かりやすいようにタスクを並べ替えるとよいでしょう。

1 変更したいタスクをクリックしたままにする

2 ドラッグして移動

タスクの順序が変更できた

Q360 お役立ち度 ★★

異なる種類のタスクを管理するには

A 複数のリストを作成することができます

ToDoリストは複数のリストを作成し、それぞれのリストでタスクを管理できます。たとえば「仕事用」と「家庭用」でリストを作り、タスクを分類するなどといったことが可能です。

1 ここをクリック

2 [新しいリストを作成]をクリック

[新しいリストを作成]画面が表示された

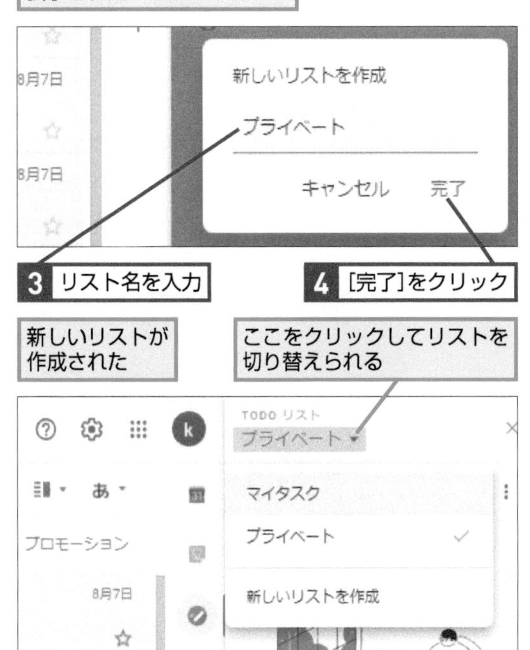

Q361 お役立ち度 ★★★

タスクを完了するには

A チェックマークを入れます

登録したタスクの左にある丸印にマウスカーソルを合わせてクリックすれば、タスクが完了状態になります。なお画面下にある［完了］をクリックすると、完了したタスクの一覧を確認することが可能です。

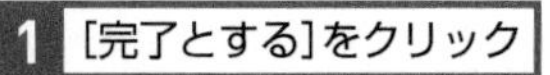

タスクが完了した

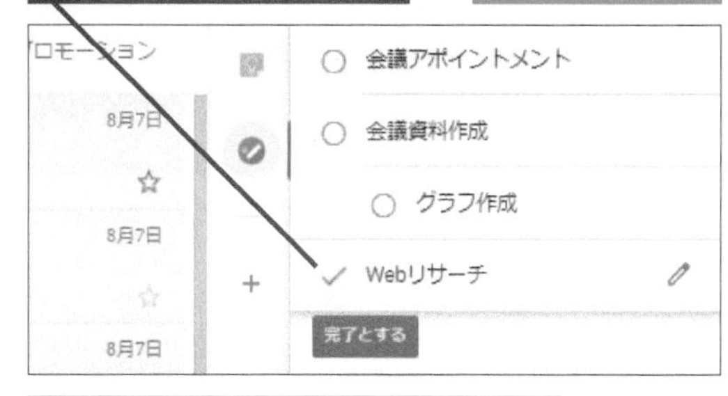

画面下部に表示される[完了]をクリックすると完了したタスクを参照できる

Q362 お役立ち度 ★★★

タスクを削除するには

A ゴミ箱アイコンをクリックします

登録していたタスクがキャンセルになった、あるいは作業する必要がなくなったなどといった場合は、タスクを削除しましょう。タスクをクリックして詳細画面を表示し、［削除］をクリックするとタスクを削除できます。

ワザ358を参考にタスクの詳細画面を表示しておく

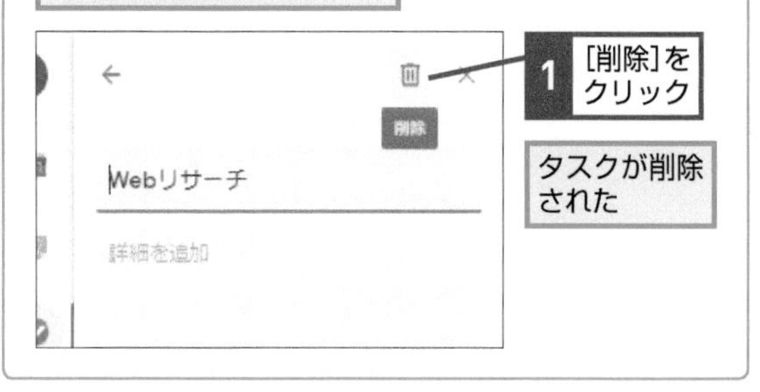

1 [削除]をクリック

タスクが削除された

第12章 スマートフォンと連携させるワザ

Google Chromeでスマホとパソコンを連携

スマートフォン用のGoogle Chromeはパソコンとの強力な連携機能を持っています。パソコンと連携して、出先でスマートにWebサイトにアクセスするワザを紹介します。

Q363 お役立ち度 ★★★

iPhoneでGoogle Chromeを使うには

A App Storeからインストールします

Androidのスマートフォンであれば、多くの場合Google Chromeがプリインストールされていますが、iPhoneでは「App Store」からインストールする必要があります。App Storeで「Google」などと検索してGoogle Chromeを探し、［入手］をタップしてインストールしましょう。なおスマートフォン版のGoogle Chromeでも、タブを使って複数のWebサイトを閲覧できるほか、ブックマークや過去の履歴を参照することが可能です。

➡App Store……P.258

App Store

1 ［App Store］をタップ

2 ［検索］をタップ

3 ［Google］と入力

4 インストールするアプリをタップ

アプリの概要が表示された

5 ［入手］をタップ

Apple IDでのサインインを求める画面が表示されたらサインインしておく

アプリがインストールされて起動した

6 ［同意して続行］をタップ

Q364 Google Chromeの同期を有効にするには

お役立ち度 ★★★

A Googleアカウントでログインします

Google Chromeをインストールした後、Googleアカウントでログインすればパソコンのgoogle Chromeと同期することが可能です。同期できる内容には、ブックマークや履歴、開いているタブ、パスワードなどがあり、たとえばパソコンでブックマークしているWebサイトをスマートフォンで参照するといったことが可能になり、わざわざスマートフォンでブックマークし直す必要はありません。

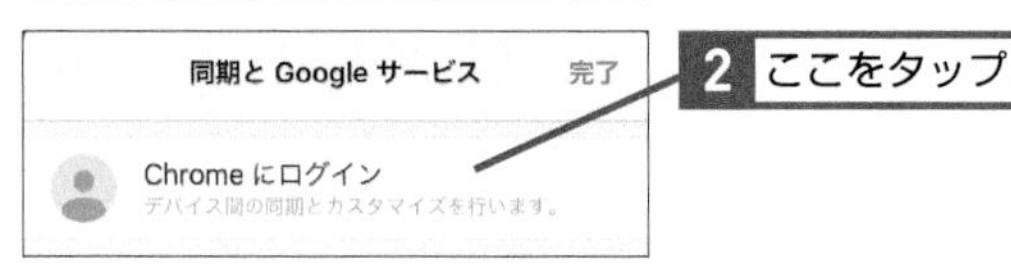

同期についての説明画面が表示された

ログイン画面が表示された

Google
ログイン
Google アカウントを使用してください。アプリでも Google サービスにログインします。
メールアドレスまたは電話番号
taro02tamura@gmail.com
メールアドレスを忘れた場合
アカウントを作成
次へ

4 メールアドレスを入力

5 [次へ] をタップ

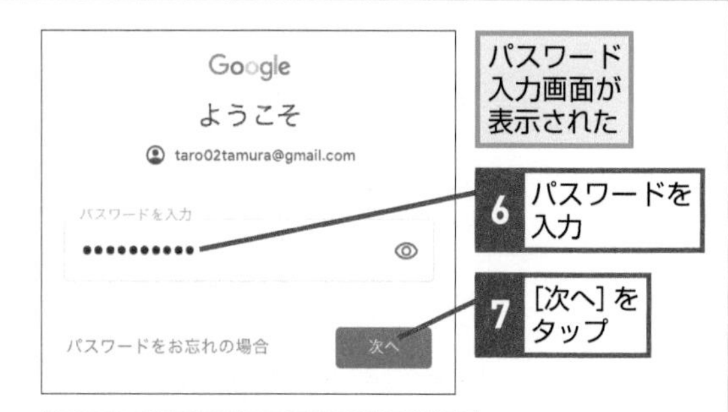

2段階認証を有効にしている場合、アカウントに登録した電話番号に確認コードが送信された

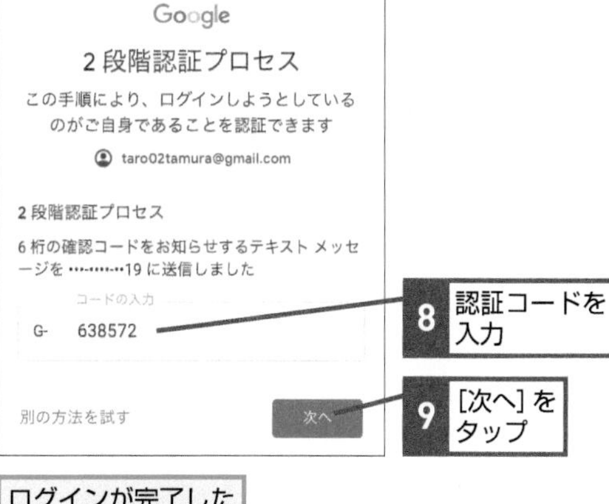

ログインが完了した

同期が有効になった

Q365 お役立ち度 ★★★

Google Chromeの同期内容を変更するには

A 設定画面で同期内容を管理できます

［設定］の［同期とGoogleサービス］にある［同期の管理］をタップすると、同期する項目を選択することが可能です。同期する必要がない項目があれば、その項目の同期をオフにしましょう。

1 ここをタップ

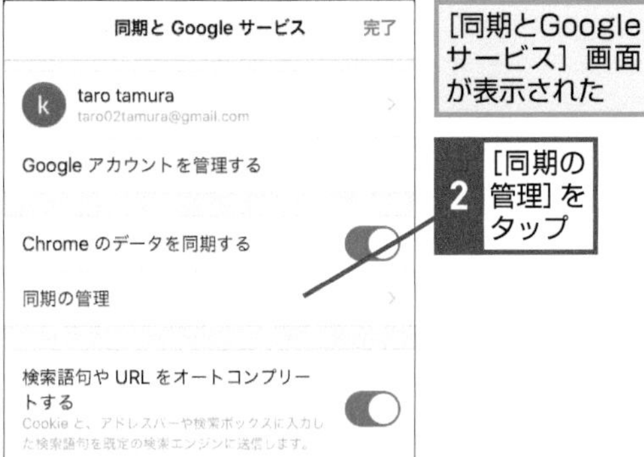

［同期とGoogleサービス］画面が表示された

2 ［同期の管理］をタップ

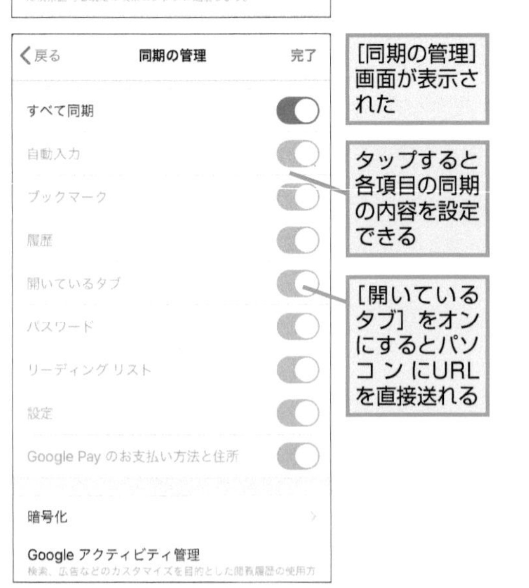

［同期の管理］画面が表示された

タップすると各項目の同期の内容を設定できる

［開いているタブ］をオンにするとパソコンにURLを直接送れる

Q366 お役立ち度 ★★★

スマホからパソコンにURLを直接送るには

A 同じアカウントでログインしていれば送れます

移動中にスマートフォンでWebサイトをチェックしていて、オフィスや自宅に戻ったあとで引き続きWebサイトをパソコンで見たいなどといった際、そのURLをスマートフォンからパソコンに直接送れます。

ChromeアプリでWebページを表示しておく

1 ここをタップ

2 ［お使いのデバイスに送信］をタップ

Chromeに同じアカウントでログインしているデバイスが表示された

3 ［お使いのデバイスに送信］をタップ

デバイスに通知が表示される

スマートフォンでGoogleマップを使いこなす

Googleのサービスの中でも、特にスマートフォンと相性がよいGoogleマップの便利なワザを紹介します。ほか、Googleのスマートフォンアプリの使いこなしを紹介します。

Q367 お役立ち度 ★★★

電波が入らない場所でGoogleマップを使うには

A オフラインマップをダウンロードしておきます

Googleマップには、あらかじめ地図データをダウンロードできる「オフラインマップ」の機能があり、これを利用すればインターネットの接続が無くてもダウンロードした地図を参照できます。なお、地図は容量が大きいため、ダウンロードの際はWi-Fiなどに接続しましょう。

➡Googleマップ……P.260

ワザ363を参考にGoogle マップをインストールして起動しておく

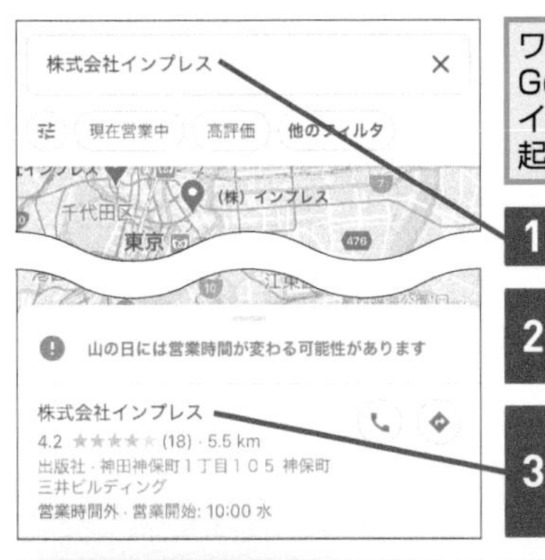

1 ここをタップ

2 検索したい場所を入力

3 候補の中から適したものをタップ

検索したスポットの詳細が表示された

4 ここをタップ

5 [オフラインマップをダウンロード]をタップ

エリアを指定する画面が表示された

6 ドラッグしてエリアを指定

7 [ダウンロード]をタップ

オフラインマップがダウンロードされる

オフラインマップを表示する場合はここをタップしてから［オフラインマップ］をタップする

Q368　お役立ち度 ★★★

自分の居場所を他の人に知らせるには

A Googleマップで現在地を共有します

Googleマップには、他のユーザーと現在地を共有する仕組みがあります。これを利用すれば、たとえば待ち合わせの際に自分がどこにいるのかを的確に相手に伝えられます。

➡Googleマップ……P.260

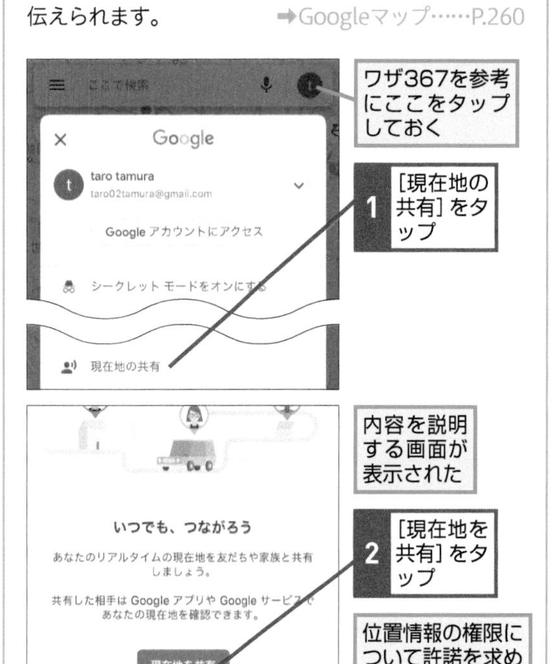

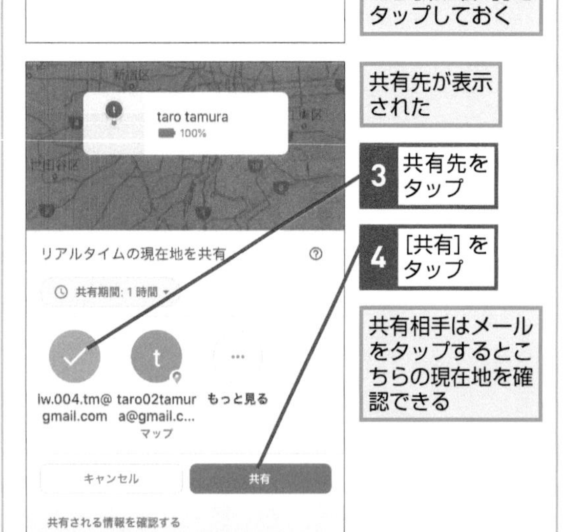

Q369　お役立ち度 ★★★

過去に訪れた場所を調べるには

A タイムラインを参照します

タイムラインを表示すると、日付ごとに移動ルートや訪れた場所が表示されます。経費精算を行う際などに役立つでしょう。また［場所］をタップすれば、過去に訪れた場所を確認することも可能です。

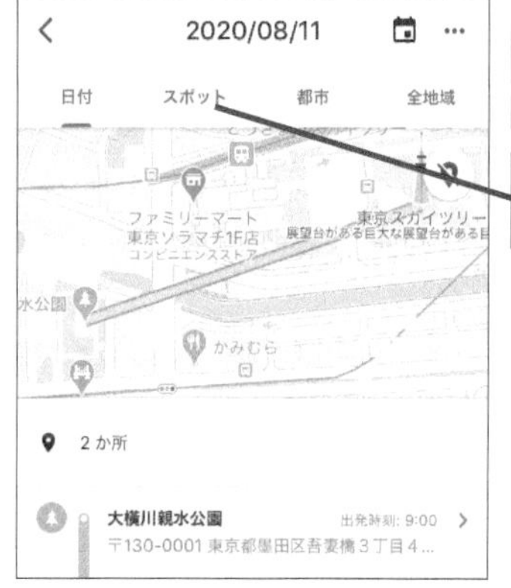

日付ごとに記録されたタイムラインが表示された

2 [スポット]をタップ

過去に訪れたお店や観光スポットが表示された

[都市] をタップすると過去に訪れた住所から場所を表示できる

Q370 お役立ち度 ★★★

カーナビとして利用するには

A 画面が自動で切り替わります

スマートフォンのGoogleマップは、カーナビとして利用することも可能です。ただし自動車で走行しながらスマートフォンを操作することは法律で禁止されています。走行中は触らないように、十分に注意して利用しましょう。

➡Googleマップ……P.260

ワザ367を参考に場所を検索しておく

1 ここをタップ

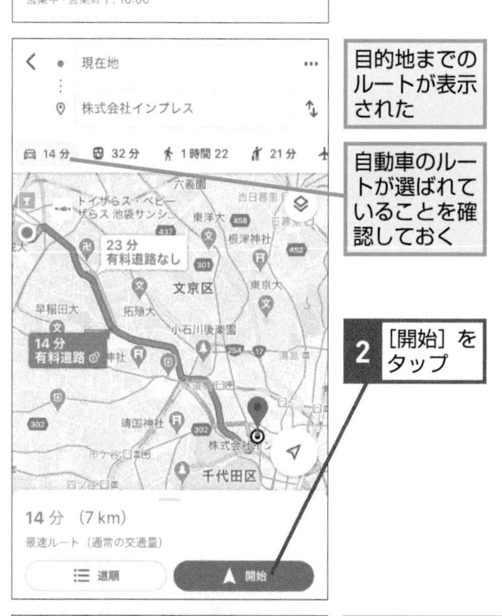

目的地までのルートが表示された

自動車のルートが選ばれていることを確認しておく

2 ［開始］をタップ

ナビの内容を説明する画面が表示されたら［OK］をタップする

ナビが起動した

Q371 お役立ち度 ★★★

高速道路を使いたくないときは

A ［高速道路を使わない］をオンにします

Googleマップでは、自動車での移動ルートとして高速道路を利用するルートが候補として表示されることがあります。高速道路を使いたくない場合は、［経路オプション］で［高速道路を使わない］をオンにします。

ワザ370を参考にナビを開始しておく

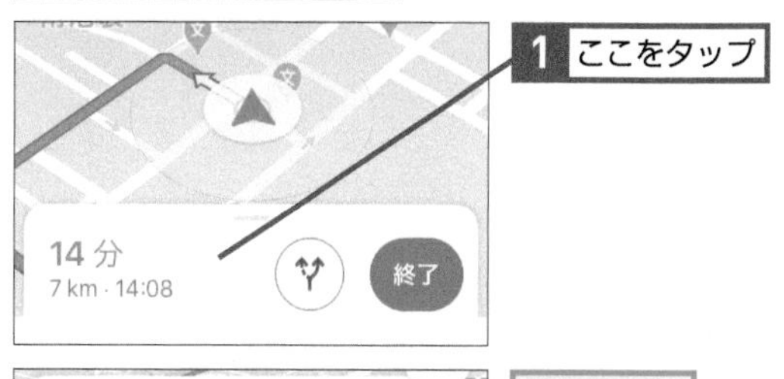

1 ここをタップ

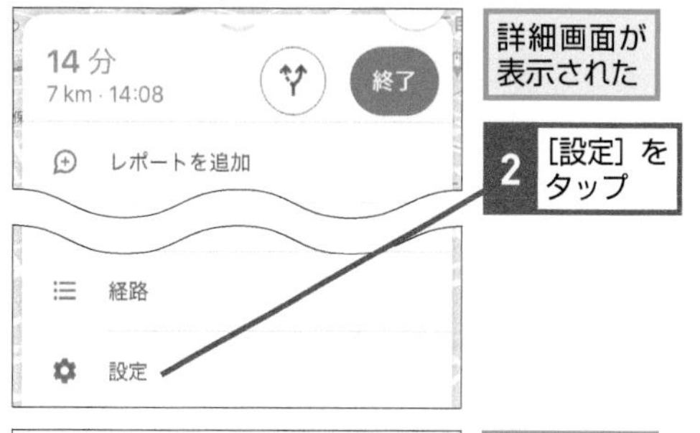

詳細画面が表示された

2 ［設定］をタップ

設定画面が表示された

3 ここをタップ

高速道路を使わない設定になった

Q372 お役立ち度 ★★★

地形を確認するには

A 地図の種類から［地形］を選びます

Googleマップは、通常の地図と航空写真のほか、地形を表示することもできます。その土地がどのように起伏しているのか知りたいなどといったとき、地形表示にすれば素早く確認できます。

ワザ370を参考に場所を検索しておく

1 ［地図を表示］をタップ

地図が表示された

2 ここをタップ

地図の種類が表示された

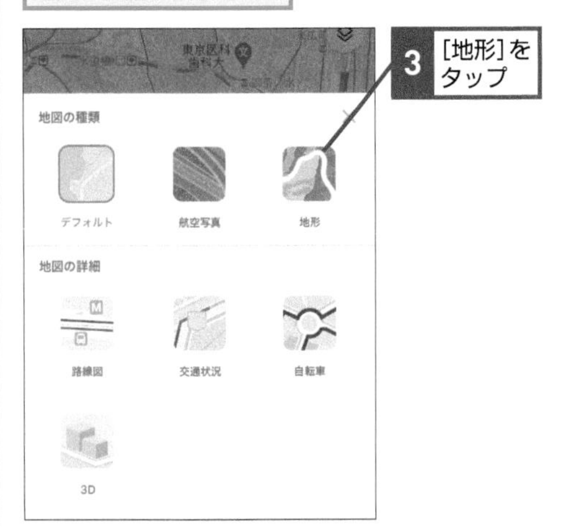

3 ［地形］をタップ

周辺の地形が表示された

うまく表示されない場合は地図をドラッグして大きさを変更する

Q373 お役立ち度 ★★★

ランチのお店を探すには

A「ランチ」をキーワードに検索してみましょう

移動先や出張先でご飯を食べるお店を探すのに苦労した人は多いでしょう。Googleマップであれば「ランチ」と検索するだけで、近くにあるランチを食べられるお店を探すことができます。

探したい場所を表示しておく

1 ［ここで検索］をタップ

2 ［ランチ］と入力

3 ［検索］をタップ

ランチを提供しているお店が表示された

地図か店舗のリストをタップすると詳細を表示できる

Q374 お役立ち度 ★★★

よく行くお店を保存するには

A リストに保存します

Googleマップでは、「お気に入り」や「行ってみたい」「スター付き」、あるいは自分自身で作ったリストで場所を登録することができます。よく行くお店やお気に入りのお店をリストに保存しておくと便利です。

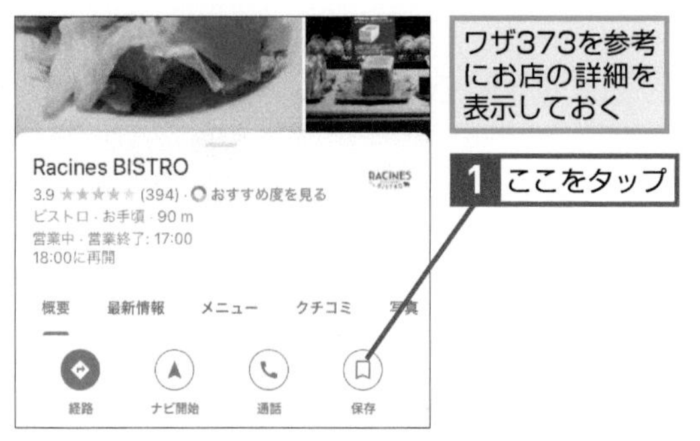

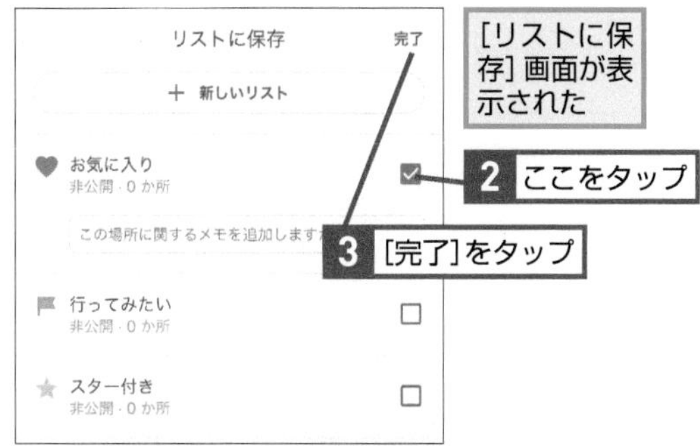

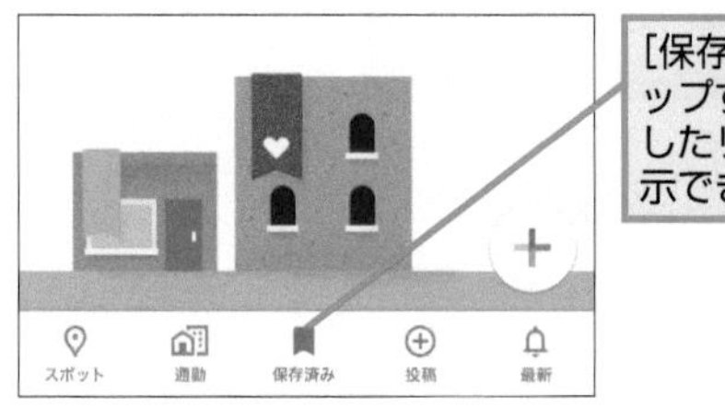

Q375 お役立ち度 ★★★

電車のルートをカレンダーに保存するには

A 検索したルートをカレンダーに保存できます

顧客先の訪問や出張などでルートを検索した際、その内容をカレンダーに保存することができます。ルートを保存しておけば、カレンダーからすぐに参照できるため、ルートを調べ直す手間を省けます。

ワザ373を参考にルートを表示しておく

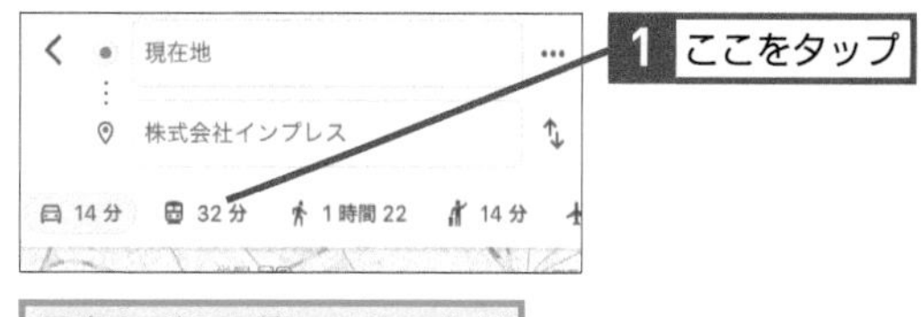

電車とバスを使ったルートが表示された

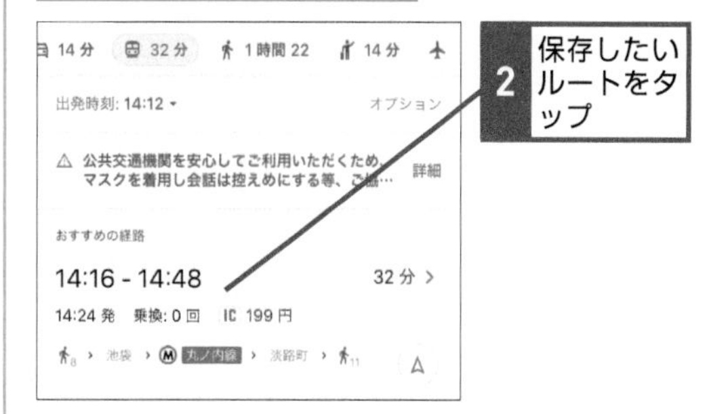

ルートの詳細が表示された

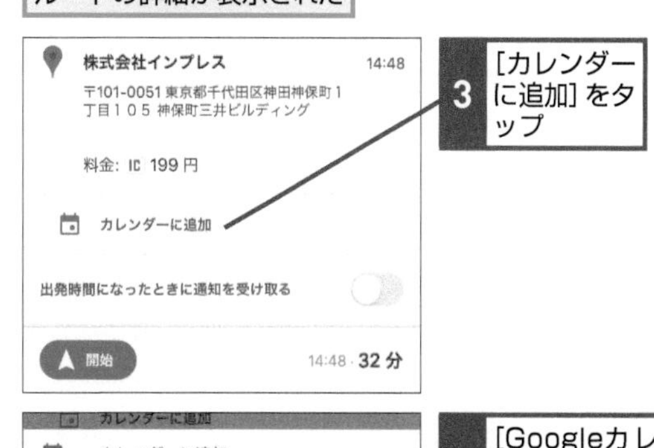

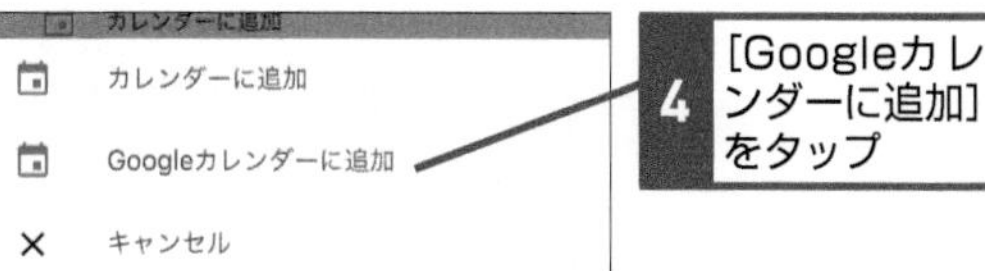

Googleカレンダーに追加される

Q376 お役立ち度 ★★★

スマホのファイルをドライブにアップロードするには

A アプリで設定できます

GoogleドライブにはiPhoneやAndroidで使える専用アプリがあり、これをインストールしておけば、スマートフォンに保存されているファイルや画像を素早くクラウドにアップロードすることができます。

ワザ363を参考にGoogleドライブをインストールして起動しておく

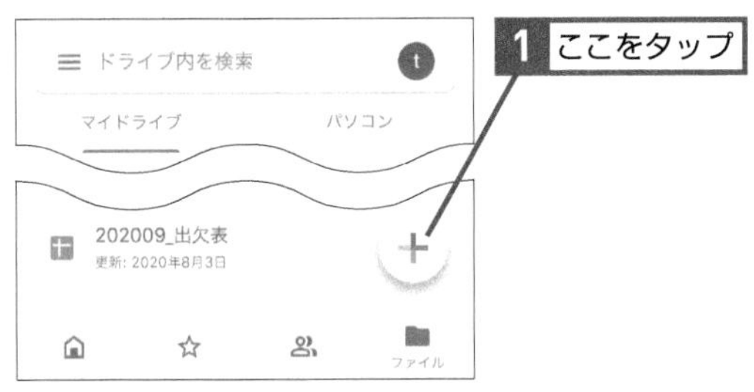

1 ここをタップ

[新規作成]画面が表示された

2 [アップロード]をタップ

ファイルの場所を選択する画面が表示された

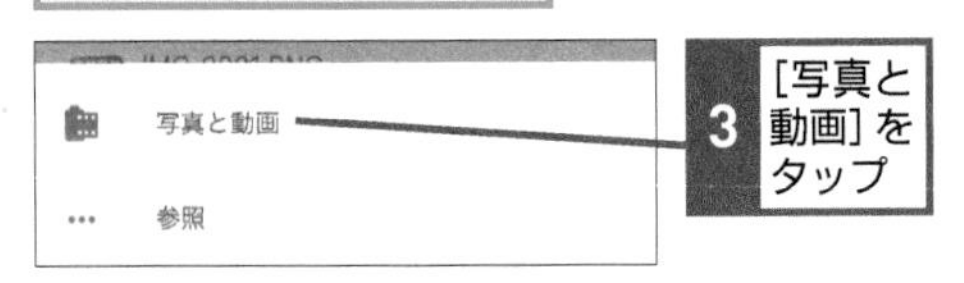

3 [写真と動画]をタップ

スマホに保存された写真と動画が表示された

4 タップして選択

5 [アップロード]をタップ

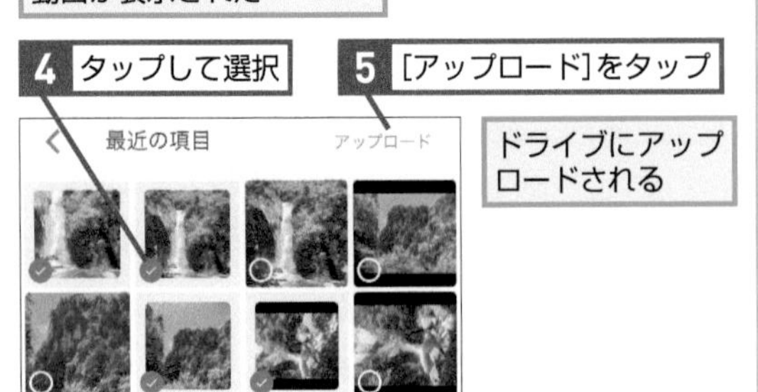

ドライブにアップロードされる

Q377 お役立ち度 ★★★

ドライブで直接写真を撮影するには

A [カメラを使用] をタップします

Googleドライブにアップロードすることが決まっている写真を撮影するとき、標準のカメラアプリを使うのではなく、Googleドライブを使って撮影すれば、その写真が自動的にアップロードされるため手間が省けます。

➡Googleドライブ……P.259

ワザ376を参考に[新規作成]画面を表示しておく

1 [カメラを使用]をタップ

カメラへのアクセスを求める画面が表示されるので [OK] をタップしておく

カメラが起動した

2 タップして撮影

3 [写真を使用]をタップ

写真がドライブに保存される

Q378 お役立ち度 ★★★

スマホの写真を自動でバックアップするには

A Googleフォトを利用しましょう

Googleフォトには、スマートフォンで撮影した写真を自動的にクラウドにバックアップする機能があります。［高画質］を選べば容量無制限でバックアップできるので、トラブルで大切な写真を失う前にバックアップの設定を行っておきましょう。

ワザ363を参考にGoogleフォトをインストールして起動しておく

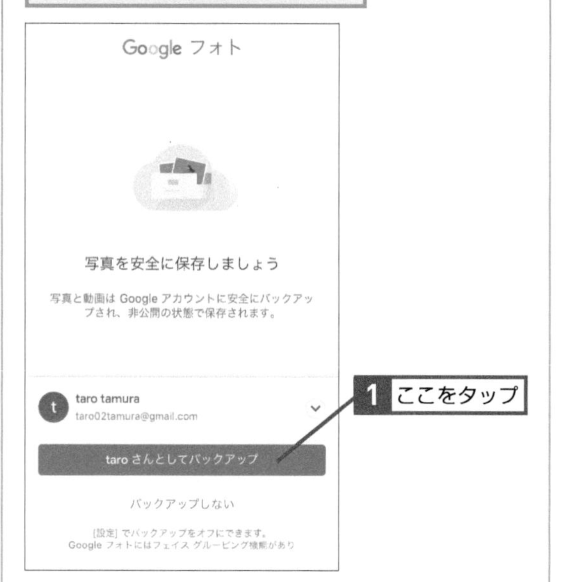

1 ここをタップ

［バックアップの設定］画面が表示された

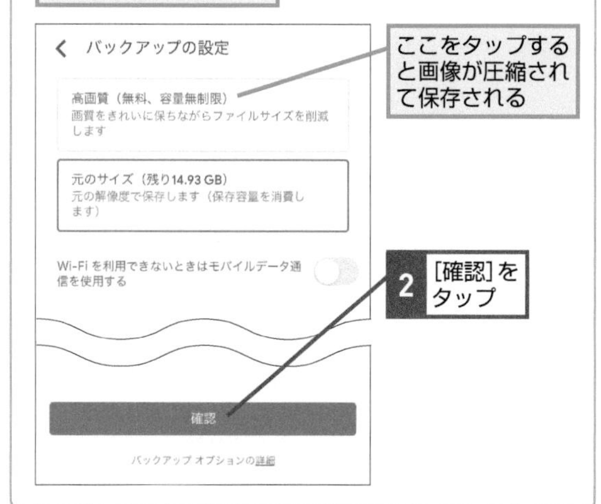

ここをタップすると画像が圧縮されて保存される

2 ［確認］をタップ

Q379 お役立ち度 ★★★

ドライブのファイルをオフラインで使用するには

A オフラインで使用可能にしておきます

Googleマップのオフラインマップのように、Googleフォトにもインターネットにつなげない状態でも写真を見られる機能があります。電波の状況が悪い場所で写真を見るときなどに利用しましょう。

オフラインで使用したいファイルを表示しておく

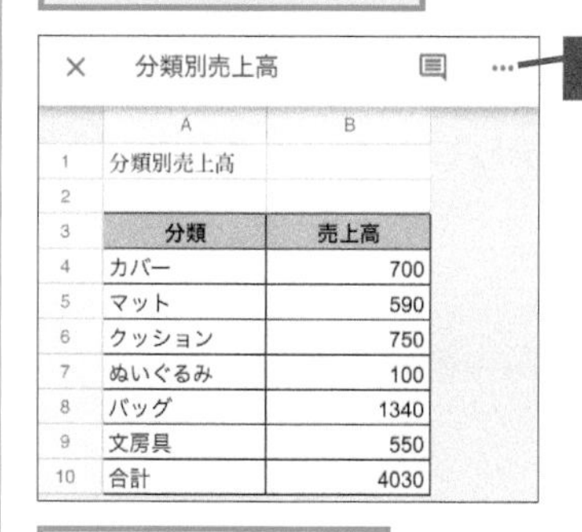

	A	B
1	分類別売上高	
2		
3	分類	売上高
4	カバー	700
5	マット	590
6	クッション	750
7	ぬいぐるみ	100
8	バッグ	1340
9	文房具	550
10	合計	4030

1 ここをタップ

メニューが表示された

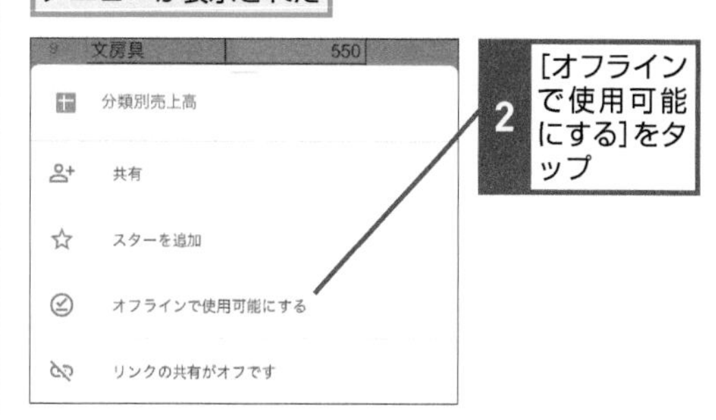

オフラインで使用可能になった

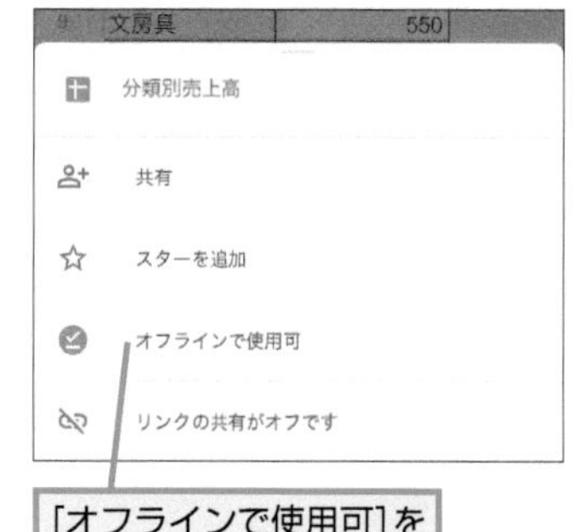

［オフラインで使用可］をタップすると元に戻る

Q380 お役立ち度 ★★★

iPhoneのカレンダーとGoogleカレンダーを同期するには

A Googleカレンダーのアプリから行います

iPhoneには標準で予定の管理に利用できる「カレンダー」アプリがあり、そこに登録した予定はAppleのクラウドサービスである「iCloud」に保存されます。このカレンダーとGoogleカレンダーを同期することが可能です。これにより、iCloudに登録されている予定をGoogleカレンダーでもチェックすることが可能になります。 ➡Googleカレンダー……P.259

ワザ363を参考にGoogleカレンダーをインストールして起動しておく

メニューが表示された

設定画面が表示された

[アカウント]の画面が表示された

iOSのカレンダーと同期されるようになった

Q381 目標に向けて予定を作成するには

お役立ち度 ★★★

A [ゴール] の機能を活用しましょう

運動やスキルアップ、友だちや家族との時間を確保したいけれど、なかなか時間が取れないといった悩みを解決するのが [ゴール] の機能です。これを利用すれば、Googleカレンダーが最適な時間を見つけて、自動的にスケジュールを登録してくれます。

➡Googleカレンダー……P.259

Googleカレンダーを起動しておく

1 ここをタップ

ゴール
リマインダー
予定

2 [ゴール] をタップ

[ゴールの選択] 画面が表示された

運動やスキルアップなど目標を設定できる

ゴールの選択

カレンダーが最適な時間を見つけて、スケジュールを設定します。

ここではジョギングのスケジュールを作成する

3 [運動] をタップ

4 [ジョギング] をタップ

画面の表示に従って所要時間や都合のいい時間帯などを設定する

設定が完了すると空き時間にジョギングの予定が自動的に入る

ゴールを削除する場合は通常の予定と同じ操作を行う

Q382 Gmailで受信したメールを後で通知するには

お役立ち度 ★★★

A ［スヌーズ］の機能を使います

Gmailもスマートフォンにインストールしておきたいアプリの1つです。このGmailで便利な機能がスヌーズで、すぐには処理できないメールを受信したとき、後でそのメールを通知するように設定することができます。 ➡スヌーズ……P.263

●メールをスヌーズする

ワザ363を参考にGmailをインストールして起動しておく

スヌーズしたいメールを表示しておく

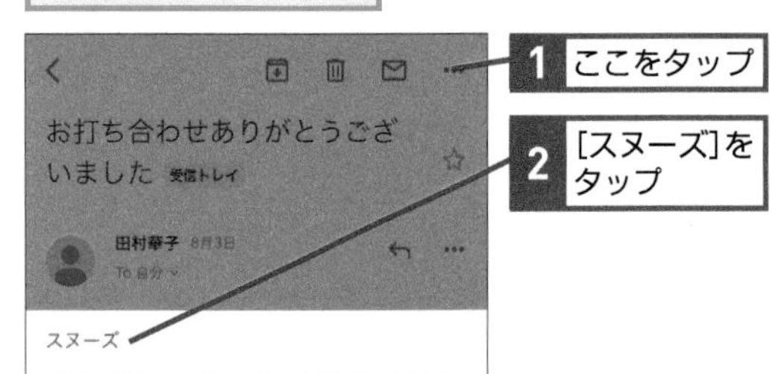

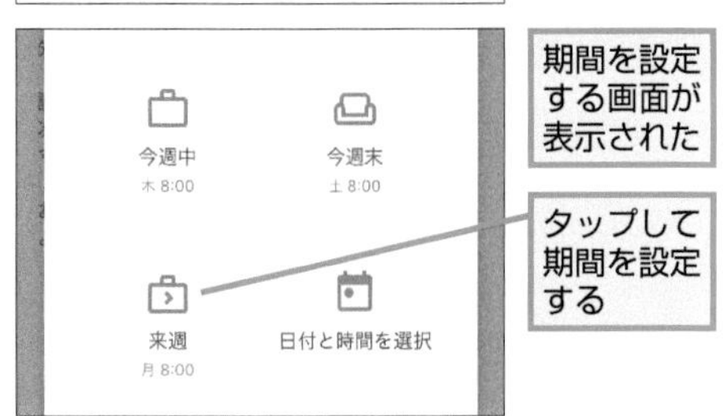

●スヌーズしたメールを確認する

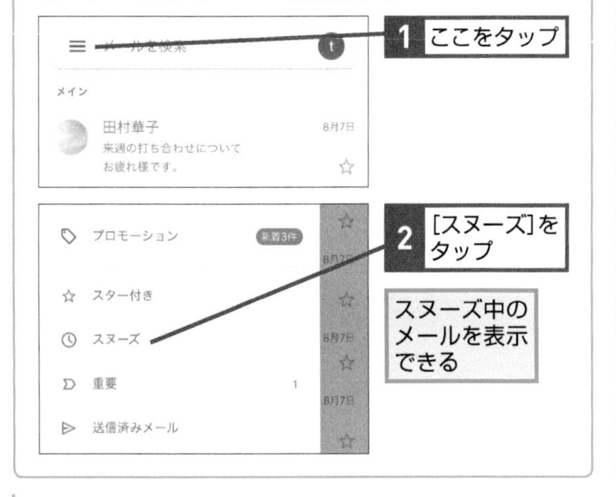

Q383 Gmailの操作をカスタマイズするには

お役立ち度 ★★★

A 設定画面でスワイプ時の動作を指定します

スマートフォン版のGmailでは、受信したメールを左右いずれかにスワイプしたときの動作を指定することができます。設定できる動作としては、［アーカイブ］や［ゴミ箱に移動］、［スヌーズ］などがあります。

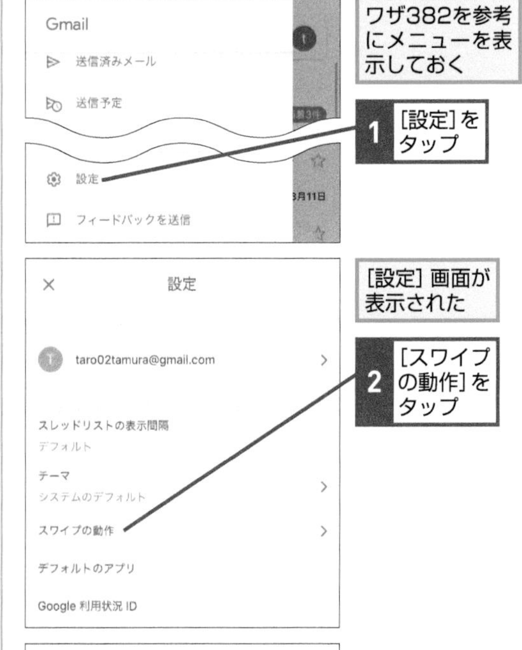

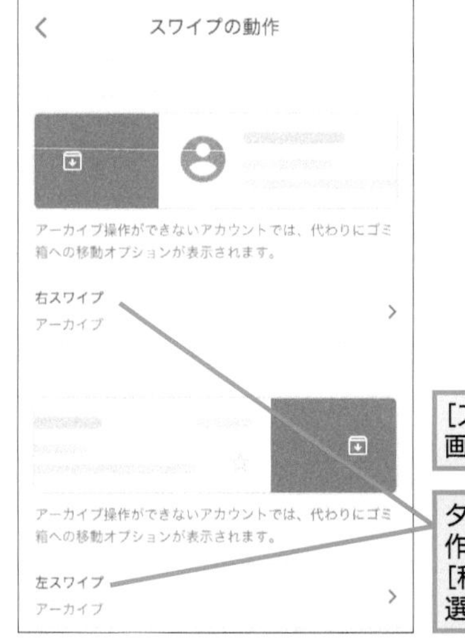

［スワイプの動作］画面が表示された

タップすると操作を［スヌーズ］［移動］などから選択できる

Q384 お役立ち度 ★★★

手書きメモを作成するには

A Google Keepを使います

Google Keepにもスマートフォンアプリが提供されています。さらにスマートフォンであれば、画面を指でなぞって手書きメモを作成することも可能で、素早く図などを作成することができます。

ワザ363を参考にGoogle Keepをインストールして起動しておく

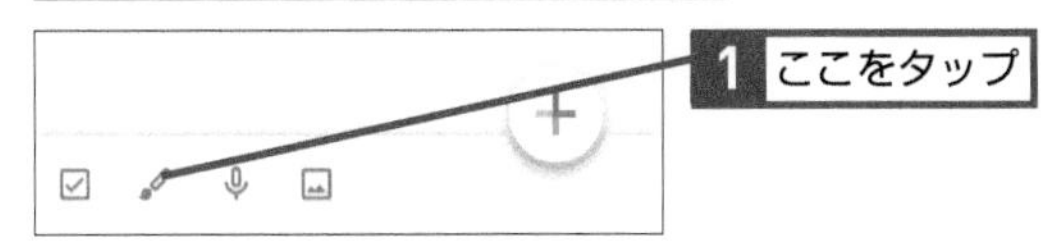

手書き用の画面が表示された

Q385 お役立ち度 ★★★

音声でメモを作成するには

A スマートフォンのマイクを利用します

スマートフォン版のGoogle Keepは、スマートフォンのマイクを使って音声のメモを記録することも可能です。話しかけた内容は自動的にテキスト化されるほか、録音した音声を再生することも可能です。

Keepを起動しておく

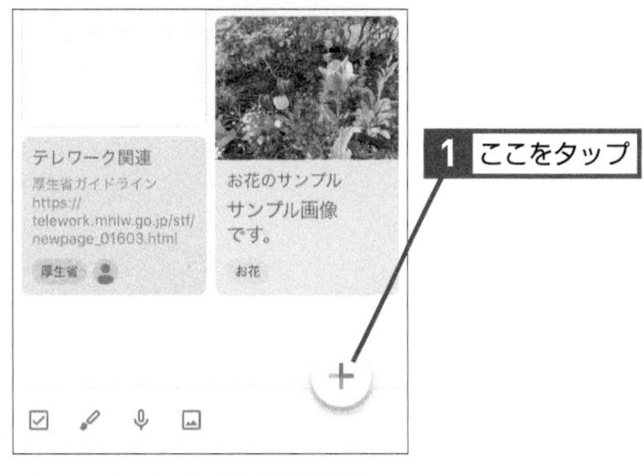

マイクへのアクセスを求める画面が表示されるので［OK］をタップしておく

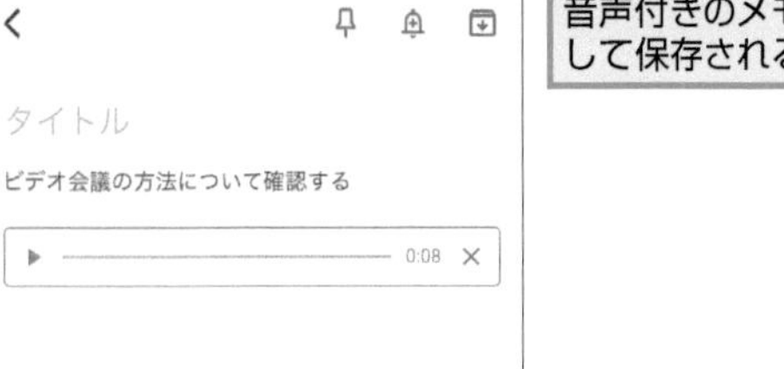

付録1 スマートフォンでGoogleアカウントを作成するには

スマートフォンでのGoogleアカウントの作成方法を解説します。Androidスマートフォンの手順は246ページから、iPhoneの手順は250ページからそれぞれ解説します。 なお、Gmailのアカウントがある場合は、Gmailのアドレスとパスワードでcoogleの各サービスを利用できます。

Androidスマートフォンで作成する

1 [アカウント] の画面を表示する

2 [アカウントの追加] の画面を表示する

3 Google アカウントの追加画面を表示する

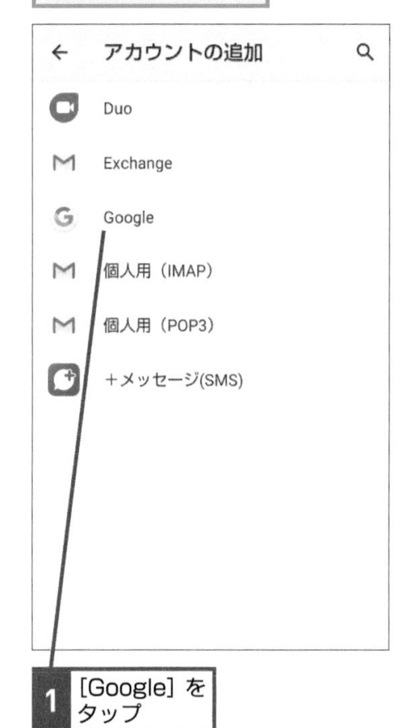

4 [Google アカウントを作成] の画面を表示する

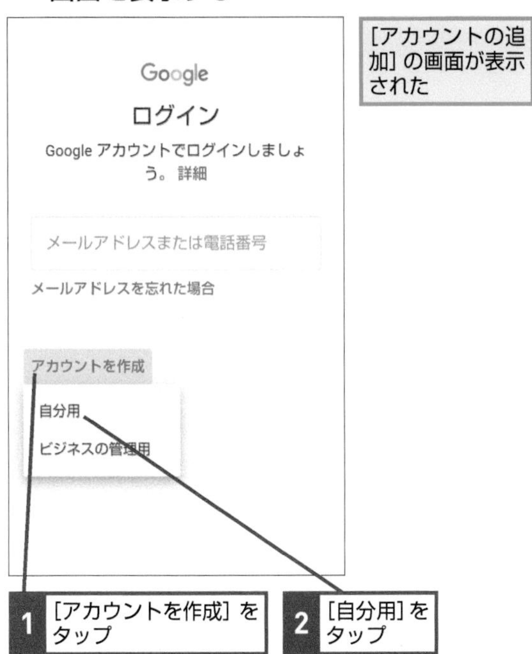

5 姓と名を入力する

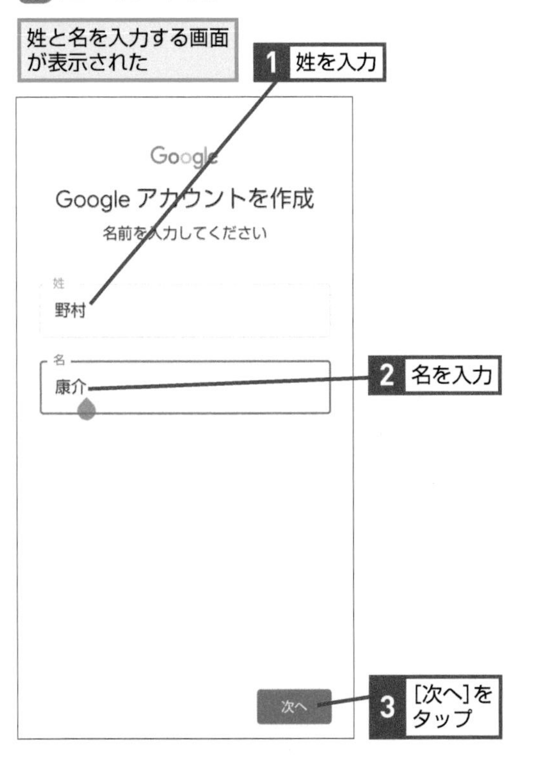

6 生年月日を入力する

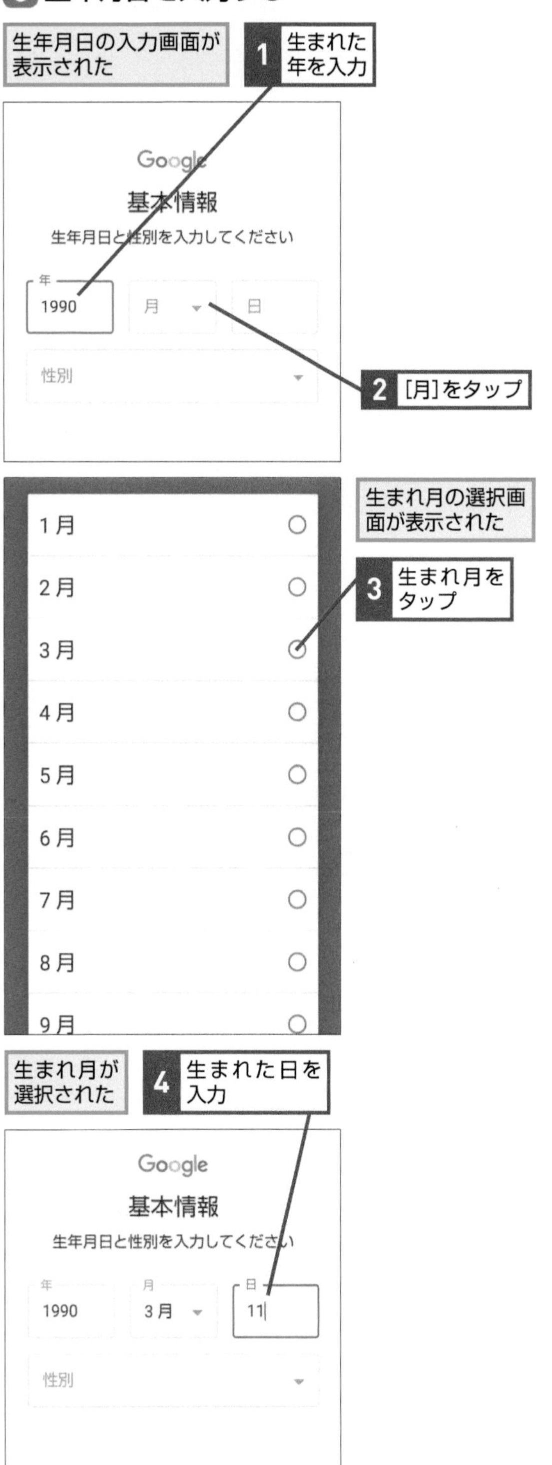

Google アカウント
QRコード一覧
ショートカットキー一覧

次のページに続く

7 性別を設定する

1 [性別]をタップ

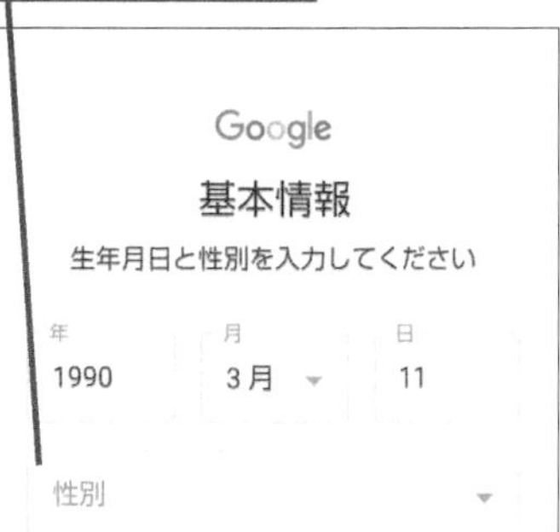

性別の設定画面が表示された

2 性別をタップ

女性
男性
指定しない
カスタム

8 基本情報の入力を終了する

生年月日と性別が設定された

1 [次へ]をタップ

9 Gmailアドレスを選択する

[Gmailアドレスの選択] の画面が表示された

1 [自分でGmailアドレスを作成]をタップ

10 Gmailアドレスを入力する

1 希望するアドレスを入力

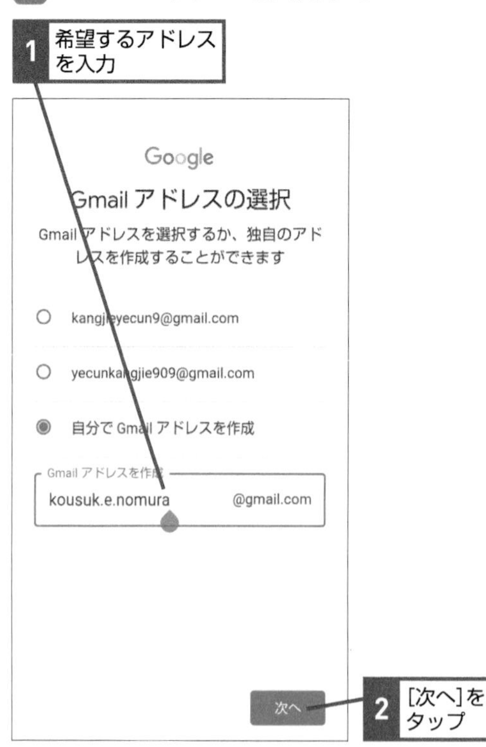

2 [次へ]をタップ

11 パスワードを登録する

パスワードを2回入力する

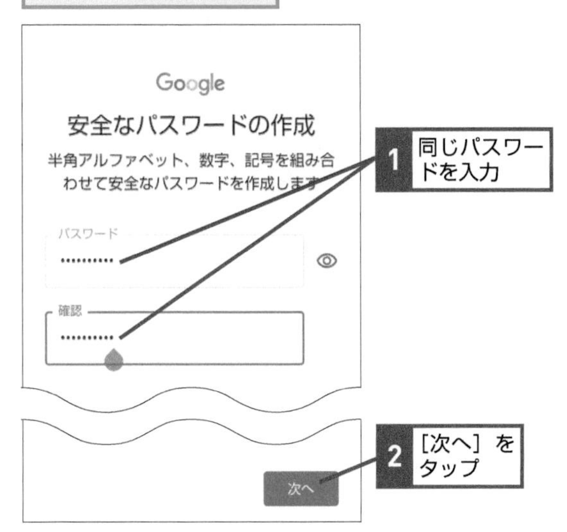

12 電話番号の追加を確認する

[電話番号を追加しますか？] の画面が表示された

ここではスマートフォンに挿入されているSIMカードの電話番号をそのまま追加する

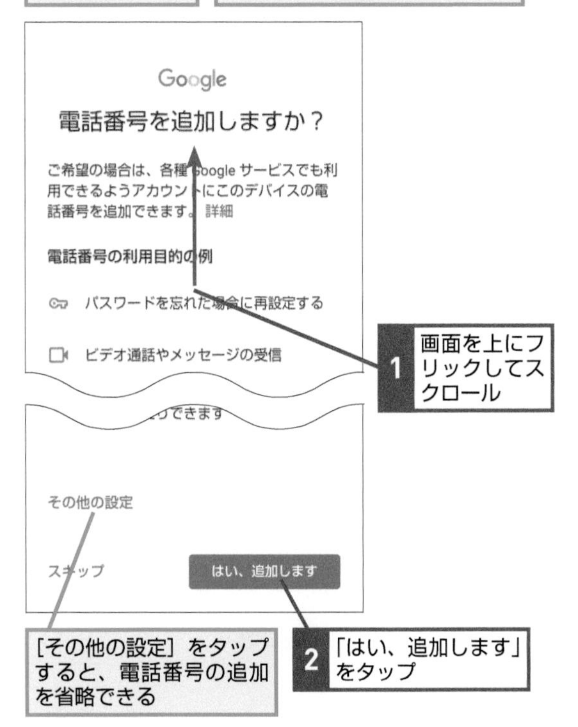

[その他の設定] をタップすると、電話番号の追加を省略できる

13 作成する Google アカウントを確認する

[アカウント情報の確認] の画面が表示された

14 利用規約に同意する

[プライバシーと利用規約] の画面が表示された

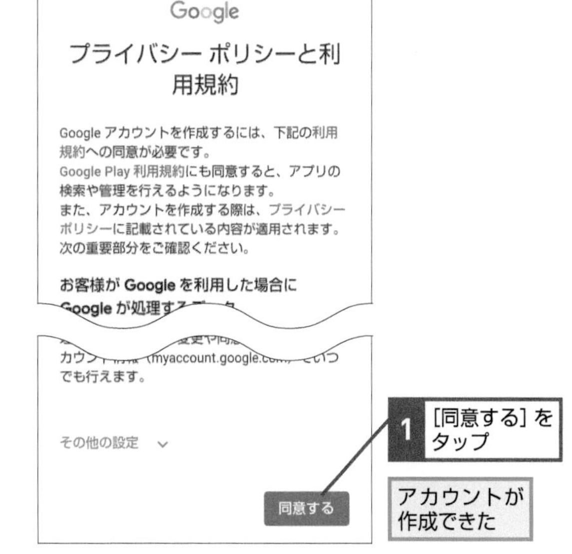

アカウントが作成できた

次のページに続く

iPhoneで作成する

1 [パスワードとアカウント] の画面を表示する

[設定] の画面を表示しておく

1 [パスワードとアカウント] をタップ

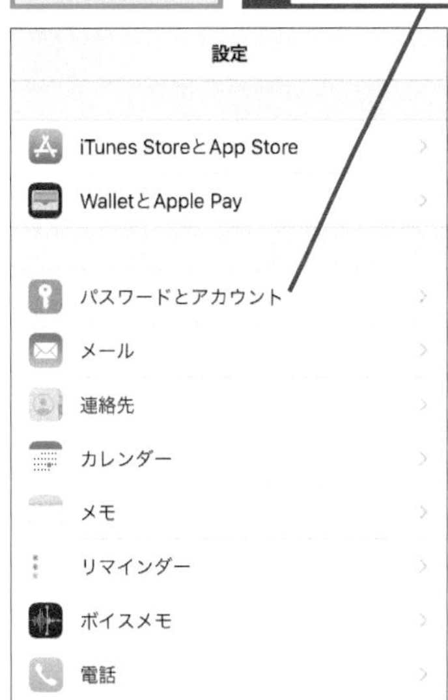

2 [アカウントを追加] の画面を表示する

[パスワードとアカウント] の画面が表示された

1 [アカウントを追加] をタップ

3 Gmail のログイン画面を表示する

[アカウントを追加] の画面が表示された

1 [Google] をタップ

4 Google アカウントの作成画面を表示する

Googleアカウントのログイン画面が表示された

1 [アカウントを作成] をタップ

5 姓と名を入力する

[Googleアカウントを作成]の画面が表示された

6 生年月日を入力する

[基本情報]の画面が表示された

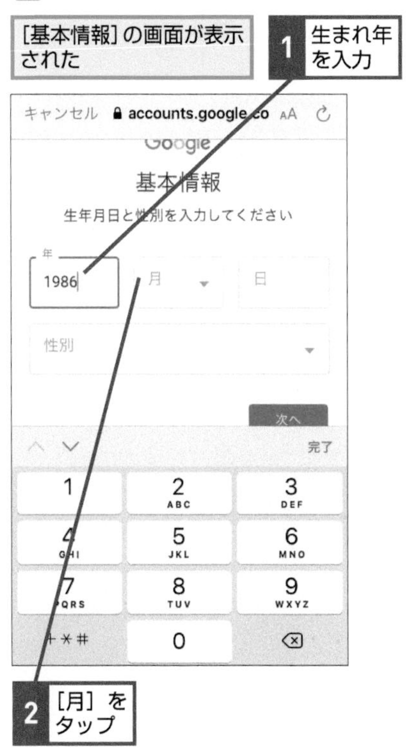

7 生年月日の続きを入力する

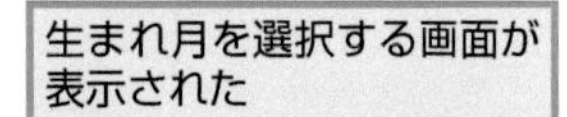

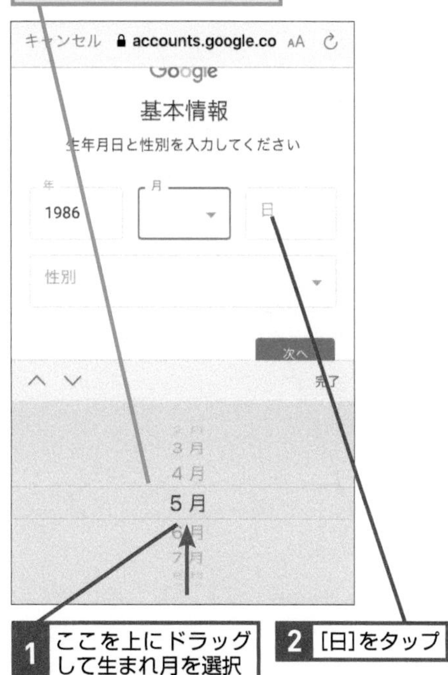

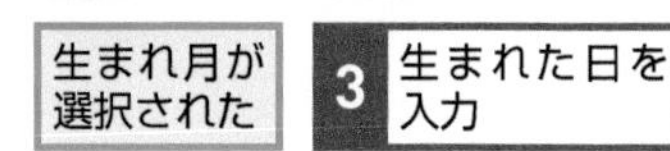

2 [日]をタップ

生まれ月が選択された

3 生まれた日を入力

次のページに続く

8 性別を設定する

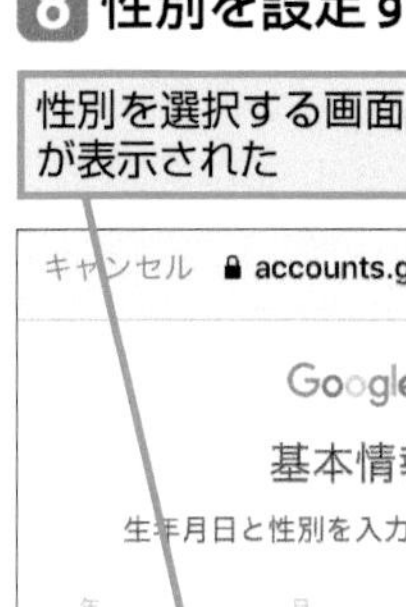

性別を選択する画面が表示された

1 ここを上にドラッグして性別を選択

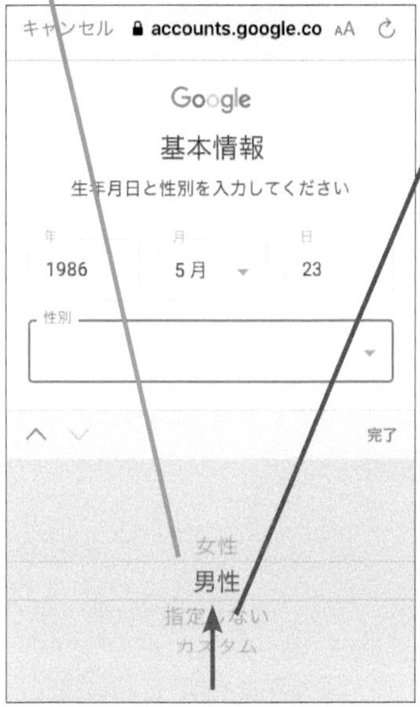

入力した生年月日と性別を確認しておく

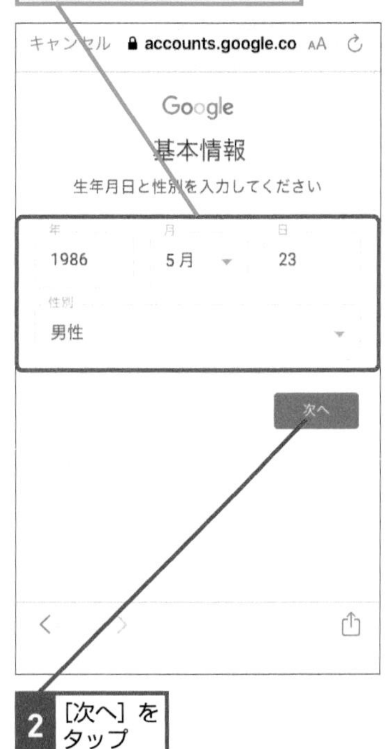

2 ［次へ］をタップ

9 Gmail アドレスを選択する

［Gmailアドレスの選択］の画面が表示された

1 ［自分でGmailアドレスを作成］をタップ

10 Gmail アドレスを入力する

1 希望するアドレスを入力

2 ［次へ］をタップ

11 パスワードを登録する

パスワードを2回入力する

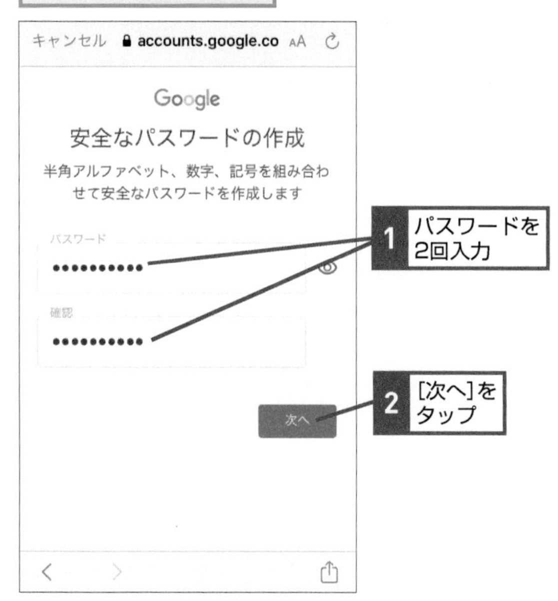

12 電話番号を入力する

[電話番号を追加]の画面が表示された

13 電話番号を追加する

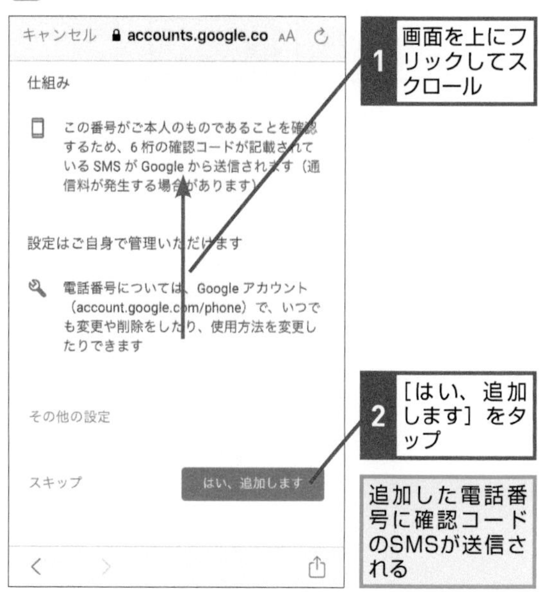

追加した電話番号に確認コードのSMSが送信される

14 確認コードを入力する

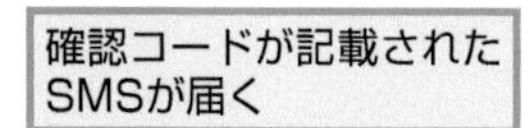

確認コードが記載されたSMSが届く

1 SMSに記載された確認コードを確認

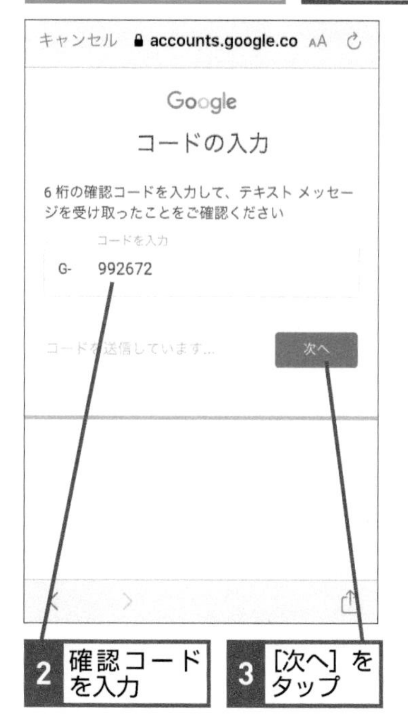

2 確認コードを入力

3 [次へ]をタップ

次のページに続く

15 作成するGoogleアカウントを確認する

[アカウント情報の確認]の画面が表示された

1 [次へ]をタップ

16 利用規約を確認する

[プライバシーと利用規約]の画面が表示された

1 画面を上にフリックしてスクロール

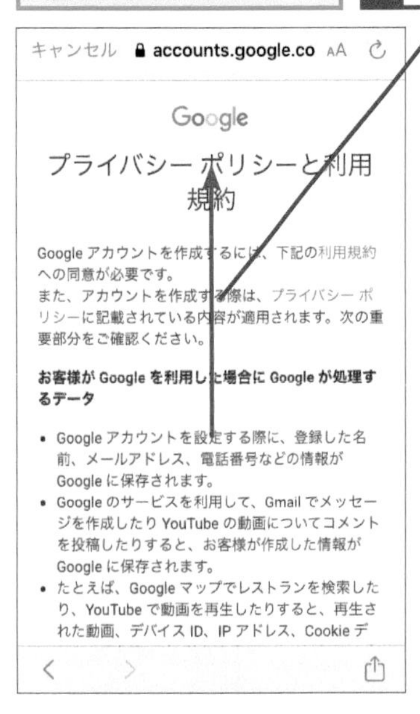

17 利用規約に同意する

[アカウント情報の確認]の画面が表示された

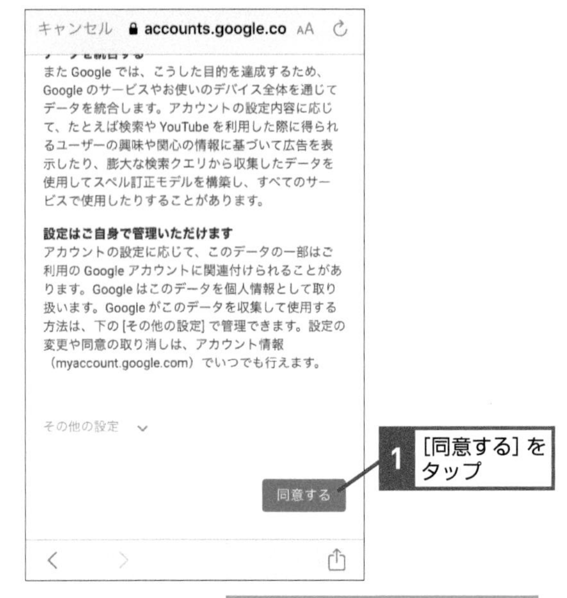

1 [同意する]をタップ

[Gmail]の画面が表示された

[保存]をタップすると、iPhoneにGoogleアカウントの情報を追加できる

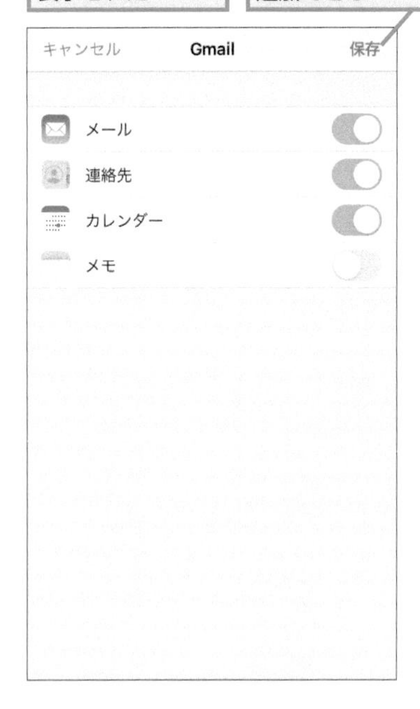

付録2 アプリケーションQRコード一覧

本書に登場したGoogleの各ツールについて、Androidスマートフォン、iPhoneでアプリケーションをダウンロード可能なQRコードを一覧にしました。読み取りたいQRコード以外を指などで隠すと、目的のQRコードが読み取りやすくなります。ぜひお試しください。

	アプリ名	Android	iPhone
	Google Chrome		
	Chrome リモートデスクトップ		
	マップ		
	Gmail		
	カレンダー		
	ドライブ		
	ドキュメント		
	スプレッドシート		

	アプリ名	Android	iPhone
	スライド		
	ハングアウト		
	Meet		
	翻訳		
	フォト		
	Keep		
	ToDoリスト		

注意 2022年3月以降、ハングアウトに代わって「Google Chat」が使用されるようになりました

付録3　ショートカットキー一覧

パソコンでGoogleの各種サービスを利用するとき、ショートカットキーを利用すると作業スピードが速くなります。本書で紹介した各種ツールのショートカットキーをまとめて掲載しますので、ぜひお試しください。なおGmailのショートカットキーについてはワザ150で紹介したように事前の設定が必要です。また、macOSの場合はWindowsとキーが異なるものがあるため、異なる部分は括弧で囲んで表記していますので読み替えてください。

●Google Chrome

操作内容	ショートカットキー
ウィンドウを開く	Ctrl（⌘）+N
ウィンドウをシークレットモードで開く	Ctrl（⌘）+Shift+N
タブを開く	Ctrl（⌘）+T
前のタブに移動	Ctrl+Shift+T
次のタブに移動	Ctrl+Tab
特定のタブに移動	Ctrl（⌘）+1～8
右端のタブに移動	Ctrl（⌘）+9
タブを閉じる	Ctrl（⌘）+W
ウィンドウを閉じる	Ctrl（⌘）+Shift+W
ブックマーク バーの表示／非表示	Ctrl（⌘）+Shift+B
ページ内を検索	Ctrl（⌘）+F
アドレスバーに移動	Ctrl（⌘）+L
ページを再読込	Ctrl（⌘）+R
ブックマークに追加	Ctrl（⌘）+D
ページを拡大	Ctrl（⌘）++
ページを縮小	Ctrl（⌘）+−
ページを100%の大きさに戻す	Ctrl（⌘）+0
ファイルを開く	Ctrl（⌘）+O

●Gmail

操作内容	ショートカットキー
作成	C
新しいタブで作成	D
メールを検索	/
送信	Ctrl（⌘）+Enter（return）
Cc の宛先を追加	Ctrl（⌘）+Shift+C
Bcc の宛先を追加	Ctrl（⌘）+Shift+B
太字	Ctrl（⌘）+B
斜体	Ctrl（⌘）+I
下線	Ctrl（⌘）+U
番号付きリスト	Ctrl（⌘）+Shift+7
箇条書き	Ctrl（⌘）+Shift+8
引用符	Ctrl（⌘）+Shift+9
スターを付ける、外す	S
アーカイブ	E
削除	#
返信	R
全員に返信	A
転送	F
直前の操作を取消	Z
既読にする	Shift+I
未読にする	Shift+U
[受信トレイ] に移動	G+I
[送信済みメール] に移動	G+T
[下書き] に移動	G+D

●Googleドキュメント

操作内容	ショートカットキー
書式なしで貼り付け	Ctrl（⌘）+Shift+V
フォントサイズを拡大	Ctrl（⌘）+Shift+>
フォントサイズを縮小	Ctrl（⌘）+Shift+<
改ページを挿入	Ctrl（⌘）+Enter（return）
文字カウント	Ctrl（⌘）+Shift+C

●Googleスプレッドシート

操作内容	ショートカットキー
列を選択	Ctrl+space
行を選択	Shift+space
すべて選択	Ctrl（⌘）+A または Ctrl（⌘）+Shift+space
範囲へコピー	Ctrl（⌘）+Enter（return）
下方向へコピー	Ctrl（⌘）+D
右方向へコピー	Ctrl（⌘）+R
値のみ貼り付け	Ctrl（⌘）+Shift+V

●Googleスライド

操作内容	ショートカットキー
新しいスライド	Ctrl+M
スライドのコピーを作成	Ctrl（⌘）+D
スピーカー ノートを開く	S
ユーザーツールを開く	A
レーザー ポインタの切替	l
プレゼンテーションを停止	Esc

●Meet

操作内容	ショートカットキー
カメラのオン／オフ	Ctrl（⌘）+e
マイクのオン／オフ	Ctrl（⌘）+d

●カレンダー

操作内容	ショートカットキー
前の期間に移動	K または P
次の期間に移動	J または N
今日のスケジュールに移動	T
［日］ビューを表示	D
［週］ビューを表示	W
［月］ビューを表示	M
カスタムビューを表示	X
［予定リスト］ビューを表示	A
スケジュールを作成	C
スケジュールの詳細を表示	E
スケジュールを削除	Delete
スケジュールのクイック追加	Q
設定	S
印刷	Ctrl（⌘）+P
同僚のカレンダーを追加	Shift++

用語集（キーワード）

本書を読み進める上で、知っておくと役に立つキーワードを用語集としてまとめました。この用語集の中に関連するほかの用語があるものには➡が付いています。合わせて読むことで理解が一層深まります。ぜひご活用ください。

数字・アルファベット

2段階認証
ユーザー認証の際、複数の方法で段階的に認証する仕組み。たとえばパスワードを用いたユーザー認証が成功した後、事前に登録されているスマートフォンにコードを送信し、そのコードの入力を求めるといった方法がある。

Android（アンドロイド）
主にGoogleにおいて開発が行われている、モバイルデバイス向けのオペレーティングシステム（OS）。Androidを搭載したスマートフォンやタブレット端末が多数販売されているほか、テレビなどでも採用されている。 ➡Google

AND検索（アンドケンサク）
入力した複数のキーワードがいずれも含まれるものを探す検索方法。Google検索の場合、空白で区切って複数のキーワードを入力して検索するとAND検索となる。1つのキーワードで検索するよりも、候補を絞り込むことができる。

App Store（アップストア）
アップルが提供する、macOSやiOS、iPadOS向けのアプリケーション販売のためのサービス。特にiPhoneやiPadにアプリケーションをインストールするには、基本的にApp Storeを利用する必要がある。

CC（シーシー）
Carbon Copyの略。メールを送信する際、宛先（To）に記載したメールアドレスとは別のところへメールを送信したいといった場合にメール送信画面のCC欄にメールアドレスを入力する。似た機能にBCC（Blind Carbon Copy）があるが、こちらで指定されたメールアドレスは他の受信者には見えない。

Chromeリモートデスクトップ（クロームリモートデスクトップ）
Google Chromeを利用し、離れた場所にあるパソコンを手元のパソコンでネットワーク（インターネット）経由で遠隔操作するためのサービス。Google Chromeの拡張機能として提供されている。 ➡Google Chrome、拡張機能

Chromeウェブストア（クロームウェブストア）
Google Chrome上で利用する拡張機能やテーマを配信するサービス。拡張機能はGoogle Chromeに新たな機能を追加するためのもの。テーマはGoogle Chromeの外観を変えることができる。 ➡Google Chrome、拡張機能

cookie（クッキー）
Webサイトなどがパソコンに保存するデータのこと。主に、Webサイトにアクセスしたユーザー、あるいはサービスを利用するユーザーを識別するために利用される。なお、ユーザーがアクセスしたWebサイトではなく、それ以外のサーバー（広告配信サーバーなど）が保存するcookieをサードパーティクッキーと呼ぶ。

CSV形式（シーエスブイケイシキ）
ファイル形式の1つで、テキストで記述された項目を「,」（カンマ）で区切ったもの。拡張子は「.csv」。主に表を保存する際のファイル形式として使われている。Googleスプレッドシートでは、CSV形式で保存されたファイルをインポートできる。 ➡Googleスプレッドシート

Gmail（ジーメール）
Googleが提供しているメールサービス。Googleアカウントを取得することで利用可能になる。Webブラウザで利用できるほか、Microsoft Outlookなどのメールソフトでもメールの送受信を行うことができる。 ➡Google

Google（グーグル）
1998年に設立された、インターネット関連のサービスや製品を提供する企業。インターネット上のWebサイトをキーワードで検索できる検索エンジンサービスを中心に、さまざまなサービスを展開している。 ➡検索エンジン

Google Chrome（グーグルクローム）
Googleが無償で提供しているWebブラウザ。WindowsやmacOS、Android、iOS／iPadOSなどで利用することができる。 ➡Google

Google Keep（グーグルキープ）
Googleが提供しているサービスの1つで、テキストや画像のメモをクラウド上に保存することができる。Webブラウザで利用することが可能なほか、スマートフォンやタブレット端末向けのアプリケーションも提供されている。
➡Google

Google Meet（グーグルミート）
インターネットを介して、映像や音声を利用して複数人で同時にコミュニケーションできる、オンライン会議を可能にするGoogleのサービス。Googleハングアウトの後継サービスとして開発された。➡Google、Googleハングアウト

Googleアカウント（グーグルアカウント）
Googleが提供するサービスの多くを利用する際に必要となるアカウント。無料で作成可能で、「(ユーザー名) @gmail.com」というGmailで使えるメールアドレスと、15GBのストレージ容量が提供される。➡Gmail、Google

Googleアラート（グーグルアラート）
事前に設定したトピックに該当するWebサイトが見つかったとき、メールで通知を受け取ることができるサービス。通知を受け取る頻度や表示するWebサイトの種類などを指定することができる。

Googleカレンダー（グーグルカレンダー）
予定などを管理することができるサービス。複数のカレンダーを使い分けて予定を管理することが可能。また他の人と予定を共有することが可能なほか、作成したカレンダーを一般に公開することもできる。

Googleストリートビュー（グーグルストリートビュー）
GoogleマップやGoogle Earthで提供されている、指定した地点をパノラマ写真で見ることができる機能。写真の撮影は主に道に沿って行われており、道路の周辺の状況を見られるほか、ビルなどによっては建物内部の写真が登録されている。
➡Googleマップ

◆Googleストリートビュー

Googleスプレッドシート（グーグルスプレッドシート）
Googleが提供している、表計算を行うためのWebアプリケーション。各種計算やグラフの作成など、表計算ソフトとしての基本機能に加え、多数の関数も利用できる。
➡Google

◆Googleスプレッドシート

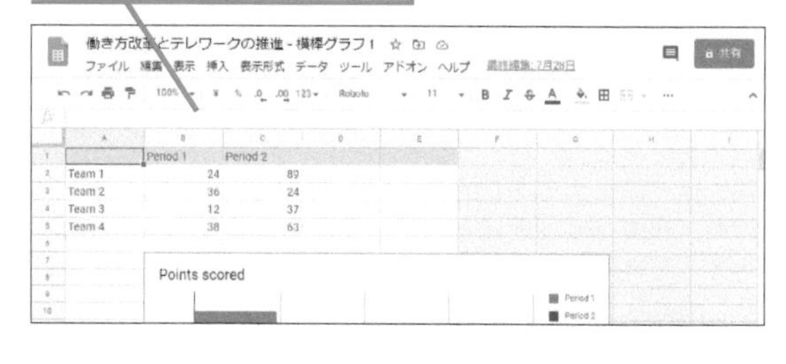

Googleスライド（グーグルスライド）
主にプレゼンテーション用の資料を作成するためのWebアプリケーション。さまざまなオブジェクトを配置することができるほか、スライドの切り替えやオブジェクトに対してアニメーションが割り当てられるなど、本格的なプレゼンテーション資料を作成できる。

Googleダッシュボード（グーグルダッシュボード）
Googleアカウントに紐付けて保存されている、さまざまなデータの確認と管理が行えるサービス。具体的には、GmailのデータやWebサイトの閲覧や検索などのアクティビティ、Googleの各種サービスに記録されているデータなどを確認できる。➡Gmail、Google、Googleアカウント

Googleドキュメント（グーグルドキュメント）
Googleが提供するWebアプリケーションの1つで、ワープロソフトとして利用することができる。1つの文書を複数のユーザーで同時に編集できるといった特長がある。

Googleドライブ（グーグルドライブ）
クラウド上にファイルを保存することができる、オンラインストレージサービスの1つ。複数のパソコンやスマートフォンからファイルにアクセスすることが可能になるほか、他のユーザーとの共有も容易に行えるメリットがある。ファイルのバックアップに利用することも可能。

Googleトレンド（グーグルトレンド）
Googleの検索エンジンにおいて、どのようなキーワードが数多く検索されているのかなどを調べることができるサービス。特定のキーワードに対し、時系列での人気度や地域別の検索数、関連するトピックなども見ることができる。
➡Google、検索エンジン

Googleハングアウト（グーグルハングアウト）
ビデオと音声を利用した音声会議や1対1での通話、テキストメッセージのやり取りなどができるサービス。Google Meetは、Googleハングアウトの後継サービスと位置付けられている。➡Google Meet

Googleフォト（グーグルフォト）
Googleが提供する、クラウド上で写真を管理するためのサービス。アルバムを作成して複数の写真をまとめて管理できるほか、作成したアルバムを他のユーザーと共有するといった機能も備えている。 ➡Google

Google翻訳（グーグルホンヤク）
Googleが提供する翻訳サービス。100を越える言語に対応しているほか、翻訳結果を保存したり、過去の翻訳履歴を参照したりする機能も用意されている。 ➡Google

Googleマップ（グーグルマップ）
Googleが提供する地図サービス。目的地までの経路を検索する機能やカーナビとして利用できる機能があるほか、道路の混雑状況の表示も可能。またレストランなどを検索する仕組みもある。 ➡Google

◆Googleマップ

GPS（ジーピーエス）
Global Positioning Systemの略。上空にある衛星から受信した信号を元に現在地を知ることができる。最近では多くのスマートフォンにGPSが内蔵されており、これを利用することで地図アプリに現在地を表示することなどを可能にしている。

OR検索（オアケンサク）
入力した複数の検索キーワードのいずれかが含まれるものを探す検索方法。Google検索の場合、キーワードとキーワードの間に「OR」と入力することでOR検索が可能。

PDF（ピーディーエフ）
Portable Document Formatの略で、アドビシステムズによって開発されたファイル形式。異なる環境でも、文書の内容をほぼ同様に閲覧できる特長があり、文書を共有する際の標準的なファイル形式として広く使われている。

Playストア（プレイストア）
アプリケーションや映像コンテンツ、音楽などの配信サービスである、Google Playを利用するためのアプリで、AndroidをOSとして利用するデバイスの多くにプリインストールされている。

QRコード（キューアールコード）
デンソーによって開発された二次元コード。仕様が公開されており、誰でも利用することができることから、世界中で利用されている。昨今ではQRコードを利用して電子決済を行うサービスも数多く登場している。

ToDoリスト（トゥードゥーリスト）
やるべきことをリスト化したもの。Googleでは、Webブラウザを使ってToDoリストを作成して管理できる、Google ToDoリストをサービスとして提供している。 ➡Google

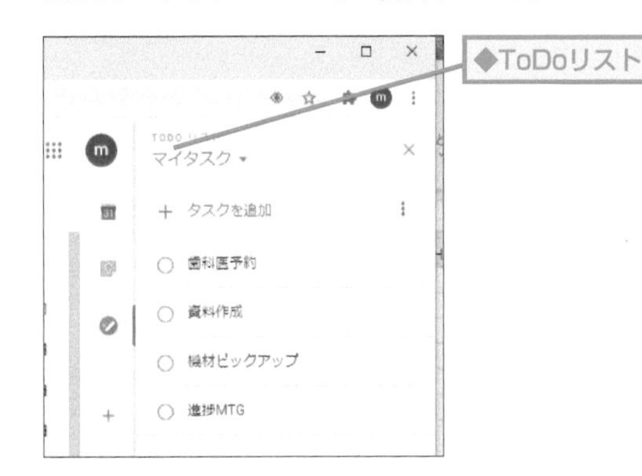

Wikipedia（ウィキペディア）
インターネット上で公開されている、世界最大級のオンライン百科事典。誰でも無料で閲覧できるほか、内容の追加や編集も行うことができる。

あ

アーカイブ
もともとは公文書など重要な文書を保管すること。コンピューターの世界では、データを保管（あるいは長期保管）することをアーカイブと呼ぶ。Gmailではメールをアーカイブすることで、受信トレイに表示されないようにできる。 ➡Gmail

アクティビティ
本来の意味は活動や行動。Googleの各サービスでは、ユーザーがGoogleのWebサイトやサービス、アプリケーションを利用した履歴をアクティビティと呼んでいる。 ➡Google

圧縮
コンピューターの世界では、ファイルを元のサイズよりも小さくすることを圧縮と呼ぶ。圧縮されたファイルを元に戻すのは展開や解凍などと呼ばれる。

アップロード
パソコンに保存されたファイルを、ネットワークを介してサーバーやクラウドに送信すること。Googleドライブなどのサービスでは、このアップロードを行うことでクラウドにファイルを保存できる。 ➡Googleドライブ

アニメーション
複数の静止画を連続して表示することで動きを表現する技術。Googleスライドでは、スライドやオブジェクトにアニメーションを割り当て、それらが動いているように見せることができる。 ➡Googleスライド

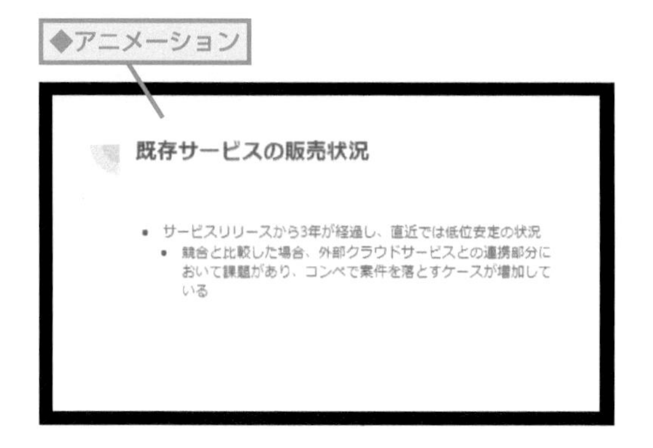

アプリ
アプリケーションとも呼ばれる。パソコンやスマートフォン上で動作するプログラムのこと。Googleでは、自社のサービスを利用するためのアプリを多数提供している。
➡Google

アルバム
Googleフォトにおいて、複数の写真をまとめて管理するための仕組み。作成したアルバムは他のユーザーと共有することが可能。アルバムに対して名前を設定したり、撮影場所を入力したりすることもできる。 ➡Googleフォト

インストール
パソコンやスマートフォンなどで利用できるように、アプリケーションや周辺機器を導入し、利用できるようにすること。インストール作業を行うためのソフトウェアはインストーラーと呼ばれる。

インデント
文章の行頭に空白を入力するなどして、文章の開始位置を右にずらす仕組みのこと。日本語では字下げと呼ばれる。Googleドキュメントをはじめ、多くのワープロソフトが備えている機能。 ➡Googleドキュメント

インポート
データを取り込むこと。Googleドキュメントやスプレッドシート、スライドでは、Microsoft Officeの各アプリケーションで作成したファイルをインポートする機能を備えている。
➡Googleドキュメント、Googleスプレッドシート、Googleスライド

エクスポート
主に作成したデータを別の形式で出力すること。たとえばGoogleドキュメントには、作成した文書をWord形式でエクスポートする機能がある。 ➡Googleドキュメント

閲覧者
書物や書類、あるいはWebサイトのコンテンツを読んだり見たりするユーザーのこと。Googleドライブでは、共有されたファイルの参照のみが可能なユーザー権限を閲覧者と呼ぶ。 ➡Googleドライブ

演算子
数式やプログラムなどにおいて、演算を表す記号のこと。Google検索では「OR」や「-」（ハイフン）などの演算子がある。

オーナー
Googleドライブにおいて、ファイルの所有者のことをオーナーと呼ぶ。通常はファイルを作成したりアップロードしたりしたユーザーがオーナーとなる。オーナーの権限を他のユーザーに譲渡することもできる。 ➡Googleドライブ

か

拡張機能
アプリケーションなどの機能を拡張するプログラムのこと。単体では動作せず、対象となるアプリケーションと組み合わせて利用することが一般的。たとえばGoogle Chromeは、公開されている拡張機能を組み合わせることで標準にはない機能の追加などが可能になる。
➡Google Chrome

キャッシュ
一時的に保存されているデータのこと。Webブラウザの多くは、Webページに表示する画像ファイルをダウンロードした際、そのファイルをキャッシュとして一時的に保存している。これにより、次に同じWebページにアクセスした際に画像ファイルをダウンロードする必要がなくなり、コンテンツを高速に表示することができる。

共同編集者
Googleドキュメントやスプレッドシート、スライドにおいて、同じファイルを同時に編集しているユーザーのこと。なお、同時に編集するためには、そのファイルに対する編集権限を持っている必要がある。

➡Googleドキュメント、Googleスプレッドシート、Googleスライド

切り替え効果
Googleスライドにおいて、スライドの切り替えに割り当てるアニメーションのこと。「ディゾルブ」や「フェード」、「右からスライド」などの切り替え効果を選択できる。

➡Googleスライド、アニメーション

クエリ
データベースシステムや検索エンジンに対する問い合わせのこと。Google検索エンジンでは、検索キーワードを入力して問い合わせを行うが、この問い合わせをクエリと呼ぶ。

➡検索エンジン

ゲストモード
Google Chromeに搭載されている機能の1つで、別のユーザーにGoogle Chromeを使わせる必要がある際などに利用する。ゲストモードを選択して開いたウィンドウを閉じ、ゲストモードを終了すると、閲覧の記録は削除される。

➡Google Chrome

◆ゲストモード

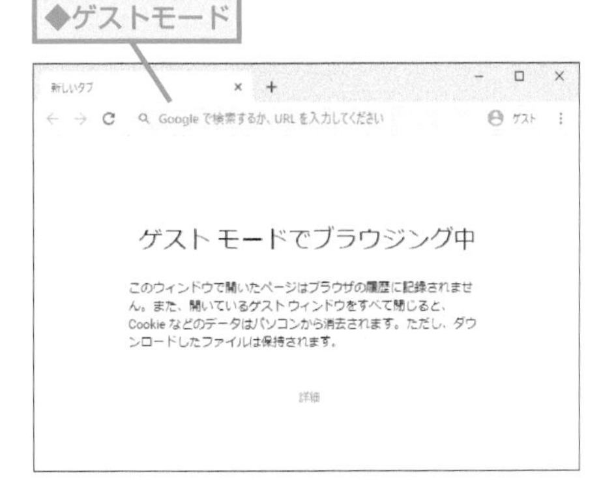

検索エンジン
インターネット上のWebサイトを検索するための仕組み、あるいはサービスのこと。Googleが提供する検索エンジンは、世界最大規模のサービスとなっている。

➡Google

ゴール
Googleカレンダーで提供されている機能の1つで、設定したゴールを達成するために必要な時間を自動的にスケジュールとして登録してくれるもの。

➡Googleカレンダー

コンテキストメニュー
画面上のオブジェクトなどをクリック（右クリック）した際に、その状況に応じて表示されるメニューのこと。ポップアップメニューとも呼ばれる。

さ

サインアウト
サービスなどにサインイン（ログイン）した状態を終了し、サインインする前の状態に戻すこと。ログアウトとも呼ばれる。

➡サインイン

サインイン
サービスに対してIDとパスワードなどを入力し、サービスなどを利用可能な状態にすること。ログインとも呼ばれる。

➡ログイン

サブタスク
Google ToDoリストにおいて、タスクに対して割り当てることができる下位レベルのタスクをサブタスクと呼ぶ。タスクには複数のサブタスクを設定できる。

➡Google ToDoリスト

サムネイル
写真や画像などの内容を縮小表示した画像のこと。縮小表示することで、複数の画像をまとめて見られるメリットがある。

シークレットモード
Google Chromeにおいて、閲覧履歴やCooke、フォームへの入力情報などを保存せずにWebサイトにアクセスすることができる機能のこと。ダウンロードしたファイルやブックマークは保存される。

➡Google Chrome

◆シークレットモード

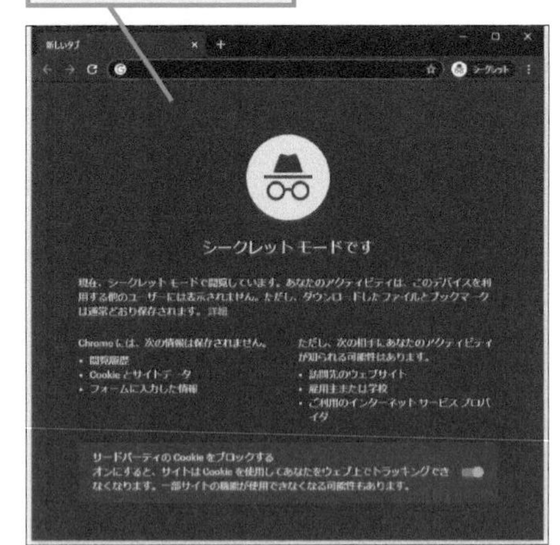

情報保護モード
Gmailにおいて、有効期限の設定や、送信した後にアクセス権を取り消すことができる機能。情報保護モードで送信されたメールは、転送やコピー、印刷、ダウンロードができない。

➡Gmail

ショートカットキー
マウスを利用せず、キーボードの操作だけで機能を利用するための仕組み。たとえば、多くのWindowsアプリケーションにおいて、文書を保存するショートカットキーとして[Ctrl]+[S]が割り当てられている。

スクリーンショット
パソコンやスマートフォン、タブレット端末の画面の内容を保存すること、また保存した画像のことをスクリーンショットと呼ぶ。Windowsでは[Print Screen]キーを押すことでスクリーンショットを取得できる。

スター
Gmailにおいて、メールに対して割り当てることができるマーク。スターを付けると、メールの一覧にスターのアイコンが表示されるため、他のメールと区別しやすくなるメリットがある。
➡Gmail

スヌーズ
Gmailに用意されている機能で、メールの表示を遅らせ、指定したタイミングが来るまで一時的に受信トレイから消去することができる。受信したメールに対し、後で返信したいなどといった場合に利用する。
➡Gmail

スライサー
Googleスプレッドシートにおいて、表やピボットテーブルの内容、グラフの対象データを絞り込むために用いる機能。対象とする項目や期間を絞り込むことができる。
➡Googleスプレッドシート

た

タイムライン
Googleマップの機能の1つで、過去に訪れた場所やルートを表示するもの。設定でロケーション履歴をオンにすると、タイムラインに訪問した場所などが表示される。なおタイムラインは非公開であり、本人しか見ることはできない。
➡Googleマップ

ダウンロード
サーバーやクラウドなどからネットワーク（インターネット）経由でファイルを取得し、パソコンなどに保存すること。

タスク
Google ToDoリストにおいて、作業すべき事柄として登録するもの。個々のタスクには、詳細（メモ）を記述することが可能なほか、期限を割り当てることができる。また、そのタスクを構成する作業をサブタスクとして登録することも可能。
➡Google ToDoリスト

タスクマネージャ
Google Chromeに搭載されている機能の1つ。Google Chromeで処理しているタスクの一覧と、それぞれのタスクのメモリ使用量やCPUの使用率などを確認することができる。またタスクを選択してプロセスを終了することもできる。
➡Google Chrome

タブ
Google Chromeでは複数のWebサイトに同時にアクセスすることが可能である。この際、アクセスしたWebサイトのどれを表示するかを選択するために用意されているのがウィンドウ上部にあるタブであり、タブを切り替えることで表示するWebサイトを選択できる。
➡Google Chrome

チェックリスト
Google Keepに搭載されている機能で、やるべきことなどをリストとして登録することができる。なお、リストのそれぞれの項目の右にはチェックボックスが表示され、これをクリックすることで作業の完了などを表せる。
➡Google Keep

データセーバー
Google Chromeに搭載されている、Webサイトにアクセスした際のコンテンツのダウンロード量を削減する仕組みのこと。通信量の節約を図ることができる。パソコン版とAndroid版のGoogle Chromeで利用できる。
➡Google Chrome

テーマ
デスクトップやアプリケーションの外観を変更する仕組みのこと。GmailやGoogle Chromeでは、テーマを使って外観を変更することが可能。
➡Gmail、Google Chrome

デスクトップ通知
Google ChromeなどのWebブラウザに搭載されている機能の1つで、Webサイトから発信された通知をデスクトップ画面で受け取る仕組みのこと。Google Chromeの場合、アドレスバーにある鍵アイコンをクリックして［設定］を選択すると、そのWebサイトの通知可否を指定できる。
➡Google Chrome

デバイス
装置や機器、周辺機器などのこと。パソコンやスマートフォン、タブレット端末もデバイスと呼ばれることがある。

同期
Googleドライブでは、クラウド上にあるファイルとパソコン上にあるファイルを同一の状態にすること。たとえばあるファイルについて、クラウドに存在していて、パソコンにはないといった場合、同期を行うことで自動的にクラウドからパソコンにダウンロードが行われる。
➡Googleドライブ

は・ま

バックアップ
パソコンのハードディスクやSSDなどに保存されているファイルを、外付けハードディスクなど別のメディア、あるいはクラウドやファイルサーバーなどへコピーすること。バックアップを作成しておくことにより、トラブルによってファイルが喪失したなどといった場合でも復旧できる。

ピボットテーブル
データベース形式で記録されているデータを集計または分析するための機能のこと。Googleスプレッドシートにはピボットテーブルの機能が用意されており、大量のデータの集計や分析を迅速に行うことができる。
➡Googleスプレッドシート

フィルタ
Googleスプレッドシートにおいて、表示するデータの並べ替えや絞り込みを行うための機能のこと。指定した列に特定の値が含まれる行だけを表示する、などといったことができる。
➡Googleスプレッドシート

ブックマーク
Google ChromeなどのWebブラウザに備えられている、WebサイトのURLを保存するための機能のこと。ブックマークしておくことにより、次にアクセスする際にURLを入力したり検索したりする必要がなくなるため、効率的にWebサイトにアクセスすることができる。
➡Google Chrome

ブロック
Googleハングアウトなどのサービスにおいて、特定のユーザーからの連絡を遮断するために用意された機能。
→Googleハングアウト

ら

ミュート
Gmailで提供されている、受信したメールを受信トレイで非表示にすることができる機能。アーカイブと異なり、ミュートされたメールに対して返信があっても、その返信は受信トレイには表示されない。なおミュートしたメールも［すべてのメール］で確認することが可能。
➡Gmail

ラベル
Gmailの機能で、受信したメールを分類するための仕組み。フォルダによるメールの整理とは異なり、1通のメールに対して複数のラベルを割り当てられる。
➡Gmail

リマインダー
Googleカレンダーの機能の1つで、指定した日時に設定したメッセージを通知するもの。やるべきことをリマインダーとして登録しておくと、忘れてしまうことを防げる。設定したリマインダーを繰り返し表示することも可能。
➡Googleカレンダー

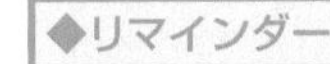

連絡先
Googleが提供するサービスの1つで、他のユーザーのメールアドレスや電話番号などといった連絡先を登録して管理できる。連絡先に登録した情報は、Gmailなどのサービスで利用できる。
➡Gmail、Google

ローカルガイド
Googleカレンダーに含まれるサービスの1つで、場所の追加や編集が行えるほか、お店に対して口コミを投稿したり、写真を共有したりできる。
➡Googleカレンダー

ログイン
サービスに対してIDとパスワードなどを入力し、サービスなどを利用可能な状態にすること。サインインとも呼ばれる。
➡サインイン

ロングタッチ
スマートフォンやタブレット端末における操作方法の1つ。画面に触れてすぐに指を離すのではなく、しばらく画面に指を置いておく操作のこと。その状況に応じたメニュー（コンテキストメニュー）を表示するなどの目的でロングタッチが使われることがある。

索引

ア

カ

サ

本書を読み終えた方へ
できるシリーズのご案内

※1:当社調べ　※2:大手書店チェーン調べ

テレワーク関連書籍

できるテレワーク入門
在宅勤務の基本が身に付く本

法林岳之・清水理史&
できるシリーズ編集部
定価:**本体1,580円+税**

チャットやビデオ会議、クラウドストレージの活用や共同編集などの基礎知識が満載！　テレワークをすぐにスタートできる。

できるZoom
ビデオ会議が使いこなせる本

法林岳之・清水理史&
できるシリーズ編集部
定価:**本体1,580円+税**

事前設定やビデオ会議の始め方、ホワイトボードの活用など、Zoomを仕事に生かすための知識を幅広く解説。初めてでもビデオ会議を実践できる！

できるfit Slack&Zoom&Trello テレワーク基本+活用ワザ

大野浩誠・野上誠司・
栩平智行・遠藤大介&
できるシリーズ編集部
定価:**本体1,480円+税**

ビジネスチャットのSlack、ビデオ会議のZoom、タスク管理ツールのTrello。在宅勤務を快適にする3つのツールを1冊で丁寧に解説。

できるポケット テレワーク必携 Microsoft Teams全事典

株式会社
インサイトイメージ&
できるシリーズ編集部
定価:**本体1,280円+税**

ビデオ会議・チャット・ファイル共有などの機能を備えたビジネスコミュニケーションツール「Teams」を今日から使いこなせる！

Windows 関連書籍

できるWindows 10
2020年改訂5版　**特別版小冊子付き**

法林岳之・一ヶ谷兼乃・
清水理史&
できるシリーズ編集部
定価:**本体1,000円+税**

基本操作から便利な最新機能まで、Windows 10の知りたいことが満載！　電話サポートと動画解説が付いているから安心して読み進められる。

できるWindows10 パーフェクトブック
困った！&
便利ワザ大全
2020年改訂5版

広野忠敏&
できるシリーズ編集部
定価:**本体1,480円+税**

Windows 10の基本操作から最新機能、便利ワザまで詳細に解説。1,000を超えるワザ&キーワード&ショートカットキーで、知りたいことがすべて分かる！

できる 超快適 Windows 10
パソコン作業がグングンはかどる本

清水理史&
できるシリーズ編集部
定価:**本体1,580円+税**

Windows 10の快適動作を実現するための多岐に渡る操作や設定項目を徹底解剖した解説書が登場！ 入門書を卒業した方にぴったりの1冊。

読者アンケートにご協力ください！

https://book.impress.co.jp/books/1120101049

このたびは「できるシリーズ」をご購入いただき、ありがとうございます。
本書はWebサイトにおいて皆さまのご意見・ご感想を承っております。
気になったことやお気に召さなかった点、役に立った点など、
皆さまからのご意見・ご感想をお聞かせいただき、
今後の商品企画・制作に生かしていきたいと考えています。
お手数ですが以下の方法で読者アンケートにご回答ください。
ご協力いただいた方には抽選で毎月プレゼントをお送りします！

※プレゼントの内容については、「CLUB Impress」のWebサイト（https://book.impress.co.jp/）をご確認ください。

1 URLを入力して Enter キーを押す

2 [アンケートに答える]をクリック

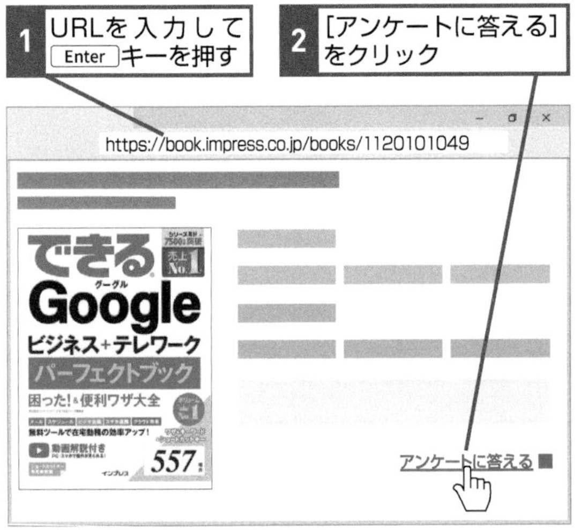

※Webサイトのデザインやレイアウトは変更になる場合があります。

◆会員登録がお済みの方
会員IDと会員パスワードを入力して、[ログインする]をクリックする

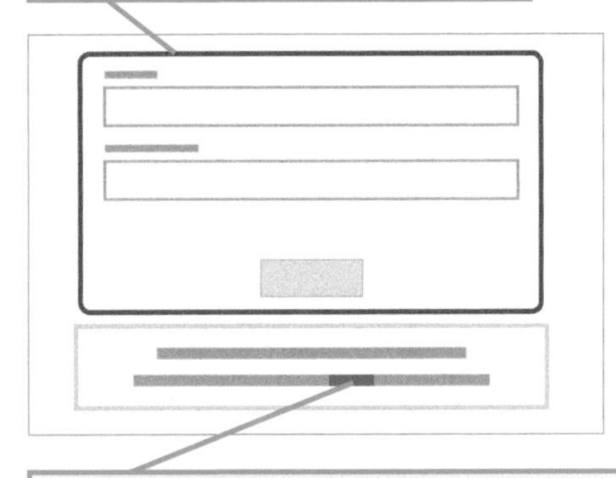

◆会員登録をされていない方
[こちら] をクリックして会員規約に同意してからメールアドレスや希望のパスワードを入力し、登録確認メールのURLをクリックする

本書のご感想をぜひお寄せください　https://book.impress.co.jp/books/1120101049

「アンケートに答える」をクリックしてアンケートにご協力ください。アンケート回答者の中から、抽選で商品券（1万円分）や図書カード（1,000円分）などを毎月プレゼント。当選は賞品の発送をもって代えさせていただきます。はじめての方は、「CLUB Impress」へご登録（無料）いただく必要があります。

読者登録サービス

アンケートやレビューでプレゼントが当たる！

■著者
株式会社インサイトイメージ　代表取締役　川添貴生

株式会社アスキー（現・株式会社KADOKAWA）でWebメディアであるASCII.jpの編集長などを担当した後、2009年3月に独立。クラウドやネットワーク、セキュリティなどに関する解説記事の執筆、オウンドメディアのコンテンツ制作、マーケティングおよびリサーチ業務を行っている。著書に『できるポケット 時短の王道 ショートカットキー全事典 改訂版』『できるポケット 最強のメモ術 OneNote全事典』『日常業務をRPAで楽しく自動化 WinActor実践ガイド WinActor v6対応』(インプレス)など。

STAFF

シリーズロゴデザイン　山岡デザイン事務所<yamaoka@mail.yama.co.jp>
カバーデザイン　伊藤忠インタラクティブ株式会社
DTP制作　町田有美・田中麻衣子

編集協力　進藤　寛・高橋優海

デザイン制作室　今津幸弘<imazu@impress.co.jp>
鈴木　薫<suzu-kao@impress.co.jp>
制作担当デスク　柏倉真理子<kasiwa-m@impress.co.jp>
編集制作　株式会社リブロワークス
デスク　荻上　徹<ogiue@impress.co.jp>
編集長　藤原泰之<fujiwara@impress.co.jp>

■商品に関する問い合わせ先

このたびは弊社商品をご購入いただきありがとうございます。本書の内容などに関するお問い合わせは、下記のURLまたはQRコードにある問い合わせフォームからお送りください。

https://book.impress.co.jp/info/

上記フォームがご利用頂けない場合のメールでの問い合わせ先

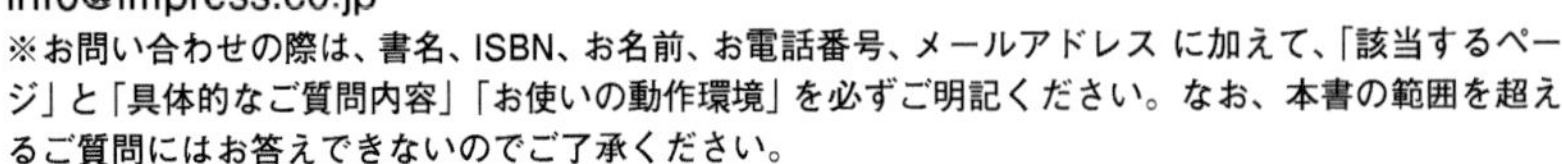

info@impress.co.jp

※お問い合わせの際は、書名、ISBN、お名前、お電話番号、メールアドレス に加えて、「該当するページ」と「具体的なご質問内容」「お使いの動作環境」を必ずご明記ください。なお、本書の範囲を超えるご質問にはお答えできないのでご了承ください。

- ●電話やFAXでのご質問には対応しておりません。また、封書でのお問い合わせは回答までに日数をいただく場合があります。あらかじめご了承ください。
- ●インプレスブックスの本書情報ページ　https://book.impress.co.jp/books/1120101049 では、本書のサポート情報や正誤表・訂正情報などを提供しています。あわせてご確認ください。
- ●本書の奥付に記載されている初版発行日から3年が経過した場合、もしくは本書で紹介している製品やサービスについて提供会社によるサポートが終了した場合はご質問にお答えできない場合があります。

■落丁・乱丁本などの問い合わせ先

FAX　03-6837-5023

service@impress.co.jp

※古書店で購入された商品はお取り替えできません。

できるGoogleビジネス+テレワーク パーフェクトブック 困った! & 便利ワザ大全

2020年9月21日　初版発行
2022年6月1日　第1版第2刷発行

著　者　株式会社インサイトイメージ&できるシリーズ編集部

発行人　小川 亨

編集人　高橋隆志

発行所　株式会社インプレス
〒101-0051　東京都千代田区神田神保町一丁目105番地
ホームページ　https://book.impress.co.jp/

印刷所　株式会社ウイル・コーポレーション

ISBN978-4-295-01009-8 C3055

Printed in Japan